U0163119

苏州城建
大事记

苏州市住房和城乡建设局　编

苏州大学出版社
Soochow University Press

图书在版编目（CIP）数据

苏州城建大事记 / 苏州市住房和城乡建设局编 . --
苏州 : 苏州大学出版社 , 2022.12
ISBN 978-7-5672-4165-7

Ⅰ.①苏…　Ⅱ.①苏…　Ⅲ.①城市建设—大事记—苏
州　Ⅳ.① TU984.253.3

中国版本图书馆 CIP 数据核字（2022）第 232141 号

书　　　名：苏州城建大事记

- -

编　　者：苏州市住房和城乡建设局
责任编辑：刘　冉
装帧设计：吴　钰

- -

出版发行：苏州大学出版社（Soochow University Press）
社　　址：苏州市十梓街 1 号　　邮编：215006
网　　址：www.sudapress.com
E-mail：sdcbs@suda.edu.cn
印　　装：苏州市深广印刷有限公司
邮购热线：0512-67480030　　销售热线：0512-67481020
网店地址：https://szdxcbs.tmall.com/（天猫旗舰店）

- -

开　　本：889 mm × 1 194 mm　1/16　　印张：27.75　　字数：896 千
版　　次：2022 年 12 月第 1 版
印　　次：2022 年 12 月第 1 次印刷
书　　号：ISBN 978-7-5672-4165-7
定　　价：380.00 元

- -

凡购本社图书发现印装错误，请与本社联系调换。服务热线：0512-67481020

编 委 会

锦绣江南，苏州独领风骚。苏州是首批国家历史文化名城之一，苏州古城是全国唯一的国家历史文化名城保护区，苏州人一直"像爱惜自己的生命一样保护好城市历史文化遗产"，探索出了独特的古城保护和现代城市建设路径。1999年出版的《苏州城建大事记》对此前苏州2000多年的城建史进行了系统梳理。作为该书的续篇，2022年出版的《苏州城建大事记》对自1999年以来的苏州城市建设与发展进程中的重大事件进行了梳理，目的就是总结历史、观照当下、展望未来，延续苏州古城历史文脉，紧跟苏城时代脉搏，谱写苏州城市建设新篇章，向党的二十大胜利召开献礼。

"一座姑苏城，半部江南史。"自1999年以来，苏州城建工作全面提速，市政交通基础设施建设、公共空间塑造、住房保障工程推进、城市建筑创新等进入新阶段。苏州市在强化基础建设、打通堵点节点、增强治理能力、提升管理水平等方面发力，着力解决制约项目推进的重点难点问题，为城市发展提升筑好基、铺好路，体现了苏州城建的力度；从内环快速路、中环快速路建设，到独墅湖南隧道建成，基础设施建设更加互联互通，市域一体化加快推进，展示了苏州城建的速度；从老旧小区改造、海绵城市建设，到"社区＋物业＋养老"新型服务模式探索，突出保障和改善民生，诠释了苏州城建的温度。苏州因城建获誉众多，先后获得"李光耀世界城市奖""国际花园城市""国家园林城市""全国无障碍建设先进城市""世界遗产典范城市"等荣誉。2020年，苏州入选全国新型城市基础设施建设首批试点城市；2021年，又被列入全国首批城市更新试点城市，进一步推动城市空间结构优化和品质提升。苏州在不断创新突破中焕发古城活力，实现古今辉映、相得益彰。

总结经验是为了更好地开创未来。站在"十四五"城市建设的新起点，开创苏州城市建设新篇章，需要我们认真研究过往的实践探索、建设经验。本书通过梳理20多年来的城建发展脉络，较为系统地呈现了苏州在城市转型和现代化发展中实现保护与发展、传统与现代、古老与时尚有机交融的探索实践，为未来更加包容、开放、创新地推动苏州城建高质量发展提供了充足的实践参照，为苏州这座历史文化名城的守护、建设和传承发挥了重要的理论支持和经验支撑作用。相信苏州城建未来将再上新台阶、再现新辉煌，《苏州城建大事记》也将不断书写新续篇、记录新美好。

序言

目录
CONTENTS

2021 年度大事记

附录一

历史文化名城保护

附录二

城市基础设施建设

附录三

民生改善

后记

1999 年度 大事记

苏 州 城 建 大 事 记

1999

1月

1月1日　《世界遗产——苏州古典园林增补名单》申报文本于1998年12月31日被递送至联合国教科文组织世界遗产委员会。列入这次增补名单的园林是沧浪亭、狮子林、艺圃、耦园和退思园，均为省级文物保护单位。

1月4日　苏州市建设委员会（以下简称"建委"）公布拆迁公告（99）第001号：由苏州市观前建设开发有限公司实施拆迁和观前地区整治更新首期工程。拆迁范围：东脚门、西脚门、观成巷、洙泗巷、牛角浜、宫巷、兰花街、太监弄、皮市街、碧凤坊、观前街、山门巷、清洲观前。

1月6日　观前地区整治更新首期拆迁动员大会召开，整治更新工程进入实质性启动阶段。首期拆迁涉及单位68家、居民520户。

1月7日　平江区召开观前地区整治更新动员大会。

1月10日　张家港市长安北路延伸拓宽工程开工。该工程全长1400米、宽24米，钢筋混凝土路面，总投资500多万元。

1月上旬　苏州市河道管理处完成《苏州城内桥梁示意图》的标绘。

由江苏省水文水资源勘测局和江苏省水文水资源勘测局（苏州分局）主持的"苏州城市水资源精测与评价研究"科研课题完成，顺利通过水利部、河海大学等6部门组织的专家鉴定。

苏州园林网与联合国世界遗产中心网站实现对接。

1月19日　作为苏州市区第一批解危安居工程的10号街坊通过市有关部门组织的综合验收。

1月22日　中韩合资项目张家港浦项不锈钢有限公司竣工投产。项目总投资为2.16亿美元，占地11.8万平方米。

1月26日　苏州市十二届人大二次会议开幕，苏州市委副书记、市长陈德铭在《政府工作报告》中提出1999年市区初定7件实事项目：完善城市路网，包括拓宽东大街至巾街路、凤凰街至临顿路、齐

施工前的10号街坊（1996年拍摄）

竣工后的 10 号街坊（1998 年拍摄）

门路、盘门路等；实施古城保护改造工程，包括观前地区整治更新，盘门景区、南浩街改造和十全街西段街景建设工程等；加快公共设施建设，包括改造供水管网，实现液化气供气管道化，调整公交路网及实施防汛、人防工程；改善居民居住条件，包括市区全年住宅竣工 100 万平方米，建设经济适用住房 84 万平方米，修复危房 10 万平方米，建设新城花园等住宅小区；提高城市环境质量，包括实施水环境综合整治工程，启动金鸡湖景区改造整治工程，新增绿地 80 万平方米，推广使用液化气汽车，完成 15 个无地队改造；亮化美化市容，包括实施观前等地区、干将路等道路的亮化工程，设立具有苏州特色的城市雕塑；建设社会事业标志性工程，包括建设苏州图书馆新馆、体育中心和工业园区游泳馆等项目。

苏州市建委公布拆迁公告（99）第 003 号：由苏州市文化局实施建造苏州图书馆工程。拆迁范围：张思良巷、石家湾。拆迁单位：苏州市市政建设拆迁办公室。

2 月 1 日 由苏州铁路工务段承担的沪宁铁路下行线超长无缝钢轨焊接施工任务完成。这根超长钢轨西起常州火车站，东至昆山正仪火车站，全长 104 千米。

2 月 3 日 《关于命名苏州市第三批新型小城镇的决定》印发。苏州市已有 81 个乡镇跻身"新型小城镇"行列，占全市乡镇总数的 50%。

2 月 5 日 《市区房改方案实施细则》出台。

2 月上旬 17 号街坊中官太尉 15、17 号古建筑改善工程通过苏州市文物管理委员会的竣工验收。该古建筑曾是清朝大学士袁学澜的故居，建筑面积 1000 平方米左右。

2 月 13 日 《关于加强基础设施工程质量管理的通知》发布，其中第五方面的第二十四项要求加强项目档案工作。

2 月 20 日 张家港市中医院门诊大楼竣工。该工程位于长安中路，建筑面积 5909 平方米。

2 月中旬 由日本 OF-FICE LEE 有限公司、上海梦时空间艺术设计有限公司和苏州乐园联合策划的建筑面积为 400 平方米的大型梦幻公寓在苏州乐园欢乐世界威尼斯水乡建成。

2 月 22 日 苏州工业园区 1998 年竣工工程全部验收合格，共完成建筑面积 51 万平方米，工业项目 20 个；在建项目建筑面积约 110 万平方米，形成绿地 51.2 万平方米。

1999

2月24日　　苏州市政府召开全市绿化工作会议，制定 1999 年苏州城市绿化工作目标。

全市完成市区湄长河等建成区内公里标段的河道疏浚工程。至此，市区共 58 千米的河道疏浚任务全部完成，实现了市区水网基本沟通。

2月26日　　观前地区居民住宅拆迁进展顺利，已拆除 220 户，计 9000 余平方米。首期工程计划拆除面积为 46223.73 平方米，其中民宅 17290 平方米。

3月

3月3日　　观前地区道路排水管线整治改造工程开工，观前地区整治更新工程全面启动。观前街全长 760 米，道路面积约 9000 平方米。

虎丘山风景区、拙政园、盘门风景名胜区、留园、昆山市亭林公园、吴江市退思园、吴县市东山启园、常熟市虞山公园、常熟市荷香洲公园、张家港市张家港公园，被苏州市精神文明建设委员会和市园林局评为"十佳文明园林"。

3月4日　　《苏州市 1999 年重点基本建设项目投资计划》印发。该计划共有 30 项，其中竣工项目 10 项；续建与新开工项目 15 项；前期准备项目 5 项。1999 年计划总投资 508288 万元。

3月5日　　观前地区整治更新路面建设工程当日零时分段开挖，市政工程进入全面施工阶段。

3月7日　　苏州高新区 1998 年新增绿地 30.7 万平方米，绿地总面积达到 214 万平方米，人均公共绿地 8.14 平方米，超过国家标准。

苏州建院营造有限公司总经理、锚梁式静压桩 3 项国家专利的发明人管明德，被世界文化艺术研究中心和中国国际交流出版社收录在《世界名人录（中国卷）》中。

3月10日　　十梓街拓宽改建工程开工。该工程西起五卅路，东至凤凰街，全长 490 米，工程分道路、排水两大部分。拓宽后的路幅总宽 30 米，其中混合车道宽 20 米，两边人行道各 5 米。工程排水采用雨、污分流制。

《常熟市沙家浜芦苇荡风景旅游区详细规划》通过专家评审组论证。按规划，景区将划分为 8 个游览区。

3月上旬　　苏州市实事改造工程——道路照明亮化工程启动，工程包括 14 条新建、改建道路和石路、火车站两地区的路灯亮化。这是苏州城市照明首次列入政府实事，工程总投资 5000 万元。

3月15日　　苏州工业园区都市花园住宅小区开工。该小区占地 20 万平方米，计划开发建设精品住宅 36 万平方米，总投资约 8 亿元。

苏州市区将规划建设快速轻轨交通，初步布局由横贯东西的轨道交通 1 号线和纵贯南北的轨道交通 2 号线组成。上海市隧道工程轨道交通设计研究院与苏州中咨工程咨询有限公司拟定的《苏州市轻轨交通工程预可行性研究报告汇报提纲》完成。

常熟市烈士纪念馆经过 3 个月整修后向市民开放。

3月16日　　三香六、七队无地队改造项目通过苏州市建委组织的综合验收，共建成 28 个楼群，安置原住户 224 户。

3月17日　　虞山复线船闸工程开工建设。该船闸位于申张线航道常熟市虞山南麓，船闸闸室长 180 米，口宽 16 米，设计年船舶通过能力 1270 万吨，工程投资 4951 万元。

3月18日　　太仓市老城区街坊改造拆迁安置动员会举行，1999 年太仓市老城区街坊改造建设工程的序幕全面拉开。

3月20日　　由苏州市市政工程建设总公司承建的观前街西段排水工程完成，共铺设污水管 350 米、雨水管 405 米。

3月中旬　　干将路路灯亮化升级改造工程竣工。7000 多米的路段上共更换光源 886 套，更新表箱 21 台，铺设地下管线 3000 多米，更新 460 只反光系数好的新型灯具，主照明由 100 瓦的灯改为 250 瓦的高压钠灯，使路面照度提高近两倍。

干将路相门段夜景（2000 年拍摄）

3月21日　　苏州工业园区出台工程质量终身负责制，不仅要求承建者保证工程质量，还对在交付使用后的质量跟踪、检查维修等方面做出具体规定。

3月22日　　由苏州市经济实用住房发展中心和苏州市房地产开发经营总公司实施的国家安居工程新康花园 2 期工程开始拆迁，规划范围占地 57.75 万平方米，规划总建筑面积 60.2 万平方米，总共要建 25 万平方米的经济适用房。

3月23日　　由苏州市自来水工程建设公司二处负责施工的观前街地下自来水管排设工程竣工。该工程全长 800 米，铺设的水管口径有 200 毫米和 500 毫米两种。

　　　　　枫桥镇新元村青年农民陈慧中投资百万元用于开发修复花山。

3月24日　　江苏省建设项目工程质量检查组完成对苏州市区和太仓市 12 个建设项目工程质量的检查。

3月26日　　北京市党政考察团来苏州参观考察。中共中央政治局委员、北京市委书记贾庆林表示，此次要着重学习高科技产业开发建设、古城改造的先进经验。

　　　　　苏州市委副书记、市长陈德铭，苏州市委常委、副市长沈长全视察观前地区整治工程进展情况，并听取了首期工程综合汇报。

　　　　　苏州市自当日起每日发布城市空气质量日报，成为自大连、厦门、上海、南京等 7 个城市之后，第八个发布空气质量日报的城市。

3月30日　　观前地区整治更新工程单位房和民宅拆除工作结束。首期工程共拆除面积 46223 平方米，其中单位房 28933 平方米、民宅 17290 平方米。

　　　　　苏州工业园区娄葑乡撤乡设镇。娄葑新镇区所在地（黄天荡）规划面积 5.3 平方千米，将形成一个新的行政中心。

1999

1999

| 3 月 | 太仓主江堤达标工程提前竣工，获江苏省水利厅颁发的"江海堤防达标优胜奖"。 |

4 月

4 月 1 日　由沧浪区建设局组织实施的苏州市政府实事工程——灯草桥泵闸改建工程动工。该工程将更新闸门，安装 2 台排水流量为每秒 1.5 立方米的水泵及电气设备。

观前地区整治改造工程中建筑面积为 9000 多平方米的 54 号地块和建筑面积为 15000 平方米的 38 号地块开始施工，由苏州第一建筑集团有限公司（以下简称"苏州一建"）中标承建。

4 月 2 日　全市 500 个建筑施工企业，全年施工项目 8703 个，竣工项目 6468 个，施工面积 1467.63 万平方米，竣工面积 779.16 万平方米，实现施工产值 91.46 亿元，比 1998 年增长 6.6%。苏州市区实事工程基本完成。

4 月 4 日　苏州汽车北站在 1996 年成为交通部首批示范窗口单位。经中央精神文明建设指导委员会办公室组织复查，全国交通系统 30 个示范点复查合格，该站榜上有名。

4 月 7 日　在建设部、国家文物局申报世界文化遗产论证会上，周庄、同里申报世界文化遗产的文本通过论证，拟在 7 月 1 日前正式向联合国教科文组织申报。

4 月 13 日　张家港市城市总体规划获建设部 1998 年度规划设计一等奖。

4 月 16 日　观前地区整治更新工程项目——单体建筑面积达 1.9 万平方米的观东商厦破土动工，工程由苏州二建集团有限公司（以下简称"苏州二建"）承建。

4 月 23 日　北环路建设全线亮灯，两段长度共 5000 多米，共装路灯 256 基 475 盏，以双悬挑为主，总功率为 60.1 千瓦，由 8 个表区分别控制。

盘门旅游开发公司实施的姑苏园工程动迁任务完成，共搬迁居民 286 户和单位 4 家，现房安置 88 户，货币安置 198 户，总计投入资金 2000 多万元。

4 月 25 日　由苏州市地图学会举办的"苏州解放 50 周年地图展"在苏州曲园结束，共展出苏州解放前后至改革开放 20 年来各时期的苏州地图 50 幅。

4 月 27 日　苏州市重点工程古城北侧东西向主干道——北环路工程竣工。至此，苏州市古城外环交通干线全部建成。

4 月 30 日　苏州市电网建设改造工程全面展开，总投资 35 亿元，1999 年投入资金约 15 亿元。

4 月　观前街主干道供电电缆、煤气管道、电信光缆、有线电视、自来水进户管道等浅层管线的铺设全部实施到位。

张家港市区二环路绿化带工程竣工。该工程全长 15.5 千米，将原有两侧各 5 米宽的绿化带拓宽至各 20 米宽，与张扬公路绿化带贯通，形成环城绿化带。

张家港杨（舍）锦（丰）公路开工。

5 月

5 月 1 日　"东吴小筑"在昆明世界园艺博览园正式对外开放。该项目是江苏省参加世界园艺博览会的代表作，由苏州市园林管理局承建。

5月5日	苏州古城 54 个街坊的控制性详细规划全部编制完成。
	张家港东菜场改造工程正式启动。
5月8日	沧浪区市政工程公司完成三多巷道路的拓宽改造工程，共铺筑沥青路面 1300 平方米，排设下水道 300 余米，建窨井 20 余座、边井 30 余座。
	常熟港标志性工程之一的公共保税库筹建工程正式奠基。保税库总占地面积 21 万平方米，其中仓库用房 4 万平方米，室外堆场 4 万平方米。
5月10日	吴县市公布该市第五批 4 处文物保护单位，分别为木渎镇的"冯桂芬故居""蔡少渔旧宅"、甪直镇的"萧氏旧宅""沈柏寒旧宅"。这 4 处文物保护单位均为清代建筑。
5月14日	苏州工业园区完成金鸡湖总体规划。金鸡湖位于苏州工业园区 70 平方千米规划范围的心脏地带，占地约 7.4 平方千米，该景观设计总体规划包括湖滨大道、水巷邻里、望湖角、金鸡墩、文化水廊、玲珑湾、波心岛等，分为 8 个小区。
5月16日	由苏州同科房地产开发有限公司建设的省级跨世纪小康示范住宅——万丽园工程在东大街、新市路口开工。该园占地约 2 万平方米，规划总建设面积 2.1 万多平方米。
5月23日	波特兰-苏州姐妹城市协会会长戴康妮女士率领的美国波特兰市园林项目后援团一行 20 人访苏。
5月25日	江苏省委根据《江苏省园林分类分级管理暂行办法》的规定，确定了全省第一批 172 个园林的等级。其中常熟市的虞山公园、燕园被确定为一级园林；书台公园、曾园、烈士陵园被确定为二级园林。
	永津桥卡口拓宽工程开工。永津桥原来的老桥宽 14 米，现拓宽至 40 米，为一孔 16.8 米先张预应力砼空心板梁桥；北引坡拓宽至西园路口，全长 113 米，并埋设雨水管和污水管。
5月	苏州市政府对 162 个乡镇书记、镇长进行"城市学"培训。
	张家港中心广场绿化工程竣工，绿化面积 7500 平方米，铺设草坪 4900 平方米。

6月

6月1日	张家港实事工程之一的张家港市少年宫落成开放。该工程建筑面积近 7000 平方米，总投资 1500 万元。
	张家港塘桥镇中心幼儿园、塘桥医院住院大楼和门诊大楼、塘桥防保中心大楼等 6 项实事工程开工，总投资 2000 多万元。
6月4日	国家环保总局公布 1998 年度全国 46 个重点城市环境综合整治定量考核结果。此次考核分别按综合、环境质量、污染控制、环境建设和环境管理排名。苏州市荣获综合得分第四名、环境质量单项第十名、污染控制单项第三名、环境管理单项第三名。
	由金阊区建设局承建的占地近千平方米的石路绿化广场工程启动，石路商场及周边 30 多户居民住宅、单位被拆迁。
6月5日	由交通部第二公路勘察设计院编制的《苏嘉杭高速公路苏州至吴江段初步设计》文件通过江苏省建委、江苏省交通厅审定。苏嘉杭高速公路北起常熟、南连杭州，全程 143 千米，预计 2003 年建成。
6月8日	观前地区整治更新工程地下管线铺设到位。在 780 米长的观前街上，雨水、污水、自来水、供电、邮电、有线电视、路灯、煤气共 8 种 11 根管线已全部入地。
6月10日	由中国园林建筑师设计、具有明代苏州园林风格的"寄兴园"在纽约市斯塔腾岛植物园落成并

1999

向游人开放。"寄兴园"建筑面积 1500 平方米，分成 3 座庭院，由数百米长的游廊和曲径通连。

6 月 15 日　　　　被列为苏州市政府 1999 年实事项目的齐门路拓宽改建工程破土动工。

6 月 18 日　　　　苏州跨入 21 世纪的重要标志性工程——苏州图书馆新馆工程在饮马桥原市政府大院举行奠基仪式。新馆占地面积 16000 平方米，总建筑面积 25000 平方米左右。

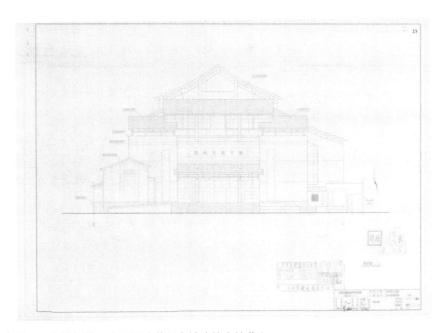

苏州图书馆新馆西立面图（苏州市城建档案馆藏）

6 月 20 日　　　　为期两天的全市小城镇建设工作座谈会在昆山结束，江苏省委常委、苏州市委书记梁保华指出下一阶段苏州市小城镇建设工作和发展的目标。

6 月 22 日　　　　张家港市江堤路面黑色化工程全面动工。工程总投资达 900 余万元，全长 41.5 千米，已完成工程总量的 10% 左右。

6 月 23 日　　　　由国家和地方共同投资近 30 亿元的太湖流域综合治理两项关键工程——望虞河水利工程、太浦河水利工程基本完工，从根本上解决了长期困扰江苏、浙江、上海两省一市人民的太湖洪水出路问题。

6 月 26 日　　　　1999 年常熟宝岩杨梅节和虞山宝岩生态观光园举行开幕、开园仪式。该园占地约 100 万平方米，种有 170 余株百年以上树龄的古杨梅树。

　　　　　　　　　张家港市实事工程之一的张家港高级中学奠基。该工程占地 10 万平方米，建筑面积 3.7 万平方米，总投资 5000 万元。

　　　　　　　　　张家港市第三自来水厂东区供水工程开工。东区供水工程是张家港市 1999 年十大重点工程之一，总投资 6500 万元。

6 月 27 日　　　　高新区地下管网信息系统通过验收。该系统可迅速、准确地

苏州图书馆新馆（2022 年拍摄）

1999

显现高新区地下管网系统，完成图形输出、数据检索统计和管线断面分析。

6 月 28 日　　苏州市进入防汛紧急状态。

　　　　　　　沙溪镇通过省级专家组评估鉴定，成为太仓市第一个省级历史文化名镇。

6 月 30 日　　江苏省副省长姜永荣与江苏省水利厅厅长翟浩辉等来苏州市检查防汛抗灾工作。

　　　　　　　1999 年 6 月降水量统计至 6 月 29 日 14 时，已达 602 毫米，超历史纪录。

6 月　　　　张家港市 204 国道鹿苑至西界港段拓宽改造工程竣工通车。

7 月 1 日　　江苏省委副书记许仲林来吴江市察看灾情，指导当前防汛工作。

　　　　　　　江苏省委常委、苏州市委书记梁保华和苏州市委副书记、市长陈德铭赴吴江市和苏州市区受淹严重的地段指导防汛工作。

7 月 2 日　　苏州市 27 个小城镇被江苏省政府确定为重点中心镇。

7 月 4 日　　根据国家防汛抗旱总指挥部的指令，望虞河望亭水利枢纽 12 时开启 3 孔闸门泄洪，至 17 时，调整为开启 5 孔，每孔闸门启高 2 米，此间实测流量为每秒 267 立方米。

　　　　　　　7 月 4 日晚 8 时，太湖平均水位已涨至 5 米，比历史最高水位高出 0.21 米。

7 月 5 日　　江苏省委副书记许仲林，江苏省委常委、苏州市委书记梁保华，江苏省副省长姜永荣和苏州市委副书记、市长陈德铭等省市领导检查了吴县市、吴江市的环太湖堤防。

　　　　　　　苏州全市境内沿江 30 多座涵闸全部开足闸门，连续向长江排水 20 多亿立方米。

7 月 8 日　　江苏省委副书记、省长季允石来苏州市检查抗洪救灾工作。

　　　　　　　上午 8 时，太湖平均水位涨至 5.07 米，超历史最高水位 0.28 米。根据国家防汛抗旱总指挥部的通知，太湖流域管理局决定于 7 月 8 日上午 8 时开启太浦闸泄洪。

7 月 9 日　　中共中央政治局委员、国务院副总理、国家防汛抗旱总指挥部总指挥温家宝在苏州、无锡考察防汛抗洪工作。

7 月 12 日　　常熟市城市建设档案馆顺利通过建设部城建档案目标管理委员会考评组"关于常熟市城建档案馆目标管理达'国家一级标准'的考评"，成为"国家一级城建档案馆"。

7 月 15 日　　太湖及苏州市各地河网、湖泊水位全面回落。

7 月 18 日　　观前地区整治更新工程中体量最大的建设项目——苏州观前商城结构工程封顶。该商城建筑面积 1.75 万平方米，为主体四层结构，另设有 2000 平方米的大型地下自行车停车场。

　　　　　　　张家港市实事工程——张家港市中医院举行门诊大楼启用仪式。

7 月 20 日　　位于干将路与凤凰街北端的市民广场开工。该广场南北长 122 米，东西宽 106 米，占地约 1.3 万平方米，绿化面积占广场面积的 50％。

7 月 24 日　　苏州跨入 21 世纪的重要标志性工程——苏州市体育中心奠基仪式举行。体育中心地处三香路狮山桥东南堍，工程总投资 3 亿元，占地 20 万平方米，将建成一个拥有 6000 个座位的体育馆、拥有 35000 个座位的体育场及配套的建筑体。

7 月 25 日　　盘门路拓宽工程开工。原路幅仅 9 米的车行道和 1～3 米的人行道，拓宽后路宽 30 米，其中快车道 14 米，慢车道、人行道、隔离栅各两条，分别为 4.5 米、3 米和 0.5 米。

7 月 27 日　　常熟市碑刻博物馆经 4 个月整体改造后重新开放。本次改造共投入 50 万元，碑廊由原来的 160 米延伸至 230 米，上墙碑刻由之前的 280 方增加到近 400 方。

7月28日　　　苏嘉杭高速公路江苏段开工。

江苏省委书记陈焕友结束在苏州市为期两天的视察，对苏州城市建设及苏州工业园区的发展给予肯定。

长江引航中心常熟引航站正式成立。

昆山市玉山广场正式奠基。

7月29日　　　苏州市人大常委会十三次会议闭会，通过《苏州市旅游管理条例》和《苏州市长江防洪工程管理条例》，同时通过关于《苏州市城市总体规划（1996—2010）》中扩大城市规划区范围的调整方案。

苏州工业园区新馨花园开工。该小区占地11.3万平方米，总建筑面积17万平方米，建筑密度20%，绿地占有率46%，总投资3亿元。

8月

8月5日　　　上塘街东段解危安居改造工程正式启动。此次拆迁涉及居民、单位用户近500户，拆迁面积近3万平方米，由金阊区新世纪置业有限公司承建。

8月10日　　　苏州巴士公共交通有限公司成立。该公司由上海巴士实业股份有限公司的全资子公司上海巴士投资管理发展有限公司与苏州市公交公司共同投资组建，注册资本2000万元。

8月上旬　　　观前地区整治更新工程进行过程中，在玄妙观三清殿前发现一眼千年古井。考古专家称，古井可能建于五代时期，为道教炼丹遗迹。

8月18日　　　新庄五、六队无地队改造首期工程告竣。改造工程分两期实施，首期5000余平方米工程由沧浪商业房地产开发公司承担。

8月20日　　　苏州市区二期街景灯光建设工程启动。苏州市政府召开市区街景灯光建设管理动员会，要求市区14条三纵三横主要道路及观前街、火车站、石路、南门4个主要窗口地区在国际丝绸旅游节、国庆50周年之前，完成沿街建筑物、道路、绿化带等公共部位的照明安装工作。

苏州市节能建筑试点工程通过江苏省建委、江苏省墙体材料改革办公室组织的专家组验收。

8月21日　　　吴江市建设工程质量监督站被评为全国十佳工程质量监督站。

8月25日　　　苏州二建通过ISO 9002质量管理体系认证，苏州二建全资子公司苏明装饰公司同时通过ISO 9002质量管理体系认证。

8月26日　　　《苏州市市区房改房上市交易试行办法》出台，苏州市区住房二级市场正式启动，房改房上市交易进入实质性运转阶段。

8月28日　　　苏州市公交公司新辟公交26路及调整、延伸部分线路，苏州市公交公司共有7条线路进入工业园区。

张家港市房地产交易新市场竣工开业，张家港市住房二级市场进入实质性启动阶段。

8月　　　由苏州二建承建的观前地区整治更新工程玄妙观22幢商业用房顺利通过交工验收。

9月

9月1日　　　《苏州市旅游管理条例》施行。

1999

9月2日	官渎里过境段改造工程竣工，正式通车。改造后的312国道官渎里过境段全长3.85千米，设计时速为80千米，路基宽25米，其中行车道15米，总投资近1亿元，被评为优良工程。

苏州市市政工程总公司通过 ISO 9002 质量管理体系认证。

9月4日 张家港保税区热电厂并网发电。该厂投资 1.6 亿元，厂区占地面积 90000 平方米，年发电量为 1.036 亿度，年供气量为 75 万吨。

9月5日 江苏省委常委、苏州市委书记梁保华，苏州市委副书记、市长陈德铭在新城花园酒店会见世界著名建筑大师贝聿铭一行。

9月7日 江苏省委常委、苏州市委书记梁保华，苏州市委副书记、市长陈德铭先后察看观前地区整治更新工程、凤凰街市民广场工程及盘门景区工程施工现场。

全国政协副主席李贵鲜来苏州市就"土地管理——土地资源与可持续发展"问题进行调研。

9月13日 中共中央政治局常委、国务院副总理李岚清在江苏省委书记陈焕友，江苏省省长季允石等陪同下，考察了苏州大学、苏州工业园区职业培训学院、37 号街坊、新城花园等工程。

9月16日 国家环保总局向苏州高新区颁发 ISO 14000 环境管理系列标准国家示范区牌。

9月17日 中央文明委召开电视电话会议，表彰全国精神文明创建工作先进单位。苏州市荣列全国创建文明城市工作先进城市，张家港市、昆山市等同时受到中央文明委表彰。

江苏省委、省政府在江苏省会议中心召开全省精神文明创建工作表彰大会，并授予 18 个城市江苏省文明城市称号，苏州市及所辖 6 个县市全部获得这一殊荣。

张家港市重点文化工程——张家港大戏院改造扩建工程竣工。该工程建筑面积 6518 平方米，总投资 1082 万元。

9月19日 吴县市顺利通过江苏省邮电管理局"电话小康村""电话小康镇"验收。至此，苏州市及所辖 6 县市已全部建成电话县市。

9月20日 十梓街拓宽工程混合车道全部铺上沥青层。至此，列为苏州实事项目的九路一桥工程中的中街路、养育巷、司前街、东大街、凤凰街、十梓街共 6 条道路已先后建成。

常熟市方塔公园一期改造工程通过竣工验收。公园规模由原来的 6400 平方米扩建至 12100 平方米。

9月21日 苏州市政府召开苏嘉杭高速公路江苏段征地拆迁动员大会，苏嘉杭高速公路建设工程进入实质性的全面启动和运作阶段。按规划，苏嘉杭高速公路江苏南段全长 54.37 千米，需征地约 686.87 万平方米，拆迁房屋 15.68 万平方米，迁移三线 459 道。

9月23日 列入苏州市政府重点实事工程的盘门景区开发建设首期工程告竣，举行开园仪式。

苏州市委书记梁保华、市长陈德铭先后实地察看火车站广场、石路商业区、南门地区、凤凰街、观前地区的环境整治和亮化工程。

9月24日 苏州市政府实事项目——三香广场当日起对外开放。三香广场占地面积 1 万余平方米，东西两侧设 8 米宽车行道，整个广场设照明灯 22 套、座椅 45 个，广场绿化面积 3590 平方米，工程总造价 400 多万元。

9月25日 苏州市跨世纪工程——观前地区整治更新一期工程竣工暨开街仪式，在整修一新的玄妙观正山门广场举行。

9月26日 苏州工业园区中央公园开园。

苏州工业园区都市花园二期工程茗华苑启动。

吴江市作为我国 2000—2001 年健康城市计划的 3 个试点城市之一，正向世界卫生组织申报立项。

9月28日 苏州汽车西站奠基开工。新站占地面积约 3.8 万平方米，按年平均日运量 15000 人次规划设

观前地区整治更新一期工程施工前（1999 年拍摄）

观前地区整治更新一期工程竣工后（1999 年拍摄）

计，总投资为 3500 万元。

苏州公交和苏州巴士两大公司新辟 701 路公交线，起点站为福星小区，终点站为东园，全长 8.5 千米。调整 5 路旅游线和 27 路内环线。

张家港市实事工程之一的张家港博物馆落成开馆。该馆占地面积 3.47 万平方米，建筑面积 7060 平方米，总投资 2200 万元。

太仓市体育馆、太仓市青少年活动中心等 16 项重点工程举行开工典礼和竣工仪式。

9 月 29 日 被列为苏州市委重点工程、苏州市政府实事工程的苏州福星污水处理厂开工仪式在古城西南、大运河畔举行。

9 月 30 日 常熟市政府 1999 年为民办实事项目——常熟市城市空气环境质量自动监测系统正式投用，并将于 10 月 1 日起正式向社会发布城市空气质量日报。项目总投资 300 多万元。

昆山市玉山广场正式竣工。

1999

9月	常熟市南门大街拓宽改造工程全面竣工。南门大街全长 400 米,拓宽改造后的路幅宽度为 16.5 米,其中黑色路面的混合车道宽度为 10.5 米,彩板路面的人行道宽度为 6 米,此外,还铺筑挡墙 400 平方米。
	常熟市方塔街街景改造工程国庆前夕全面竣工。

10月2日	暨阳湖公园一期工程建成开放。该公园位于张家港市西环路市环保局南侧,是该市 1999 年十大实事工程之一,总用地面积 6.5 万平方米。
10月5日	常熟市获得建设部授予的"全国园林绿化先进城市"称号。
10月上旬	苏州太湖古典园林建筑有限公司应邀为安徽广德设计建造的"竹瑰园"竣工开放。该园占地约 33333 平方米,建筑面积 2000 多平方米,是一座封闭式的仿江南园林。
10月13日	江苏省委常委、苏州市委书记梁保华实地调研城区部分汛期受淹地区情况。
10月15日	苏州工业园区被英国《企业测位》杂志评为"亚洲十佳工业园区"之一。
10月16日	常熟市方塔公园开园仪式在方塔公园东大门广场举行。
10月20日	苏州市建委公布拆迁公告(99)第 040 号:由苏州市水环境治理指挥部实施临顿河部分整治工程。拆迁范围:蒋庙前、任蒋桥下塘。拆迁实施单位:苏州市市政建设拆迁办公室。
10月22日	苏州市供电局对干将路上的"路中杆"施行彻底"手术",4 千米架空电缆将埋入地下。
10月23日	第二届中日韩风景园林学术研讨会在苏州市举行,此次会议主题为"传统园林的继承与发展"。
10月26日	苏州市正式通过了国家环保总局的验收,成为全国 13 个 ISO 14000 环境管理系列标准试点城市中第八个通过验收的城市。
10月27—28日	苏(州)嘉(兴)杭(州)高速公路常熟至苏州段工程可行性研究报告通过审查。
10月28日	中央文明办调研组结束在苏州市为期两天的文明城市创建情况调研考察。
	昆山市政府实事工程——昆山市福利院举办竣工落成活动。
	锡澄高速公路至张家港港区、保税区连接工程开工。该工程全长 11.92 千米,张家港境内长 2.36 千米,总投资 2.5 亿元。
	张家港市双山自来水供水工程投入运营,工程总投资 360 万元。
10月31日	1999 年昆明世博会室外庭园设施、设计、施工及单项创作竞赛奖评比颁奖仪式举行。"东吴小筑"获施工大奖,设计、庭园建筑、装修、山石水景金奖和设施、庭园铺地银奖。
10月	苏州市碑刻博物馆在文庙大成殿、月台整修工程中发现大殿满堂紫楠木。
	享誉海内外 300 余年的世界首部造园艺术专著《园冶》再次面世,由同里镇政府专门投资重版刊印的《园冶注释》一书正式发行。

11月3日	《苏州市长江防洪工程管理条例》发布,自 1999 年 12 月 1 日起施行。
11月6日	苏州市委、市政府在市行政中心召开全市水利工作会议暨抗洪救灾先进表彰大会。

11月17日　苏州市体育中心项目打下第一根工程桩，苏州市体育中心项目建设全面展开。该项目总概算为3.89亿元，20万平方米土地由苏州市政府无偿划拨。方案由法国何斐德建筑设计公司设计，上海现代建筑设计（集团）有限公司华东建筑设计院、天津建筑设计院进行配合设计。建设工程包括9个设施、18个分部项目。

11月22日　苏州市委、市政府召开城区防洪综合治理工程动员大会，苏州市之后两年头等实事工程正式启动。

11月23日　苏州市政府批转苏州市建委《关于苏州市城区防洪综合治理工程的实施意见》。

11月27日　十全街（三元坊至乌鹊桥）基础设施改造工程开工。本次改造将铺设污水管，改建雨水管及铺设其他专业管线。道路为一块板式，路幅断面为北侧人行道3米、车行道9米、南侧人行道7米。

11月28日　防洪驳岸工程监理开标。苏州天狮建设监理有限公司、苏州建筑工程监理有限公司、苏州工业园区建设监理有限责任公司、苏州建设监理有限公司中标，将分别承担驳岸工程的全过程监理任务。

　　　　　　常熟市110千伏碧溪（港区）输变电工程通过苏州市验收，正式启动投运。

11月29日　张家港百里江堤路面黑色化工程全线贯通，总投资达2.5亿元。

12月

12月1日　苏州市人大常委会审议通过《苏州市禁止开山采石条例》。

12月2日　苏州市政府1999年度重点建设项目——312国道苏州西线A段改造工程启动，工程总投资达1.2亿元。

12月3日　苏州市首个智能化住宅小区在苏州工业园区新加花园建成，实现"光纤到单元，网络进住房"。

12月4日　苏州市城区防洪工程规划定点现场踏勘工作完成。

12月6日　苏州市委常委、副市长沈长全及沧浪区和市有关领导考察皇亭街低洼地改造现场。

　　　　　　沧浪区大、小施家弄低洼地居民住宅改造工程开工。

　　　　　　平江区钱万里桥街启动房屋拆迁工作。

12月9日　防洪驳岸工程启动，平江区市政养护工程公司率先在平门桥至钱万里桥地段开工。

　　　　　　苏州市防洪工程指挥部、金阊区政府、苏州市动迁办等联合召开清洁路改造动迁大会，160户居民将动迁。

12月10日　沧浪区动迁办、沧浪区建设集团联合召开皇亭街低洼地改造工程动迁大会。200余户居民住宅及单位房将被拆除。

12月13日　苏州市房管局在平齐路召开驳岸工程开工典礼，房管系统驳岸工程正式开工。

12月14日　江苏省环保局、农林局联合表彰一批保护、改善生态环境成绩突出的村镇，首批命名了48个"百佳生态村"，苏州市6个村镇榜上有名。

　　　　　　苏州城区防洪大包围工程全面启动，杨家庄泵闸改扩建工程率先动工。

　　　　　　为全力支持防洪工程，苏州市商业银行发放贷款1.5亿元。

12月15日　苏州市委、市政府在东山召开环太湖大堤除险加固和应急工程建设会议，要求沿太湖地区重点加强环太湖大堤建设。

　　　　　　冰厂街防洪大包围工程开工。

12月16日　苏州市政府召开全市整治开山采石工作会议，落实苏州市禁止开山采石实施规划目标责任。

12月17日　由沧浪区政府负责实施的首批驳岸加高加固工程——南环城河北侧土堤加高加固防洪工程竣工。

1999

1999

12月18日	被列为生命线的驳岸工程动工。苏州煤气厂运河驳岸工程率先开工。
12月21日	《苏州市禁止开山采石条例》公布，自2000年2月1日起施行。
	苏州城区首批低洼地区居民动迁任务完成过半，383户动迁居民中，已有198户居民搬迁。
12月22日	国家考核组组长、国家环保总局副局长汪纪戎考核后宣布：苏州市创建国家环保模范城市的26项指标全部达到考核要求，同意将对苏州市"创模"的考核验收意见报送国家环保总局审定；同意通过对苏州市"双达标"工作的核查。
12月23日	张家港市被建设部命名为全国村镇建设先进县（市）。
12月24日	金阊区南码头低洼地区改造一期工程启动，需动迁175户，全部拆房建绿。
12月25日	平江区、金阊区分别召开了西汇路和上津桥下塘沿河低洼地区改造工程动迁大会，沧浪区皇亭街低洼地区改造回迁居民点挂牌，苏州市城区防洪治理工程之一的低洼地区改造工程全面启动并进入实质性运作。
	常熟市白雪路拓建工程全线通车，工程总投资4500万元。拓建后的白雪路全长830米、宽36米，并架设一座与路同宽、跨度为43米的莲灯浜桥。
12月28日	苏州市拥军实事工程——驻苏部队"拥军楼"正式落成。该楼位于苏州市区金门路，建筑面积7034平方米。
	苏州市区第一座人行天桥——东港人行天桥开通。天桥设在东港新村入口处，整座天桥桥面跨径37.6米，其中主桥长22米、宽5米、净空5.2米。由苏州二建钢结构分公司承担施工任务。
	昆山市房产交易管理中心建成运营。
12月29日	苏州市委、市政府召开绿化工作会议。会议提出加快城乡绿化，推进生态建设。
12月30日	1999年苏州市除观前地区人防通道工程暂缓实施外的所有实事工程已全面完成目标任务。
	世界文化遗产苏州古典园林揭碑仪式在拙政园举行。

东港人行天桥（2022年拍摄）

2000 年度

大 事 记

苏 州 城 建 大 事 记

2000

1月

1月1日　　1999 年"都市花园杯"十大民心工程评选揭晓，分别是：观前地区整治更新一期工程、干将路工程、苏州乐园工程、盘门景区改造工程、北环路工程、城区河道疏浚工程、七子山垃圾填埋场工程、苏州工业园区邻里中心工程、第一批街坊解危安居工程、更新城市公交车辆工程。

　　苏州高新区新宁自来水厂正式向高新区供水。

1月4日　　苏州城区第一条土堤驳岸工程建成。工程全长 170 米、高 5.5 米（吴淞高程），比城区石驳岸高出 0.5 米，位于桂花公园南侧环城河边。

1月5日　　苏嘉杭高速公路太浦河大桥正式动工。太浦河大桥全长 2160 米、宽 28 米，双向四车道，最大跨径达 70 米，工程投资达 9000 多万元。

1月6日　　苏州工业园区驳岸工程开工，全长 311 米。

　　在第三次全国城市环境综合整治考核中，苏州市再次被建设部评为"全国城市环境综合整治优秀城市"。苏州市市长陈德铭和苏州市建委主任陆祖康分别被评为"优秀城市市长"和"优秀城市建委主任"。张家港市、常熟市、昆山市、吴江市被评为"优秀城市"，太仓市被评为"先进城市"。

1月7日　　被列为苏州市政府实事项目的齐门路拓建工程车行道竣工。

1月8日　　苏州城区防洪综合治理工程指挥部召开绿化工程拆迁动员大会，城区沿河绿化林带工程进入全面实施阶段。

1月10日　　国务院批复江苏省政府《关于报请审批苏州市城市总体规划》的请求，原则上同意修订后的《苏州市城市总体规划（1996 年至 2010 年）》，确定苏州市的城市性质是：国家历史文化名城、重要的风景旅游城市、长江三角洲重要的中心城市之一。

　　金鸡湖景观规划设计初定，总投资达 11 亿元。

1月12日　　全国双拥工作领导小组、民政部、总政治部在北京召开全国双拥模范城（县）命名大会，苏州市、张家港市入榜。

1月14日　　由沧浪区政府负责实施的葑门桥北侧防洪驳岸工程开建。

　　江苏省建管局、江苏省建筑装修协会在苏州市举行 1999 年度江苏省建筑装饰优质工程表彰大会，苏州金螳螂建筑装饰有限公司承建的苏州胥城大厦装饰工程荣获优质工程金奖项目。

1月15日　　苏州市建委确定 2000 年城建主要任务：注重生态环境，讲究城市景观。

1月18日　　江苏省太湖大堤应急加固工程建设现场会在苏州市召开。

　　常熟市 110 千伏方塔输变电工程举行建成投运仪式。该工程总投资 6185.16 万元，占地面积 4800 平方米，建筑面积 2493 平方米。

1月19日　　郊区防洪驳岸工程全面展开，干部、群众捐款 50 余万元。

1月21日　　苏州市体育中心全面破土动工。工程由体育馆和体育场两大部分组成，占地 20 万平方米，建筑面积 7.11 万平方米。

1月22日　　联合国教科文组织专家浅川滋男在苏州市对列入《世界遗产——苏州古典园林》增补名单的沧浪亭、狮子林、艺圃、耦园及退思园开展考察活动。

　　1999 年苏州市实现新墙材建筑应用竣工面积、节能建筑面积等 4 个全省第一，提前一年全面完成江苏省、苏州市"九五"计划规定目标。

1月23日　　苏州城区防洪工程进入全面实施阶段。

1月24—25日　"1999年度中国建筑工程鲁班奖（国家优质工程）"颁奖仪式在北京召开。苏州二建承建的苏州新城花园酒店、昆山市钞票纸厂主厂房工程获得国家工程质量最高奖——"鲁班奖"。

苏州新城花园酒店（2022年拍摄）

1月25日　在全国房改工作会议上，苏州市被评为"全国房改先进城市"。

1月26日　江苏省委常委、苏州市委书记梁保华实地考察了苏州城区防洪综合治理工程、苏州市体育中心和苏州图书馆新馆等苏州市重点实事工程。

　　　　苏州市政府举行市区绿化工作责任书签约仪式。苏州市区2000年将添绿100万平方米。

1月28日　被视为苏州市区生命线的燃气集团煤气厂437米驳岸工程通过竣工验收。

2月

2月4日　苏州市委批复同意塘市镇兴建张家港欧洲工业园。该工业园总体规划面积182万平方米，其中新开发面积133万平方米。

2月6日　全国政协副主席钱正英来苏州市考察，并对苏州市的太湖水污染治理工作感到满意。

2月14日　被列入苏州市2000年河道疏浚计划的七浦塘河道疏浚整治工程开始动工。该河道总淤量达211万立方米，计划总投资2632万元。

2月16日　苏嘉杭高速公路上的苏嘉运河大桥开工。大桥全长632.792米，造价达2500多万元。

2月17日　由苏州市市政设施管理处负责实施的火车站雨水出水口改造工程破土动工。

　　　　由沧浪区政府实施的防洪道路枣市街、向阳桥沿河改造工程开工。

2月18日　被列为生命线工程的胥虹桥防洪驳岸工程动工建设。

　　　　江苏省政府表彰1998—1999年度全省27项先进领导绿化工程，太仓城区致和塘绿化风光带建设工程和苏州高新区索山开放公园建设工程入选。

2月24日　吴江市太湖大堤加固工程全线开工，吴江段47千米沿线承担的土方量达155万立方米。该项工程设计标准为顶高 7 米、顶宽 6 米,内坝高 4.5 米、宽 10 米,比老大堤普遍加厚 1 米。

2 月 26 日　　　以提高城市交通管理水平和现代化文明程度为目的的城市交通"畅通工程"活动在常熟拉开帷幕。

2 月 27 日　　　苏州市委副书记、市长陈德铭在《政府工作报告》中提出,2000 年苏州将在全市范围内实施以基础设施建设和技术改造为重点的实事工程,继续加大投资力度。

2 月 28 日　　　苏州古城区最大的环城防洪绿化带工程全面启动。该工程拆除房屋面积 3.5 万平方米,沿河植树绿化约 6.3 万平方米,总投资 1.395 亿元。

　　　　　　　张家港市图书馆新馆、污水处理厂二期工程、新世纪广场、万红别墅小区、杨新公路 5 项实事工程同时开工奠基。

2 月　　　　张家港市区首期夜景亮化工程建成,工程总投资 300 万元。

3 月

3 月 2 日　　　全长 81 米的人民桥北驳岸工程全部完成。

3 月 3 日　　　苏州市委、市政府隆重召开观前地区整治更新工程一期表彰暨二期动员大会,观前地区整治更新二期工程正式启动。观前二期工程规划总用地 14.52 万平方米,新建建筑 6.27 万平方米,改善建筑 5400 平方米,新增广场绿地 4600 平方米,新增机动车停车场 7700 平方米、非机动车停车场 3800 平方米,总投资约 3.34 亿元。

　　　　　　　苏州市首家区级房地产协会在高新区成立,区内 31 家房地产企业和有关单位成为协会的首批会员。

3 月 4 日　　　临顿路南段拓宽工程动工,这是市区"三横三纵"道路格局中实现凤凰街、临顿路、齐门路段畅通的"最后一仗"。

3 月 7 日　　　全市 2000 年城市环境长效管理工作会议召开。

　　　　　　　苏州市建委和苏州市房地产业协会联合举办的住宅小区规划设计与开发研讨班举行。

　　　　　　　皇亭街低洼地改造工程中最后一幢拆迁房——苏州第二制药厂二层集体宿舍楼拆迁完毕,共拆迁居民 205 户,拆除建筑面积 11283 平方米。

3 月 9 日　　　张家港新世纪广场、暨阳湖公园二期工程、人民路广场、204 国道部分路段、杨锦公路和市级河道等 10 处重点绿化工程启动。

3 月 10 日　　　沿沪宁高速公路昆山段两侧各宽 25 米、由 25 万株水杉和意杨组成的护路林带全线建成。建成后的沪宁高速公路昆山段护路林带全长 31.9 千米,绿化面积达 160 万平方米,投入 250 多万元。

　　　　　　　国家林业局授予吴县市"全国林业生态建设先进县(市)"称号。

3 月 12 日　　　作为城区防洪综合治理工程重要内容的望亭街、清洁路两处低洼地综合改造工程正式开工。

3 月 15 日　　　建设部推荐古镇周庄申报 2000 年迪拜国际改善居住环境最佳范例奖,有关申报材料已呈交建设部。

3 月 16 日　　　苏州市委、市政府发出《关于认真组织实施 2000 年苏州市实事工程的通知》,确定 2000 年苏州市实事工程共 10 个方面 50 个项目,包括太湖综合治理工程;长江江堤达标工程;淀山湖防洪工程;苏州工业园区华能发电厂一期工程;苏嘉杭高速公路江苏段工程;沿江高速公路苏州段工程;312 国道工程、沪宁高速公路苏州西互通至苏州高新区段改造工程;204 国道至 318 国道连接线 205 省道改建工程;苏申外港线整治工程;苏州汽车客运西站工程;西环路工程、南园路延伸工程；临顿路南段拓宽工程；苏州高新区防洪工程；观前地区整治更新二期工程；街坊解危安居工程；苏州市体育中心工程；苏州图书馆新馆工程；苏州日报社新闻业务用房工程；苏州电视台制作播出用房工程；苏州市红十字中心血站工程、急救体系和疾病控制中心工程；苏州医学院附属第一医院外科病房楼工程；金鸡湖西岸治理工程；园外苑旅游商品市场工程；申报世界文化遗产配套工程；等等。

3月18日　　2000年苏州市政府实事工程——苏州医学院附属第一医院外科病房楼工程正式破土动工。外科病房楼建筑面积约2.4万平方米，将设病床516张、手术室18间。

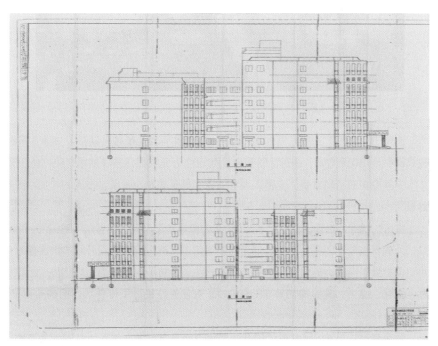

苏州医学院附属第一医院外科病房楼一期东、西立面图（苏州市城建档案馆藏）

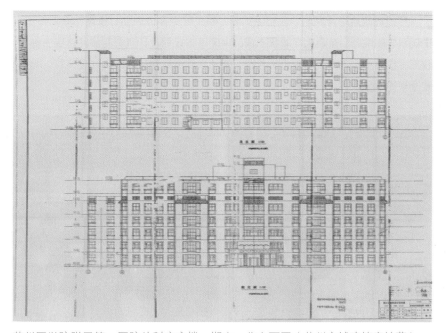

苏州医学院附属第一医院外科病房楼一期南、北立面图（苏州市城建档案馆藏）

苏州医学院附属第一医院外科病房楼（2022 年拍摄时已更名苏州大学附属第一医院）

苏州工业园区第三所现代化幼儿园——新馨花园幼儿园破土动工。该幼儿园占地 4000 平方米，建筑面积 3150 平方米，由园区管委会投资 500 万元按照江苏省基本现代化幼儿园标准兴建。

中共中央政治局常委、全国人大常委会委员长李鹏为张家港市题词"加快张家港市现代化城市建设"。

3 月 19 日　　城区防洪综合治理工程中全长 57 千米的驳岸建设已完成任务的 60%。

3 月 20 日　　为确保观前地区整治更新二期工程如期完工，苏州市政府召开观前地区整治更新二期工程领导小组（扩大）会议，苏州市委常委、副市长沈长全与苏州市建委、规划局、平江区政府，以及市贸易、文化、旅游、建设集团等 28 个建设、责任单位签订了责任状，明确二期工程中各自的目标、任务和责任。

3 月 21 日　　截至当日，总长 8500 多米的 8 条防洪道路建设已全面铺开，其中 4 条道路已完成近一半的工程量。

3 月 23 日　　国务院批准《苏州市土地利用总体规划（1997—2010）》。

3 月 24—25 日　　苏州市政府举行观前地区整治更新二期工程专家咨询会。建设部原副部长、两院院士周干峙，中国科学院院士、东南大学教授齐康，中国城市规划设计研究院顾问总工王健平，同济大学教授阮仪三、徐循初，东南大学教授吴伟明，江苏省城市规划设计研究院顾问总工吴楚和，南京大学教授崔功豪等与会。

观前地区整治更新二期工程专家咨询会（2000 年拍摄）

3月26日　　观前地区整治更新二期工程拆迁动员大会举行，工程进入实质性启动阶段。本次动迁涉及居民606户，需拆迁房屋25780平方米。

3月27日　　中日两国政府举行换文签约仪式，其中苏州水环境治理项目获62.61亿日元（4.86亿元人民币）贷款，将用于设备和材料购置。

3月28日　　《苏州市2000年重点基本建设项目投资计划》印发。该计划共有52个项目，分为非国债项目和国债项目。非国债项目中，竣工项目12项；续建与新开工项目21项；前期准备项目11项。国债项目中，竣工项目3项；续建项目5项。2000年计划总投资602437万元。

　　　　　　江苏省重点中心镇——梅李镇总体规划通过江苏省政府组织的专家组论证。

3月29日　　为期两天的江苏省环委会检查团检查考核结束，苏州市经济发展和环境保护工作较好地完成了1999年度责任目标。

3月31日　　苏州市政公用系统提前两个月率先完成防洪驳岸工程。

3月　　　苏州市政府2000年实事工程——500千伏输变电工程的土建主体工程基本结束，即将进入设备安装阶段。

　　　　　　常熟市境内204国道创建"绿色通道"工程正式启动。该工程将在常熟市境内44.4千米的204国道两侧各种植10米宽的林带，总投资500万元。

4月9日　　由苏州市航运公司疏浚工程分公司承建的石湖风景区低洼地段防洪围堤土基工程提前竣工，共完成1.5万余立方米的土基堆筑任务。

　　　　　　周庄古镇保护基金会正式成立。基金会首批接受捐赠800万元。

4月上旬　　苏州市精神文明建设委员会办公室与苏州市园林局联合发起绿地认养活动，首期推出的可供认养的绿地近10万平方米，共计12块。

　　　　　　苏州工业园区首家人防工程——建园大厦防空地下室开工建设。

4月12日　　南环西路从盘蠡路到苏福路段上新安装的154盏路灯被点亮，苏州市区环路路灯亮化工程启动。

4月13日　　苏州市政府重点实事工程之一的苏州市区水环境综合治理项目再获银行支持。工商银行苏州分行与承担该工程建设和管理的苏州清源建设有限公司签订8000万元贷款协议。

4月14日　　全市环境保护工作会议召开。

4月15日　　苏州城区防洪综合治理工程整体快速推进。六大工程中驳岸开工量已占工程量的86%，达到竣工验收标准的已有20千米。

4月17日　　在全国爱国卫生运动委员会公布的第四次全国城市卫生检查评比中，苏州市区及6县市所有城市获第四次全国城市卫生检查评比先进城市表彰。

4月18日　　国家环保总局局长解振华和江苏省环保局领导一行来苏州市考察环保工作。

4月20日　　观前地区整治更新二期工程动迁任务已完成过半，接受安置的近200户居民中已有60户搬入新居。

4月中旬　　江苏省委常委、苏州市委书记梁保华分别在苏州市副市长沈长全、江浩及有关方面负责同志的陪同下先后察看了观前地区整治更新二期工程、环太湖大堤工程等苏州市委、市政府确定的实事工程的建设进展情况。

4月23日　　中国旅游风景度假区博览会上，苏州市旅游、园林部门参展的展台获得两项优秀展台奖。

4月24日　　　宫巷道路动土开挖，观前地区整治更新二期工程正式开工。根据规划，改造后长达430米的道路将从7米拓宽至14米。

4月25日　　　全国劳动模范苏州二建项目经理杨绍义，全国先进工作者沧浪区盘门房管所下水道工人许四男、苏州工业园区规划建设局总规划师时匡，启程赴京出席表彰大会。

4月26日　　　江苏省建委会同江苏省交通厅召开的苏嘉杭高速公路常熟至苏州段初步设计审查会结束，原则上通过了由交通部第二公路勘察设计院编制的北段设计方案。

　　　　　　　　苏州市人大常委会副主任陈浩视察苏州市城建档案馆。

　　　　　　　　苏州市城市电网改建国内领先，被列为全国13个年底竣工城市之一。

4月28日　　　苏州华能热电厂、水泥厂、冶金厂的防洪驳岸最后一块模板拆除，苏州建设监理有限公司负责监理的全长3000米的胥江河段防洪工程提前竣工。

5月

5月3日　　　苏州市建筑工程集团有限公司负责实施的1400余米防洪驳岸工程提前竣工。

5月6日　　　交通部部长黄镇东在江苏省委常委、苏州市委书记梁保华的陪同下来苏州市考察苏嘉杭高速公路吴江段等交通设施的建设。

5月9日　　　苏州市墙体材料改革领导小组会议做出决定，苏州市自6月1日起限时禁止使用黏土实心砖，限时截止期限为2003年6月30日。自7月1日起，四层以上砖混结构建筑中禁止使用苏州地方标准的八五系列砖，应采用国家标准的KP1多孔砖。自2021年7月1日起，全市全面禁止使用八五系列砖。

　　　　　　　由金阊区承担的2.53千米长的防洪驳岸工程全部竣工。

5月10日　　　苏嘉杭、沿江高速公路常熟段工程建设指挥部举行首次组成人员会议，就常熟境内两条高速公路开工前的准备工作做部署和研究。

5月上旬　　　亚洲太平洋经济合作组织（APEC）可持续发展中心莱斯特一行来张家港市进行考察，该市被列为亚洲太平洋经济合作组织可持续发展社区能源规划项目试点城市。

　　　　　　　苏州城区娄门泵闸通过竣工验收，由原来每秒流量2立方米提高到每秒流量6立方米。

5月13日　　　全长2.8千米的南环西路（人民南路—苏福南路）路灯亮化工作全线完成。路段共装新路灯290盏，总功率比亮化前提高8倍。

　　　　　　　昆山市红峰、朝阳、柏庐、玉龙4个住宅小区综合整治工程正式动工。

5月15日　　　据江苏省房地产管理处的情况通报，目前全省居民人均住房使用面积达14.5平方米，提前一年完成"九五"预定目标任务，苏州市区人均住房面积15.36平方米。

5月16日　　　苏州市工程建设项目的报建率和招投标率1999年均达到100%，公开招投标率达到98.27%，比1999年提高了16.28个百分点，超过了90%的省定标准。

5月19日　　　截至目前，苏州市改装使用的液化气出租汽车已逾1000辆，占市区出租车的50%。

　　　　　　　苏州市地下水人工回灌工作结束。据统计，1月至4月市区共完成回灌量60.8万立方米，市区地下水静水位比1999年同期上升0.06米。

5月20日　　　长达430米的宫巷道路一期工程完工。

5月中旬　　　由沧浪区建设局负责实施的小觅渡桥泵闸主体工程竣工。

5月21日　　　金阊区首个民资参与的街坊改造项目上塘街（石路商业广场）启动。

5月22日　　苏州工业园区青秋浦大桥经国家工程质量奖审定委员会评定，荣获 1999 年度国家优质工程银质奖。

青秋浦大桥（2022 年拍摄）

5月23日　　由中国联合国教科文组织全国委员会、建设部和国家文物局联合组织召开的中国世界遗产地工作会议在苏州市开幕。

　　　　　　苏州市政府召开全市防汛防旱工作会议，要求确保全市城乡安全度汛。

5月24日　　根据《苏州市城市房屋拆迁证管理规定》的要求，苏州市拆迁工作人员从当日起必须持证上岗。

　　　　　　江苏省委常委、市委书记梁保华到滨河路、西汇路、钱万里桥、清洁路、皇亭街等地察看城区防洪治理工程施工现场。

5月25日　　观前地区整治更新二期工程土建启动，总面积 5000 平方米的碧凤坊美食广场地下停车场开挖。

5月26日　　《张家港市生态城市建设规划研究工作大纲》通过专家论证。

5月28日　　苏州市政府实事工程——葑门半岛低洼地综合改造拉开帷幕，工程需动迁居民 230 户，共计 800 人，拆除房屋建筑面积 16800 平方米，其中违章建筑面积 4300 平方米。

5月29日　　沧浪区政府牵头实施的总长 2476 米的防洪驳岸工程全线告竣。

5月　　　　吴县市环太湖 68 千米大堤除险加固工程全线告竣。

6月

6月1日　　古镇周庄总投资 2000 多万元的供电、邮电、广电三线入地和污水管铺设工程开工。

　　　　　　苏州市建筑科学研究所研制出的"凡柯特"有机硅憎水剂攻克了墙面渗水难题，被建设部、国家建材局列为重点推广科技成果，被全国房屋防水网列为"九五"信得过推荐产品。

6月4日　　苏州市区 2000 年新建绿地 80.3 万平方米，完成计划的 80.3%，共投入资金 4485 万元，春季绿化工作取得阶段性成果。

6月8日　　苏州市委副书记、市长陈德铭到建设中的苏州市体育中心工地考察建设进展情况。

6月9日　全国人大环境与资源保护委员会主任委员曲格平、全国人大农业农村委员会副主任委员杨振怀率领的检查组结束在苏州市为期两天的《土地管理法》贯彻执行情况检查。

6月13日　江苏省委常委、苏州市委书记梁保华前往观前地区整治更新二期工程、312国道苏州西线A段改造工程、汽车西站工程等实事工程建设现场考察。

　　平江区金澄建筑公司承建的沿河144米防洪驳岸建成，城区防洪驳岸工程提前一年全面竣工。据统计，全市计划新建驳岸9.3千米，实际施工超过15千米。

6月16日　沿江高速公路建设项目批准立项，工程许可审查通过，初步设计工作将展开。沿江高速公路全长103.99千米，预算投资约39亿元。

6月18日　苏州图书馆新馆工程主体结构封顶。

6月19日　被江苏省委、省政府及苏州市委、市政府列为2000年重点实事工程的苏嘉杭高速公路上半年度工程目标提前完成。

6月20日　苏州市交通运输局召开交通重点工程建设纪检监察工作会议，会上提到2000年苏州市交通基础设施投入将达到20.15亿元，投资规模超过历年最高水平。

沿江高速公路常熟段（2022年拍摄）

沿江高速公路张家港段（2022年拍摄）

沿江高速公路太仓段（2022 年拍摄）

6 月中旬　　　被列为苏州市政府实事工程的西汇路低洼地区居民动迁工作全部结束，共动迁居民 137 户。

6 月 22 日　　省级园林城市考核组考核检查太仓市创建园林城市工作。经过实地检查，考核组专家认为太仓市已基本具备省级园林城市条件。

6 月 23 日　　苏州市有关设计、监理、质检方面的专家乘船对苏州大学环城河防洪驳岸进行最终验收，质量评定优良。

6 月 24 日　　江苏省、苏州市重点交通工程——苏州市常熟虞山复线船闸举行通航典礼。

　　　　　　　苏州市旅游发展重要指导依据——《苏州旅游总体规划》编制工作正式启动。

6 月 26 日　　第二届中美市长城市发展与合作研讨会在苏州市召开。会上，苏州市委副书记、市长陈德铭做了关于苏州古城保护与发展的主题发言。

6 月 28 日　　京杭大运河总体建筑规模最大的江陵大桥竣工通车。大桥全长 670 米，其中桥长 385 米、宽 24 米。

6 月　　　　张家港市杨锦公路竣工通车。

江陵大桥（苏州市吴江区城建档案馆藏　2000 年拍摄）

7月

7月1日　《苏州市市区 2000 年度房改调整方案》正式实施。

张家港市第三自来水厂东区供水工程竣工，历时 3 年、投资 1 亿元的东、西区供水工程全面完工。

7月2日　苏州市房管局接到建设部通知：苏州市房屋置换中心被列入全国百家"放心中介"。

7月3日　干将路所有路口安装的行人过街指示灯正式投入使用。

7月5日　《苏州市航道管理条例》公布，自 2000 年 8 月 1 日起施行。

苏州市委副书记、市长陈德铭，苏州市委常委、副市长沈长全实地察看齐门大桥、汽车北站、钱万里桥、上津桥、皇亭街的城市防洪工程。

东环路全线 494 盏路灯全部更换新灯具，城区北、南、西、东各环路相继完成亮化改造。

2000 年上半年，苏州市建筑业海外承包的建筑工程新签合同 4000 万美元，比 1999 年同期增加 20%，完成额达 1700 万美元。

7月9日　"世界遗产——苏州古典园林增补名单（沧浪亭、狮子林、艺圃、耦园和退思园）"获通过，将于 2000 年 12 月提交给在澳大利亚召开的联合国世界遗产会员国大会做最后投票表决。

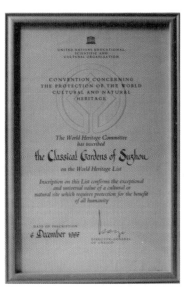 

苏州园林入选世界历史文化遗产证书（1998 年拍摄）

7月上旬　住建部传出喜讯，古镇周庄获 2000 年"迪拜国际改善居住环境最佳范例奖"全球百佳范例称号。

7月12日　苏州市地面沉降趋势继续减缓。根据苏州市勘察测绘院 2000 年 6 月的观测结果，在 43 个水准点中，沉降量减小和持平的有 30 个。

7月17日　由沧浪区建设局投资 6 万元组织实施的泰让桥西南桥引坡道路改造工程竣工。

苏州市区 2000 年新增 100 万平方米绿地的任务提前完成，共新建绿地 104.48 万平方米，约超额 4.5%。

张家港市广电大厦举行落成典礼。该工程建筑面积 2 万平方米，高度 86 米，总投资 5000 多万元。

7月18日　经过全面维修的常熟市崇教兴福寺塔通过江苏省文化厅组织的验收。

7月19日　由苏州市市政工程总公司施工建设的高新区保税仓库、齐门大桥和观前地区一期工程被评为省优工程。

7月中旬　　由姑苏排水工程公司承建的全长约3千米的西汇路、东汇路、运河公园－何山桥、江枫园上塘河段、树脂厂、造漆厂驳岸工程完工。新建设的西汇路防洪驳岸约360米，解决了多年来汽车北站汛期受淹严重的问题。

7月23日　　苏州市文物管理委员会（以下简称"文管会"）发现全楠木民间建筑。城东中心小学内王家祠堂后厅为全楠木厅，22根厅柱、厅中梁枋、雕花、门窗均为楠木。

7月24日　　苏州工业园区建设监理公司对市果品公司等4家单位的防洪驳岸进行最后验收。至此，沧浪区境内的所有防洪驳岸共7905米全部验收结束，工程合格率达100%，优良率达88%。

7月27日　　根据江苏省政府的部署，到2005年，苏锡常地区将全面停采地下水。江苏省有关部门来苏州市开展专项立法调研。

　　　　　　　吴宫喜来登大酒店举行五星级饭店揭牌仪式。

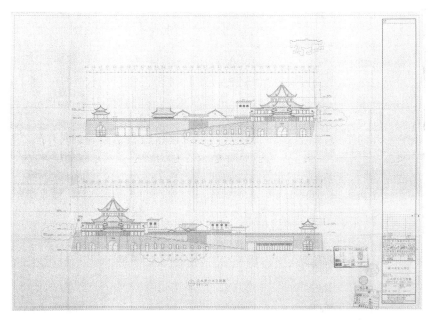

吴宫喜来登大酒店北立面图（苏州市城建档案馆藏）

吴宫喜来登大酒店（2022年拍摄）

2000

2000

7月28日	苏嘉杭高速公路北段建设启动，预计投资 18 亿元。
7月30日	由苏州市市政设施管理处实施的西汇路防洪道路改造工程竣工。改造道路总面积约 11000 平方米，其中车行道面积约 8000 平方米，人行道面积约 3000 平方米。

8月

8月5日	长江堤防建设重点项目——浒浦闸改建工程正式开工。该工程总投资 5155 万元，由江苏省、苏州市和常熟市三级负担。
8月8日	苏州交通旅游客运有限公司组建，首期开通西山、周庄、角直、同里 4 条专线。
8月10日	苏州市启动环境整治工程，迎接亚洲太平洋经济合作组织财长会议在苏州举行。工程共分 4 个部分，包括城市基础设施建设、街景改造、市容提升、烟尘噪声控制。
8月上旬	苏州火车站雨水出水口改造工程通过竣工验收，质量评定优良。
8月16日	苏嘉杭高速公路北段（常熟至苏州）拆迁工程正式启动。
8月18日	苏嘉杭高速公路项目贷款签约仪式举行。
	昆山市绣衣大桥重建通车。
8月23日	苏申内港线航道整治工程正式启动，计划总投资 1.3 亿多元。苏申内港线全长 109 千米，其中江苏境内长 61.3 千米，年货运量达 2600 多万吨。
	苏州市西线防洪控制屏障环太湖大堤应急加固土方工程通过验收，质量达到优良等级。工程总长 115.99 千米，土方 471.5 万方。大堤按 II 级堤防，防洪设计水位 4.66 米加抗 8 级风浪的设计标准进行加固，总投资 7562 万元。
8月25日	苏州市市政公用局对人民路、西园路、留园路、石路等 16 条主次干道 36 万平方米的路面实施全面整修、沥青罩铺改造工程。
8月30日	苏州市供电部门落实资金 5000 余万元，在年内对"八路三片"供电架空线实施入地改造工程，预计将拆除架空线路 11000 米、拔除电杆 1000 余根。
	沧浪市政公司实施的相娄滨河路工程竣工通车。该工程南起干将路，北至日规路，全长 1170 米，路宽 18 米。
	205 省道苏常线改建工程开工。

9月

9月7日	太仓市正式通过全国爱卫办国家卫生城市考核鉴定组的工作考核。
9月8日	经国务院批准，苏州市郊区正式更名为虎丘区，并于 9 月 8 日举行揭牌仪式。
	以全国政协副主席赵南起为团长的全国政协常委视察团一行 60 多人来苏州市视察小城镇建设情况。
	由联合国人居中心信息办公室等单位主办、苏州太湖之星开发建设有限公司等单位承办的创新风暴、中国生态型假日房地产"太湖之星"专家峰会在苏州太湖旅游度假区召开。
9月11日	由通磊电子有限公司与苏州市勘察测绘院共同研制的《苏州电子地图》初版问世。

日本东京大学法学部教授城山英明与国际协力银行（JBIC）东京本部总务部次长崎亚共同率领的调查团来苏州市，对国际协力银行在苏州市贷款项目——苏州市区水环境综合治理项目的实行情况进行考察。

9月12日　昆山市政府实事工程——盆渎村改建工程正式启动。

9月16日　由苏州市电建局和供电局市区分局实施的石路架空线改电缆入地工程基本告竣，拆去架空线1.2万多米。

9月20日　连接沪苏的黄金水道——苏申内港线和申张（张家港）线整治工程全线开工。全线按五级航道标准进行全面整治，总投资达3.22亿元。

9月21日　苏州市又有26处古建筑被纳入控制保护范围。至此，苏州市被控制保护的古建筑已达234个。

9月22日　常熟市尚湖穿湖大堤的标志性工程——17孔仿古桥顺利合龙。桥梁全长228米、宽13米。工程总投资800多万元。

9月24日　被列为2000年苏州市实事工程之一的苏州汽车西站竣工开业。该车站占地面积3.8万多平方米，总投资3500万元。

　　苏州市委、市政府召开城市环境综合整治动员大会。

　　312国道西线改造竣工后正式通车。

9月28日　全国爱卫会命名太仓市为"国家卫生城市"。

9月29日　《关于在苏锡常地区限期禁止开采地下水的决定》公布，苏州市3年内封闭所有深井。

　　张家港市区暨阳路北区液化气低压管网建设首期工程竣工，3000户家庭用上了管道液化气。

9月30日　由国务院确立的太湖综合治理十大骨干工程中的头号工程——太浦河工程全线通过竣工验收。

　　苏嘉杭高速公路南段（苏州至吴江段）土方工程提前3个月完成，工程总投资达10.85亿元。

10月1日　昆山市亭林园西部景区正式对外开放。

10月2日　常熟国防园竣工落成。国防园占地面积4万平方米，建筑面积7500平方米。

10月12日　苏州市七浦塘沙溪段河道疏浚整治工程全面通过竣工验收。

　　据苏州市委、市政府要求，市区于10月18日至31日对人民路实施封闭改造。

10月13日　国家环保总局副局长宋瑞祥率领太湖水污染防治调研组来苏州检查。

　　苏州市召开地下水资源管理工作会议，贯彻江苏省政府《关于在苏锡常地区限期禁止开采地下水的决定》。

10月16日　中新联合协调理事会第五次会议在苏州工业园区召开。中共中央政治局常委、国务院副总理李岚清和新加坡共和国副总理李显龙共同为《亲兰之旅》雕塑揭幕。

10月17日　苏州市委、市政府实事工程项目——石路地区环境综合整治基本完成"四大工程"：五线入地（供电、电信、联通、有线电视、煤气管线），公共设施更新，广告重组，新增绿地。

　　中共中央政治局常委、国务院副总理李岚清先后考察了市区的盘门、观前街和江南古镇甪直、周庄。

10月20日　人民路拆除1.5万平方米小方石路面，用于平江绝对保护区与文庙的建设改造。

10月中旬　苏州市政府实事工程——204国道常熟复线工程竣工，举行通车仪式。该工程总投资1.2亿元，采用一级公路技术标准，全长10.399千米。

由苏州市市政设施管理处负责施工的西汇路防洪道路改造工程通过竣工验收。

10月31日　历时 14 天封闭改造的人民路全线通车。此次改造罩铺沥青 9 万余平方米，供电、电信和有线电视三线入地 15 千米。

在全国 1064 个内河港口货物吞吐量的最新排名中，常熟港名列全国十大内河港口第九位。

10月　苏州市大规模整治通沪航道——苏申外港线航道整治工程通过竣工验收。该工程全长 29.68 千米，总投资 1.4 亿元，工程质量全部达优良等级。

苏申外港线航道（2022 年拍摄）

11月

11月3日　中央纪委、监察部执法监察室主任杨伟民一行来苏对有形建筑市场的运作情况进行工作调研。

11月5日　被列入 2000 年苏州市政府实事项目的景德路南侧街景整治工程正式启动。

11月7日　苏南运河苏州段创建全国文明样板航道通过江苏省交通厅组织的检查验收。

11月8日　沿江高速公路项目在张家港市杨舍镇举行开工典礼。沿江高速公路（常州至太仓段）全长约 137 千米，工程总投资约 56 亿元。

11月10日　干将路路面改造工程启动。

11月上旬　经国家环保总局华夏环境管理体系审核中心审核认证，苏州高新区污水处理厂顺利通过 ISO 14001 环境管理标准现场审核。

国家环保总局批准张家港市建立联合国环境署全球环境信息交换系统中国总部张家港分部，张家港市全球环境信息交换系统建设正式启动。

11月14日　高新区环境整治取得阶段性成果。全区安排首期整治资金 3017 万元，现已投入 1800 万元，拆除违章建筑 3 万多平方米。

11月15日　全国人大常委会委员汪家镠带领的全国人大《文物保护法》执法检查组结束在苏州市为期 3 天的检查，对苏州市依法保护古典园林和水乡古镇的成绩予以肯定。

11月16日　苏州市区河道清障工作进展顺利，古城区内外共计 32 处围堰和土坝被清除，并通过测量验收。

11月17日	《苏州市人民代表大会常务委员会关于拆除违法建筑的决定》公布。
11月20日	七子山生活垃圾填埋场二期工程正式启用,工程投资额达500余万元。
11月中旬	苏州市市政工程总公司斥资40万元,进行坝基桥南北环境整治。
11月21日	全国建设项目环境保护管理工作会议在苏州市举行。
11月23日	吴县市创建国家卫生城市顺利通过国家爱卫办考核检查组专家考核验收。至此,苏州市所辖6个县市已全部通过国家卫生城市验收。
	张家港高级中学建成,并举行落成典礼。
11月28日	2000年苏州市政府实事工程之一的苏州交通控制中心大楼工程竣工并通过验收。

苏州交通控制中心大楼(2022年拍摄)

11月29日	平江区政府投资60万元的临顿路一期亮化工程竣工。
11月30日	作为世界遗产扩展项目的沧浪亭、狮子林、艺圃、耦园及退思园5家苏州古典园林在澳大利亚凯恩斯召开的联合国教科文组织第二十四届世界遗产委员会会议上被正式批准通过。至此,苏州市共有9家古典园林被列入《世界遗产名录》。
11月	由苏州市市政设施管理处负责施工的西北街污水截流工程破土动工。

12月

12月2日	常熟市举行2000年国家小康住宅示范工程琴枫苑小区综合验收总结会,该工程通过综合验收。
12月4日	由苏州建设集团所属苏景房地产开发合作公司建设的狮林苑小区顺利通过建设部有关专家验收,达到国家小康住宅示范小区标准。该小区总建筑面积4.63万平方米,总住户229户。
	在2000年度国家级优秀勘察设计评选中,"苏州古城控制性详细规划"项目荣获第九届全国优秀工程设计银奖。
12月7日	苏州市政府实事工程项目的生命线工程——长江防洪工程的主江堤护砌和防汛公路建设任务全

面完成。长江防洪工程已累计完成投资 5.87 亿元。

12 月 8 日 　　江苏省政府正式批准太仓市为省级园林城市。

12 月上旬 　　苏州市政府实事工程观前地区整治更新二期最大的单体工程——"5 号公建"工程封顶。"5 号公建"工程项目施工面积 18000 平方米，总建筑面积 21500 平方米。

12 月 14 日 　　国务院副秘书长马凯一行，结束在苏州市为期两天的就江苏、苏州太湖水污染防治工作的调研，指出苏州治理太湖措施得力、效果好。

12 月 16 日 　　2000 年苏州市居民人均居住使用面积为 16.2 平方米，比 1995 年增长 23%。

12 月 18 日 　　由苏州市市政公用局承担的 5 万余平方米的市区人行道改造任务基本完成。

　　由干将路管理处负责实施的干将路全线近 7 万平方米的人行道板铺设任务全部完成。

12 月 25 日 　　为期约 3 年的苏州市区城网建设和改造工程基本完成。此次改造总投资 14.17 亿元。

　　"8 路 3 片"架空线改地下电缆工程全部竣工。

　　张家港电厂燃气－蒸汽联合循环发电工程初步可行性研究报告审查会议在馨苑度假村举行。项目估算总投资 25 亿元，投产后年可发电 30 亿度左右。

12 月 26 日 　　太湖流域综合治理工程中最大的单体项目——太浦河泵站正式开工。

12 月 27 日 　　苏州市体育中心场馆主体顺利结顶。

12 月 　　总投资约 1.45 亿元的娄江污水处理厂破土动工，建成后日处理污水能力可达 12 万立方米。

2001 年度

大事记

苏 州 城 建 大 事 记

2001

1月

1月3日　在国家 AAAA 级旅游景区（点）评比中，苏州市拙政园、虎丘、苏州乐园、周庄顺利入选，苏州市成为江苏省内拥有 AAAA 级旅游景区（点）最多的城市。

1月4日　望虞河、太浦河工程至 2000 年全面竣工，工程质量在水利部验收中均达优良等级。望虞河工程累计完成工程量土方 1528 万立方米，建闸 79 座，建护岸挡墙 60.18 千米，累计完成投资 3.6204 亿元。太浦河工程累计完成工程量土方 759 万立方米，建配套建筑物 31 座，建护岸挡墙 75.11 千米，累计完成投资 2.2956 亿元。

1月5日　采香花园被评为"全国物业管理优秀示范小区"。

1月上旬　苏州建设集团投资 50 多万元修复皇亭街的清三石碑。

1月12日　苏嘉杭高速公路建设工程 2000 年全面超额完成年度各项目标任务，完成投资 8.16 亿元，累计完成投资 13.01 亿元，占建设总投资 28.8%。

1月20日　总投资约 3.1 亿元的观前地区整治更新二期工程如期完成任务。

2月

2月4日　2000 年高新区共新增绿地面积 43.3 万平方米。高新区绿地总面积已有 450 万平方米，其中公共绿地达到 120 万平方米，人均公共绿地 16.5 平方米。

2月10日　苏州工业园区湖滨大道基本建成。湖滨大道投资 6500 万元，面积约 20 万平方米，已完成湖驳岸 2400 多米；建成道路和停车场 3.45 万平方米，其中湖滨大道宽 16 米、长 690 多米，竣工人行桥 5 座；铺设通信、供电、自来水等管线 9 种；绿

湖滨大道（2022 年拍摄）

2001

化地块 18 万平方米。

苏州工业园区城市广场开始动工，工程总投资 5900 万元。

2月上旬 苏州市环保局被授予"全国环境保护系统先进集体"荣誉称号。

《苏州市拙政园 2000—2004 年旅游总体规划》由专家编制完成。这是江苏省首部古典园林发展规划。

中国船级社质量认证有限公司授予苏州汽车北站 ISO 9002 质量认证证书。

2月12日 省级园林城市张家港市 2000 年全市共新建林地 431 万平方米、城镇绿地 52 万平方米。

2月18日 张家港市水利大厦暨人防指挥所工程开工，该工程占地 2.13 万平方米，总投资 8000 万元。

2月19日 江苏省政府公布第二批江苏省历史文化名城、名镇名单，吴中区的西山、光福、木渎和太仓市的沙溪，吴江市的震泽等 5 个镇榜上有名。

2月20日 沿江高速（太仓段）工程建设启动。

苏州工业园区 2000 年度工程建设总结表彰大会召开，会上提到 2001 年城市建设资金直接投入将达 4.7 亿元；开工大众住房 50 万平方米，竣工 30 万平方米，新增绿地 85 万平方米。

2月21日 苏州市确定 2001 年实事工程，共 8 个方面 35 项实事项目。年内要优质高效地完成或基本建成的项目 23 项，主要是：打通"两环"（南大外环西线和北环路），建成"两馆四中心"（苏州图书馆新馆、张家港市图书馆，以及苏州市体育中心、吴江市体育中心一期工程、苏州市电视台制作播出中心和昆山市科技文化博览中心），改善"三网"（市域道路交通网和市区供水网、公交网），开放"两园一场"（拆除苏州公园和三香园围墙，基本建成苏州工业园区城市广场），完成"六项工程"（淀山湖防洪、城区防洪综合治理、市区住房解危 10 万平方米、市区城市环境综合整治、市区新增绿地 200 万平方米、太湖流域日处理污水 13.6 万立方米项目）。

2月28日 苏州市和吴县市领导干部大会上正式公布调整苏州市市区行政区划分，撤销吴县市，设立苏州市吴中区、相城区。行政区划调整后，苏州市辖张家港、常熟、太仓、昆山、吴江 5 个县级市和平江、沧浪、金阊、虎丘、吴中、相城 6 个区，市区面积扩大到 1730 平方千米，人口 205.9 万人。

2001 年苏州市交通基础设施建设全年计划投资 23 亿元左右，重点实施高速公路大联网。

2月 被列入 2001 年苏州市委、市政府实事工程的南大外环西线工程建设正式启动。

3月

3月7日 2001 年苏州市实事工程之一的苏州大公园综合改造工程规划方案进入最后论证阶段。该改造工程总投资 1000 多万元。

3月17日 由苏州建筑设计院设计的全市首幢板柱结构新型住宅建成。

3月20日 张家港市实事工程之一的沙洲路步行街改造工程全面展开。该工程总投资 1800 万元。此次主要完成了对步行街建筑立面和 630 米主干道、200 米支线道路的改造。

3月26日 《苏州市 2001 年重点基本建设项目投资计划》印发。该计划共有 50 个项目，其中计划竣工项目 17 项，续建与计划新开工项目 20 项，前期准备项目 13 项。2001 年计划总投资 45.94 亿元。

3月28日 拙政园通过 ISO 9002 质量保证体系认证。

3月 在"全省建筑十项新技术应用示范工程"评审中，苏州一建承建的苏州大学东区主楼凌云楼工程被评为首批省级示范工程。该工程应用的新技术在先进性和适用性上达到了国家先进水平，是苏州市参评项目中唯一获最高评价的工程。

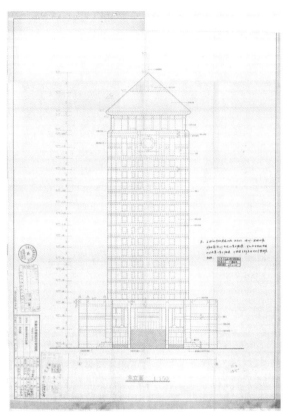

凌云楼立面图（苏州市城建档案馆藏）

凌云楼（2022 年拍摄）

　　苏州市环卫处投资 5.6 万元对市区干道沿线公厕导向牌进行全面更新。

　　张家港市重点工程——港城大道路面改造工程开工建设。改造后的港城大道全长 3.23 千米，双向六车道，路面总宽度 50 米，由沥青路面变为混凝土路面。

4 月

4 月 6 日　　苏州工业园区第二、第三区滚动开发全面展开。2001 年、2002 年两年，将再投入 8 亿美元巨资，用于基础设施建设。

4 月 10 日　　苏州被列为全国文明城市典型，由 8 家江苏省主要新闻媒体组成的 47 人大型记者采访团来苏州开展采访调查。

4 月 13 日　　苏州市区拟建绕城高速公路。全线分 4 个路段建设，即西南段、西北段、东南段、东北段。先期实施西南段，线路全长约 49 千米，设 2 个枢纽、7 个互通，匡算总投资 24 亿元。

4 月 14 日　　苏州市网师园与美国波特兰市兰苏园正式结为友好交流园林。

4 月 15 日　　投资 1000 余万元的苏州市区环城清淤工程全面启动。这项工程疏浚里程达 15.4 千米，计划清淤 75 万立方米。为此，将组织市区及 6 个县（市、区）的 8 个工程队、15 艘以上挖泥船、200 余艘驳泥船和吊泥船（机），分 10 个标段同时开工。

4 月 18 日　　苏州市限期禁采地下水进展顺利。苏州市区（包括吴中区、相城区）已封闭深井 123 口，其中 2001 年封闭 96 口。据统计，苏州市区共有深井 779 口。

2001

4月19日　苏嘉杭高速公路太浦河大桥顺利合龙。大桥全长达 2.45 千米，总投资约达 1 亿元，横跨新老 318 两条国道、太浦河主航道、汊道河及申湖复线航道，由交通部第二公路工程局承建。

4月27日　新开发区 2.5 平方千米的"河东高新工业区"正式奠基。

4月29日　交通部在苏州召开京杭运河苏南段文明样板航道验收命名大会。我国首条文明样板航道诞生，镇江、常州、无锡、苏州分享荣誉。京杭运河苏南段全长 208 千米，其中苏州段整治航道 81.7 千米，工程完成投资约 20 亿元。

国家开发银行金鸡湖环境治理项目 5 亿元贷款签字仪式在苏州工业园区国际大厦举行。治理工程水陆总面积 9.43 平方千米，其中陆地面积 2.05 平方千米，总投资估算有 10.26 亿元。

沿江高速公路常熟至太仓段初步设计在太仓通过。沿江高速公路常熟至太仓段全长 57.104 千米。

4月　国家环保总局会同国家计委、建设部、水利部、农业部、交通部、国务院法制办、国家旅游局等 8 个部委对太湖水污染防治工作进行核查。

5月

5月9日　张家港市 2001 年度老城区改造的重点工程——世纪大厦的设计方案通过张家港市城建、消防、人防、供电等 10 多个部门专业人士的论证，工程进入具体实施阶段。该大厦占地面积 6980 平方米，拟建 23 层高楼一幢，总建筑面积 26725.36 平方米。

5月10日　沿江高速公路常熟至太仓段征地拆迁启动。常熟段全长 35 千米，涉及 6 个乡镇，需征地 479.2 万平方米，拆迁房屋总建筑面积 163520 平方米，迁移三线 471 处；太仓段全长 22 千米，涉及 5 个乡镇，需征地 373.8 万平方米，拆迁房屋总建筑面积 83250 平方米，迁移三线 269 处。

5月14日　全国部分历史文化名城政协联系会第十二次会议在苏州市召开，18 个历史文化名城政协的代表共同商讨历史名城的保护大计。

5月18日　张家港市实事工程——新世纪广场竣工，该广场占地 7 万余平方米，总投资 3000 万元。

5月20—22日　苏州城市规划专家咨询会在苏州乐园度假酒店召开。专家们听取和评审了清华大学建筑与城市研究所对苏州高新区的规划评估报告，并进行现场踏勘。

5月25日　由中宣部、中央文明办组织的 12 家中央新闻采访团来苏就苏州市创建文明城市工作进行集中采访报道。

5月26日　张家港市港城汽车站新大楼落成。该工程总投资 2000 万元，建筑面积 9500 平方米。

5月27日　常熟市昆承路设计方案论证会在虞城大酒店举行。该路为常熟市总体规划确定的贯穿常熟市东部新区南北，连接在建的苏嘉杭高速公路和沿江高速公路的重要通道，路段全长 7.03 千米。

5月28日　总投资 4.9 亿元的张家港市游泳馆开工奠基。该游泳馆占地面积 2.5 万平方米，建筑面积 1.02 万平方米，可容纳 1200 名客人。

张家港市保税区长江国际港务有限公司码头、仓储项目奠基。该项目总投资 1.85 亿元，主要建设 5 万吨级码头与 10 万立方米配套仓储设施。

张家港市新世纪广场、体育馆正式落成。体育馆是张家港市的实事工程，项目投资 7000 万元，占地 9 万平方米，拥有 4000 个座位。

6月4日 　　国家环保总局发布 2000 年度全国 46 个重点城市环境综合整治定量考核结果。在 46 个重点城市中，评出 11 个国家环境保护模范城市，苏州榜上有名。

6月7日 　　吴中区投资 900 多万元，对连接苏州、太湖的 17.2 千米的越湖路两侧安装路灯 709 套，新设 100 千伏安路灯变电站 8 台，装计量箱、控制箱 8 台。

6月8日 　　国家外经贸部和苏州市委、市政府举行苏州工业园区成立 7 周年庆祝大会。中共中央总书记、国家主席江泽民和中共中央政治局常委、国务院副总理李岚清等来苏州，与新加坡内阁资政李光耀一起参加庆典并视察园区 7 年来的建设成果。

6月9日 　　苏嘉杭高速南段路面工程打响攻坚战。苏州至吴江全长 54.2 千米的南段，46 座主线桥梁达 16880 延米，明通明涵有 47 道 264 延米，路基主线长 36.6 千米，全线设有苏州北互通、苏州互通、苏州南互通、吴江互通、黎里互通和盛泽互通，总投资 1.86 亿元。

6月11日 　　中共中央宣传部公布第二批百个爱国主义教育基地，沙家浜革命历史纪念馆名列其中。

6月15日 　　苏州古典园林扩展项目——沧浪亭、狮子林、艺圃、耦园、退思园作为我国新入《世界遗产名录》的项目，从北京召开的颁证大会上捧回正式证书。

　　《苏州市城市综合交通规划》方案通过由同济大学教授徐循初、北京工业大学教授任福田为正副组长的专家组评审。该方案由江苏省城乡规划设计研究院、东南大学交通学院编制。

6月17日 　　观前地区整治更新的最后一项工程——观前地区三期工程正式启动。工程动迁面积 2.2 万平方米，需动迁居民 234 户、单位 18 个、个体商店 22 家。

6月18日 　　位于人民路的苏州图书馆新馆建成开馆，占地面积 1.6 万平方米，总建筑面积 2.5 万平方米。其中主楼建筑面积 1.5 万平方米，多功能学术报告厅建筑面积 3000 平方米，知识广场面积 2400 平方米，还整修了民国建筑"天香小筑"。

　　常熟市虞山镇颐养山庄正式建成启用。该老年福利工程占地 1.49 万平方米，建筑面积 5500 多平方米，总投资 1000 多万元。

6月21日 　　根据江苏省委、省政府批复精神，苏州市级政府机构调整设置，苏州市建委更名为市建设局，不再保留市建筑管理局，其职能并入市建设局。同时在市建设局挂市地震局牌子，在市建设局挂牌的市地震局仍使用事业编制。

　　江苏省委副书记、常务副省长梁保华视察苏嘉杭高速公路和沿江高速公路。

6月25日 　　国务院公布第五批共 518 处全国重点文物保护单位，以及 23 处与现有全国重点文物保护单位合并的项目。苏州市的退思园、宝带桥、耦园被列入全国重点文物保护单位；苏州文庙则进入合并项目，与原来的全国重点文物保护单位宋代石刻合并，并称为苏州文庙及石刻。至此，苏州市拥有的全国重点文物保护单位共计 15 处。

6月29日 　　观前地区整治更新三期工程召开拆迁动员大会。

7月4日 　　苏州市首版"立体"彩色地图——《苏州城区工贸鸟瞰图》问世。该图由苏州市测绘院和苏州

2001

市地图学会编制。

7月上旬　　　清洁路低洼地改造工程通过竣工验收。工程由金阊区承担，规划面积1万多平方米，新建和加高加固防洪驳岸440米，提高地面标高至吴淞基面5米。

7月12日　　　苏州图书馆新馆工程通过竣工验收。

7月17日　　　由平江区房管所实施的东麒麟巷破旧房屋整修改造工程启动，东麒麟巷是苏州市区实施整条街道破旧房屋整修改造工程的第一街。

7月18日　　　昆山市火车站改建工程正式奠基。

　　　　　　　　昆山市柏庐南路公铁立交工程开工。

7月20日　　　城区27处雨水管道改造工程开工。

　　　　　　　　苏州市境内望亭至天福庵区段共60多千米沪宁下行线铁路进行大修施工。

7月24日　　　《苏州市旅游总体规划》(以下简称《规划》)通过专家评审。《规划》由以中山大学保继刚教授为首的课题组制定。

7月28日　　　苏州高新区二期开发全面启动。规划建造1座10万吨污水处理厂，在已有的22万伏变电站基础上，再建1座11万伏变电站，并在马涧地区规划一个2万人口的住宅区。

　　　　　　　　张家港市实事工程——张家港市第二人民医院住院大楼在港区镇开工建设。该工程建筑面积1.3万余平方米，总投资1500万元。

7月　　　　　引水工程建设拉开序幕。工程从太湖金墅引水至古城河网，需新建引水泵站、增压泵站各1座，敷设输水管道和支管分别为26.6千米和2.96千米，引水规模可达到每秒4立方米。

8月

8月8日　　　总投资1.18亿元的张家港职业教育中心校、市外国语学校和万红小学3所规模型学校奠基开工。

8月15日　　　苏州市领导在市政府召开的全市高速公路建设领导小组会议暨沿江高速公路土方攻坚战动员大会上指出，要"适度超前建设高速公路网络"。

8月16日　　　历时3个月的苏州公园北部景区改造工程竣工，并向市民开放。

苏州公园（2022年拍摄）

8月18日	干将路快、慢车道首次大修告竣。
	苏州市太湖治污稳步推进。据环境监测部门水质监测结果显示，1—7月，苏州市3个太湖集中式饮用水源地水质、14个省际交界断面水质基本与2000年同期持平。
8月中旬	苏州市市政设施管理处完成东大街、西二路、胥江路、五卅路、乌鹊桥路、东北街（百家巷至临顿路）、白塔东路、园林路、烽火路、新市路、道前街、竹辉路、带城桥路等17条市区主干道沥青路面大面积罩铺，累计罩铺面积达15.3万余平方米。
8月31日	由平江区负责实施的二期灯光工程全面竣工。工程从古城北大门青春园到人民路、接驾桥、齐门路、临顿路沿线直至观前地区，先后投资110多万元。

9月

9月2日	张家港市杨新公路竣工通车。公路全长12.27千米，总投资5000万元。
	张家港市北环路开工建设。北环路全长6.87千米，总投资4900万元。
9月7日	苏州桥梁总数已达到32000余座。其中清代以前古桥557座，镇级以上公路桥梁4603座，村级河道桥梁27508座。
9月13日	江苏省法制办、文化厅、建设厅在常熟市召开历史文化名城保护立法调研座谈会。
9月20日	常熟剑阁整修工程竣工验收并重新开放。此次整修工程为1988年重建剑阁以来的第一次大规模维修，共耗资40多万元。
9月21日	中共中央政治局常委、政协主席李瑞环结束在苏州为期4天的考察。李瑞环在考察观前街、37号街坊、盘门景区等地后，对苏州的古城改造表示肯定，认为改造得很好，很有特色。
9月25日	常熟市通过创建国家园林城市考核验收。
9月26日	苏州市通过为期3天的国家卫生城市复查。
9月28日	张家港市图书馆新馆落成开馆。新馆总投资4000万元，建筑面积1.25万平方米。
9月30日	204国道常熟复线段（西三环线）当日竣工。路段全长10.399千米，路基全宽25.5米。总投资1.2亿元，工程全线按一级公路标准施工。
	张家港市实事工程张家港公园二期工程全面竣工，公园总面积15.1万平方米，总投资3900万元。
9月	经国家环保总局华夏环境管理体系审核中心专家认证审核，苏州工业园区管委会建立的ISO 14001环境管理体系正式通过国家认可委的终审，取得中国及英国皇家认可委员会（UKAS）的双重ISO 14001认证证书。

10月

10月1日	自10月1日起苏州市以住宅建筑为主的民用建筑建设将增加室内热环境设计和建筑节能水平这项重要的控制性标准，节能水平将从30%提高到50%。
10月4日	常熟市浒浦闸改建导流工程竣工投用。
10月8日	苏州市和日本金泽市的友好象征——"金泽庭园"举行开园仪式。
	昆山市机构编制委员会批复，同意成立昆山市建设工程设计施工图审查中心。

2001

10 月上旬　苏州市政府实事工程——15.4 千米的苏州环城河清淤工程竣工，挖除淤泥杂物 78.5 万立方米。

10 月 12 日　观前地区整治更新三期工程正式开工，总投资 2700 万元的观前公园地下人防工程奠基。工程总面积约达 8000 平方米，按 6 级人防设防，最深处达地下 9 米，最浅处为地下 2.35 米。

　　苏州市土地储备中心揭牌。

10 月 19 日　位于苏嘉杭高速公路常熟至苏州段的张家港特大桥顺利合龙。该桥全长 1007.56 米，宽 28 米。工程由中国路桥集团公路一局江浙工程处承建。

　　交通部部长黄镇东，副部长胡希捷、张春贤考察苏嘉杭高速公路与沿江高速公路连接点的常熟董浜枢纽的建设情况。

10 月 30 日　被列入苏州市政府水利实施工程的环太湖大堤建设工程、长江堤防配套工程、淀山湖防洪工程及常浒河工程已完成投资 1.48 亿元。

　　沿江高速公路张家港段 200 万立方米的土方工程完成。

11 月

11 月 1 日　苏州太湖水污染防治工作领导小组办公室传出最新消息，今后 5 年内，苏州市将实施 60 项工程，预计总投资将超过 100 亿元。

11 月 7 日　苏州市园林局和绿化管理局被建设部授予"全国建设系统精神文明建设先进单位"荣誉称号。

11 月上旬　苏州市首座组团式海派涉外小高层住宅区万杨香樟公寓在苏州市工业园区奠基。工程总投资 1.2 亿元，占地面积 2.7 万平方米，共有住宅 400 套、停车场 200 个。

11 月 11 日　经中国环境科学研究院和德国专家组成的考核组考核，甪直镇 ISO 14001 国际标准环境管理体系认证工作通过现场审核。

11 月 15 日　投资 3200 万元建造的常熟市殡仪馆——"归一苑"正式投用。该馆占地面积 4.59 万平方米，建筑面积 8119 平方米。

11 月 16 日　苏州市北大门官渎里蝶形立交工程的初步设计通过专家审查。

11 月 22 日　张家港市实事工程——张家港市中医院住院大楼建成。大楼总投资 3200 万元，总建筑面积 10065 平方米，设 250 张床位。

11 月 23 日　苏州市绕城公路西南段初步设计通过审定。绕城公路全程长 50.279 千米，路基宽 34.5 米，行车时速为 100 千米。

11 月 28 日　相城区新蠡太公路和阳澄湖东路拓宽改造工程同时开工。新蠡太公路总长 5.4 千米，采用一级公路标准设计，设计车速每小时 100 千米，路基总宽 37 米，工程总投资 8384 万元。阳澄湖东路拓宽改造工程全长 1.8 千米，在现有 16 米宽的基础上拓宽至 38 米，工程总投资约 1200 万元。

　　昆山市柏庐大桥建成通车。

11 月 29 日　苏州市委、市政府召开苏州市创建国家园林城市动员大会。

11 月 30 日　江苏省委常委、苏州市委书记陈德铭考察苏州公园改造和体育中心建设实事工程。

12月

12月5日	太仓市获荣国家环保总局授予的"国家环境保护模范城市"称号。
12月6日	2001年苏州市政府实事工程西环路延伸段竣工通车,苏州市市区环路正式形成。该工程总投资9000万元,全长2600米,路幅宽40米。
	苏州市城市管理行政执法局成立。
	常熟市荣获国家环保总局授予的"国家环境保护模范城市"称号。
12月8日	苏州市体育中心体育馆举行开馆庆典。该工程为苏州市委、市政府重大实事工程,占地面积21万平方米,总建筑面积10.9万平方米,总投资近6亿元。

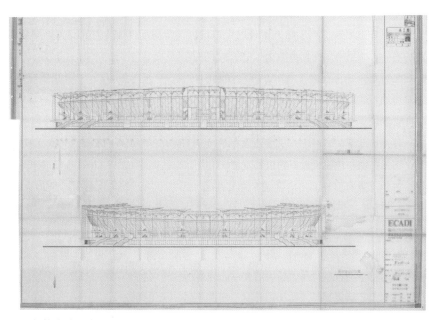

苏州市体育中心体育馆立面图(苏州市城建档案馆藏)

苏州市体育中心体育馆(2022年拍摄)

2001

太仓环保产业园奠基。

12月上旬　苏州高新区 1∶1000 数字化航测地形图通过专家验收。该地图由江苏省测绘工程院承担，采用全数字航测系统，由计算机编辑完成，全套共有 339 幅图。

12月13日　苏州市公布苏州市区控制保护古建筑名单共 200 处。

12月18日　苏州市"西气东输"配套工程启动，苏州天然气管网有限公司成立。

石湖景区开发建设办公室召开首次工作会议，景区的整治、规划、建设及开发进入实质性阶段。

12月20日　全长 17.1 千米、总投资 6.5 亿元的嘉浏高速公路正式竣工通车。

12月22日　苏州市城市规划专家咨询委员会 2001 年度第二次会议结束。吴良镛、周干峙等专家对《苏州市城市总体规划》调整及战略发展、相城区规划方案、环古城风貌保护工程规划方案、南门路段详细规划方案和山塘历史街区启动区详细规划方案 5 项内容做了咨询、审查或评选。

常熟市举行昆承路开工仪式，工程总投资 5 亿元。

12月23日　苏州市委、市政府召开会议部署"十五"规划工作，公布 2002 年规划任务共 6 项。

12月24日　常熟市方塔园二期工程方案通过专家论证。二期工程位于方塔园（一期）西侧，西靠琴川河，南临塔弄，北至塔后街，占地面积 2.79 万平方米。

12月26日　北环路延伸工程竣工通车。该工程全长约 1.6 千米，宽 40 米的道路留出 15 米宽的机动车道，总投资约 6500 万元。

官渎里立交正式开工建设。

苏州市北部区域供水方浜增压泵房举行开工典礼，相城区 38 万人将饮太湖水。

苏州市城市建设发展有限公司成立。

12月27日　苏州市政府召开苏州市绕城高速公路西南段征地拆迁动员大会。苏州市绕城高速公路西南段总长 51.5 千米，沿线经相城、虎丘、吴中三区和吴江市区的 14 个乡镇，需征地 558.2 万平方米，拆迁房屋总建筑面积 12.8 万平方米。

12月28日　《苏州市城市建设档案管理办法》发布，自 2002 年 3 月 1 日起施行。

引太湖水入古城首尾工程同时启动，概算总投资 2.97 亿元。

苏州市古城保护与更新项目荣获"中国人居环境范例奖"。

申张线航道常熟段桥梁改造工程通过江苏省交通厅航道局验收，质量等级被评定为优良。申张线航道常熟段桥梁改造工程包括 7 座桥梁改造、接线道路建设和部分航道整治，桥梁总长 1027.28 米，接线道路长为 3117.73 米。工程总投资 5527 万元。

常熟市虞山大戏院整体改造工程全部竣工，正式复业。

12月30日　苏州市政府实事工程——苏州公园改造工程正式竣工。

12月31日　被列入苏州市政府 2001 年实事工程的各个项目年度目标已全面完成。截至 12 月底，全市共投资 42.2 亿元，是年度计划投资总额的 105%。

12月　江苏省政府重大项目——"苏锡常地区地面沉降预警预报系统工程"测量标志奠基岩标在常熟市新港建立。

锡澄高速公路张家港连接线竣工通车。

2002年度

大事记

苏　州　城　建　大　事　记

2002

1月

1月4日　《苏州市古树名木保护管理条例》公布，自2002年3月12日起施行。

1月5日　《苏州水网水质改善综合治理工程专题研究报告》通过专家评审，项目总投资超过30亿元。

1月8日　苏州绕城高速公路开工。苏州绕城高速公路以市区为核心，西南段工程全长49千米，工程全长约120千米，为苏州市首条双向六车道高速公路，路面全宽34.5米，设计行车时速为100千米，总投资约70亿元。

　　　　　张家港市水利大厦封顶。

1月15日　位于相城区陆慕镇境内长882.46米的西白塘特大桥顺利贯通。

　　　　　贯穿常熟沿江开发区东区的主干道——疏港路工程全线开工建设。

1月17日　在新加坡访问期间，苏州市代表团城建组专题考察学习城市规划和建设经验。

1月21日　常熟市常浒河拓浚（新开环河）工程开工。

1月23—25日　苏州绕城高速公路西北段预可行性研究报告通过江苏省计委、交通厅审查。苏州绕城高速公路西北段初步设计方案通过江苏省计委审查。西北段工程全长约24千米，总投资约14亿元，全线将采用双向六车道高速公路标准设计。

1月25日　国家重点文物保护单位太平天国忠王府、忠王府西路北区修缮及改造工程竣工并通过苏州市文管会验收。

1月26日　2002年苏州市高速公路建设要完成5项任务。另悉，苏州绕城高速公路西北段通过预可行性审查。

1月28日　苏州市2002年重点竣工项目共8项，包括：观前地区整治更新工程，苏嘉杭高速公路苏州至吴江段工程，市区40条古城外道路改扩建和官渎里立交桥、坝基桥工程，市体育中心健身馆工程，苏申内港线航道整治工程，越溪、练塘、亭林、苏州高新区4座220千伏变电站工程，常熟市第三自来水厂扩建工程，苏州高新区污水处理厂三期工程。主要开工项目有10项，包括：太仓港一期工程、苏通长江公路大桥工程、苏州绕城高速公路工程、环古城河风貌保护工程、城市天然气工程、市区北部供水工程、苏州水网水质综合治理工程、苏虞张公路工程、市母子医疗保健中心工程、中国科技大学苏州研究生院工程。

　　　　　昆山市火车站新客站正式建成启用。

　　　　　常熟市方塔园二期工程开工。工程用地1.4万平方米，总投资3600万元。

1月30日　望虞河常熟水利枢纽"引江济太"调水试验工程正式启动。

2月

2月1日　204国道常熟复线段（西三环线）通过江苏省交通厅公路局主持的竣工验收，经评定等级为优良。

2月2日　观前公园地下人防工程封顶，总投资2700万元。

2月5日　《苏州市2002年重点项目计划实施意见》印发，该计划包括重点基本建设项目共计42项，总投资570亿元，年度投资计划111亿元；重点服务项目39项；重点前期项目11项。

2月6日　　苏州市交通运输局在常熟市主持召开审查会，原则通过锡太公路工程预可行性研究报告审查和204国道常熟市环城路（北三环线）改建工程方案设计审查。

2月8日　　常熟市翁同龢纪念馆二期工程竣工开放。

2月9日　　常熟市虞山镇颐养山庄二期工程奠基。

2月10日　　张家港市袁家桥渡口被正式拆除。

3 月

3月4日　　苏州城市化模式受关注。苏州市领导代表作为中国城市的唯一代表，应邀出席在日本东京举办的"城市化：21世纪中国的挑战——东亚城市间的合作与竞争时代"国际研讨会，并做专题演讲。

3月5日　　2002年苏州市用于交通基础设施建设的投资将达到35.47亿元。

3月12日　　苏州市投入10亿元实施的高速公路绿色通道建设项目全面启动。

苏州市工程建设监督管理网络系统正式建成并投入使用。

张家港市第二污水处理厂一期工程开工建设。该工程总投资1.22亿元，日处理污水能力3.5万立方米。

3月13日　　建设部命名第六批国家园林城市，常熟市榜上有名，成为全国第一个获得国家园林城市称号的县级市。至此，全省共有南京（1997年第四批命名）、常熟两个城市获得国家园林城市称号。

3月14日　　民营资本开始介入古城保护。山塘街风貌保护工程首个项目——山塘街250号控保建筑许宅项目动工。

3月15日　　广济路拓宽工程开工。

3月17日　　苏州市国土资源局首创的土地分割管理制度向全国推广。

3月18日　　全市已封填深井841眼。

3月19日　　水利部副部长索丽生来苏考察太湖流域"引江济太"工程。

3月20日　　苏州绕城高速公路西南段沿线征地拆迁工作基本完成。全线房屋拆迁累计13.9万平方米，地面物迁移已完成95%。

3月29日　　官渎里三层立交的地面层、投资1800万元的坝基桥重建工程快车道正式通车，全长59米、宽38米。

3月　　　2002年常熟市十大基础设施工程之一的海虞北路谢桥延伸段拓宽改造工程动工。该路全长4.5千米，拓宽至50米。

4 月

4月3日　　苏州工业园区文化水廊开工。水廊占地30万平方米，湖岸线长3千米，总投资约1.2亿元。

4月4日　　苏州高新区西北部大开发进入全面推进阶段。规划用地11平方千米，其中工业用地8.22平方千米。

4月12日　　国家环保总局局长解振华结束在苏州市为期4天的调研考察。

4月13日　　2002年苏州市重点建设项目按照新开工项目、续建项目、建成项目分类管理，实行年度投资工作量考核。2002 年新开工的项目有 22 项，续建的项目有 12 项。

《苏州市城市防洪规划》通过专家评审。

4 月 15—28 日　全国人大常委会原副委员长费孝通一行 12 人来吴江市调研城镇化建设发展情况。

4 月 16 日　张家港市重点文化工程——张家港市电影广场正式动工。该工程投资 3000 万元，建筑总面积 1.08 万平方米。

4 月 17 日　吴中区西山镇申报国家地质公园。

4 月 19 日　苏州市政府批转苏州市太湖水污染防治工作领导小组办公室制定的《苏州市太湖阳澄湖集中式饮用水源地水质保护和应急方案》。

4 月中旬　苏州市大规模古民宅改造、改善工程之一的幽兰巷地块一期改造结束，耗资 150 多万元。

4 月 21 日　苏州市体育中心周边地区整治实事工程——三香路（西环路至彩香桥）道路改造工程正式动工。改造后由原来的一条快车道增为两条快车道。

改造前的三香路（1995 年拍摄）

改造后的三香路（2022 年拍摄）

4 月 22 日　　　　苏州市山塘历史文化保护区保护性修复领导小组办公室公布《山塘历史文化保护区保护性修复试验段工程实施方案》主要内容。

　　　　苏州市 2002 年拟投资 1.35 亿元，建造 5 座站场和 47 千米管线，以确保具备接纳西气的基本条件。

4 月 28 日　　　　太湖生态清淤工程正式启动。首期清淤水域面积为 238 万平方米，土方 370 多万立方米。

　　　　总投资 2700 万元的常熟市衡山路（北段）、琴枫路道路工程开工建设。

　　　　常熟市虞山南麓宝岩寺大殿举行落成暨开光庆典。恢复重建的宝岩寺建筑面积为 2066 平方米，占地约 8000 平方米，总投资 600 万元。

4 月 28 日—5 月 2 日　　　　著名建筑大师贝聿铭一行来苏，就苏州博物馆新馆设计事宜进行实地考察、磋商。

贝聿铭踏勘苏州博物馆周边地区（2002 年拍摄）

4月30日　　　　　苏州博物馆新馆建筑设计签约仪式在苏州市会议中心姑苏厅隆重举行。新馆位于齐门路与东北街的交叉口，紧邻国家重点文物保护单位忠王府和世界文化遗产拙政园，与贝家祠堂所在地苏州民俗博物馆、狮子林连成一片，构成古城区文化旅游的中心区域。

苏州博物馆新馆建筑设计签约仪式（2002 年拍摄）

5月

5月6日	为建设生态城市，常熟市城区 47 家工厂大规模迁出。
5月9日	金阊区 5 个小游园提前建成。
5月13日	《苏州市城市管线规划管理办法》发布。
5月17日	苏州市政府实事工程的苏州中学至饮马桥段雨水管道改造工程正式开工，工程全长 500 米。
5月20日	苏州市市区"门前三包"责任制管理办法公布。
5月22日	经苏州市地名委员会办公室审核，名都花园和时代街正式命名。

名都花园［苏州高新区（虎丘区）档案馆藏　2003 年拍摄］

5月24日   苏州市环古城风貌保护工程在南门路工地现场正式开工。南门路段长约 3.4 千米,总投资 60 亿元。

5月30日   常熟市梅李聚沙园改扩建工程正式开工,投资近 600 万元。

    张家港市高新技术创业服务中心暨留学人员创业园建成开业。该园占地 4 万平方米,首期工程建筑面积 8200 平方米。

5月31日   常熟市南三环立交工程和 204 国道常熟环城段改造工程开工。

6月1日   常熟市 220 千伏练塘输变电工程通过验收。工程总投资 1.2 亿元。

    苏州–吴江试验段天然气管道工程正式开工。

6月2日   针对全市现有采石宕口的整治复绿工程全面动工。工程总投资 300 多万元。

6月8日   苏嘉杭高速公路指挥部召开南段交通工程攻坚战动员大会。

    苏州市政府召开苏州绕城高速公路西南段攻坚动员大会。会上要求确保 2002 年西南段完成投资额 6 亿元,西北段下半年开工。

    太仓港环保电厂一期工程开工,建设 2 台 13.5 万千瓦热电机组。

6月10日   在青岛召开的全国质量效益型先进企业表彰及经验交流大会上,苏州一建荣获全国质量奖项。

    2002 年常熟市政府实事项目元和路拓宽改造工程中的关键点——元和桥桥面沥青砼摊铺全面完成。

6月12日   人民路(苏州中学至饮马桥)0.9 米管径的雨水管改造工程完成。

6月15日   苏州市申办第二十七届世界遗产大会。中国联合国教科文组织全委会、建设部、国家文物局和外交部的专家考察后肯定了苏州市的承办能力。

    苏州市区建成 29 个小游园。

6月18日   山塘历史文化保护区保护性修复试验段工程正式启动。此次规划用地面积为 2.7 万平方米。该段全长 180 米左右,总建筑面积 3.15 万平方米。

6月20日   苏州市区航道综合整治关键性工程——苏浏线青秋浦航道整治工程开工。整治标准按国家内河通航标准 5 级航道的要求实施。航道口宽 50 米,最高通航水位 3.75—3.95 米,整治航道里程 7.92 千米,总投资 8720 万元。

    绕城高速公路京杭运河特大桥主塔第一根桩浇注完毕,全桥正式开工。大桥全长 815 米,总投资达 4000 多万元。

    220 千伏常熟电厂至谢七 II 回搭接输电线路工程顺利通过竣工验收。

6月23日   《江苏省房屋建筑和市政基础设施工程招标投标评标专家名册管理办法》发布,苏州市共有 363 名专家入选。

6月24—29日   在匈牙利布达佩斯召开的第二十六届世界遗产会议决定,将于 2003 年 6 月在中国苏州召开第二十七届世界遗产会议。

6月26日   金阊环卫所荣获建设部颁发的"全国城市市容环境卫生先进集体"时传祥奖。

6月27日   《苏州市防雷减灾管理办法》发布。

6月28日   苏虞张一级公路开工。该公路全长 58.774 千米,总投资达 13 亿元。

    竹园大桥和马运大桥正式开工。竹园大桥全长 378 米,工程投资达 6000 万元;马运大桥全长 422 米,工程投资达 4000 万元。

山塘街（新民桥——通贵桥）街面建筑方案

山塘街（通贵桥——新民桥）沿山塘河一侧街面建筑方案

山塘河（通贵桥——新民桥）沿河立面方案

山塘河（新民桥——通贵桥）沿河立面方案

山塘历史文化保护区保护性修复试验段工程方案（苏州市城建档案馆藏）

　　苏州风景园林投资发展集团有限公司正式成立。

　　被列为吴江市 2002 年一号实事工程、日供水 30 万吨的吴江市区域供水一期工程开工。工程总投资 9.22 亿元。

　　张家港市第三水厂二期工程正式竣工投运。第三水厂规模为日供水 20 万吨，工程总投资 7506 万元。

6月29—30日　　苏州市政府邀请交通部、南京大学、同济大学、东南大学、江苏省发展计划委员会和江苏省交通厅的 38 位特邀专家和代表，就苏州市 2002 年至 2030 年的高速公路建设进行研讨和规划。

6月30日　　苏州绕城高速公路西南段已累计完成投资 2.3 亿元，占年度计划的 51%。

　　被常熟市列为第二批重点整治区域之一的莫城安定路环境综合整治工程全面启动。

7月

7月4日　　三香路苏州市政府前因道路施工导致断裂的 500 毫米直径的煤气管被修复。

7月10日　　苏州市区部分行政区划再次调整，苏州市政府批准成立沧浪区友新街道办事处。原友联行政村所属的红联、水车浜、蔡家村、高木桥及后来合并的南庄浜、费家村（分为费东及费西）6 个自然村划归沧浪区友新街道办事处管辖。

7月11日　　第二十七届世界遗产会议筹备工作启动。联合国世界遗产中心主任巴达兰来苏州考察。

7月13日　　官渎里立交绿化工程实施，面积达 35 万平方米。

7月14日　　虎丘启动恢复"西溪环翠"旧景工程。该工程建筑面积 900 多平方米，水面面积 1400 多平方米，建设投资达 300 万元。

7月15日	经江苏省政府批准，苏州高新区枫桥镇划归虎丘区管辖，枫桥镇行政区域和政府驻地不变。苏州高新区狮山街道划归虎丘区管辖。
7月16日	张家港保税区长江国际码头、仓储工程正式竣工投入运行。
7月19日	苏州古城第45号控保建筑——哈德园被私人买下。
7月20日	官渎里立交高架C线位于苏浏河上方的最后一个缺口被填上，桥梁主体工程至此全部完成，全长2.9千米的高架桥全线贯通。
	常熟市昆承大桥主跨顺利合龙。大桥全长300米，总投资1500万元。
7月22日	东环路高架桥建成正式通车。该桥全长1116.5米，工程总投资1亿元。
7月24日	苏州市城市发展战略研究全面展开。此项研究范围为苏州全市，其中重点研究苏州市规划区范围2014平方千米的城市发展。
7月26日	江苏省政府公布2001年度"江苏人居环境奖"11个获奖项目，常熟市荣膺"城市绿化建设项目"榜首。
7月31日	由苏州园林设计院设计的美国波特兰"兰苏园"项目获得建设部2001年度风景园林专业工程设计一等奖。

8月

8月3日	2002年度常熟市政府为民办实事工程——常熟市第一人民医院门诊大楼奠基。
8月6日	苏州市政府办公厅印发《关于建设苏州研究生城和苏州国际教育园的意见》。
8月13日	苏州研究生城规划通过论证。
8月14日	国际奥委会执委、中国奥委会名誉主席何振梁来苏州考察苏州市体育中心。
8月20日	苏州市和丹麦埃斯比约市结为友好城市。
8月26日	《苏州市城市房屋拆迁管理条例》公布，自2002年11月1日起施行。
8月28日	重点实事工程——观前地区整治更新工程竣工。工程总用地28.5万平方米，总投资8亿元，整治面积19.8万平方米。
	人民桥改造工程开工。工程预计投资2300万元，建成后桥长约200米，桥宽将达45米。
8月29日	苏州研究生城奠基。研究生城规划面积9.8平方千米，建筑面积20余万平方米。
	苏州港太仓港区一期工程（原为江苏太仓港中远国际城一期工程）可行性研究获江苏省批准。
	常熟市"明日星城"开工奠基。
8月31日	沿江高速公路苏州段已完成年度投资额6.38亿元，累计完成投资额14.37亿元。
8月	苏州绕城高速公路东桥立交桥开工建设。该桥主线跨线桥总长1319米，总投资达到2.6亿元。
	苏州绕城高速公路杨巷金市港特大桥开工。该桥全长564米，宽34.5米，有6车道。

9月

9月1日	百年古桥北马路桥原样修复。
9月2日	苏州市政府实事工程——三香路拓宽改造工程快慢道沥青路面铺设完工。

观前地区整治更新工程（2002 年拍摄）

9月3日	苏嘉杭高速公路沿线，总长 1.1 千米的声屏障一期工程全部结束。
9月6日	苏州市委、市政府召开会议，正式公布对苏州高新区（虎丘区）进行区划调整，成立新的苏州高新区（虎丘区）。
9月上旬	苏州工业园区东湖大郡景观设计通过专家论证。
9月11日	《苏州市轨道交通线网研究与规划》通过专家评审。交通线网东至上海、西至无锡、南至盛泽、北至杨舍。
9月16日	苏州水务投资发展有限公司正式成立，西塘河引水工程和苏州市区污水支管到户工程开工。引水工程投资 3 亿元，将历时 3 年建成河道总长为 18.3 千米的清水通道。
9月18日	东麒麟巷工程通过市级验收。工程共涉及 168 户、8313.35 平方米。
9月19日	吴中区投资 1.1 亿元对越湖路进行路面改造、景观绿化及自来水管网铺设"大整容"。
9月中旬	环古城风貌带十里金阊、盘门水城保护方案初步形成。中国工程院院士齐康等 10 名专家对方案进行了评审。
9月27日	苏州市通过省级园林城市考评。
	苏州市人大常委会第三十八次会议通过《苏州市古建筑保护条例》。
	苏州市天然气高压管网一期工程初步设计通过来自同济大学等省内外高校专家的审定。工程线路总长 143.1 千米，总投资 6.68 亿元。
	常熟市方塔街景改造、元和路拓建、博物馆改造、建材市场建设等 5 项实事（重点）工程竣工。
9月28日	张家港市港丰公路开工。公路全长 33.68 千米，总投资 6.5 亿元。
	常熟市 220 千伏虞东输变电一期工程投运。工程总投资 2 亿元。
9月30日	常熟市通港路照明工程全线亮灯。全长 15.11 千米的通港路共安装 550 套 10 米高的 400 瓦单臂钠灯。
9月	官渎里立交绿化工程全面动工。该工程南北绵延 2.2 千米，面积近 40 万平方米，计划投资 8000 万元。
	官渎里立交亮灯。
	张家港市政府实事工程——港城大道景观改造工程全面竣工。
	太仓港一期工程开始试桩。

张家港市港城大道（张家港市城建档案馆藏　2003 年拍摄）

2002

10月

10月8日　苏州市重点实事工程官渎里立交全线通车，项目总投资约4亿元。

官渎里立交施工现场（2002年拍摄）

官渎里立交（2006年拍摄）

　　位于苏州高新区的长江路改建工程竣工通车。

10月10日　相城区行政中心奠基。中心总建筑面积约10万平方米。

10月上旬　沧浪区2002年计划整修、改建的10所公厕已全部完工。

10月11日　高新区要求新划入的通安、东渚、镇湖三镇年内全面停止开山采石。

10月15日　苏嘉杭高速公路南段54千米长的沥青路面摊铺基本结束，通信、收费和监控三大系统进入安装调试阶段。

　　常熟市召开青墩塘路综合整治动员会，分解落实沿线各单位工作任务。该路全长3600米，总投资概算为7500万元。

10月17日　苏州市政府对苏州市规划局、教育局发出《关于苏州国际教育园概念规划和启动区详细规划的批复》。

10月18日　苏州国际教育园奠基，总规划用地10.66平方千米。

　　常熟市110千伏常昆输变电工程正式投入运行。

10月19日　500千伏张家港输变电工程正式开工建设。该工程是江苏省"十五"电网发展规划重点工程和苏州市政府重点实事工程。工程占地面积约6.92万平方米，总建筑面积近1500平方米。

10 月 23 日	世纪大道奠基。世纪大道总投资 4.8 亿元，长 16 千米、宽 128 米。
	高新区污水处理厂三期工程竣工投入运行。该厂总投资约 1.6 亿元。三期工程投资 8300 万元，日处理 4 万立方米。
	国务院办公会议讨论通过苏通长江公路大桥工程项目，大桥从前期准备阶段转入工程实施阶段。
	苏州西大门即沪宁高速公路苏州西出入口改造启动。
	苏州绕城高速公路的绿色通道建设启动。
	苏州高新区（虎丘区）培训中心开工奠基。
10 月 25 日	苏州市第十二届人大常委会公告《苏州市古建筑保护条例》公布，自 2003 年 1 月 1 日起施行。
10 月 28 日	常熟市方塔园二期工程竣工开放。
10 月 29 日	为期两天的苏州国际友好（交流）城市市长论坛闭幕，15 个城市的市长、副市长共同签署了《市长论坛宣言》。闭幕式前举行了中国苏州市与新西兰陶波市、德国康斯坦茨市缔结友好交流城市的签字仪式。
	苏州市建委印发《苏州市预拌商品混凝土招标投标管理办法》（以下简称《办法》），就预拌混凝土应用推广和交易管理做出新规定。《办法》自 2002 年 12 月 1 日起施行。
10 月 30 日	苏通长江公路大桥奠基。该桥位于苏州市（常熟市）与南通市之间，起于南通市通启高速公路的小海互通，往南连接苏嘉杭高速公路的董浜互通。大桥按双向六车道高速公路标准设计，主跨采用 1088 米双塔双索面钢箱梁斜拉桥的设计。全长约 32.4 千米，总投资额为 64.5 亿元。
10 月 31 日	竹辉路（带城桥路西至南园路东）和三香路西段（彩香桥至桐泾路）正式开始拓宽。竹辉路将路幅由原单幅式的 24 米增加到三幅式的 33 米。
10 月	盘门景区成为苏州市第二个同时通过 ISO 9001/14001 质量 / 环境管理体系国际认证的旅游景点。

11 月 1 日	苏州研究生城 2.8 平方千米的首期工程全面启动。综合楼工程占地面积 1 万平方米，建筑面积 3.2 万平方米，由苏州工业园区教育发展投资有限公司投资 1.2 亿元建设。

苏州研究生城之西交利物浦大学（2022 年拍摄）

2002

苏州研究生城之中国人民大学（苏州校区）（2022 年拍摄）

苏州研究生城之苏州大学炳麟图书馆（2022 年拍摄）

苏州研究生城之东南大学（苏州校区）（2022 年拍摄）

11月3日	第四届"迪拜国际改善居住环境最佳范例奖"颁奖典礼在迪拜市历史文化遗产扎依德宫举行，苏州古城保护和改造项目荣获"2002年迪拜国际改善居住环境最佳范例"称号。
11月4日	投资1500多万元的三香路改造段绿化工程全面完工。
	苏州市通过中国优秀旅游城市省级复核。
	苏州市将在原定建设24个区级公园的基础上，再增建7个区级公园，增加绿地面积近8万平方米。
11月8—9日	中法水资源保护与可持续利用研讨会在苏州市举行。
11月上旬	苏州市天然气高压管网一期工程通过江苏省计委批复。该工程建设工期为两年（2002年至2003年），总投资额为4.32亿元。
11月18日	人民路整治工程正式启动，试验段为乐桥以南到饮马桥以北。
	苏州市园林档案馆开馆。

苏州市园林档案馆（2022年拍摄）

	苏州市首个全部建筑为高层的住宅小区湖畔花园开工。
11月21日	苏州市政府在相城区召开苏州绕城高速公路西北段征地拆迁动员大会。
11月25—27日	全省城市规划编制研讨会在张家港市举行。
11月27日	江苏省委、省政府重点工程，苏州市委、市政府重点实事工程——苏州绕城高速公路西北段正式开建。西北段全长24.5千米，总投资16亿元。
11月28日	苏虞张一级公路连接线工程正式开工。该工程总长6.36千米，总投资约3亿元。
	澹台湖大桥开工。该大桥全长536.109米，总投资1.09亿元。
	宝带西路大桥开建。该大桥全长535米，总投资0.9亿元。
	沪宁高速公路西入口工程开工。路线全长5.5千米。
11月30日	平江区负责实施的10个小游园全部建成并对外开放。小游园面积共10100平方米，总投资200多万元。
11月	吴中区重点建设项目——越湖路绿化改造工程全部结束。越湖路全长13.5千米，绿化面积近50万平方米。

2002

2002

12月

12月1日　　在建设部最新确定的全国 31 个职业道德建设示范点中，苏州市建设工程交易中心榜上有名。

12月4日　　苏州市在狮子林和退思园举行世界遗产标志牌揭牌仪式。

12月5日　　《苏嘉杭高速公路管理办法》发布，自 2002 年 12 月 8 日起施行。

12月6日　　苏嘉杭高速公路（南段）通过来自江苏省计委、江苏省交通厅的 70 多位领导专家的交工验收，被评为优良工程。

　　　　　　苏州人力资源大厦奠基。该大厦建筑面积近 15000 平方米，主体建筑 6 层，地下 1 层。

12月8日　　苏嘉杭高速公路（南段）正式通车。

　　　　　　苏州市区首批低价房定销商品房动工。定销商品房总土地面积为 11.4 万平方米，可建造近 2000 套套型为 50 平方米、65 平方米和 75 平方米的低价房。

12月9日　　苏州市将通过市场运作方法，对市区 118 个无地队、城中村和 41 处低洼地进行分批改造，涉及住户 21350 户。

12月10日　　苏嘉杭高速公路向民间开放 2.6 亿元股权，苏州市基础设施投融资体制有了重大改革。

12月上旬　　苏嘉杭高速公路（南段）绿化完工，全长 49.8 千米路段的绿化面积超过 280 万平方米，总投资 6200 万元。

12月12日　　2002 年中国投资论坛年会在苏州市举行，探讨中国特色的城镇化道路。

　　　　　　常熟市投资 1.2 亿元、全长 12 千米的沿江高速公路连接线（常福公路）开工建设。

12月14日　　根据创建国家园林城市的总体要求，苏州市 2002 年已新增绿地 535 万平方米。

12月17日　　昆山、太仓两市的城建档案馆晋升为国家一级城建档案馆。

12月20日　　苏州市石湖滨湖景区与枫桥景区先后举行开工奠基典礼。

苏嘉杭高速公路（南段）（2022 年拍摄）

苏州高新区西部开发指挥部［苏州高新区（虎丘区）档案馆藏　2003 年拍摄］

三香路至桐泾路立交工程开工。

高新区举行苏州高新区西部开发指挥部，苏州高新区浒墅关分区、东渚分区、通安分区授牌仪式暨西部道路环通庆典仪式。苏州高新区西部开发正式启动。

12 月 21 日　《苏州市生态示范区建设规划》通过由江苏省环保厅主持的专家评审。

12 月 24 日　投资 2.8 亿元的环太湖大堤工程（苏州段）顺利通过水利厅和水利部太湖流域管理局主持的竣工初步验收，并被评定为优良工程。

常熟市虞山国家森林公园规划通过专家评审。

12 月 25 日　苏州市政府实事项目——苏州老年护理康复指导中心综合楼封顶。该中心建筑面积 7400 多平方米，总投资 1950 万元。

12 月 26 日　苏州市政府发布《关于全面提高建设用地集约利用水平促进经济社会可持续发展的意见的通知》。出台八大举措，提高建设用地集约利用水平。

太仓市北环路建成通车。北环路全长 6.87 千米，工程总投资 5000 多万元。

12 月 29 日　吴江市创建国家环保模范城市通过由国家环保总局副局长汪纪戎率领的考察组的考核。

12 月 30 日　苏州市第一幅标示法定区级行政区域界线的地图首发。该图由苏州市民政局编制，经江苏省测绘局审定。图内所用资料为截至 2002 年年底的最新资料。

苏州市规划（建设）局长座谈会在常熟市召开。

12 月 31 日　苏州市排出环古城风貌保护工程 2002 年半年内的六大任务。分别是：完成南门路（解放桥至觅渡桥）道路工程，新市桥至觅渡桥绿化、景观及市容环境整治工程，环古城东线、北线和西线的道路贯通工程，人民桥、觅渡桥、娄门桥等桥梁的改建和节点的改造工程，规划展示馆、伍子胥纪念园和演艺馆的建设工程，沿线绿化及桥梁装饰及环境整治工程。

苏州市福星污水处理厂建成投产。一期工程总投资 1.55 亿元，日处理污水 8 万吨。

西环南路和南环西路举行竣工通车仪式。两条道路全长分别为 1500 米和 1600 米，工程总投资约 1.2 亿元。

12 月　相城区与湘城镇决定投资 200 多万元对沈周墓进行全面整修。

2003 年度

大事记

苏　州　城　建　大　事　记

1月2日　苏州市首批启动的 10 处亟待抢修的古建筑维修工程经费基本落实，5000 万元资金由社会各界分担。

1月3日　苏州市投资 15 亿元进行电网建设，打通电力瓶颈。

1月4日　《苏州市历史文化名城保护规划》通过苏州市规划委员会审议。苏州市在原先的平江、拙政园、怡园、山塘街 4 个历史文化保护区的基础上，新增阊门历史文化保护区。

相城区计划建设"城区绿肺"，绿地总面积将达 568.05 万平方米，人均绿地面积达 22.72 平方米。

常熟市高速公路绿色通道建设工程启动。

1月5日　苏州中学科技信息教育大楼开工建设，建筑面积近 1 万平方米。

1月8日　三香路阊胥路下穿立交桥道路工程启动。工程主体为长 360 米的船坞式下穿道路结构，其中阊胥路为下穿道路，下穿部分净宽 14.5 米，净高大于 4.5 米，为 4 车道。

1月9日　总投资 7 亿美元的常熟二电厂工程在常熟经济开发区沿江工业园正式奠基。

1月10日　苏州市中心城区（含吴中区）控制性详细规划通过专家评审。苏州市中心城区首次实现控制性详细规划全面覆盖，为日后此区域范围内的城市经营、土地拍卖提供了直接依据。

1月12日　苏州市水政监察大队 4 个直属大队正式成立。

1月13日　苏州市区创建国家园林城市工作会议召开，会上江苏省政府正式授予苏州市省级园林城市铜牌。

1月14日　苏申内港线（江苏段）整治通过省级验收。该工程全长 61.3 千米，工程总投资达 1.3 亿元。

苏州市轨道交通 1 号线总体设计、总包评标结束。

1月16日　苏州市规划展示馆和伍子胥纪念园在万年桥西堍举行开工典礼，两项工程均由苏州城市建设投资发展有限公司投资建设。

1月17日　苏州市政府召开全市高速公路建设会议，全市 2003 年将有 8 条高速公路开工建设，总投资达 35.2 亿元，在建总里程达 377 千米。

昆承路 B 标段天然气工程开工，"西气东输"常熟段的工程建设在常熟市正式拉开序幕。

1月18日　苏州市十三届人大一次会议召开，苏州市政府工作报告中提出，2003 年苏州市将完成 16 项实事项目，其中涉及城市建设的有：苏州市区改造旧危房 10 万平方米，新建定销商品房 40 万平方米；建设 10 项农村绿化示范工程，新增绿地 1000 万平方米，新建市级公园、区级公园、街道小游园，市区绿化全面达到国家园林城市标准；全市超采区全面禁采地下水，禁止开山采石；完成市区水环境综合治理项目主体工程、西塘河引水工程、市区 10 个片区污水支管到户工程及生活污水的截流和治理工程，新辟、新增公交线路及公交车辆，建设港湾式公交站台；全面改造和建设无障碍设施；完成市区自来水一户一表工程、市区北部供水工程，相城区全部镇、村实现自来水统一供水；市区公厕全天候免费开放，新建、改建公厕 30 座；等等。

1月21日　为保持历史街区空间形态完整统一，山塘建筑整修方案确定，将分门别类对试验段范围内的 93 幢建筑进行保护整修。

1月22日　由苏州市人大常委会主办、苏州市广电总台承办的 2002 年苏州十大民心工程揭晓，其中涉及城市建设的有 5 个：苏嘉杭高速公路江苏省南段竣工通车，苏州市行政服务中心建成并投入运行，江苏省最大的城市立交——官渎里立交工程建成，观前地区整治更新工程全面完成，苏州成功创建省级园林城市。

《苏州太湖国家旅游度假区概念性规划》和《太湖国家旅游度假区中心区总体规划》通过专家组

评审。

1月24日 苏州市建委公布拆迁公告（2003）第11号：由市政建管处实施南环高架快速路工程（东环路至桐泾路）。拆迁范围：人民南路等。拆迁实施单位：众佳/城建拆建公司。

1月28日 苏州市政府2002年度的实事工程——总投资达1亿多元的清塘路、清塘西路竣工通车。工程建设占地13万平方米，绿化用地6万平方米，道路全长3200米。

为保证南环高架西出入改造、环古城风貌保护等城市建设项目拆迁顺利进行，苏州市政府推出5块总面积达42.5万平方米的定销房用地。

建筑面积近10万平方米的杨枝塘路城湾地区定销商品房工程开工奠基。

1月31日 2002年苏州古城外40余条道路改扩建工程基本完成，苏州市为此投入资金超过30亿元。

2月8日 人民路全线改造工程启动。人民路从人民桥至平门桥全线改造长为4.2千米，其中乐桥至饮马桥600米示范段改造已基本结束。

2月11日 拥有10条车道的苏州世纪大道方案设计通过审定。据远景规划，世纪大道东接苏虞张公路，西至太湖东岸，道路全长约16千米，道路总宽度131.5米，其中路幅宽度71.5米。

2月12日 从相门桥东引坡至东环路双向六车道拓宽改造工程正式启动。

历时7年的全市建设工程专项治理工作结束。7年报建项目15503个，招投标项目9353个，通过招投标降低工程造价21.5亿元。

2月13日 《苏州市2003年重点项目计划》印发。该计划共确定2003年苏州市重点项目122个，其中重点建设项目116个，总投资1422亿元，预计当年完成投资304亿元，重点前期项目6个。在重点建设项目中，重点基本建设项目共73项，总投资1016亿元，当年完成投资214亿元；重点技术改造项目共5项，总投资108亿元，当年完成投资44亿元；重点利用外资项目共38项，总投资298亿元，当年完成投资46亿元。

改造前的人民路乐桥（1993年拍摄）

2003

改造后的人民路乐桥（2003 年拍摄）

改造前的人民路饮马桥（1985 年拍摄）

改造后的人民路饮马桥（2003 年拍摄）

2月15日	中央文明办发文，确认苏州市（包括张家港市、常熟市、昆山市、吴江市、太仓市）为全国创建文明城市工作先进城市（城区）。
2月16日	苏州市相关部门负责人前往上海市，就在古城区改造的过程中如何对历史建筑进行有效的保护和利用，实现历史与现代的完美对接，开展专题调研。
2月18日	苏州圣爱医院在苏州高新区建成。
2月19日	沪宁高速西出入口一期工程已完成工作量的45%。
2月24日	平江路风貌保护与环境整治工程启动。工程首期范围南到干将路，北到白塔东路，面积10余万平方米。 昆山市园林绿化管理局成立。
2月26日	苏州工业园区投资30亿元打造基础设施，2003年将基本完成中新合作区70平方千米基础设施开发。
2月27日	第二十七届世界遗产大会的两项主题活动：亚太地区世界遗产展和世界遗产·中国论坛组委会筹备会议在苏州市召开。
2月28日	苏州市重点实事工程——桐泾公园开工建设。工程位于苏福公路和桐泾南路交界处，首期占地18万平方米。

桐泾公园（2022年拍摄）

苏州市重点实事工程——虎丘山风景区正山门地区综合改造工程启动。工程占地面积为4.76万平方米。

苏州市环城快速路高架建设拉开序幕，苏州市委、市政府确定的重点建设项目南环高架快速路、友新高架快速路同时开工。

文庙公园和妇女儿童公园竣工开园。文庙公园占地5600平方米，其中绿地面积约4000平方米。妇女儿童公园占地约6万平方米，其中绿地面积近5万平方米。

山塘历史文化保护区保护性修复试验工程的动迁工作结束，311户动迁户搬出老宅。

建设部发文公布中国人居环境奖获奖名单，其中"常熟市城市绿化与生态环境""张家港市城市环境建设与管理建设"项目荣获中国人居环境范例奖。

2003

| 2月 | 环古城风貌景观照明工程动工。工程范围包括环城河两岸沿河道路、绿地、驳岸、城墙、城门、建筑小品、雕塑和 21 座桥梁。 |

3月

3月5日　第二十七届世界遗产大会筹备会在北京举行。苏州市领导代表苏州市会务指挥部汇报了遗产大会的筹备工作情况。

3月11日　金阊区 5 个小游园同时开工建设。分别位于彩香街道的彩虹桥北、留园街道的新庄农贸市场和玻纤路中段、山塘街道、虎丘镇新城村。

3月17日　张家港市老年专科医院动工兴建。该工程占地 6667 平方米，建筑面积 7400 平方米。

3月18日　当地时间 17 日，联合国教科文组织世界遗产委员会第六次特别会议在法国巴黎总部开幕，讨论决定苏州会议议程和有关文件。苏州市领导率苏州市政府代表团出席会议，并在会上做了苏州筹备第二十七届世界遗产大会工作情况的报告。

张家港市三产重点项目——江苏世纪星汽车城、张家港市政府 2002 年重点建设工程项目——市金港物流园区、世纪天华影城开业。

太仓市人民公园扩建工程正式动工建设。该工程总投资 2500 万元，扩建后公园面积将达 7.3 万平方米。

3月24日　苏州市政府实事工程之一的苏州国际教育园首期工程开工建设。

苏州国际教育园（2022 年拍摄）

3月26日　苏州市政府在相城区召开苏沪、苏昆太两条高速公路的征地拆迁动员大会。两条高速公路共需征用土地 1015 万平方米，拆迁主房屋 59 万多平方米，迁移三线 1255 道，全线共安排取土用地 1173 万平方米。

3月28日　苏州市区城市快速干道的第三个节点工程——辛庄立交工程开工。该立交为 3 层部分定向苜蓿叶型，工程总投资 4.66 亿元，占地面积约 25 万平方米。

高新区十大实事工程之一的动迁安置工程——浒墅关阳山花苑全面开工。该小区总建筑面积 133 万平方米，建成后可容纳居民 3 万人左右。

3月　常熟市昆承路桥梁 A 标青墩塘路立交主体工程全部完成。

昆山市琅环公园开工建设。

4月

4月2日	苏州市"销品茂"商业街——F城奠基。F城位于苏州工业园区，南邻中央河，北倚现代大道，东靠湖滨路，总投资将达10亿元。
	苏州工业园区金鸡湖大桥开工建设。大桥全长2510米，主桥长565米，宽57.2米，桥面按双向四快一慢车道加人行道布置。工程总投资近1.3亿元。
	跨塘大桥开工建设。大桥长1190.6米，桥面按双向三快一辅道布置。工程总投资9000万元。
	苏胜、唯胜立交工程（苏胜大桥）开工建设。桥梁工程主线苏胜大桥长381米，宽52.4米，桥面按双向三快一慢车道加人行道布置。工程总投资7000万元。
	唯亭大桥开工建设。该大桥为双向六车道，主桥宽度和引桥总宽为37.5米。工程总投资5000万元。
4月3日	全省创建园林城市现场会在常熟市召开，苏州市、吴江市正式获授"省级园林城市"称号。至此，苏州市和张家港市、常熟市、太仓市、昆山市、吴江市5个县级市全部建成省级园林城市，苏州市建成全国省级园林城市群。
4月4日	全长100千米的沪宁高速公路江苏无锡至苏州段路面集中进行大修。
4月5日	按照建设部城建司部署，从4月开始，对苏州市范围内太湖风景区中的东山、西山、木渎、光福、石湖、甪角、同里、常熟虞山8个景区开展综合整治工作。
4月9日	苏州市规划部门正在编制拙政园历史街区风貌保护整治规划。该街区隶属古城5号街坊和12号街坊，规划范围24.17万平方米。
4月10日	《苏州市历史文化名城名镇保护办法》发布，自2003年6月1日起施行。
4月上旬	古镇周庄举行区域供水增压站启用暨区域供水改造工程竣工仪式。
4月15日	环古城风貌保护工程的组成部分——古胥门修复工程开工，由苏州文物古建筑工程处实施。
4月中旬	苏州市水环境地理信息系统形成。"苏州市水环境功能区划汇总工作"通过国家环保总局验收。
	沿江高速公路支何特大桥顺利完工。该桥全长632米，合同投资4000万元。
4月23日	昆山市同丰大桥开工建设。
4月28日	苏州市2003年重点建设项目——苏州汽车南站迁建工程正式开工建设。新南站占地约40000平方米，工程总投资为1.05亿元，总建筑面积为39572平方米。
	总投资1337.64万元的常熟市青墩塘路立交提前通车。
4月29日	苏州市委、市政府做出《关于加快城市化进程的决定》，排出十大工程提升中心城市现代化水平，提出要按照城乡统筹的要求，构建起以苏州中心城市为核心、大中小城市相配套、国际化、现代化的区域城市框架。
4月	苏州市轨道交通1号线在干将路和西环路交界口打下勘察第一钻，18千米地质勘察全线铺开。

5月

5月1日	根据中国联合国教科文组织全国委员会最新通知，原定于6月29日至7月5日在苏州市召开的第二十七届世界遗产大会将改由联合国教科文组织直接在巴黎举办。

苏州市南部地区上接绕城高速公路、下为高标准城市出入通道的石湖互通连接线工程正式开工建设。该工程路幅宽达 138 米，全长 2 千米，总投资达 1.35 亿元。

第一批 27 处古街巷、30 处历史文化景点标志牌竖牌工作展开。苏州市文管局计划在古城区选择 100 处文化内涵丰富、文物古迹集中的古街巷设立标志牌，在 200 处历史文化景点设立说明牌。

5月6日	高新区加快推进"北扩西进"，年内将动迁农户 10000 户。
5月8日	三香路桐泾路立交主体完工。
5月14日	《苏州市宅基地管理暂行办法》公布，自 5 月 14 日起施行。
5月15日	位于苏州工业园区东南侧、投资 6700 万元、扩容 100 万千瓦的车坊变电站正式启动投运。
	被列为常熟市 2003 年十大基础设施工程项目的滨江新市区消防站开工建设。
5月19日	侉庄路、甸门西街、庄先湾、后庄、气象路、网船湾、糖坊湾合并统一更名为莫邪路。
5月中旬	苏州绕城高速公路西北段元和塘特大桥开工建设。该桥总投资 7000 万元，全长 875 米，主桥为 65 米跨径的悬浇箱梁，分别跨越五级航道元和塘和省道 227。
5月22日	苏州文庙修缮复原，重新开放。
5月23日	苏州市召开苏州市申报国家园林城市和国际花园城市动员会。
5月26日	苏州市区老新村绿化改造工程启动，彩香一村、挹秀新村、养蚕里新村实施改造。
5月28日	苏沪、苏昆太高速公路开工。苏沪高速公路全长 38.5 千米，苏昆太高速公路全长 73 千米。

苏沪高速公路（2022 年拍摄）

苏州古城区内一处违法建筑在法院强制执行下拆除。该违法建筑位于沧浪区十全街 249 号前，面积达 227.25 平方米。

5月30日	苏州（张家港）精细化工园在江苏扬子江国际化学工业园奠基，总投资 146 亿元。
5月	十全街彭氏状元府主体修复移建工程接近尾声，总建筑面积为 480 平方米。
	总投资 2300 万元、全长 5.2 千米的常熟市虞山中路三期工程（北部延伸段）全线贯通。

6 月

6 月 1 日　《苏州市城市规划若干强制性内容的暂行规定》发布，自 6 月 1 日起正式实施。

6 月 2 日　苏州世纪大道一期工程正式开工。一期工程全长 9 千米，设计路基标准宽度为 71.5 米，道路用地总宽度 131.5 米。首期工程投资估算将达到 4.8 亿元，平均每千米造价超 5000 万元。

　　　　仲量联行展开的"全球最具优势的城市"第二阶段全球最具潜力的新兴城市评选中，中国八大城市入选，苏州市榜上有名。

6 月 5 日　苏州市拥有各级河道 2.15 万条，大小湖泊 323 个，全市水面积达 3600 平方千米。水面积占整个行政区面积的 42.5%。全市水资源总量约为 100 亿立方米。

6 月 6 日　苏州演出中心正式动工。该中心总投资约 2.4 亿元，占地面积 2.36 万平方米，总建筑面积达 2.95 万平方米。

6 月 9 日　太仓市城南桥工程启动。该桥总跨径 170 米，主跨 70 米，桥面宽 28 米，双向四车道。工程总投资 1700 万元。

6 月 10 日　苏州新轮船码头原地开工建设。新轮船码头东西长 230 米，南北宽 43—55 米，占地面积 10714 平方米。

6 月 15 日　《苏州市市域城镇体系规划》(以下简称《规划》)出台。该《规划》中的空间优化战略明确，"一个中心（苏州都市圈）、五个副中心（五县市市区）、十多个市镇发展区"将是苏州市城镇空间布局的三级基本框架。

　　　　苏州市内交通枢纽改造的重点工程——三香路桐泾路立交工程全面竣工，总投资 4049 万元。该桥为上跨下穿加一环的三层互通式立交桥，上跨桥总长 555 米，桥宽 18 米；地下通道长 520 米，净宽 17.5 米。

6 月 16 日　《苏州市轨道交通 1 号线工程预可行性研究报告》通过受国家发展和改革委员会委托的中国国际工程咨询公司的评审。

6 月 18 日　张家港市东南二环路拓宽改造工程全面动工。该路段按一级公路双向六车道标准进行建设，铺设沥青砼路面，路基全宽 43 米，公路两侧各设 50 米绿化带。工程估算总投资 2.2 亿元。

6 月 19 日　三香路快车道改造工程全线贯通。此次拓宽改造工程西起彩香路、东至阊胥路，全长 2200 余米，工程总造价约为 4000 万元。

6 月中旬　西溪环翠景区恢复工程基本完成。该工程建筑面积 900 多平方米，水面积 1400 多平方米。

　　　　以在中心城区建设 100 座小游园为内容的"百园工程"建成 60 座。

6 月 25 日　苏州博物馆新馆设计通过审查，拆迁前期准备工作启动。

6 月 26 日　苏州创元（集团）有限公司与厦门金龙汽车公司合资创办的金龙联合汽车工业（苏州）有限公司新厂区一期工程建成投产，该工程占地 40 万平方米，设计年生产能力 1.5 万辆。

6 月 27 日　三香路改造暨三香桐泾立交工程、人民路改造暨街景整治工程、江枫洲暨官渎里立交绿化工程、沪宁高速西出入口工程、寒山大桥和木渎景区灵岩天平游览区综合整治一期工程举行竣工仪式。

　　　　常熟市苏通长江公路大桥主桥开工仪式在长江上举行。

　　　　太仓市西门地块改造工程启动。该工程总投资 7.36 亿元，改造面积 31.33 万平方米，总拆迁面积 12 万平方米，涉及拆迁住户近 600 户，总建设面积 27 万平方米。

6 月 30 日　第二十七届世界遗产大会举行全体会议，决定第二十八届世界遗产大会 2004 年在中国苏州举行。

2003

苏州市委、市政府印发《关于进一步调整优化镇（街道）、村（社区）行政区划的意见》，苏州市重新确定镇（街道）、村（社区）的设置标准：小城市即中心镇，面积 100 平方千米左右，人口 10 万到 20 万人；一般建制镇，面积 40 到 60 平方千米，人口 5 万到 10 万人；街道，人口 6 万人左右；村，人口在 4000 人以上；社区，人口在 2000 到 3000 户。

7月

7月2日　　苏州市生态治水项目被列入国家"863"计划，示范区为南园水系和沧浪亭、拙政园两个园林。生态治水项目总投资 1.08 亿元，一是重建水生态系统，恢复河道自净能力；二是堵住污染源。

7月3日　　拙政园历史文化保护区保护整治规划通过专家论证。规划明确，该区域将以世界文化遗产为灵魂，以苏州博物馆新馆为依托，围绕博物馆群落、配套服务区及步行区等的设置，形成融传统商业、旅游、文化、居住等功能于一体的历史文化保护区。

拙政园历史文化保护区（2022 年拍摄）

7月10日　　自 2003 年起，苏州将用 3—5 年时间，全面实施市区工业布局大调整。中心城区 300 家工厂，1/3 有发展内动力的企业将搬出古城区，1/3 的企业将改造成以电子信息、传统工艺为主的都市型工业，1/3 的企业关闭。

7月11日　　2002 年度江苏省建筑业综合实力 20 强名单公布，江苏金土木建设集团有限公司、苏州二建和苏州一建榜上有名。

　　　　　　张家港市地下管线综合信息管理系统投入使用。

7月17日　　苏州工业园区当年把开发重点放在二、三区建设中，投入 60 亿元展开大规模的基础设施建设。

7月20日　　索山大桥成功合龙。

7月24日　　苏州市政府在会议中心召开沪宁高速公路苏州段征地拆迁动员大会，要求用 40 天时间完成征地拆迁工作。

7月26日　中国联合国教科文组织全国委员会秘书长田小刚来苏州，考察作为 2004 年在苏州召开的第二十八届世界遗产大会主会场候选的苏州会议中心丰乐宫和苏州国际会议展览中心。

张家港华兴电力有限公司投资 25 亿元的燃气发电工程举行奠基典礼。

7月28日　环古城风貌保护工程一期工程竣工，二期工程开工。二期工程将继续完善环古城风貌带。

7月30日　沿江开发高等级公路（苏州段）举行开工典礼。该路段起自江阴市与张家港市交界处，终于苏沪交界处，全长 118.18 千米。

7月　苏州市区封填深井 201 眼，使市区地下水位明显上升。根据苏州市区中心、城南、城东三个监测点的水位监测显示，分别比 2002 年同期上升 6.72 米、5.4 米和 3.53 米。

8月4日　苏州市调整优化镇（街道）、村（社区）行政区划，撤并人口在 3 万人以下的镇，城市规划区内的镇改设为街道。

8月6日　太湖流域水域蓝藻大爆发。为改善太湖水质，水利部太湖流域管理局和江苏省、苏州市水利部门实施"引江济太"调水工程，将长江水引入太湖。

石路步行街建设启动。石路总面积为 12.7 万平方米，东至阊胥路，南至金门路，西至广济路，北至上塘街。

8月14日　苏州市政府批转苏州市城市环境综合整治工作领导小组办公室制定的《关于加快古城区和周边地区城市环境综合整治的实施意见》(以下简称《意见》)。《意见》明确苏州古城区和周边地区城市环境综合整治工作将于 9 月正式启动，整治方案参照人民路整治标准和要求，整治范围有"三纵、四横、四段"。

苏州市政府投融资体制出现重大改革：今后，凡政府类非经营性投资项目一律实行项目"代建制"。首批签约的有苏州博物馆新馆等 6 个项目。

8月16日　连接无锡市、常熟市、太仓市的快速通道——锡太一级公路开工建设。

8月17日　由美国易道（EDAW）公司规划设计的苏州工业园区金鸡湖景观工程，获美国景观设计师协会（ASLA）2003 年度优秀设计奖。

8月18日　《苏州市城市排水管理条例》公布，自 2004 年 1 月 1 日起实行。

8月22日　苏州绕城高速公路东桥枢纽主线桥正式开始浇注混凝土，工程投资 1.4 亿元。

8月23日　2003 年园林和住宅小区水景设计和治理国际研讨会在苏州市举行。

为避虎丘斜塔，京沪高速铁路经过苏州地段的规划线路发生变动，线位由原来的火车站北再度向北移动，具体线位在相城区北部。

8月28日　苏州市政府办公室转发苏州市文广局《关于苏州西部山区春秋古城址群保护意见的通知》，要求切实加强古城址群的保护。

8月31日　苏州绕城高速公路西南段已完成投资 65794 万元，占年度投资计划的 109.7%；苏州绕城高速公路西北段已完成投资 30476 万元，占年度投资计划的 101.6%。

张家港市行政区划进行新调整，将原有的 17 个建制镇调减为 8 个。

8月　苏州市城市化领导小组第一次会议重点关注古镇古村落的保护，首度提出将千年古村落陆巷定为保护试点。

金鸡湖（2022 年拍摄）

9月1日　　　代表新苏州形象的"美丽新苏州"十大工程评选揭晓，分别是：水上天堂（环古城风貌保护工程黄金水道）、卧龙新韵（人民路改造工程）、西门龙腾（沪宁高速苏州西出入口高架）、城市交响（三香桐泾立交）、姑苏春晓（环古城风貌保护工程绿化景观工程）、觅渡揽月（觅渡桥景点）、百园争春（小游园"百园工程"）、官渎蝶舞（官渎里立交景观绿化工程）、江枫渔火（江枫洲公园）、运河长虹（寒山桥、索山桥）。

　　　　　苏州市垃圾焚烧发电厂项目举行投资合作经营合同和特许权协议签约仪式，项目总投资约为5亿元。

觅渡桥（2022年拍摄）

江枫洲公园（2022年拍摄）

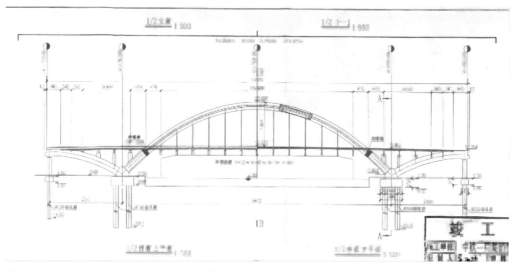

寒山桥主桥立面图（苏州市城建档案馆藏）

寒山桥（2022 年拍摄）

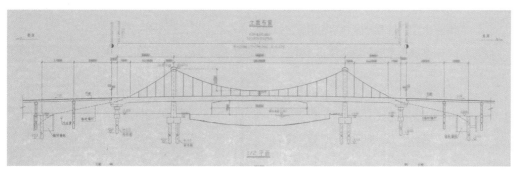

索山桥主桥立面图（苏州市城建档案馆藏）

2003

索山桥（2022 年拍摄）

9月2日	苏州市政府发出《关于严格禁止高尔夫球场建设的通知》。
	苏州市一块定销房用地由华业百福以 1.94 亿元成交。该地段位于高新区长江路西侧、嵩山路北侧，面积超过 25 万平方米，房屋销售定价每平方米 1800 元。政府规定每两家有一汽车车库。
9月4日	苏州工业园区对金鸡湖启动首次全面清淤工程。
9月上旬	经苏州市文保所、苏州博物馆、苏州碑刻博物馆查实，苏州市现存古井 650 口、古桥 74 座、古牌楼 30 座。
9月13日	苏州市城市建设立新功表彰暨动员大会召开。大会明确：保护历史文化名城十大工程和提升城市现代化水平十大工程的"双十大工程"将在今后一阶段的苏州城市建设中挑起重担。
9月15日	苏州市政府发布《苏州市市区定销商品房销售管理暂行办法》。
9月16日	张家港市游泳馆举行落成典礼。该馆总投资 7000 万元，总建筑面积 12000 平方米。
9月17日	苏州市政府实事工程——苏州市疾病预防控制中心整体迁建工程在原苏州市妇幼保健院院址奠基。中心将占地近万平方米，建筑面积达 1.7 万平方米，预计总投资近亿元。
9月23日	"双十大工程"正式全面启动。
	苏州国际博览中心举行开工典礼。该中心规划用地面积 18.8 万平方米，总体设计建筑面积 25 万平方米，工程总投资估算约 22 亿元。
9月27日	苏州港太仓港区一期工程竣工，二期工程举行开工典礼。
9月28日	苏州市政府"双十大"工程之一的沧浪区"两街一河"综合整治工程开工。
	两院院士吴良镛、周干峙，以及建设厅、清华大学、同济大学、东南大学、南京大学等机构多位专家教授，应邀出席 2003 年度苏州市城市规划专家咨询委员会第一次会议。
	张家港市老城区改造重点项目"步行街南扩"工程开工建设，工程占地 1.9 万平方米，总投资 2.5 亿元。
9月29日	苏震桃一级公路开工。该公路路线全长 58 千米，估算投资约 20 亿元。
9月30日	索山大桥正式通车。
	常熟市南部重要干线、苏嘉杭高速与常熟市的连接段——205 省道常熟复线段通车。
9月	1月至9月，全市高速公路建设共完成投资 32.58 亿元，比 2002 年同期增长 13.52 亿元，增幅达到 70.93%，占年度投资计划的 104.3%，提前 3 个月完成了全年投资目标。

10月1日 "西气东输"的天然气进入苏州市天然气管道网。苏州市天然气一期工程总投资 4.31 亿元，年供气规模为 2.95 亿立方米。

江枫园正式开园。该园投资 1 亿元，占地 3.5 万平方米。

10月7日 苏州市获"国际花园城市"荣誉称号。

10月8日 全长 81.968 千米、总投资 18 亿元的 312 国道苏州段扩建工程开始动工。

10月10日 苏州市殡仪馆新馆开工建设。项目总投资 7000 万元，占地面积 8.6 万平方米，建筑面积 1.87 万平方米。

10月16日 由苏州市房管局主编的《古建筑修建工程施工及验收规范》在苏州通过，即将进入实际操作程序。

10月18日 方塔东街步行街开街、新图书馆落成和新世纪大道暨南三环立交通车仪式在常熟市举行。

10月22日 苏州市获得建设部 2002 年度全国园林绿化先进城市、创建园林城市先进集体和创建园林城市先进个人三项大奖。其中，张家港市园林局获得创建园林城市先进集体奖；苏州市园林和绿化管理局局长徐文涛获得创建园林城市先进个人奖。

江苏省政府公布江苏省第五批省级文物保护单位名单。至此，苏州市已拥有 15 处国家级文物保护单位，101 处省级文物保护单位和 371 处市级文物保护单位，市级以上文物保护单位总数已达 487 处。

苏州博物馆新馆馆址范围内的两座清代建筑——张氏义庄和亲仁堂将整体移建拙政园南侧，成为拙政园历史街区的又一重要景观。

10月24日 苏州市政府发布《苏州市城市绿线管理条例实施细则》，自 2003 年 11 月 1 日起施行。

10月25日 张家港市顺利通过创建国家级生态示范区的验收工作。

10月27日 常熟市顺利通过创建国家级生态示范区的验收工作。

10月30日 苏州市老新村绿化改造工程试点之一的彩香新村绿化改造工程竣工。

常熟市海虞北路景观改造工程全面启动。

10月 张家港市沙锡公路建成通车。该路全长 5.16 千米，总投资 7050 万元。

11月

11月1日 在中国建筑装饰协会主办的"中国建筑装饰行业百强企业"的评选活动中，金螳螂建筑装饰股份有限公司荣获第一名。

11月3日 拙政园历史文化保护区规划出台。本次规划范围占地 24.17 万平方米。

11月5日 由世界著名建筑大师贝聿铭担纲设计的苏州博物馆新馆奠基仪式隆重举行，江苏省委副书记、省长梁保华与贝聿铭共同为新馆奠基揭牌。

11月7日 经江苏省政府批复同意，常熟市虞山镇、谢桥镇、莫城镇三镇合并设立新的虞山镇。

11月8日 苏嘉杭高速公路常熟至苏州段（北段一期）举行通车典礼，路线全长 36.107 千米，投资概算为 17.9 亿元。

2003

2003

苏州市创建国家园林城市中的重点项目——桐泾公园、广济公园、东汇公园和石湖景区滨湖区举行竣工仪式。

据水利部门地下水动态监测数据表明，苏州市地下水水位自 2000 年以来普遍回升 5—8 米，最大水位回升幅度超过 10 米。

11月11日　常熟市昆承居住区道路工程开标，面积为 7.3 平方千米。

11月15日　《常熟生态市发展规划》经国家环保总局评审，顺利通过。

11月17日　交通部和江苏省人民政府在南京举行仪式，聘请 35 位中外桥梁专家为苏通长江公路大桥建设的技术顾问、技术专家。

11月20日　苏州市领导考察苏州市文化建设和古城保护，与苏州市文化艺术、文史、规划、园林专家就苏州市文化事业发展、古城申报世界文化遗产进行研讨。

11月21日　太仓市太平北路改造工程结束。工程全长 1.05 千米，总投资 1080 万元。

11月26日　苏州市委、市政府召开建设"绿色苏州"动员大会。以"绿色家园、绿色通道、绿色基地"为核心内容的"绿色苏州"建设全面启动。

11月27日　周庄、同里、甪直入选中国历史文化名镇，古镇保护正式纳入国家监控范畴。

11月28日　2003 年沧浪区的重点实事工程——苏州市沧浪少年宫奠基。新建的苏州市沧浪少年宫选址于盘门与古胥门之间，占地 1 万平方米，总投资近 3000 万元。

张家港市港华公路开工建设。该路全长 12.5 千米，工程造价 1.8 亿元。

原苏州市沧浪少年宫（现姑苏区少年宫百花洲本部）（2022 年拍摄）

金港大道竣工通车。金港大道拓宽改造工程是张家港市重点工程之一，工程总投资 5400 万元。

苏嘉杭高速公路与常熟市的连接段——205 省道常熟复线段通过江苏省交通厅公路局和苏州市交通运输局组织的交工验收。

常熟市第二人民医院急救中心扩建改造后正式投运。该中心由原来的 2400 平方米扩大到 5500 平方米，投资 300 多万元。

11月　据江苏省交通厅 312 国道沪宁段扩建工程第一次会议要求，312 国道扩建经过苏州高新区时，将建造一座双向四车道、全长 6 千米的高架桥，工程总投资额约为 18 亿元。

12月3日	位于山塘街上的苏式民居的经典之作——玉涵堂已修复如昔。
12月4日	"三纵四横四段"道路改造工程进入新阶段，11条道路的改造工程将于本周起陆续动工。
12月5日	苏州市地名委员会办公室批复，将高新区正在建设的东起建林路、西至镇湖、总长16千米、红线宽度128米的道路命名为"太湖大道"。
12月8日	横跨京杭大运河、沪宁铁路的鹤溪大桥在相城区望亭镇的京杭大运河畔开工。工程总投资5285万元。
12月9日	苏州周庄、同里、甪直三镇被联合国教科文组织授予2003年亚太地区文化遗产保护杰出成就奖。
12月11日	联合国教科文组织和世界遗产中心官员、中国教科文组织全国委员会副秘书长共同决定，将苏州规划展示馆定为第二十八届世界遗产大会会场。
12月12日	跨越南北向的苏虞张一级公路、东西向的沪宁高速公路的一座特大转体跨线桥顺利对接。
12月17日	苏州太湖国家旅游度假区体育休闲公园概念规划通过专家论证。
12月18日	建设部国家园林城市考核组一行结束为期两天的考核工作，苏州市各项绿化指标已达到建设部《国家园林城市标准》，苏州市通过创建国家园林城市考核。
	苏州市政府印发《苏州市古建筑抢修保护实施细则》和《苏州市城市紫线管理办法（试行）》。
12月19日	《苏州高新区国家生态工业示范园区建设规划》(以下简称《规划》)论证会在北京市举行，《规划》经来自中国工程院、清华大学等科研单位的10多名专家论证获得通过。
	苏州市建委公布拆迁公告：由城投公司实施环古城风貌二期——干将桥至姑胥桥外城河东侧绿化景观及公用配套项目。拆迁范围为胥门外大街：89号（苏州市航道管理处全部）；学士街：60号（红旗桥东堍胥门城墙胥江街道全部）。拆迁实施单位：苏城拆迁公司。
12月22日	苏州市被国家发改委确定为6个全国规划体制改革试点城市之一。
	国家环保总局正式发文，授予吴江市"国家环保模范城市"荣誉称号。
12月23日	金阊区调整街道管理区域，由原来7个街道（乡镇）调整为5个街道。
12月24日	环古城风貌保护二期工程全面启动。
12月28日	经江苏省政府批复：撤销虎丘区横塘镇、枫桥镇，设立横塘、枫桥街道办事处。
	苏州市政府"十五"计划的重点工程项目——苏州市轨道交通1号线金鸡湖试验段工程开工。工程全长4.2千米。
	苏州市政府实事工程——友新高架快速路工程竣工通车。工程全长5.47千米，采用全高架方案，宽26米，双向六车道，设计时速80千米，总投资达5.17亿元。
	苏州市政府实事工程——南环高架快速路一期工程竣工通车。高架全长3.2千米。
	苏州市政府实事工程——澹台湖大桥工程竣工通车。大桥桥梁（不包括连接线）全长536.109米，桥梁宽度达到36米，桥面设计为双向六车道。
	苏州市政府实事工程——石湖大桥工程竣工通车。石湖大桥位于新建的宝带西路延伸段上，跨越京杭大运河及西岸的吴越路，西侧用匝道与吴越路接通，东接西环路，西接长江路。
	环古城风貌保护工程重要节点——苏州市规划展示馆竣工。该馆总用地面积23400平方米，总建筑面积13061平方米。
	环古城风貌保护工程重要节点——伍子胥纪念园竣工。

2003

2003

南环高架快速路（2022 年拍摄）

澹台湖大桥（2022 年拍摄）

日处理垃圾达到 1000 吨、年发电量可达 8000 万千瓦的七子山生活垃圾焚烧发电厂正式开工建设。该发电厂位于吴中区木渎镇的七子村南侧，占地 8 万平方米，总投资额为 5 亿元。

12月30日　　教育部副部长、中国联合国教科文组织全委会主任、第二十八届世界遗产委员会主席章新胜来苏州察看世界遗产大会主会场所在地苏州市规划展示馆现场。

被列为 2004 年常熟市政府实事（重点）项目的亮山工程，曾园、赵园修复工程，富康苑农民定销房工程，城南污水处理厂建设工程和法院新大楼工程正式开工建设。

昆山市侯北人美术馆竣工。该馆投资 1000 万元，建筑面积 2000 平方米。

昆山市荣获建设部授予的"昆山市国家园林城市"奖牌。

12月　　苏州市地下管线管理所成立，统一监管地下管线设施。

七子山生活垃圾焚烧发电厂（2022 年拍摄）

2003

2004 年度
大事记

苏 州 城 建 大 事 记

2004

1月

1月1日	《苏州市城市排水管理条例》正式施行，乱排乱放最高可罚 10 万元。
1月5日	面积约为 21 万平方米的虎丘景区将增加西部景区 49 万平方米，总面积将是现有面积的 3 倍。
1月7日	第二十八届世界遗产大会筹备工作领导小组第一次工作会议在苏州市召开。
1月8日	苏州市城市中心区防洪工程奠基。工程包括 10 大枢纽工程、12 座小型水闸工程、14 座老闸改造和外河堤防护岸工程等，面积约 84 平方千米，计划总投资 9.6 亿元。
	西塘河引水工程竣工。工程耗资 3.5 亿元。
	苏州市区北部供水工程竣工，苏州市自来水公司供水管线通达相城区 10 个乡镇。工程总投资 1.5 亿元。
	娄江污水处理厂正式投产。该厂一期日处理污水能力为 6 万吨，工程总投资 1.45 亿元。
1月9日	"西气东输"的天然气通过直径 1.1 米的主管道正式流到甪直第一门站，并在坝基桥调压计量站点火成功。从 1 月 10 日开始，苏州市区（不包括高新区和工业园区）的所有城市管道煤气用户（共 20 万户）将正式使用与煤气掺混的天然气。
	常熟市江堤达标工程通过苏州市级总体验收，正式交付使用。
1月上旬	苏州供电公司将在年内投资 35.16 亿元，建成投运 110 千伏及以上输电线路 1220 千米，新（扩）建 110 千伏及以上变电站 58 座，新增的主变压器容量 880 万千伏安，容量接近全省的一半。
	总投资 1 亿元的东吴北路"美容工程"全面启动。
1月13日	建设部命名国家园林城市，苏州市、昆山市、张家港市榜上有名。
1月18日	国家"西气东输"工程下游配套项目之一的望亭发电厂天然气发电工程举行开工典礼。该项目总投资 26.1 亿元，建成后每年可增加发电量 27 亿多千瓦。
	总投资 4.31 亿元的苏州"西气东输"工程开通点火。
	石路步行街开街。石路步行街是 2003 年苏州市政府重点建设项目和苏州市"双十大"工程之

石路步行街（2022 年拍摄）

一，整个改造工程分两期完成，总投资额 1.36 亿元。一期工程已完成约 5000 万元的货币工作量，二期工程年内将启动。

　　苏州市政府实事工程——苏州市老年护理康复指导中心综合大楼竣工。该中心总投资 3000 万元，设床位 200 张。

　　苏州市政府实事工程之一的 40 万平方米定销商品房如期竣工，6000 余户动迁户将陆续拿到新居钥匙。

1 月 21 日　　扩建后的太仓公园正式对外开放。

2 月

2 月 3 日　　国家资源部公布第三批国家地质公园名单，苏州太湖西山名列其中，成为江苏省首个入选者。

　　苏州市在全省 2003 年度水利工作先进表彰中荣获水利管理奖、水利改革奖和城市水利奖 3 项奖项。

2 月 5 日　　第一批道路改造项目中的竹辉路、南园路、十梓街和东中市完成改造任务。改造后道路沿线的电力、电信架空线等全部埋入地下，雨水、污水等管道实行分流，沿线路灯全部换上宫灯型路灯。

2 月 7 日　　苏州市政府批转的《关于加快苏州中心城市公共交通发展的实施意见》发布。

2 月 9 日　　2004 年苏州市实事工程有 18 项，其中涉及城市建设的有：进一步改善居民居住条件，包括苏州市区改造危旧房 20 万平方米，建成定销商品房不少于 60 万平方米；建设"绿色苏州"，包括苏州市区新增绿地 450 万平方米，全市农村新增绿地、林地 1 亿平方米以上，等等；继续实施自来水一户一表改造、污水截流及支管到户工程，市区改造居民水表 5 万只，敷设污水、雨水支管 150 千米；实施公交优先战略，包括新增、更新公交车 300 辆，建成相门汽车换乘中心，适度扩容城市出租汽车，等等；全面完成市区无障碍设施建设任务，达到全国无障碍设施示范城（区）标准。

2 月 11 日　　2003 年第三届苏州市十大民心工程评选揭晓，分别是：完成环古城风貌保护一期工程，包括建成百个小游园和桐泾公园等一批市级公园；建成苏嘉杭高速公路苏州北段；建成定销房 43 万平方米；完成西塘河引水工程，实现长江引水冲刷古城河网，实现环古城运河航船改道；新增城镇劳动力就业岗位 10 万个；建成沪宁高速公路苏州西出入口，建成南环、友新高架快速干道及石湖桥、索山桥、寒山桥、澹台湖大桥；解决低收入家庭的住房困难问题，苏州市区改造旧危房 10 万平方米，完成彩香新村环境改造；拨付国有集体企业拖欠职工医疗费总额的 40%；完善农村大病医疗统筹模式，建立农村特困人群医疗救助制度；建成苏州市规划展示馆、伍子胥纪念园。

2 月 12 日　　苏州市政府公布拆迁公告（2004）第 003 号：由城投公司实施环古城风貌二期——平四桥至景德桥外城河东侧绿化景观及公用配套工程。拆迁范围：聚龙桥等。拆迁实施单位：建设工程拆迁公司。

　　苏州市政府公布拆迁公告（2004）第 004 号：由城投公司实施环古城风貌二期——平四桥至景德桥外城河东侧绿化景观及公用配套工程。拆迁范围：南码头等。拆迁实施单位：众佳房屋拆迁公司。

2 月 17 日　　官渎里立交荣获"鲁班奖"，这是苏州市政荣获的首个中国建筑业协会最高奖，也是该桥迄今获得的第十个奖项。

2 月 19 日　　苏州市建委公布拆迁公告（2004）第 005 号：由城投公司实施环古城风貌二期——平四路改造工程。拆迁范围：北码头等。拆迁实施单位：天润拆迁公司。

2月20日 《苏州市2004年重点项目计划》印发。计划共确定重点项目149个，其中重点建设项目135个，重点前期项目14个。重点建设项目总投资1673亿元，当年计划投资562亿元。其中重点基本建设项目92个，总投资1142亿元，当年计划投资420亿元，为重点考核项目；重点技术改造项目4个，总投资196亿元，当年计划投资85亿元；重点利用外资项目39个，总投资335亿元，当年计划投资57亿元。

2月中旬 阊门城墙的地基建设已经启动。老阊门修复规划以《苏州金阊图》为重要依据，原则是"修旧如旧"。

2月25日 苏州市建委公布拆迁公告（2004）第010号：由城投公司实施干将桥至新市桥环护城河西侧绿化景观工程。拆迁范围：三香路4号。拆迁实施单位：苏城拆迁公司。

2月27日 张家港市第四自来水厂一期工程动工兴建。该自来水厂占地14.4万平方米。设计总规模为日供水40万吨，一期工程日供水量20万立方米，建设工期为20个月，投资总概算3.4亿元。

2月28日 苏州市绿化部门将参与新建、改建、扩建工程建设项目的审批工作，负责审定绿化用地指标；项目竣工后，负责进行配套绿化验收，加盖绿色图章后交付使用。

　　220千伏金桥输变电工程启动投运。该工程是常熟经济开发区的重要基础设施项目，总投资1.3亿元。

3月

3月1日 平江区十大实事工程全面启动。其中加快城市改造、推进城市化进程的主要项目有：启动平江新城建设；继续实施平江路风貌保护与环境整治工程，修缮房屋，完成环境整治工作；改善改造旧民居、危旧房；新建改建防汛泵房、垃圾中转站、公厕等设施，翻修街巷路面，铺设雨污水管道，新建改建绿地，等等。

　　苏州市建委公布拆迁公告（2004）第011号：由市政公用局实施东环路（娄门路至南环路）快速干道工程。拆迁范围：石炮头等。拆迁实施单位：沧城拆迁公司。

3月2日 苏州市政府颁布实施《关于印发苏州市市区城市房屋拆迁补偿安置实施办法的通知》。

　　苏州市政府在甪直镇召开绕城高速公路桥梁攻坚战动员会暨质量现场会议，要求在2004年完成绕城高速公路西北段、苏沪高速公路和苏昆太高速公路全线的46座大桥、特大桥和61座中小桥梁工程，确保工程质量全部达到100%优良等级。

3月4日 苏州市城市总体规划修编即将启动。城市总体规划修编分为全市域（包括五县市，8488平方千米），都市区（2014平方千米），中心城区（约1000平方千米），古城区4个层次。

　　苏州市区重点道路建设动员会召开，有关部门规定新改建道路5年内不得再以管线敷设为由开挖。

　　常熟市天然气管网枢纽——常熟天然气门站开工建设。门站建设总投资1200万元，占地4240平方米。

3月7日 《苏州市阳澄湖水污染防治2005年行动计划实施方案》出台，其目标是到2005年年底基本遏制阳澄湖富营养化发展趋势。

　　苏州市建委公布拆迁公告（2004）第016号：由市政公用局实施东环路（娄门路至南环路）快速干道工程。拆迁范围：东环路等。拆迁实施单位：建设工程拆迁公司。

3月9日 投资1.5亿元、总长4.3千米、路幅宽度达50米的通往无锡机场的一级公路将于3月底开工建设，并计划年底建成通车。

3月上旬　　苏州市级文物保护单位——章太炎故居整修开工。

3月11日　　苏州市古建筑控制保护单位——道前街按察使衙门复原整治工程全面开工。修复后占地面积2300平方米，建筑面积2100平方米。

3月13日　　常熟市虞山镇龙腾农民居住区建设规划方案通过专家论证。该居住区位于通港路北侧的景龙、泯泾村区域，用地161万平方米，可安置4830户。

3月15日　　横泾镇建制撤销，设立横泾街道办事处，尧南村、马家村属横泾街道办事处管辖。

　　苏州市建委公布拆迁公告（2004）第017号：由城投公司实施环古城风貌二期——平四路改造工程。拆迁范围：北码头等。拆迁实施单位：天润拆迁公司。

　　苏州市建委公布拆迁公告（2004）第018号：由市政公用局实施东环路（娄门路至南环路）快速干道工程。拆迁范围：东环路等。拆迁实施单位：天润拆迁公司。

3月16日　　美国洛杉矶亨廷顿植物园拟建中国园（暂名），首期动工的"夏园"将是一个具有苏州园林特色的花园。拙政园管理处与亨廷顿植物园签订友好交流意向书。

　　苏州市建委公布拆迁公告（2004）第020号：由山塘历史文化保护区发展有限责任公司实施山塘历史文化保护区二期工程。拆迁范围：山塘街等。拆迁实施单位：金阊动迁发展中心。

3月18日　　列入苏州市2004年新开工10项重点建设项目之一的金阊新城区即苏州综合物流园（原称白洋湾物流园）完成概念规划，前期工作全面启动，规划总面积达7.4平方千米。

　　苏州市市区绿色行动计划（2004—2010年）全面启动。

3月19日　　苏州市委、市政府召开迎接第二十八届世界遗产大会和创建全国文明城市动员会。会议要求：当好东道主、办好世遗会、创建文明城。

3月21日　　道前街拓宽工程正式开工。该工程西起姑胥桥西堍（三香路和阊胥路交叉口），东与人民路相交，全长865米。

3月24日　　友新立交高架桥工程全线贯通。该座桥梁总面积93486平方米，线路总长6.35千米，总投资为12亿元。

3月25日　　苏州市政府颁布实施《苏州市城市房屋拆迁纠纷行政裁决办法》。

3月26日　　据2004年首次定销房竞价会消息，2004年苏州市的定销房建设有三大创新：一是出现了同一地块上以定销房为主附带普通商品房开发的新模式；二是出现了100平方米以上的大户型，最大的达到125平方米；三是定销房开发首次向苏州市区以外的包括所辖县市和外地的房产商开放。

3月27日　　西环路8.12千米的高架桥最后一段浇注全部结束，提前14天完成全线桥梁的贯通。西环高架快速路干道全长5.33千米，由于地形地貌的限制，实施的桥梁全长达8.12千米。

3月28日　　2003年苏州市重点工程建设项目——苏州南门汽车客运站正式落成。项目总投资1.5亿元。

　　古城风貌保护工程的重要组成部分——苏州新轮船码头正式建成投运。该码头东西长230米，南北宽43米至55米，占地面积10714平方米，总建筑面积7580平方米。

3月30日　　东环路主线高架混凝土箱梁浇注全部结束，总投资12亿元，全长5.3千米、宽26米的主线高架实现全线贯通。

3月31日　　苏州市中心城区城市化进程的"重头戏"——平江、沧浪、金阊新城区开发建设全面启动。

2004

友新立交高架桥（2007 年拍摄）

友新立交高架桥（2022 年拍摄）

苏州南门汽车客运站（2022 年拍摄）

4 月 1 日　苏州园林池塘水质净化和生态恢复技术研究被列入国家高技术研究发展计划（"863"计划）的课题范围，拙政园和沧浪亭将作为两个典型案例得到具体的解决方案。为此，苏州市将投资百万元，委托苏州科技学院进行研究。

4 月 5 日　古城区人民路、环古城风貌保护带和"三纵四横四段"共 19 条主要干道公交候车亭改造全面铺开。上半年将有 80 座充满古朴韵味的新候车亭装点古城，每座候车亭建筑面积为 25 平方米左右。

4 月 8 日　苏州市政府召开全市采石山体环境综合整治现场会。以对采石残留山体进行复绿为主的环境综合整治，是苏州市之后几年生态环境保护和建设的重点之一。

4 月 15 日　全国绿化委员会在北京人民大会堂隆重举行"全国绿化模范城市"授牌仪式。在本次命名的全国 9 个首批"绿化模范城市"中，常熟市是江苏省唯一获此殊荣的城市。

4 月 21 日　苏州市领导出席"苏州市生态垃圾管理项目官方推动会"。

4 月 26 日　江苏省委副书记、省长梁保华来苏州，重点对沪宁高速公路江苏段扩建工程，以及苏州段项目建设情况进行考察。

4 月 28 日　苏州市委、市政府召开改革工作会议，下发《关于加强市级机关房屋及其土地资产管理的实施意见》等改革配套文件。

苏州市出台《苏州市征地补偿和被征地农民基本生活保障试行办法》，自 2004 年 5 月 1 日起实行。

4 月 29 日　苏州市建委公布拆迁公告（2004）第 026 号：由城投公司实施环城河路东段及北段道路改造工程。拆迁范围：沿河浜 12 号。拆迁实施单位：沧浪区拆建公司。

5 月 6 日　苏虞张一级公路路面全线贯通。同时，全线中央分隔带绿化种植基本结束。

5 月 9 日　苏州市政府批复，撤销横塘镇，以其原辖区域设立横塘街道办事处；撤销枫桥镇，以其原辖区域设立枫桥街道办事处。

5 月上旬　山塘河 200 米古驳岸试验段已基本完工。该项工程包括仿古修复驳岸 1 千多米和疏浚部分淤积严重的浅滩河段。

5 月 12 日　镶嵌有中国 32 处世界遗产雕刻作品的"世界遗产纪念墙"在苏州工业园区金鸡湖东正式启动建设，并将于 2004 年 7 月 7 日，即第二十八届世界遗产大会闭幕当天，举行落成典礼。

常熟市 204 国道跨越海虞北路的互通立交工程主桥部分正式动工。

5 月 13 日　张家港市长安路改造工程正式启动。工程全长 2.35 千米（包括与长安路相交的各主要道路 100 米范围路段），工程总投资 4000 万元。

5 月 15 日　全市防汛防旱工作会议召开。苏州市自 2004 年起用 3 年的时间，总投资 9.5 亿元建成一套城市防洪工程，届时苏州市中心城区总的排涝流量将达到 260 立方米 / 小时。

5 月 16—17 日　中共中央政治局委员、国务院副总理吴仪在苏州市会见新加坡共和国副总理李显龙一行，并考察苏州工业园区。

5 月 17 日　中国—新加坡联合协调理事会第七次会议在苏州市举行。会议重申，苏州工业园区是中国和新

2004

张家港市长安路（张家港市城建档案馆藏 2004 年拍摄）

加坡两国政府间最大的经济技术合作项目，也是中国对外合作的成功范例。

江苏省委书记、省人大常委会主任李源潮，江苏省省长梁保华在苏州市会见了新加坡副总理李显龙及其随行人员。

第二十八届世界遗产大会吉祥物——"圆圆"面世。

5 月 18 日　苏州市国土资源管理工作会议召开，落实国务院办公厅、江苏省政府办公厅《关于深入开展土地市场治理整顿严格土地管理的紧急通知》。

苏州大学附属儿童医院综合门诊大楼举行奠基仪式。新的门诊大楼拟建筑面积为 13766 平方米。

5 月 19 日　苏州古城申遗调整方案，明确将采用古典园林遗产名录扩展的方式进行申报，名称将在"苏州水乡古城的古典园林及相关历史地段"和"苏州水乡古城和古典园林"中选择，并计划在 6 月下旬前完成申报材料。

5 月 20 日　苏州市用电需求负荷突破 600 万千瓦，比 2003 年同期的 380 万千瓦用电需求负荷约增长 58%。

5 月 22 日　由同济大学编制的《苏州生态市建设规划纲要》(以下简称《规划纲要》)和《苏州市循环经济发展规划》(以下简称《发展规划》)大纲通过专家论证。《规划纲要》和《发展规划》的规划范围为苏州全市 8488.42 平方千米，重点是中心城区，对所管辖的 5 县市具有指导作用。

5 月 23 日　国家环保总局副局长祝光耀一行 12 人就生态城市创建工作到张家港市调研。

5 月 24 日　苏州国际教育园内的苏州医药科技学校和北部共享区同时开工奠基，备受瞩目的苏州国际教育园由此进入整体推进、全面建设的新阶段。

5 月 30 日　第二十八届世界遗产大会筹备工作进展顺利，苏州古城申报世界遗产已做好准备，并将在大会上提出正式申请。

砖雕巨作《锦绣苏州》在世界遗产大会主会场——苏州市规划展示馆门前正式落成。

5 月 31 日　苏州市政府实事项目——苏州市区 13 万平方米直管公房成片解危改善工程全部竣工，其余 7 万平方米零星危房的解危工作正在加紧推进。

苏州工业园区将新添生态植物园——白塘生态植物园。该园总占地面积约 60.5 万平方米，其中水面面积约 12 万平方米。该园的设计方案出自荷兰著名景观设计公司 NITA（尼塔）景观设计院。

6月8日　东环路快速干道主线高架与地面道路全线通车。东环路快速干道工程北起官渎里立交南引坡，南接东南环立交，全长 5.3 千米，主线高架为城市快速路，双向六车道，在主要路口设匝道与地面相接。

6月9日　由苏州瓯江房地产投资开发有限公司开发的世纪广场在太仓市正式开工建设。该项目总投资 2 亿元，总建筑面积 9 万平方米。

6月10日　中国—新加坡合作苏州工业园区成立十周年庆祝大会举行。

6月15日　苏州市第四座 500 千伏输变电工程——苏州南（吴江）输变电工程正式竣工并投入使用。该工程是国家重点项目三峡工程的送出配套工程，直接承担三峡电能的输送任务。

　　南园南路改造全面完工，城区"三纵四横四段"道路改造工程圆满竣工。

6月17日　平江路风貌保护与环境整治工程进展顺利。27 户单位全部搬迁出历史街区，390 多户居民顺利搬迁，基础设施、市政建设、房屋修缮、环境整治等取得阶段性成果。

6月22日　全国省级文物局长培训班邀请苏州市领导主讲"苏州古城保护的探索和实践"。

6月26日　环古城风貌保护二期工程举行竣工仪式。至此，基本实现了环古城风貌保护工程预期的总体目标。

　　"三纵四横四段"综合整治工程举行竣工仪式。

　　东环快速干道工程举行竣工仪式。

　　西环快速干道工程举行竣工仪式。

　　友新立交工程举行竣工仪式。

6月28日　联合国教科文组织第二十八届世界遗产委员会会议（即第二十八届世界遗产大会）在苏州市开幕。每年的 6 月 28 日，将成为苏州市民的"遗产保护日"。

6月　山塘河工程整修完工，共修复驳岸 2000 多米，新建古石条驳岸 40 米，疏浚淤泥 30000 立方米，消除河中障碍物 1500 立方米，翻建和维修码头两座，等等。

　　苏州市 1884 平方千米数字摄影测量的测图工作完成，并利用数字摄影测量图像进行大比例尺地形图的修补测量。

7月1日　苏州市领导陪同世界遗产中心主任巴达兰、国际古迹遗址理事会成员考察正在实施保护性修复的山塘、平江历史文化保护街区。苏州市在古城保护方面的探索和实践得到了专家们的肯定。

7月7日　第二十八届世界遗产大会圆满闭幕。大会通过了《苏州决定》和《苏州宣言》，并授旗苏州市设立世界遗产研究教育中心。

　　太湖申报"双遗产"可行性调研工作已经启动。

7月8日　常熟市海虞镇通过"江苏人居环境（范例）奖"的考评。

7月14—18日　2003 年江苏省市政示范工程评审会在常熟市召开，常熟市新世纪大道工程得到评审组专家的一致肯定。

7月15日　苏州市建委公布拆迁公告（2004）第 040 号：由土地储备中心实施平江新城一期工程启动区土地前期开发项目（一号地块）工程。拆迁范围：新塘村朱埂上等。拆迁实施单位：城北拆迁公司。

2004

7月16日 国家环保总局发布 2003 年度国家环境保护重点城市环境管理和综合整治年度报告，在全国 47 个国家环境保护重点城市中，苏州市是"环境综合整治成绩比较突出"的城市和"污染控制完成较好"的城市。

位于苏州工业园区中央商贸区的东方之门试桩开工。东方之门分北楼、南楼两个部分，是一个造型为门的超高层建筑，总高度达 278 米，两部分建筑在层高 238 米处连接贯通。工程总投资达 45 亿元。

全长 52.55 千米、双向六车道的苏州绕城高速公路西南段实现全线贯通。

张家港沙钢热电一期工程 4 号燃气发电机组竣工投运。该工程总投资 5 亿元，总装机容量为 4×5 万千瓦。

7月23日 交通部重点督办项目、沟通上海市与浙江省的黄金水道——长湖申线江苏段 22.5 千米航道护坡工程全部顺利完工。该工程用钢筋混凝土浇筑航道护坡。

总建筑面积 32.62 万平方米的超级城中城、苏州市区超大规模住宅小区——大观名园正式开工。

7月26日 江苏省、苏州市重点工程，总投资 20 亿元的苏州港太仓港区二期主体工程——全长 1100 米、宽 14 米的码头平台基本竣工。

苏州港太仓港区（2022 年拍摄）

常熟市 220 千伏沙家浜输变电工程建成投运。

7月28日 太仓市政府实事工程——太仓市粮油批发市场奠基开工。工程总建筑面积 3 万平方米，总投资 5000 万元。

8月

8月3日 建设部副部长黄卫一行来苏州市调研，重点探讨以地方立法的形式进一步推动无障碍设施建设。

8月5日 沿江高速公路（又称宁太高速公路）苏州段 18000 平方米的房建工程通过省级质检部门的专家现场验收，总体工程质量评定为优良等级。

8月7日 苏嘉杭高速公路常熟至苏州段二期工程通过交工验收。

8月16日	宁太高速公路江阴至太仓段试通车。路线全长104.11千米，其中江阴段长27.985千米，苏州段长76.125千米。
8月20日	随着宁太高速公路江阴至太仓段和苏嘉杭高速公路北段二期的试通车，苏州拥有了"一纵二横"高速公路主骨架，拥有了249千米的通车里程，拥有了四大枢纽和21个互通，所管辖的5市和沿线中心镇全部连入高速公路网，实现了20分钟上高速的目标。
	金鸡湖二期清淤工程将全面展开。一期清淤工程即将结束，清理出的500万立方米淤土主要用于绿化和低洼地填土。
8月24日	苏州古城申遗名称、范围进一步明确：苏州申遗项目名为"苏州水乡古城古镇及古典园林"，其中古城范围在平江历史街区、山塘历史街区及盘门传统风貌地区之外，新增加拙政园历史街区，古镇为同里、周庄、甪直。
8月31日	苏震桃太湖稍等特大桥贯通。该大桥地处苏州市吴中区和吴江市两个经济开发区，全长827米，工程总投资约4800万元。
	张家港市第一人民医院易地新建工程在暨阳西路北侧全面开工建设。工程总投资达6.5亿元，占地12.07万平方米，医疗综合大楼建筑面积达10.9万平方米。
8月	苏州市城市规划编制（信息）中心配合市电信公司、市市政公用局、市自来水公司、市公安局、市国家安全局、市移动通信公司、市民政局等部门完成公交线路查询和市域电子地图制作。
	太仓市境内首条高速公路——沈海高速（沿江高速）竣工通车。

9月

9月1日	下午1时30分左右，横跨京杭大运河苏州横塘段河道上的亭子桥受铁船的撞击后垮塌，运河航道受阻，5000余艘船舶被堵。9月4日上午，事故河段全部通航。
	山塘桥至渡僧桥西侧沿街建筑立面改造工程正式动工，涉及28家40间沿街建筑。
9月3日	被列入国家"863"重大专项和江苏省社会发展重点科技项目的苏州园林水体水质净化与生态修复项目正式启动。国家和省市相关部门共斥资450万元进行该项目的研究和实施工作。
	江苏省委副书记、省长梁保华考察宁太高速公路苏州段，对已建成试通车的江阴至太仓段给予高度评价。
9月8日	三星路、日规路实施道路改造。
9月上旬	苏州市房管部门对古民居修缮首次招投标，颜家巷等13个古民居和两个老新村率先尝试。
9月16日	苏州市政府对市规划局发出《关于平江新城控制性详细规划的批复》。规划中的平江新城东起东环路，西至苏虞张连接线，北起沪宁高速，南至护城河，总面积9.97平方千米，是苏州城区向北扩展的重要地域。
	苏州市控制保护建筑张氏义庄、亲仁堂移建工程通过专家组验收。
9月17日	苏通长江公路大桥主桥基础桩完成。
	常熟市常福公路建成通车。该路全长12千米。南段4.288千米为城市道路，采用三块板式，路宽36米；北段为二级公路，路宽17米。工程总投资1.3亿元。
9月18日	全长58千米的苏虞张一级公路全线贯通。
9月19日	纽约时间9月17日，苏州市领导在纽约拜会世界著名建筑大师贝聿铭，就苏州博物馆新馆建设、新馆周边环境改造及苏州古城申报世界文化遗产、在美国设立苏州博物馆基金会等问题进行了

2004

深入探讨。

9月中旬　　被列为苏州市政府重点工程的常熟市第一人民医院新门急诊大楼正式启用。该大楼占地2万平方米，建筑面积33300平方米，总投资1.8亿元。

　　苏州市地图应用开发中心率先在全省建成了苏州地图网站（http://www.sz-map.com），已正式开通。

9月21日　　《苏州生态市建设规划纲要》(以下简称《纲要》)通过了国家环保总局组织的专家论证。《纲要》明确，苏州市的发展要立足长江三角洲和上海大都市圈，以可持续发展为主线，以现代科技为支撑，以循环经济为驱动，把苏州市建成"生态乐园，人间天堂"。

9月23日　　在深圳市举办的第五届中国国际园林花卉博览会上，苏州市的参展景点——古吴山庄获室外造园综合金奖。在单项施工奖中，苏派盆景获得1个金奖、2个银奖、1个铜奖，赏石艺术获得1个银奖，插花艺术获得各类艺术奖共4项。

9月28日　　江苏省政府举行沿江高速（江太段）和宁杭高速（江苏段）通车典礼。

9月30日　　历时两年多的保护性修复，山塘历史文化保护区旅游街区举行开街仪式。同时以保护、整治、修景、补景为主的山塘延续工程全面启动。工程范围从新民桥到望山桥，全长约3000米。

修复前的山塘街通贵桥（2002年拍摄）

修复后的山塘街通贵桥（2005年拍摄）

位于苏州工业园区中央商贸区的巨型门式建筑——东方之门奠基。

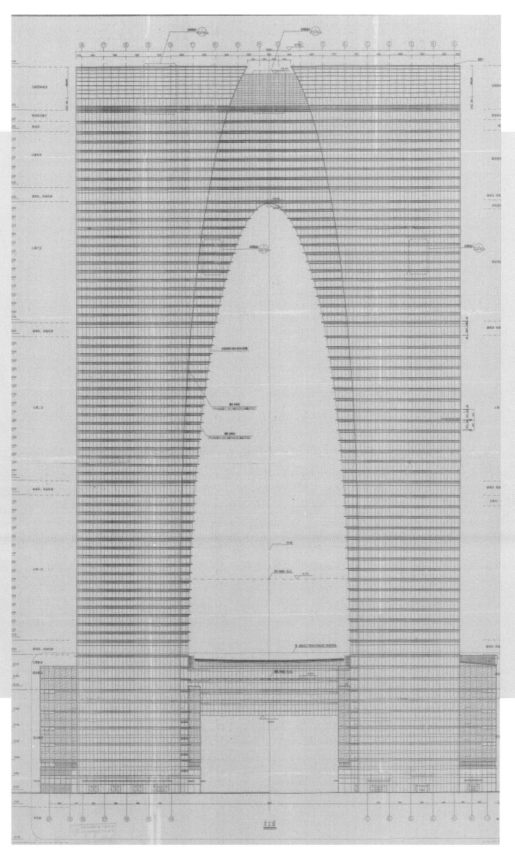

东方之门立面图（苏州工业园区档案管理中心藏）

东方之门（2022 年拍摄）

2004

10月

10月10日 由中央电视台经济频道主办的"2004 CCTV 城市中国系列活动"组委会公布了"2004 中国十大最具有经济活力城市"20 个提名城市名单。苏州市入选"2004 中国十大最具有经济活力城市",同时摘取此次评选中含金量最高的奖项——年度城市大奖。

10月14日 苏虞张一级公路正式通车。苏虞张一级公路是苏州市的重点交通建设项目,也是苏州市市域公路网"两纵三横一环"主骨架的重要组成部分。路线全长 58.798 千米,工程总投资 13.1 亿元,于 2002 年 6 月 28 日开工建设。

10月15日 苏州工业园区重点工程苏州检验检疫局综合实验楼举行开工典礼。综合实验楼总建筑面积 5 万多平方米,共 12 层,总投资 2.1 亿元。

10月16日 昆山市玉峰大桥竣工通车。该桥主桥长 110 米、宽 34 米,工程投资约 7300 万元。

10月19日 在加拿大尼亚加拉市举行的 2004 年全球"国际花园城市"评选活动中,常熟市荣获"国际花园城市"称号,成为中国获得该项殊荣的第一个县级市;同时还获得"遗产管理"单项竞赛第一名。

10月27日 苏州绕城高速公路西南段通过由江苏省交通厅、江苏省发改委和上海市城市建设设计研究院等单位组成的专家组的交工验收。

10月28日 江苏省第一条集景观、旅游和生态为一体的低路堤六车道高速公路——苏州绕城高速公路西南段正式通车。

苏州市政府和江苏省交通厅联合举办新闻发布会,宣告太湖大道一期正式建成通车。

10月29日 苏州市建委公布拆迁公告（2004）第 054 号:由苏州市市政公用局实施人民路（平门至南门）道路改造及交叉口渠化工程。拆迁范围:白塔西路 126 号（部分）。拆迁实施单位:平江动迁服务部。

10月30日 苏州市建委公布拆迁公告（2004）第 052 号:由苏州高新中锐科教发展有限公司实施苏州国际教育园（北区）教师公寓项目工程。拆迁范围:梅湾村蒋墩等。拆迁实施单位:虎丘拆迁公司。

10月 苏州古城申遗文本送往国家文物局审核。

11月

11月1日 苏州市领导会见丹麦埃斯比约市与意大利威尼斯市"亚洲城市建设项目"代表团一行,加强生态环境国际合作。

在苏州市举行的中日韩（东亚）工程院圆桌会议闭幕。

11月3日 苏州市政府出台《苏州市平江沧浪金阊三区农村村民住房预拆迁预安置实施细则》,对平江、沧浪、金阊三区范围内农村村民使用宅基地办法做出了详细规定。

苏州市政府向市规划局发出《关于苏州市沧浪新城控制性详细规划的批复》。新城建成后,一个"运河城市"将现身古城西南,京杭大运河有长达 1800 米的河段从新城西部和南部穿越。沧浪新城以"一区、两轴、四片"为大的功能结构布局。

11月8日 作为沿江地区的重要能源基地、总装机容量达到 627 万千瓦发电机组的重大配套项目——太仓 500 千伏输电线路的前期准备阶段工作基本结束,将开工建设。

常熟市石梅广场、海虞东方广场被评为"全国特色文化广场"。

11月上旬 按照《江苏省人大常委会关于限制开山采石的决定》(以下简称《决定》)和《苏州市禁止开山采石条例》(以下简称《条例》),苏州市已提前一年实现《决定》《条例》所提出的禁采目标,累计关闭开山采石企业 110 家,关闭率达 95%。

为了对单位用地投资强度和开发建设进度进行有效的控制,昆山市在国内率先实行的两项用地控制举措被写入国务院"红头文件"。

11月13日 苏州市遗产保护论坛召开,与会专家、学者就中国城市遗产保护现状、存在问题与对策,历史街区保护与整治实践中的若干问题展开学术探讨。苏州市副市长朱永新做了题为"苏州古城保护与发展的策略"的报告。

11月21日 苏州市城市快速轨道交通建设规划通过由建设部、江苏省建设厅组成的专家组的审查,与会专家一致认为,"苏州非常有必要尽快建设轨道交通"。

11月24日 全国水务管理工作座谈会在苏州市召开,来自全国的 100 多位水务工作者代表参加了座谈会。

500 千伏张家港变电站二期工程正式并网送运。

11月28日 苏州国家粮食储备库竣工。该粮库位于吴中区经济开发区郭巷镇,占地 9.47 万平方米,建有粮食专用码头 320 米,300 吨泊位 6 个,库容 6.3 万吨。

11月30日 亚欧城市林业国际研讨会苏州阶段会议圆满结束,来自 22 个亚欧会议成员国的近 200 名会议代表,以及国内外部分知名城市林业专家出席会议。

11月 国土资源部会同有关部门,按照土地利用总体规划和城市总体规划,对各省(区、市)经过清理整顿后上报保留的开发区进行了审核,苏州市、昆山市通过审核,可以恢复正常的建设用地供应。

苏州市林业局首次对全市的湿地资源进行了一次全面调查,并发布《苏州市湿地资源调查报告》。报告统计数据表明,全市共有湿地 4920 平方千米,占全市国土面积的 57.8%。

12 月

12月1日 苏州市区 2004 年已新建绿地 480.8 万平方米,超额完成年初苏州市政府制定的 2004 年新增绿地 450 万平方米的实事任务。

12月6日 2004 年张家港市委、市政府十大实事工程之一的梁丰生态园举行开工奠基仪式。该园建设规模约 80 万平方米,其中绿地面积约 46.2 万平方米,水面面积约 16.7 万平方米。工程总投资 3 亿元,其中绿化景观投资约 1.3 亿元。

12月10日 白蚬湖桥竣工通车,同(里)周(庄)北线实现了全线贯通,全线 17 千米,车程 15 分钟。

同周旅游公路竣工。该公路全长 18 千米,路基顶宽 18 米,工程概算总投资达 8380 万元。

12月上旬 江苏省委常委、苏州市委书记王荣,苏州市委副书记、代市长阎立先后赴平江区、沧浪区、金阊区、吴中区和相城区,重点就如何顺应当前形势、进一步加快中心城区的城市化进程、促进经济社会更好发展等问题进行调查研究。

12月15日 苏州市区创建全国无障碍设施建设示范城国家验收通报会召开,国家验收组结束在苏州为期 4 天的检查。

12月16日 312 国道苏州段扩建工程进展迅速,总长约 10 千米的高新区段率先建成通车。截至 11 月底,共完成投资 19 亿多元,约占苏州段总投资 24 亿元的 80%。

12月中旬 苏通长江公路大桥两座主桥墩钢吊箱封底抽水结束,主桥墩承台施工全面开始,大桥建设从水

2004

下施工顺利转入江面施工的新阶段。

12月23日　苏州市建委公布拆迁公告（2004）第062号：由清源建设有限公司实施建造苏州市区水环境综合整治（北园污水泵站）工程。拆迁范围：北园路。拆迁实施单位：城建拆建公司。

12月24日　中共中央政治局常委、中央政法委书记罗干来苏考察苏州市循环经济发展、开发区建设。

12月25日　张家港市沿江开发高等级公路港丰公路段建成通车。公路全长33.07千米。

12月28日　苏州市建委公布拆迁公告（2004）第063号：由苏州市山塘历史文化保护区发展有限责任公司实施建造山塘街历史文化保护区保护段修复试验段工程。拆迁范围：广济路218号。拆迁实施单位：金阊动迁中心。

12月28—29日　2004年度苏州市城市规划咨询专家委员会全体会议召开，会审《苏州市城市总体规划修编方案》。江苏省委常委、苏州市委书记王荣就苏州城市规划提出四点指导性意见：一是始终要做远做深规划；二是要更加注重生态建设和文化建设；三是要更加关注统筹发展；四是要切实保障城市规划实施。

12月29日　太仓至台湾航线首航。

2005 年度 大事记

苏　州　城　建　大　事　记

1 月

1月1日 　《江苏省内河水域船舶污染防治条例》施行。船舶随意排污可罚 1 万元。

《苏州市河道管理条例》(以下简称《条例》)施行。《条例》提出凡是涉及河道建设的项目都必须符合规划的总体要求。

《苏州市文物古建筑维修工程准则》施行。

1月6日 　全市交通工作会议召开。2005 年苏州交通建设投入将达 141 亿元。

1月8日 　苏州市轨道交通 1 号线工程初步设计审查会召开。线路全长 23.526 千米,其中竹园路段采用高架线,长 3.477 千米,敞开段设在玉山公园内,长 0.387 千米,地下线 19.662 千米。1 号线全线(一期)共设车站 21 座,平均站间距 1.160 千米。

1月11日 　江苏省第一个政府工程代建机构——张家港市建筑工务处成立。

1月12日 　苏州市政府批转苏州市园林和绿化局、财政局制定的《苏州市市区城市绿地养护管理暂行办法》,自发布之日起施行。

1月14日 　苏州市政府发布《苏州市市区商品房销售网上管理实施办法》,规定苏州市区范围内新建商品房销售一律实行网上管理。

太湖贡湖湾附近全长 25.5 千米的太湖大堤高新区段加固工程正式启动,造福沿岸 6 万余名百姓。为确保工程所需土方,避免挖废良田,总面积为 10 平方千米的太湖清淤取土工程同时展开。

1月14—15日 　沪苏浙高速公路江苏段初步设计通过江苏省审查。路线全长 49.88 千米,采用双向六车道高速公路标准,设计时速 120 千米,全线将设服务区 1 处、互通式立交 7 处。

1月15日 　苏州市委副书记、市长阎立在《政府工作报告》中提出 2005 年苏州市政府实事工程共 18 项。其中涉及城市建设的有:进一步改善居民居住条件和环境,包括市区改造旧危房 20 万平方米,敷设污水、雨水支管 110 千米等。建设"绿色苏州",包括市区新增绿地 450 万平方米,全市农村新增绿化林地 7000 万平方米等。加强民族民间传统文化和文物的保护工作,包括建立苏州市民族民间传统文化保护中心,完成桃花坞木刻年画博物馆维修工程,等等。推进"数字苏州"和城市防灾减灾工程建设,包括市区规划定点公共信息亭 300 个,年内建成 100 个;基本完成苏州城市中心区防洪工程;新增人防工程 17 万平方米等。实施公交优先战略,包括市区新增、更新公交车 300 辆等。改造城市生活垃圾中转站及垃圾收运系统,包括新建、改造垃圾中转站 8 座,拆除、改造水泥垃圾房 800 座;市区新建、改造公共厕所 50 座等。

1月16日 　2004 年苏州市十大民心工程评选揭晓,分别是:"三纵四横四段"综合整治工程;东环、南环、西环、友新立交高架工程;市区一户一表改造工程;完善苏州市应急救援和指挥通信系统及医疗急救体系;市区改造危旧房 20 万平方米,新开工并建成定销商品房 60 万平方米;新增城镇劳动力就业岗位 12 万个;环古城风貌保护二期工程;全面完成创建无障碍设施建设示范城验收工作;山塘历史文化保护区保护性修复工程;绕城高速公路西南段工程。

1月中旬 　2004 年度中央财政给予苏州市 145 平方千米国家重点公益林的 84.6 万元补贴,已经全部到达各市(区)财政。此次苏州市被界定为国家重点公益林的森林面积占苏州市有地林的 30%,涉及吴中区、常熟市、吴江市等地。

1月21日 　2005 年首个苏州市政府实事项目——20 万平方米直管危旧公房解危工程启动。苏州市房管局向社会承诺:两年内解除所有直管危旧公房。

1月28日 　昆山图书馆举行开馆典礼,正式对外开放。

昆山图书馆（昆山市城建档案馆藏　2005 年拍摄）

1 月 31 日　　　江苏省人事厅、建设厅联合表彰全省建设系统 30 个先进集体，常熟市城建档案管理处榜上有名。

　　　全省建设工作会议上发布江苏人居环境范例奖城市表彰名单，常熟市海虞镇"小城镇发展与环境建设"榜上有名。

2 月

2 月 8 日　　　《苏州市 2005 年重点项目计划》印发。该计划共确定重点项目 124 项，其中，重点建设项目 111 项，重点前期项目 13 项。重点建设项目总投资 1141 亿元，当年计划完成投资 386 亿元。其中，重点基本建设项目 70 项，总投资 880 亿元，当年计划完成投资 306 亿元，为重点考核项目；重点技术改造项目 2 项，总投资 148 亿元，当年计划完成投资 20 亿元；重点利用外资项目 39 项，总投资 113 亿元，当年计划完成投资 60 亿元，为重点服务项目。

2 月上旬　　　2004 年度苏锡常地下水禁采考评总结大会召开。常熟全市已消除地下水 40 米以下等值线警示区和 50 米以下重点警示区，377.5 平方千米内的地下水超采区全部消除，第 Ⅰ、Ⅱ 承压层平均水位埋深分别上升 4.53 米和 9.65 米。

2 月 23 日　　　作为 2005 年相城区政府实事工程之一，2005 年相城区将斥资 500 万元用于全区的区、镇、村三级 838 条河道的清淤整治工程，同时拨款 100 万元用于全区河面保洁等长效管理工作。

2 月 24 日　　　沿江高等级公路常熟改造段正式开工建设。

2 月 27 日　　　常熟市首个中国人居环境金牌建设试点项目——香格丽花园开工建设。该项目占地面积 63471 平方米，总建筑面积 85700 平方米。

2005

2005

3月3日　作为张家港市交通主骨架网中的两条重要道路，张杨公路东延和妙丰公路中段工程即将动工。张杨公路东延工程起点位于 338 省道（张杨公路）与 204 国道交叉处，终点位于张家港市与常熟市交界处，与常熟市境内 338 省道相接，全长 11 千米。工程总投资 3.65 亿元。妙丰公路中段工程北起港丰公路，全长 6.76 千米，按一级公路双向六车道标准进行建设，全线铺设沥青砼路面，工程总投资约 1.5 亿元。

3月11日　近 600 天的金鸡湖清淤取土工程竣工，正式开坝，2500 万立方米水重新注入金鸡湖，并投放活鱼和青螺。此次工程共取土约 1100 万立方米，相当于工业园区二、三区土地平整所需土量的 1/5。

3月12日　2005 年苏州市区绿化任务已明确，新增绿地 450 万平方米。其中，工业园区 222 万平方米、高新区 100 万平方米、相城区 73 万平方米、吴中区 30 万平方米、中心城区 25 万平方米。此外，环古城风貌保护工程三期的绿化将于 2005 年完成，共将布绿 8.5 万平方米。

3月18日　江苏省委常委、苏州市委书记王荣先后到沪宁高速公路高新区互通工程、苏虞张连接线工程、苏沪高速公路等城建交通重点工程施工现场调研。

常熟市黄河路拓宽改造工程启动，工程总投资 1.3 亿元。

4月6日　常熟市 2005 年迎峰度夏工程计划中最大的输变电工程——220 千伏帅桥输变电工程建成投运。该工程位于梅李镇赵市，总投资 1.23 亿元。

4月18日　苏虞张一级公路连接线二期工程、沪宁高速公路西互通连接线工程和苏福快速路一期工程同时开工建设。

4月19日　苏州市东连上海、西接运河的江苏省重点工程苏申内港线航道通过江苏省发改委和江苏省交通厅专家的验收，该航道被评定为优良等级。苏申内港线航道全长 61.304 千米，整治后的水面宽度达 200 米，水深达 2.5 米，能通 300 吨级船舶。

4月中旬　沪宁高速公路扩建工程、苏州段最长的唯亭特大桥南幅主桥顺利合龙。唯亭特大桥已转入北幅施工。

4月25日　苏州古城区首批 50 座公共信息亭建成开通。年内还将在工业园区、苏州高新区、吴中区、相城区 4 个区建设 250 座公共信息亭。

4月26日　苏嘉杭高速公路苏州段至吴江段（下称南段）工程通过江苏省发改委和江苏省交通厅联合验收委员会的竣工验收。苏嘉杭高速公路南段全长 54.208 千米，路基宽 28 米，为双向四车道，设计时速为 120 千米。

4月28日　苏州世界遗产国际研究教育中心在石湖景区滨湖区破土动工。

总投资 5 亿元的常熟市裕坤·国贸广场正式奠基。

4月30日　平江新城开发建设的第一条道路清塘北路建成通车。清塘北路全路段长 775 米，路幅宽 40 米，北接新莲路，总投资达 4000 万元，是平江新城 3 条主干道之一。

5 月

5月6日 世界著名建筑设计大师贝聿铭偕夫人再次来到苏州市,商谈苏州博物馆新馆建设事宜并实地考察。在此期间江苏省委常委、苏州市委书记王荣,苏州市委副书记、市长阎立先后会见贝聿铭一行。

5月7日 除太湖中的三山岛无法建设和车坊镇江湾村即将开工建设外,全市1247个行政村已全部实现村村通公路的目标,公交车的通达率在全省率先超过90%。

5月8日 古镇同里概念性规划签约仪式举行,规划定位为"活的博物馆"。"新加坡规划之父"刘太格将为古镇同里规划。

5月10日 苏州科技文化艺术中心开工。该中心位于工业园区金鸡湖文化水廊景区,总建筑面积13.4万余平方米,投资15亿元。

望亭发电厂烟气脱硫、节水改造两大环保工程正式破土动工,预计总投入将达2亿多元。

5月上旬 位于金阊区寒山大桥东南堍的青龙桥水利枢纽完工。该工程是苏州城市中心区的十大水利枢纽工程之一,拥有8米大闸,引排能力达20立方米/秒。

青龙桥水利枢纽(2022年拍摄)

5月12日 相城区GIS城市管网系统建立工程已进入软件工程监理和后期数据录入阶段,苏州市成为全省首个建立城市管网系统GIS数据库的城市。

5月18日 苏通长江公路大桥南侧5号主桥墩承台合龙段混凝土浇筑正式完工,工程开始进入桥面索塔施工的新阶段。

到2005年年底,苏州市将淘汰20多万户居民家中的铸铁螺旋式水龙头和老式的9升坐便器水箱,推广使用陶瓷阀芯水龙头和6升水箱,或者将9升水箱改装成两档水位,以此来节约水资源,减轻治污消耗。

5月20日 常熟市尚湖湿地公园被建设部批准为首批"国家城市湿地公园"。

5月29日 金阊新城主干路网正式开工,"四横四纵"道路框架建设全面铺开。总长13.15千米、总投资

2005

超 5 亿元的 6 条主干道路——富强路、富相路、虎阜北路、产业路、阳山东路、储运路预计在年内建成。

中国东方丝绸市场中心广场——东盛步行街奠基。东盛步行街位于盛泽镇中国东方丝绸市场十字河西侧，占地面积 26592.2 平方米，建筑面积近 10 万平方米，总投资 5 亿多元。

5 月 30 日 太仓世纪商务大厦提前封顶。

5 月 31 日 苏州市政府印发《苏州市切实解决中低收入家庭住房问题若干意见》。

6月

6 月 2 日 国家环保总局公布的《中国的城市环境保护》报告显示，截至目前，我国共命名 47 个国家环境保护模范城市和 3 个国家环境保护模范城区，国家环境保护模范城市苏州城市群榜上有名。

6 月 3 日 水利部副部长翟浩辉带领太湖流域防汛防旱检查组来苏州市检查城市防汛工作。

苏州市政府出台《苏州市加强房地产市场调控切实稳定住房价格实施意见》。

6 月 7 日 应苏州市历史文化名城研究会之邀，国家历史文化名城保护专家委员会副主任郑孝燮及全国文物局古建筑专家组组长罗哲文、两院院士周干峙等来到苏州市，就平江历史街区保护规划进行了考察和点评。

苏州市吴中、吴江、常熟开发区的出口加工区获得国务院批准。

6 月 14 日 江苏省委常委、苏州市委书记王荣，苏州市委副书记、市长阎立走进中央电视台四套《让世界了解你》栏目在苏州市的录制现场，围绕苏州古城和优秀传统文化保护、创建和谐苏州，以及苏州与友城交流合作的意义等话题，与来自欧洲 6 个国家 7 个友城的嘉宾们进行讨论。

6 月 16 日 高新区太湖大道二期工程奠基。太湖大道全长 15 千米，最宽处双向十车道，时速设计为 80—100 千米。

6 月 18 日 总投资约 1.4 亿元的滨江自来水厂建成投用。该厂的建设能提高日供水能力 20 万立方米，使常熟市日总供水能力提高到 67.5 万立方米。

6 月 19 日 国土资源部部长孙文盛来苏进行为期两天的考察。

6 月 20 日 全市文化遗产保护工作会议召开。苏州市第一批控制保护古村落名单（14 处）、苏州市第三批控制保护建筑名单（60 个）、苏州市第一批非物质文化遗产代表名录（12 个）面世。

苏州市政府令第 83 号《苏州市古村落保护办法》出台。

苏州市新沧浪房地产开发有限公司因负责盛家带苏宅、顾宅维修工程（也称"莳湄草堂"），获首笔社会力量保护古建筑政府奖励金 18 万元。

昆山市昆曲博物馆、顾炎武纪念馆、昆石馆改造工程正式启动。总投资达 900 余万元。

6 月 23 日 苏州市西北片城乡接合部河道综合整治工程开工。整治工程包括两个部分：一是打通青龙河断头浜，目前已开工建设；二是实施西郭桥河、泥点港、红菱浜、齐白桥河、打柴浜 5 条河道的清淤疏浚。整个工程计划新开河道 450 米，疏浚河道 6436 米，清淤 16220 立方米，总投资约 1100 万元。

6 月 27 日 国家"西气东输"配套工程——张家港华兴电力有限公司 2×39.5 万千瓦燃机工程 1 号机组顺利通过 168 小时满负荷运行，正式投入商业运行。

6 月 29 日 太仓港保税物流中心卡口和仓储工程正式开工。

7 月 8 日　苏州市部分定销房将不再以规定的价格与销售对象进行定向销售，首批 1249 套、8.87 万平方米的定销房将参照同地段市价进行公开销售，均价在 3500—4000 元 / 平方米。

昆山市前进西路延伸工程被江苏省市政工程协会评为"2005 年度省优市政示范工程"。

7 月 12 日　苏州市政府批转发园林和绿化管理局的《苏州市创建国家生态园林城市实施方案》。

7 月 18 日　高新区枫桥街道白马涧生态园龙池风景区正式开园。

白马涧生态园［苏州高新区（虎丘区）档案馆藏　2004 年拍摄］

7 月 28 日　苏州市第四条连接上海市的高速通道——沪苏浙高速公路江苏段，在吴江市黎里镇举行开工典礼。沪苏浙高速公路江苏段位于吴江市南部、318 国道北侧，路线全长 49.88 千米。

7 月　投资 3.5 亿元的苏州港太仓港区二期两个 5 万吨级和两个 2 万吨级的集装箱专用泊位水工工程通过江苏省、苏州市交通部门的交工验收。

8 月

8 月 3 日　苏通长江公路大桥主桥基础工程通过专家组和交工验收委员会的交工验收。

8 月 4 日　苏州市房管局正式对外发布信息，中心城区（平江区、沧浪区、金阊区）首次向市场供应 1000 套中低收入家庭住房，今后市政将统筹安排，每年向中低收入家庭提供相应数量的住房。

在苏州调研的江苏省委副书记、省长梁保华率有关部门负责人赴太仓市，就进一步加快太仓港建设与发展进行专题研究。

2005

8月5日	苏州市老住宅小区综合整治工程开工，东环新村、里河一村、三元一村被列为试点小区。
8月10日	苏州市建委公布拆迁公告（2005）第015号：由市政建管处实施苏福快速路一期工程。拆迁范围：横塘青春村等。拆迁实施单位：虎丘拆迁公司。
8月上旬	长湖申线航道整治工程中连接南北的中心桥、双阳桥和堰月桥3座新建桥梁通过江苏省、苏州市交通部门组织的交工验收。
8月11日	苏州市建委公布拆迁公告（2005）第016号：由沧浪新城建设公司实施沧浪新城长吴路工程。拆迁范围：吴家村。拆迁实施单位：沧浪拆建公司。
8月14日	江南第一大塔——北寺塔大修。这是该塔40年来第一次进行大修缮。
8月17日	苏州市政府召开全市绿色通道建设工作会议。会议要求把绿色通道建成体现"苏州特色"的森林生态系统。
8月20日	建于原常熟市印刷厂地块的恒隆休闲购物中心正式开工建设。该工程占地9155平方米，总建筑面积55000平方米。
8月21日	《苏州市城市规划区河网水系总体规划》通过水利专家会审。该规划确定了"扩大东引，东西轴线贯通"的通江达湖河网布局方案，划定一级河道3条、二级河道38条、三级河道143条、四级河道332条。
	张家港市第四水厂一期工程竣工投运，使全市日供水能力提高到了50万吨。一期工程占地面积13万平方米，总投资3.6亿元。
	张家港市梁丰高级中学易地新建工程、张家港职业教育中心校扩建工程、长春园书场、湖滨国际住宅小区同时奠基。
8月25日	江苏省建设厅批准国华太仓发电有限公司一台60万千瓦发电机组并网发电。苏州市投入运行的发电机组总装机容量已达860万千瓦。
8月27日	集塑料原料及辅料仓储、运输、商务于一体的大型专业化市场——中国华东国际塑化城在太仓港区开工奠基，规划占地面积100万平方米，其中一期工程规划40万平方米。
8月29日	苏州市建委公布拆迁公告（2005）第018号：由水务投资公司市区河道办实施苏州市城市中心区2005年河道整治（鸭脚浜）工程。拆迁范围：山塘街等。拆迁实施单位：金阊拆迁事务所。

9月

9月6日	江苏省委常委、苏州市委书记王荣实地察看山塘历史文化保护区保护性修复三期工程的进展情况。
9月8日	苏沪高速公路通车。公路全长37.5千米、双向六车道，设计时速100千米。
9月20日	苏州市建委公布拆迁公告（2005）第022号：由沧浪新城建设公司实施沧浪新城太湖西路项目。拆迁范围：新郭村等。拆迁实施单位：虎丘拆迁公司。
9月27日	《苏州市人民代表大会常务委员会关于修改＜苏州市城市绿化条例＞的决定》公布，自2005年12月1日起施行。
9月28日	沪宁高速公路扩建苏州段、312国道改建苏州段、东环路改建工程和227省道分流线4条道路同时建成通车。
	太仓市健雄职业技术学院新校区开工建设，总占地面积33.33万平方米。

10月

10月1日　　张家港市暨阳湖生态园 1.56 万平方千米的中心景区举行开园庆典，正式对市民开放。该生态园位于张家港市区南部，面积 4.41 平方千米，湖面面积 1.36 平方千米。

张家港市暨阳湖生态园（张家港市城建档案馆藏　2022 年拍摄）

10月13日　　法国怡黎园与苏州留园结为姐妹园。

10月14日　　为配合苏州博物馆新馆建设，作为拙政园历史街区保护和整治重要内容之一的东北街步行街建设正式启动。该街西起临顿路，东到百家巷口，全线采用石板铺面。

10月17日　　为期 4 天的"走向可持续城市化"国际学术研讨会在苏州市闭幕。

10月18日　　苏州市规划公路网"三纵六横一环"中重要"一横"的锡太一级公路苏州段历经两年建设，提前试通车。锡太一级公路苏州段工程总投资 11.5 亿元，全长 42 千米，途经常熟市、太仓市的 6 个乡镇。

　　江苏张皋汽渡竣工开渡，成为张家港市第二个南北联运的交通枢纽和连接长江南北的水上通道。

10月19日　　南环桥市场迁移工程启动，新址已选定吴中区郭巷汤家堡村。该工程总投资将达 3 亿元，占地面积近 20 万平方米。

　　东山历史文化研究会和古镇古村保护研究会在东山明代古宅敦裕堂正式宣告成立。

10月中旬　　苏州市控保建筑第 36 号、位于东麒麟巷 17 号的华宅开工维修。这是《苏州市古建筑保护条例》公布后，第一例房屋所有人放弃产权，由文物部门接收后负责修复的古建筑。

10月21日　　山塘三期保护性修复工程启动。该工程东起新民桥、西至虎丘望山桥，全长 2800 米。该工程的启动将使整条七里山塘得到较为完善的保护性修复。

10月22日　　常熟市虞山城墙恢复工程全部竣工。该工程是在已恢复的虞山门城墙的基础上向南北两端进行延伸，形成了镇海台、虞山门、西城楼阁 3 个景点，中间由城墙连接，全长 1200 米。

10月25日　　常熟美术馆、常熟评弹艺术馆、虞山派古琴艺术馆建成开馆。

10月29日　　苏州太湖西山国家地质公园开园。

10月30日　　截至 10 月底，苏州市投资 8500 万元建设的苏虞张一级公路绿色通道基本建成。

2005

11月1日 　　苏州市建委公布拆迁公告（2005）第 026 号：由沧浪新城建设发展公司实施沧浪新城吴中西路延伸段工程。拆迁范围：顾家园。拆迁实施单位：城建拆建公司。

　　苏州市建委公布拆迁公告（2005）第 027 号：由沧浪新城建设发展公司实施沧浪新城吴中西路延伸段工程。拆迁范围：新郭村。拆迁实施单位：虎丘拆迁公司。

11月5日 　　苏州绕城高速公路西北段和东北段通过了由江苏省交通厅等单位组成的专家委员会的验收。全长 98 千米的西北段和东北段，其路基、路面、桥梁和钻孔桩等合格率达到 100％，工程质量评定为优良等级。

11月6日 　　常熟沙家浜革命历史纪念馆新馆（重建）奠基。新馆建筑面积 4180 平方米，投资 3000 万元，占地 6400 平方米。

11月8日 　　苏昆太高速公路、苏州绕城高速公路西北段和锡太一级公路同时举行通车典礼。苏昆太高速公路工程总投资约 14 亿元；苏州绕城高速公路全长 188 千米，总投资 131 亿元。

11月12日 　　首届中国太湖建筑文化论坛在中国建筑鼻祖蒯祥的故里——苏州太湖国家旅游度假区开幕，来自国内外的 70 多位建筑大师、建筑学者、文化名人等聚首一堂，就中国传统建筑文化的传承和现代发展等内容进行交流和研讨。

　　太仓市沙溪镇被列入第二批中国历史文化名镇。

11月15日 　　沧浪新城内 6 项公共配套项目奠基，分别为友联第一小学、新城实验小学、新城实验幼儿园、福运商业街、中心公园规划展示馆和创业服务中心。

11月16日 　　江苏省人大常委会副主任洪锦炘率执法检查组来苏检查苏州市贯彻实施江苏省人大常委会《关于在苏锡常地区限期禁止开采地下水的决定》情况。苏州市全面实现地下水禁采目标，全市地下水自 2000 年以来普遍回升 10 米以上。

11月18日 　　国家开发银行与苏州市政府签署开发性金融合作协议，苏州市获得 300 亿元开发性金融合作额度，为苏州市未来 5 年的高速公路、轨道交通、快速干道建设，以及河网水系整治等"十一五"规划重点项目提供了资金保障。

11月25日 　　苏州市建委公布拆迁公告（2005）第 031 号：由土地储备中心实施沧浪新城宝带西路北、南庄浜两侧的两幅地块土地前期开发项目（苏地 -B-3 地块）。拆迁范围：斜河里。拆迁实施单位：沧浪拆迁公司。

11月30日 　　拆除重建的沪宁高速公路苏州互通正式建成通车。沪宁高速公路苏州段沿线陆家、昆山、工业园区、苏州和苏州高新区 5 个互通，以及正仪、苏嘉杭和东桥三大枢纽的扩建新建工程全部结束。

12月5日 　　《苏州市城市建筑垃圾管理办法》发布。

12月7日 　　苏州市建委公布拆迁公告（2005）第 035 号：由苏州市市政建设管理处实施东南环立交项目。拆迁范围：东环路西等。拆迁实施单位：苏城拆迁公司。

　　苏州市建委公布拆迁公告（2005）第 036 号：由苏州市市政建设管理处实施东南环立交项目。

拆迁范围：大上村等。拆迁实施单位：沧浪拆迁公司。

苏州市建委公布拆迁公告（2005）第037号：由苏州市市政建设管理处实施东南环立交项目。

拆迁范围：原城湾村1组蕲上等。拆迁实施单位：新城市政拆迁公司。

苏州市建委公布拆迁公告（2005）第038号：由苏州市市政建设管理处实施东南环立交项目。

拆迁范围：南环桥东北堍等。拆迁实施单位：城建拆建公司。

12月12日　苏州市区吴东路至吴中区甪直镇全长21.84千米、总投资7.5亿元的东方大道举行通车典礼。

12月中旬　位于苏州高新区出口加工区内的110伏白荡变电站一期工程竣工。

苏福路、蔚门路、胥江路、北仓街改造工程启动。

12月21日　从2006年起，千年古镇同里将告别GDP考核，集中精力保护古镇及发展壮大旅游业。

12月26日　东南环立交工程正式开建。东南环立交新建桥梁面积9.5万平方米，改建新建地面道路面积近10万平方米，总投资近10亿元。

12月28日　南环桥农副产品批发市场新址奠基。

实事工程——张家港购物公园开工奠基。该工程位于城西新区，工程投资8亿元，项目规划用地3.39万平方米，绿化率为60%，总建筑面积19.5万平方米。

实事工程——张家港市文化中心工程开工奠基。该工程位于人民东路南侧，占地2.3万平方米，

建设中的张家港购物公园（张家港市城建档案馆藏　2007年拍摄）

张家港购物公园（张家港市城建档案馆藏　2016年拍摄）

建筑面积 7.4 万平方米，工程总投资 3.5 亿元。

张家港市生活垃圾焚烧发电厂奠基。该工程位于塘桥镇滩里村，总投资约 2.59 亿元。

12月30日　历时 5 个月、涉及六大城市出入口及 5 条主要通道的城市环境综合整治工程全面完工。

昆山市城市服务中心建成并投入试运行，15 家政府部门和相关行业首批进驻该中心。

12月　经过自 2003 年起的区划调整，苏州市现有 31 个建制街道、64 个镇。其中，平江、金阊、沧浪三城区共有 17 个街道。一个街道 6 万人，下辖 10 个左右的社区居委会。

太湖两座新避风港开建。新建 2 号和 3 号避风港规模近 10 万平方米，1 号避风港也将同时改造加固。概算投资 5962 万元。

张家港步行街南扩工程全面竣工。该工程占地 1.9 万平方米，建筑面积 5 万平方米，总投资约 2.5 亿元。

339 省道复线昆太段主线路面竣工通车。路段全长 6.3 千米。

张家港步行街（张家港市城建档案馆藏　2006 年拍摄）

2006 年度

大事记

苏 州 城 建 大 事 记

2006

1月5日　　平江区 2006 年推出 10 项实事工程，分别为：配合苏州博物馆新馆建设高标准建成东北街步行街，实施娄江新村老住宅小区的综合整治，翻修古城区街巷路面 1 万平方米，铺设雨污水管道 8000 米，新建改建绿地 3 万平方米，新建改建防汛泵房、2 座垃圾中转站和 10 座公厕，改善改造旧民居、危旧房 6 万平方米，等等。

1月8日　　位于金阊新城的重点项目——苏州车市、机电五金市场、钢材物流市场、货运交易中心正式开工。

1月9日　　苏州市委副书记、市长阎立在《政府工作报告》中提出 2006 年 18 项实事项目，其中涉及城市建设的有：整治城区老住宅小区 60 万平方米；解危修缮市区直管公房 18 万平方米。供应中低收入家庭住房及廉租房 1000 套。完善城市高架路网，建成东南环立交。新辟公交线路 10 条，新增公交车 200 辆，建设公交第四保养场、4 个公交首末站和 96 个候车亭。市区新增绿地 450 万平方米。建成市区噪声功能区自动监控点 16 个。完成市区无地队自来水 8500 户一户一表改造和 4 万户节水改造任务。建成苏州博物馆、苏州市民族民间文化保护中心和 3 个苏州图书馆社区分馆，完成太平天国忠王府维修项目和苏州民俗博物馆扩建保护工程，实施苏州市工人文化宫改造项目。完成南环桥农副产品批发市场移扩建和城区 10 个农贸市场改造升级工程。

1月11日　　2005 年苏州市十大民心工程颁奖典礼在苏州市会议中心举行，最终 10 个项目当选，分别是：苏州绕城高速公路全线建成；出台少年儿童住院大病医疗保险办法；城市社区卫生服务普及率达 95%；提高全市城乡居民最低生活保障标准；老住宅小区改造；全面完成苏州市区燃油助力车的淘汰任务；推进"数字苏州"建设，苏州市区建成 150 个公共信息亭；建设"绿色苏州"，苏州市区新增绿地 450 万平方米；引导、鼓励设立优质农产品直供、直销点；全市中小学全面建立学生在校意外伤害事故保险制度。

1月17日　　苏州市区历史上建设规模最大的苏州火车站地区综合改造工程将启动。此次改造总投资约 70 亿元，改造范围 2.4 平方千米；规划拆迁涉及单位 160 多家、居民 4000 户；将设南、北两座广场，将建设公交和长途客车换乘枢纽站；开建北环路高架，同步实施北环路地面线改造；人民路、广济路和齐门路下穿铁路向北延伸。

1月18日　　常熟市长途汽车站新站落成。新站建筑面积 20127 平方米，占地 14850 平方米，投资 6000 万元。

1月23日　　相城区将再开展 10 项实事工程。除继续实施生态植绿、河道疏浚、防洪等工程外，还规划建立全区治安监控系统、建成汽车换乘中心、改造直管公房危房、建成区预防中心大楼、健全社区配套服务功能、改建 2 所小学、完善全区农贸市场规划布点及建设。

1月26日　　国家环保总局授予全国 94 个镇"全国环境优美镇"称号，其中苏州市辖镇占 23 席。至此，苏州市获此殊荣的镇累计达到 33 个。

1月　　历时 3 个多月，以"四河六路"范围为重点的城市景观亮化工程完工。

2月

2月5日　　张家港市青少年社会实践基地一期工程开工奠基。基地地处现代农业示范园区九七圩，占地

30.4 万平方米，建筑面积近 2 万平方米，一期投资 7200 多万元。

2 月 6 日　　2006 年位居苏州市政府实事项目之首的老住宅小区综合整治项目启动。项目涉及娄江新村、金塘二村、潼泾新村、养蚕里一村、新庄新村。5 个老住宅小区共 239 幢房屋，建筑面积 61.08 万平方米，涉及居民 5750 户。

　　苏州高新区科技大厦奠基。

苏州高新区科技大厦奠基典礼［苏州高新区（虎丘区）档案馆藏　2006 年拍摄］

2 月 13 日　　《苏州市 2006 年重点项目计划》印发。该计划共确定重点项目 151 项，其中重点建设项目 130 项，重点前期项目 21 项。重点建设项目总投资 1143 亿元，当年计划完成投资 365 亿元。其中，重点基本建设项目为重点考核项目，共 75 项，总投资 765 亿元，当年计划完成投资 230 亿元。

2 月 21 日　　江苏省委常委、苏州市委书记王荣来到苏州博物馆新馆、东南环立交和南环桥农贸市场建设工地察看工程进度。

2 月 26 日　　沪宁高速苏州西互通连接线工程主线桥梁合龙。

2 月 27 日　　苏州市政府实事工程之一的针对城区农贸市场的升级改造工程即将启动。此次改造对象主要是沧浪、平江、金阊三城区内的 46 个农贸市场，改造内容以提升农贸市场硬件设施为主。

3 月

3 月 1 日　　尚湖大道开工建设。该道路起于外环西路平交口，跨望虞河虞冶大桥，经原冶塘镇区，止于苏虞张一级公路，全长 5.64 千米。

3 月 2 日　　苏州市城市绿化工作会议召开，落实实事工程项目。会上排出 2006 年的"绿色苏州"行动计划，2006 年苏州市区将继续新增绿地 450 万平方米。

3 月 6 日　　《苏州太湖国家旅游度假区总体规划》（以下简称《规划》）经江苏省政府批准正式出台。根据《规划》，苏州太湖国家旅游度假区将围绕度假和服务两大功能，建成一个滨湖型的旅游度假小城镇，成为长三角重要的旅游休闲服务中心。

3月6—7日 荣获国家环保总局"中华环境奖"的中国第一水乡——周庄，获"加州政府奖"和"世界最佳魅力水乡"称号。

3月11日 苏州市政府安排 1000 万元资金，年内着手对沧浪、平江和金阊 3 个区的老新村 4 万户家庭的老式龙头、马桶进行免费改造，这项工程已经列入 2006 年苏州市政府实事工程。

3月13日 苏州市建委公布拆迁公告（2006）第 002 号：由土地储备中心实施平江新城 7 号地块土地前期开发项目。拆迁范围：幸福村斜河浜。拆迁实施单位：城北拆迁公司。

3月19日 苏州市已疏浚整治村庄河道 2764 条、全长 1719 千米、面积 1838 万立方米，占计划的 92%，预计 3 月底将全部完成任务。

3月20日 苏州市建委公布拆迁公告（2006）第 004 号：由苏州综合物流园开发公司实施苏州市金阊新城阳山东路道路建设工程。拆迁范围：新益村等。拆迁实施单位：金阊动迁发展中心。

3月中旬 苏州市属工业布局调整"退城进区"已经进入收官阶段。苏州市老城区中，关停并转、搬迁的工业企业达 200 多家，为老城区空出土地达 200 万平方米。

3月31日 苏州市环保工作会议召开。从今往后的 5 年中，苏州将进一步推进水环境保护等 9 个方面的工作，大力实施 114 项重点工程，预计投资 238.7 亿元。

苏州火车站地区综合改造工程召开动迁动员大会。苏州火车站地区改造一期工程拆迁涉及 67 家单位、3087 户居民。城北地区重要的东西向交通干道苏站路拓宽工程正式开工。

张家港市被全国绿化委员会授予"全国绿化模范城市（区）"称号，全市绿化面积近 150 平方千米，城市绿化覆盖率达 42.2%。

4月

4月2日 "十一五"期间苏州市将投资 496 亿元，进一步加大对公路、航道、站场、港口和物流园区等交通基础设施的建设力度。

4月6日 2005 年度"江苏人居环境范例奖"公布获奖项目名单，全省共有 4 个项目入选，苏州市的"常熟市蒋巷村现代化村庄建设""常熟市梅李镇小城镇规划建设管理""吴江市同里古镇保护" 3 个项目入选。

4月10日 为配合东环路整治，沿线的东港一村和二村、徐家浜新村、夏园新村 4 个老新村将进行包括平改坡在内的 21 个项目的大改造，总投资 1.3 亿元。

4月上旬 常昆高速公路工程项目通过江苏省发改委的立项批准，正在进行该项目可行性研究报告的报批和初步设计工作。

4月13日 沧浪、平江两个新城路网工程和老新村整治工程同时启动。

4月14日 沧浪新城基础设施项目暨万佳花苑（定销房二期）开工，平江新城 10 项工程开工，老住宅小区综合整治工程开工。

4月17日 张溥故居和投资 300 多万元新建的太仓江南丝竹馆举行开馆仪式，对外正式开放。

苏州市建委公布拆迁公告（2006）第 009 号：由城投公司实施苏州火车站地区综合改造工程。拆迁范围：车北村等。拆迁实施单位：中兴拆迁公司。

苏州市建委公布拆迁公告（2006）第 010 号：由城投公司实施苏州火车站地区综合改造工程。拆迁范围：苏站路等。拆迁实施单位：金阊拆迁安置事务所。

苏州市建委公布拆迁公告（2006）第 014 号：由城投公司实施苏州火车站地区综合改造工程。

拆迁范围：苏锦一村等。拆迁实施单位：沧浪拆迁公司。

　　苏州市建委公布拆迁公告（2006）第015号：由城投公司实施苏州火车站地区综合改造工程。拆迁范围：创新路等。拆迁实施单位：姑苏拆迁公司。

4月21日　　苏州市农村村庄河道疏浚整治工程以全优的成绩通过了省级相关部门的抽检验收。据统计，全市疏浚整治村庄河道3665条，共计2337.34万立方米。

4月22日　　国际著名水城高层论坛在苏州工业园区现代大厦举行，来自荷兰阿姆斯特丹、意大利威尼斯、俄罗斯圣彼得堡、日本京都及中国苏州等著名水城的官员、学者、专家们围绕"人与水和谐共存"这一主题发表了演讲。

4月26—27日　　建筑设计大师贝聿铭来苏州，就苏州博物馆新馆中的庭园建设进行实地考察。

4月28日　　环古城风貌保护工程的完善压轴项目阊门遗址公园正式开工。阊门遗址公园项目建设范围占地40000平方米，西至护城河，东至老城墙遗址，北至五龙桥，南至陆城门南80米处，项目总投资约1500万元。

阊门遗址公园夜景（2007年拍摄）

4月30日　　到4月底，苏州市区2006年新增绿地266万平方米，完成2006年绿化实事工程的59%。

　　张家港市梁丰生态园开园。生态园位于南苑东路北侧、沙洲东路南侧，占地80万平方米，绿地

张家港市梁丰生态园（张家港市城建档案馆藏　2010年拍摄）

2006

率达 70%，总投资 3.2 亿元。

4月

苏州市政府 2005 年实事项目——南环垃圾中转站翻建工程正式开工建设。

5月

5月1日

"江南第一塔"北寺塔修缮完工。

5月8日

204 国道常熟段扩建工程正式动工，标志着江苏省新一轮干线公路建设的重要项目——204 国道江苏段"二改一"（二级公路改扩建成一级公路）工程正式启动。工程总投资 11 亿元。

5月12日

南环路东延独墅湖桥隧工程正式开工。

张家港市、常熟市、昆山市均已通过以国家环保总局副局长吴晓青为组长的创建国家生态市考核验收组的实地考核验收，全面达到了国家生态市建设的 6 项基本条件和 36 项指标要求。

5月19日

由全国政协副主席陈奎元率领的全国政协京杭大运河保护与申遗考察团一行抵达苏州，对京杭大运河苏州段文化遗存与保护情况进行考察。

5月中旬

苏州工业园区 11 万千伏金鸡湖东变电站和钟南路变电站项目相继开工。2006 年苏州供电公司新开工项目达到 48 个，续建项目 33 个，投资额 33 亿元。苏州电网"十一五"建设规划已经确定，

修缮前的北寺塔（1991 年拍摄）

修缮后的北寺塔（2022 年拍摄）

总投资 208.79 亿元做强苏州城市电网的建设工程正式启动。

5月26日　　苏州市委副书记、市长阎立察看沪宁高速公路苏州西出入口连接线工程，同时宣布该路正式通车。

苏州市新增全国重点文物保护单位 19 处。至此，苏州市共有全国重点文物保护单位 34 处。

5月27日　　为期 2 天的中国古民居保护和利用（苏州）论坛结束。

5月31日　　太仓市王锡爵故居修整工程启动。

5月　　苏州市城南地区的两条主干道——东吴南路和吴中大道正式启动改造。

为期 3 年的东环路沿线 6 平方千米区域改造工程即将拉开序幕。作为整个改造工程中的第一个项目——东港一村、二村和徐家浜一村 3 个老新村改造正式进场施工。

6月

6月1日　　历时 8 个月，江苏省航道重点工程——申张线虞山一线船闸大修改造工程顺利竣工，并正式投入运行。大修改造后的虞山一线船闸长 180 米、宽 15.5 米，槛上水深 3.4 米，年设计通过能力将达到 1270 万吨，通过能力是改造前的 2 倍多。

虞山船闸（2022 年拍摄）

6月3日　　苏州市平江历史街区保护项目获 2005 年联合国教科文组织亚太文化遗产保护荣誉奖。

6月5日　　张家港市、常熟市、昆山市同时被授予"国家生态市"称号。

6月8日　　苏州火车站地区综合改造的第一个项目——苏站路拓宽改造一期工程正式开工建设。整个苏站路拓宽改造工程全长 4.33 千米，西起清塘路，东至上高路。苏站路拓宽改造一期工程西起清塘路，东至苏虞路，长 2.24 千米。

6月10日　　苏州市成为"世界遗产城市联盟"第 209 个城市。

常熟浒浦水利枢纽全面竣工。

6月上旬　　怡园、阊门、山塘 3 个历史文化街区内的古建筑普查和价值评估工作同时启动。

6月20日　苏州市建委公布拆迁公告（2006）第023号：由土地储备中心实施苏州火车站地区改造项目土地前期开发工程（1标段）。拆迁范围：苏站村七组等。拆迁实施单位：中亿拆迁公司。

　　苏州市建委公布拆迁公告（2006）第024号：由土地储备中心实施苏州火车站地区改造项目土地前期开发工程（2标段）。拆迁范围：苏锦路等。拆迁实施单位：益民拆迁公司。

　　苏州市建委公布拆迁公告（2006）第025号：由土地储备中心实施苏州火车站地区改造项目土地前期开发工程（3标段）。拆迁范围：苏锦一村等。拆迁实施单位：红枫拆迁公司。

　　苏州市建委公布拆迁公告（2006）第026号：由土地储备中心实施苏州火车站地区改造项目土地前期开发工程（4标段）。拆迁范围：板刷巷（村）等。拆迁实施单位：姑苏拆迁公司。

　　苏州市建委公布拆迁公告（2006）第027号：由土地储备中心实施苏州火车站地区改造项目土地前期开发工程（5标段）。拆迁范围：平江区板刷巷（村）等。拆迁实施单位：沧房拆迁公司。

　　苏州市建委公布拆迁公告（2006）第028号：由土地储备中心实施苏州火车站地区改造项目土地前期开发工程（6标段）。拆迁范围：苏站村等。拆迁实施单位：众佳拆迁公司。

　　苏州市建委公布拆迁公告（2006）第029号：由土地储备中心实施苏州火车站地区改造项目土地前期开发工程（7标段）。拆迁范围：周家上等。拆迁实施单位：新城市政建设拆迁公司。

　　苏州市建委公布拆迁公告（2006）第030号：由土地储备中心实施苏州火车站地区改造项目土地前期开发工程（8标段）。拆迁范围：兰巷等。拆迁实施单位：协成拆迁公司。

　　苏州市建委公布拆迁公告（2006）第031号：由土地储备中心实施苏州火车站地区改造项目土地前期开发工程（11标段）。拆迁范围：齐门横街等。拆迁实施单位：利众拆迁公司。

6月28日　苏州市召开苏州建城2520年纪念大会。

　　苏嘉杭南段扩建采用不征地方案。

　　新落成的常熟市体育中心游泳馆正式向市民开放。该馆建筑面积2.3万平方米，设计观众席2300座，总投资1.5亿多元。

6月29日　凯美科瑞亚（苏州）化工有限公司一期工程在太仓市建成。该项目总投资2亿元，一期工程完成4000万元，主要生产医药中间体等化工产品。

7月2日　张家港澳洋医院正式开业。澳洋医院总投资3.5亿元，占地面积5.99万平方米，建筑面积6.38万平方米。

7月4日　《苏州市地下文物保护办法》发布，自9月1日起正式施行。

7月9日　张家港市首座35千伏箱式移动变电站建成投运，可为保税区每年补充10千伏安的电容量。

7月18日　苏通长江公路大桥首节巨型钢箱梁在主桥北侧边跨吊装成功。

7月19日　建设部授予昆山市张浦镇"全国小城镇建设示范镇"荣誉称号。

7月20日　国家"十五"期间重点建设工程、张家港沙洲电力有限公司（以下简称"沙洲电厂"）由两台60万千瓦超临界燃煤发电机组成的机组在张家港市并网发电，沙洲电厂一期工程建设任务圆满完成。机组动态投资50亿元，年发电量约63亿千瓦时。

2006

张家港沙洲电力有限公司（2022 年拍摄）

8月

8月8日　　吴中区职教中心，吴中区城南污水处理厂，吴中科技城内的芯园——芯联 IC 设计园、生命科学园、科技创业园等 5 项重大工程建设项目同时奠基开工，总投资达 22 亿元。

8月上旬　　苏州市政府实事项目——苏州市区无地队自来水一户一表改造进场施工。

苏州市交通重点科研项目——橡胶沥青混凝土面层在苏沪高速公路车坊互通连接线试验段摊铺成功。

8月16日　　苏州环城高架东南环立交绿化设计方案已经确定，整个景观绿地面积为 14.63 万平方米，绿地率达到 84.7%，预计 2006 年 10 月可正式开工。该方案由苏州园林设计院设计。

8月17日　　太仓港保税物流中心 7.5 万平方米的公共型保税仓库和 2.5 万平方米的出口监管仓库通过海关验收，成为全国最大的两大功能型仓库。

8月18日　　苏州市重点建设项目、总投资达 40 亿元的百万平方米中翔商贸城建设进入实质性阶段。

8月19日　　东中市解危整治工程试验段正式启动。此次解危整治工程试验段定为东中市 144—158 号。试验段建筑面积 814 平方米，共计 19 家住户、7 家店铺，其中有 1 户私房。预定工期 2 个月，解危整治费用 52.73 万元。

8月21日　　苏州市重点项目——位于高新区的华能苏州热电有限责任公司二期工程一号机组正式并网发电。

建设部公布"中国人居环境奖（水环境治理优秀范例城市）"获奖名单，常熟市榜上有名。

苏州市建委公布拆迁公告（2006）第 040 号：由土地储备中心实施沧浪新城宝带西路北、南庄浜两侧的两幅地块土地前期开发项目（苏地 2005-B-2 地块）。拆迁范围：前范村等。拆迁实施单位：虎丘拆迁公司。

8月22日　　江苏省口岸办公室在太仓市主持召开太仓港集装箱码头二期工程对外开放省级验收会议。此次验收的太仓港集装箱码头二期工程总投资 23.5 亿元，利用长江岸线 1100 米，共建有 3 万吨级泊位和 5 万吨级泊位各 2 个，设计吞吐能力 180 万标箱，可兼顾 7 万吨级的集装箱船靠泊装卸。

太仓港保税物流中心（太仓市建设档案馆藏　2006 年拍摄）

华能苏州热电有限责任公司（2022 年拍摄）

　　苏州市建委公布拆迁公告（2006）第 041 号：由土地储备中心实施苏州火车站地区改造项目土地前期开发工程。拆迁范围：苏虞路等。拆迁实施单位：金阊拆迁安置事务所。

　　苏州市建委公布拆迁公告（2006）第 042 号：由土地储备中心实施苏州火车站地区改造项目土地前期开发工程。拆迁范围：光华新村等。拆迁实施单位：沧浪拆迁公司。

8 月 28 日　　苏州工业园区苏虹路改造工程两侧人行道施工中首次采用了铁红色的彩色沥青技术。

8 月　　张家港市东环路、南环路拓宽改造工程竣工。东环路全长 2250 米，南环路全长 1700 米。改造后的道路总宽 30 米，为标准双向四车道。工程总投资约为 7000 万元。

2006

9 月

9 月 7 日　　　常熟市体育中心体育场建设工程通过主体工程竣工验收。该工程占地 5 万平方米,设 30599 个观众席。

9 月 16 日　　　常熟市沙家浜革命历史纪念馆新馆竣工。

常熟市沙家浜革命历史纪念馆（2021 年拍摄）

9 月 19 日　　　苏州市宗教、文物、质监等部门联合对全国重点文物保护单位北寺塔修缮工程进行验收。此次工程耗资约 600 万元。

　　　　　　　吴江市境内"十一横十一纵"道路建设已经全面开工。2006 年将有 20 亿元资金投入吴江市的道路建设。

9 月 20 日　　　苏州市政府举行新闻发布会宣布：由建筑大师贝聿铭设计的苏州博物馆新馆已经建成,将于中秋节开馆。苏州博物馆总建筑面积 26500 平方米,其中忠王府建筑面积 7500 平方米,新馆建筑面积 19000 平方米。新馆工程投资达 3.39 亿元。

　　　　　　　张家港市荣获 2006 年"中国城市管理进步奖",是全国唯一获此殊荣的县级市。

9 月 26 日　　　建设部发文通报,根据《国家园林城市申报与评审办法》和《国家园林城市标准》,决定命名太仓市等 14 个城市为"国家园林城市"。

　　　　　　　常熟市苏通长江公路大桥南主塔最后一节 52 立方米混凝土顺利浇注结束封顶,比原计划提前一个月完成。至此,大桥南主塔高度达到 306 米。

9 月 27 日　　　公安部、建设部在苏州市召开"部分城市畅通工程座谈会"。苏州市通过两部评审达到一等管理水平,荣获"实施畅通工程模范管理水平城市"称号。

9 月 28 日　　　东南环立交工程主线通车。该项目总投资约 8 亿元。

9 月 30 日　　　苏州市政府实事工程——新庄新村、娄江新村、养蚕里新村、潼泾新村、金塘二村 5 个老住宅小区综合整治工程基本完工。

　　　　　　　《苏州市商品住宅交付使用管理办法》（以下简称《办法》）发布。《办法》规定,自 2007 年 1

月起，商品住宅交付使用过程中的交房只交"壳"的现象将被严查，并对商品住宅交付使用的条件、备案程序及相应的法律责任等做了明确规定。

苏州市政府对市建设局、规划局、国土资源局、房管局、土地储备中心发出《关于同意苏州市住房建设规划（2006—2010年）的批复》。

10月5日　300.4米高的苏通长江公路大桥主塔顺利浇筑完工。

10月6日　国内首座由世界著名建筑大师贝聿铭担纲设计的苏州博物馆新馆隆重开馆，国务院总理温家宝向贝聿铭发来贺信。文化部部长孙家正、中国文联主席周巍峙、江苏省省长梁保华和贝聿铭共同为苏州博物馆新馆开馆剪彩，随后参观了博物馆。

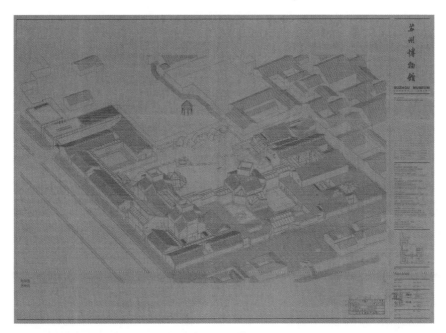

苏州博物馆新馆竣工图（苏州市城建档案馆藏）

10月10日　位于解放西路南侧的苏州公交解放西路首末站和苏州出租车解放西路服务区当日通过工程竣工验收。该工程由苏州市交通运输局公交场站管理有限公司投资建设。

昆山市珠江路体育场改建（市民文化广场）工程正式启动。

10月上旬　经江苏省发改委批准同意，苏州市拟投资26亿元对204国道苏州段进行全面改造。

10月16日　在中央电视台举办的2006中国魅力城市评选活动中，苏州市荣登"中国魅力城市"榜首。这是苏州市继2004年一举荣膺中央电视台"中国最具经济活力城市"和"年度城市"两项大奖后的又一殊荣。

总投资20亿元、计划历时10年、常熟市最大的生态修复工程——昆承湖生态修复工程正式启动。

昆山市新体育场竣工。

10月17日　苏州金螳螂建筑装饰股份有限公司以综合排名第一的成绩蝉联全国建筑装饰行业百强第一名，这是该公司第四年获此殊荣。

苏州博物馆新馆（2022 年拍摄）

常熟市沙家浜镇申报第三批中国历史文化名镇通过省级验收。

10月18日　　常熟市重建的虞山三峰清凉禅寺一期工程竣工。该寺毁于 20 世纪 70 年代，2001 年经江苏省政府批准在原址重建，历时 5 年。新落成的三峰清凉禅寺占地 3.33 万平方米，总建筑面积 3600 平方米。

10月22日　　苏州城市用地竖向规划开始编制，主要涉及地面标高及地下管线的排布。此次苏州城市用地竖向规划范围是：南至京杭大运河、北邻沪宁高速公路、西至京杭大运河、东邻东环路，规划总面积约为 80 平方千米。

10月23日　　苏州市寒山寺、西园戒幢律寺通过全国旅游景区质量等级评定委员会专家组的验收，跻身国家 AAAA 级旅游景区。至此，苏州市国家 AAAA 级旅游景区（点）已达到 19 家。

寒山寺（2022 年拍摄）

中国文物学会传统建筑园林委员会第十六届年会在同里镇召开。

10月27日　　吴中区计划再造尹山湖。苏州市东部尹山湖农场退田还湖工程开始动工。

10月28日　　苏州市火车站地区综合改造工程暨北环快速路、平门桥改造工程开工。

相城区荷塘月色主题公园正式开工建设，规划面积 340 万平方米。

10月31日　　苏州市 2006 年新增绿地 450 万平方米的实事任务已经完成。

苏州市提前完成 2006 年的节水器具改造实事项目任务，城区已有 60432 户家庭免费更换了水嘴 107962 个、排水阀 27335 个。

11月

11月2日　　太湖将建大型水底世界，规划设计方案经过了专家论证。拟建的苏州太湖水底世界项目位于苏州太湖国家级旅游度假区南部，南临太湖，东北及西北临苏州太湖国家级旅游度假区旅游景观大道，规划用地面积 81000 平方米。

张家港市 110 千伏何桥变电站启动成功。该变电站位于塘桥镇西侧小百泾村，区域面积

4343.9 平方米，总投资 3590.9 万元。

11月6日　常熟沙家浜革命历史纪念馆新馆正式建成启用，向公众开放。

11月12日　投资超过 3 亿元的七子山垃圾填埋场扩建项目初步设计方案已于 11 月 10 日顺利通过相关专家组的审查，即将进入实质启动阶段。

　　周庄与西南边陲古城丽江喜结"连理"，计划在古镇保护、旅游开发、物质和非物质文化遗产传承等领域开展长期合作。

11月13日　苏州阊门水陆城门主体恢复建设工程完工。

11月15日　由苏州市规划设计研究院有限责任公司提交的《汽车南站周边地区详细规划与城市设计》已获得苏州市政府批准。根据规划，汽车南站地区将由工业区向城市时尚居住区转型。

11月16日　2007 年苏州市城区老住宅小区综合整治方案已初步确定，北园新村、盘溪二村、里河二至四村、清塘新村、彩香一村三区列入整治计划。这 5 个列入整治计划的小区实际建筑面积总计 67.25 万平方米，涉及居民 10971 户，估算综合整治资金 10488 万元（管线整治资金除外）。

11月18日　官渎里立交全互通改造暨北环快速路东延工程正式开工。官渎里立交全互通改造工程北起上高路沪宁高速公路北侧，南接向阳桥引坡，西接北环路，东至官渎里立交东 630 米处，沟通北环路与北环东延道路。

11月20日　苏州市建委公布拆迁公告（2006）第 063 号：由沧浪新城建设发展有限公司实施沧浪新城杨素路等 4 条道路建设（杨素路）工程。拆迁范围：后范村等。拆迁实施单位：虎丘拆迁公司。

　　苏州市建委公布拆迁公告（2006）第 064 号：由沧浪新城建设发展有限公司实施沧浪新城杨素路等 4 条道路建设（范成大路）工程。拆迁范围：前范村等。拆迁实施单位：虎丘拆迁公司。

　　苏州市建委公布拆迁公告（2006）第 065 号：由沧浪新城建设发展有限公司实施沧浪新城杨素路等 4 条道路建设（吴宫港河道）工程。拆迁范围：后范村等。拆迁实施单位：虎丘拆迁公司。

11月25日　横跨西环路的劳动西路跨线桥通车。该桥全长 685 米、宽 17 米，双向四车道。

12月3日　太仓市南洋广场正式开工建设。

12月12日　张家港市被建设部授予"中国人居环境奖"；吴江市同里古镇保护工程、常熟市海虞镇小城镇建设项目获"中国人居环境范例奖"。

12月14日　苏州绕城高速公路西南段通过由江苏省发改委、省交通厅和省建设厅等单位组织的专家组的竣工验收。该工程总投资约 26.59 亿元，属于优良工程。

12月15日　苏州市有两个项目被列入《中国世界文化遗产预备名单》，分别是江南水乡古镇、苏州古典园林及其历史街区（扩展项目）。

　　常熟古里铁琴铜剑楼恢复修缮工程开工。

　　苏州市建委公布拆迁公告（2006）第 071 号：由土地储备中心实施沧浪新城友新路以西地块土地前期开发工程。拆迁范围：红联等。拆迁实施单位：沧浪拆迁公司。

12月18日　总投资 600 万美元的常熟虞山商业街项目在高新园奠基。

12月20日　苏嘉杭高速公路南段"4 扩 6"扩建工程先导试验段正式开工建设。

　　张家港市张杨公路东延及妙丰公路中段举行通车典礼。

　　张家港市汽车客运站、市公共卫生中心大楼、市妇幼保健所搬迁工程开工，市精神卫生中心大楼奠基。

12月21日　　位于景德桥东堍，苏州市控保建筑朱宅（俗称"红楼"）、苏民楼（俗称"白宫"）将进行整体平移。这两幢建筑的总重量近600吨，平移的总距离达到150米，工程历时约3个月。

12月26日　　苏州市建委公布拆迁公告（2006）第073号：由沧浪新城建设发展有限公司实施沧浪新城文化绿地公园建设工程。拆迁范围：红联等。拆迁实施单位：沧浪拆迁公司。

12月29日　　苏州市委副书记、市长阎立，副市长朱建胜等先后察看了苏州火车站北站屋工地、平门桥改造工地、北环路隧道工地等施工现场。苏州火车站地区综合改造工程已累计完成居民搬迁3018户、单位搬迁114家，拆除建筑物面积达58万平方米。

　　张家港市梁丰高级中学新校举行落成典礼。新校位于张家港市城西新区，占地面积17.13万平方米，建筑面积6.5万平方米，项目总投资2.2亿元。

张家港市梁丰高级中学（张家港市城建档案馆藏　2012年拍摄）

　　常熟沙家浜生态湿地公园通过建设部考核验收。

　　苏州市建委公布拆迁公告（2006）第074号：由沧浪新城建设发展有限公司实施沧浪新城九曲港河中段工程。拆迁范围：火炉浜等。拆迁实施单位：沧浪拆迁公司。

12月30日　　苏州有形建筑市场成立10周年。1996年至2006年11月，通过招投标，降低工程造价148.73亿元。

　　张家港市建设大厦举行落成典礼。建设大厦位于张家港市区人民中路，总投资1.4亿元，大厦主楼高81.3米，建筑面积3万平方米。

12月31日　　到2006年年底，中心城区新增绿地30万平方米。苏州市区已建成绿地512.6万平方米，完成年度实事任务总量的113.9%，其中，人均公共绿地为12平方米，达到了国家生态园林城市的指标要求，同时，绿化覆盖率为43%，绿地率为37.2%，都已接近45%和38%的指标要求。

2007年度
大事记

苏 州 城 建 大 事 记

1月

1月上旬 相城水厂一期工程容积为 96000 立方米的清水池主体结构施工全部完工。

1月18日 《苏州市阳澄湖水源水质保护条例》公布，自 2007 年 3 月 1 日起施行。

1月19日 常熟市常昆线（唐市至石牌）B 段及尚湖大道两条道路改造工程通过交工验收。

1月20日 苏州市人大会议开幕式上苏州市委副书记、市长阎立做《政府工作报告》，确定 2007 年苏州市政府实事工程项目共 18 项，其中涉及城市建设的有：改善居民居住条件，包括改造整治城区老新村 60 万平方米以上，综合整治城区街巷 200 条以上，等等。缓解中低收入家庭住房困难，包括供应中低收入家庭住房及廉租房 1000 套等。扩大住房公积金覆盖面，全市新增缴存住房公积金职工 11.9 万人。全市农村村小 100% 通过《苏州市农村村小现代化建设评估标准》"合格村小"评估验收，50% 以上农村村小通过"示范村小"评估验收；新建胥江中学、阳光城实验小学，以及平江、沧浪、金阊 3 个新城配套的小学 5 所。改造扩建苏州市未成年人社会实践基地，新建苏州市青少年活动中心。完善公共交通体系，包括新建 1 个大型公交停车场，改扩建 3 个公交首末站；新辟公交线路 10 条，新增公交车辆 200 辆；等等。建设市区集中式饮用水源地水质自动监测系统和全市重点污染源信息管理及自动监控系统。改造城市环卫设施，包括市区新建改建生活垃圾转运站 9 座；新建改建公共厕所 35 座；等等。加快市区农贸市场改造升级，年内完成 15 个以上农贸市场改造任务。加大生态园林城市建设力度，市区新增绿地 450 万平方米，等等。

1月22日 苏州市政府印发《苏州市 2007 年重点项目计划》。该计划共有 130 项建设项目，项目总投资 1555 亿元，当年计划完成投资 446 亿元。其中，重点基础设施项目 37 项，总投资 576 亿元，当年计划完成投资 169 亿元；重点制造业项目 47 项，总投资 499 亿元，当年计划完成投资 114 亿元；重点服务业（含社会事业）项目 46 项，总投资 479 亿元，当年计划完成投资 163 亿元。

2006 年苏州十大民心工程评选揭晓，分别是：东南环立交工程竣工通车，苏州博物馆新馆建成开馆，全市实施免费义务教育，苏州老新村改造，5.6 万多名老苏州人有了医保，六七十周岁以上的老人免费体检，苏州市深入推进公交优先战略，市区新增绿地 512.6 万平方米，市区背街小巷整治，苏州火车站地区综合改造。

1月28日 位于金阊新城的一力（苏州）物流园白洋湾钢铁交易中心项目开工。一力（苏州）物流园占地面积达 66.67 万平方米，首期开发的白洋湾钢铁交易中心占地 18.87 万平方米，总建筑面积 21 万平方米，计划工期为两年半。

1月30日 2007 年苏州市政府实事工程——福星、娄江污水处理厂二期扩建工程同时开工建设。扩建工程将于 18 个月后建成，届时市区污水日处理能力将达到 36 万吨。

2月

2月3日 全长 11.63 千米的沿江一级公路（常熟段）两侧 30 米周围的复土平整工作全部结束，总面积 79.3 万平方米的绿色景观大道工程正式动工兴建。

2月5日 《苏州市城市快速轨道交通建设规划》正式获得国务院批准，苏州市成为全国首个被批准建设快速轨道交通项目的地级市。

2月7日　　　　沧浪区实事工程——重造青旸桥工程竣工。青旸桥两端 2500 米的道路同时被重新改造成平坦的沥青路。

青旸桥（2022 年拍摄）

2月9日　　　　苏州市创建国家生态园林城市领导小组会议召开，苏州市委副书记、市长阎立要求着重加强对水、大气、噪声污染的防治，力争在 2007 年将苏州市创建成首批国家生态园林城市群。

2月25日　　　常熟市昆承湖生态修复重点工程——穿湖大堤在昆承湖畔开工奠基。

2月26日　　　苏州电网建设全年计划完成基建工程投资 34 亿元，建设 3 座 500 千伏、28 座 220 千伏、46 座 110 千伏和 4 座 35 千伏输变电工程。

2月27日　　　2007 年度苏州市区街巷综合整治暨老住宅小区综合整治工程在里河新村举行开工仪式。

　　　　　　　　常熟市尚湖大道延伸段工程开工建设。

2月　　　　　太仓市政府实事工程——全民健身中心主体工程正式启动。该中心利用原太仓师范学校部分设施改建而成，总占地面积 0.67 万平方米，总建筑面积约 5300 平方米。中心主体工程土建于 2007 年年底全面竣工。

3月

3月1日　　　　2007 年苏州市区城建交通工程建设会议召开。2007 年苏州市级城建交通建设总投资规模为 507.8 亿元。

　　　　　　　　苏州市建委公布拆迁公告（2007）第 011 号：由土地储备中心实施平江新城中央商务区 312 国道以南地块土地前期开发工程。拆迁范围：幸福村等。拆迁实施单位：众佳拆迁公司。

　　　　　　　　苏州市建委公布拆迁公告（2007）第 013 号：由土地储备中心实施平江新城中央商务区 312 国道以南地块土地前期开发工程。拆迁范围：花锦村等。拆迁实施单位：益民拆迁公司。

3月3日　　　　据苏州市交通运输局消息，2007 年全市交通基础设施建设投资为 85.73 亿元。其中，公路建设投资 61.29 亿元，航道和船闸建设投资 2.8 亿元，港口建设投资 18.23 亿元，客货场站建设投资

2007

3.41 亿元。2007 年交通基础设施建设投资比 2006 年的 104 亿元下降了 18%。

3 月 8 日　　　苏州市建委公布拆迁公告（2007）第 014 号：由土地储备中心实施平江新城中央商务区 312 国道以南地块土地前期开发工程。拆迁范围：金谷浜等。拆迁实施单位：沧房拆迁公司。

3 月 12 日　　张家港市被建设部、国家发改委命名为"全国节水型城市"。

3 月 13 日　　苏州市首例污泥发电成功。苏州市区娄江污水处理厂产生的污泥，2007 年春节前被运往吴中区江远热电厂焚烧发电，6 吨污泥经能量置换后相当于 1 吨原煤。

3 月 17 日　　张家港市暨阳路、新市河路改造工程开工。总投资 11320 万元。其中，暨阳路改造工程西起港城大道，东至东二环路，全长 4720 米，总投资约为 8700 万元。

3 月 18 日　　昆山市前进西路（柏庐路至中山路）改造工程正式开工。

3 月 22 日　　《苏州市环境保护蓝天工程方案（2007—2010 年）暨 2007 年行动计划》发布，有针对性地制定了"清洁蓝天"硬性指标体系，并将这些任务分解、承包到各个政府职能部门。

　　　　　　　　2007 年金阊、平江、沧浪区首批 29 条老街巷综合整治工程全面启动。街巷整治包括道路整修、改造管道、绿化景观、修缮危房、整治立面、梳理线路、完善市政设施、整治街容秩序、治理庭院环境、配套生活设施 10 个方面的内容。

　　　　　　　　常熟市宝岩生态观光园二期工程开工。

3 月 25 日　　中国社会科学院在北京市发布《2007 年中国城市竞争力蓝皮书》，苏州市的综合竞争力在中国 200 个城市中居第八位。

3 月 26 日　　平江新城 26 项工程与沧浪新城开发配套项目启动。

　　　　　　　　苏州高新区首家国际性豪华酒店——苏州香格里拉大酒店全面开业。

3 月 27 日　　常昆高速公路和苏嘉杭高速公路南段扩建开工。

　　　　　　　　坐落于常熟市梅李镇南街的宋代桥梁月河桥修缮工程正式开工。

3 月 28 日　　苏州太湖湿地公园建设工程正式启动。

4 月

4 月 6 日　　　苏州市建委公布拆迁公告（2007）第 018 号：由土地储备中心实施沧浪新城友新路以西地块土地前期开发工程。拆迁范围：新郭村等。拆迁实施单位：虎丘拆迁公司。

4 月 10—12 日　交通部和江苏省政府在太仓市联合召开《苏州港总体规划》（以下简称《规划》）审查会，《规划》通过了来自铁道部、国土资源部、国家发改委综合运输研究所，以及省市有关部门领导及特邀专家共 70 余人的审查。苏州港由张家港港、常熟港和太仓港"三港合一"而成。

4 月 14 日　　太仓市政府实事工程——太仓市第一人民医院新建工程开工建设。该工程总建筑面积 13 万平方米，预算总投资 5.3 亿元。

4 月 16 日　　全长 1318 千米、由北京至上海的高速铁路（以下简称"京沪高铁"）中的苏州段线位论证和环保评估工作基本结束。京沪高铁将采用高架形式穿越阳澄湖，并在相城区和昆山市设立两个停靠站。

4 月 18 日　　苏州市建委公布拆迁公告（2007）第 019 号：由市政建设管理处实施北环路快速路东延（官渎里立交改造）工程。拆迁范围：娄北村等。拆迁实施单位：苏城拆迁公司。

4 月 20 日　　常熟市通港路黑色化改造工程开工。计划工期 6 个月，工程总概算 8500 万元。

4 月 25 日　　苏州市十三届人大常委会第三十四次会议通过苏州市人民代表大会常务委员会《关于"加快老城区街巷整治、改造"代表议案处理意见的决定》。

太仓市重点工程——人民北路贯通 339 省道工程开工建设。工程投资约 1500 万元。

常熟市 204 国道扩建新建段工程暨绕城一级公路即将开工建设。

4 月 27 日 建设部对外公布全国数字化城市管理第三批试点城市（城区）名单，昆山市、张家港市、吴江市名列其中。

4 月 29 日 昆山市正阳桥重建竣工通车。新建的正阳桥长 44.85 米、宽 32 米，项目总投资 4200 万元。

4 月 30 日 张家港市暨阳湖生态园开园。

5 月

5 月 8 日 人民路、干将西路部分路段启动沥青改造大修工程，首次实施苏州市区道路路面"灰改黑"改造。

5 月 11 日 苏通长江公路大桥辅桥合龙。辅桥位于苏通长江公路大桥主桥南侧，是一座连续钢构箱梁桥，跨径 268 米。

5 月 16 日 周庄古镇、拙政园景区顺利跻身首批国家 AAAAA 级旅游景区行列。

周庄古镇（2022 年拍摄）

拙政园（2022 年拍摄）

2007

5 月 17 日 苏州火车站地区综合改造工程中的重要组成部分——人民路北延工程开工。该工程从平门桥向北延伸,下穿沪宁铁路与苏站路相接后至 312 国道,然后上跨八车道沪宁高速公路后至相城区阳澄湖西路,路线全长约 3.8 千米。

5 月 21 日 自 2004 年 1 月 25 日以来,历时 3 年零 4 个月的高新区太湖清淤取土工程圆满完成清淤、治水、取土、造景、富民的历史使命,1.2 亿立方米清水开始回湖,太湖 10 平方千米重现碧波。

苏州古典园林——耦园成为亚太世界遗产培训与研究中心(苏州)的办公区,该中心主要开展对世界遗产修复技术的培训和研究。

5 月 26 日 交通部规划研究院和《中国公路文化》杂志社与常熟市规划局、文化局、旅游局等单位共同探讨打造 204 国道文化公路。交通部计划将 204 国道苏州段扩建工程作为打造文化公路的试点。

5 月 31 日 苏州市政协主席冯瑞渡主持召开苏州市政协十一届五十七次主席会议,专题听取三新城开发建设情况通报。2007 年平江、沧浪、金阊三新城的开发建设将提速,目前计划投入的基础设施建设资金已超过 30 亿元,占苏州市城市基础设施建设计划总资金的 1/3。

江苏省建设厅房屋拆迁调研会在张家港市召开。

5 月 张家港市城北污水处理厂一期建设工程开工,该工程占地面积 4.33 万平方米,日处理污水能力 2 万吨。

6 月

6 月 7 日 苏州市园林和绿化管理局接到建设部通知,确认苏州市及下辖的常熟市、昆山市、张家港市被列入首批 11 个国家生态园林城市试点城市,常熟市、昆山市、张家港市也是其中仅有的 3 个县级市。

6 月 9 日 第三批中国历史文化名镇名村名单在北京市揭晓,苏州市吴中区东山镇的陆巷村、西山镇的明月湾上榜中国历史文化名村;昆山市的千灯镇入选中国历史文化名镇,使苏州市的中国历史文化名镇增加到了 6 个。

6 月 10 日 常熟市尚湖大道二期改造工程完成全线沥青混凝土摊铺,至此,该项目主体工程全面完成。

6 月 12 日 苏州市建委公布拆迁公告(2007)第 024 号:由土地储备中心实施金阊新城苏浒路南 312 国道两侧地块土地前期开发工程。拆迁范围:新城村等。拆迁实施单位:金阊动迁发展中心。

6 月 19 日 江苏省委常委、苏州市委书记王荣主持召开十届苏州市委第十五次常委会会议,专题听取苏州市太湖水防治和城市水环境保护工作情况。

6 月 21 日 江苏省、苏州市重点建设项目——苏州监狱迁建扩容工程奠基仪式在黄埭镇西蒋杏浜举行。

苏州市十三届人大常委会第三十五次会议审议通过《苏州市公路条例》。

6 月 位于昆山市科博中心与城市公园之间、易地新建的昆山市青少年宫正式竣工。该青少年宫占地面积 6690 平方米,建筑面积 1.5 万平方米(含人防工程),项目总投资 7600 万元。

7 月

7 月 6 日 苏州市政府印发《苏州市城市地下管线管理办法》,自 2007 年 8 月 1 日起正式施行。

7 月 16 日 广济路北延工程开始封闭施工。

7月19日	苏州古典园林第三次普查启动，第一、第二次普查分别是 1953 年和 1982 年。
7月19—28日	古城区 14.2 平方千米内的公共绿地绿线基本划定，在苏州市规划展示馆内进行公示，征求市民的意见和建议。包括市级公园、区级公园、小游园、古典园林、街头绿地在内的 117 处公共绿地首先获得了绿线保护。
7月中旬	苏州动物园 53 年来首次大规模改造工程启动。
7月25日	苏州市建委公布拆迁公告（2007）第 029 号：由城北城投公司实施改建平江新城新莲路工程。拆迁范围：新莲东路等。拆迁实施单位：百佳拆迁公司。
7月30日	江苏省建设厅组织 12 位国内著名专家对《苏州市城市总体规划》（2007—2020）进行了专门论证。
7月31日	《苏州市公路条例》发布，自 2007 年 9 月 1 日起实施。

8月2日	苏通长江公路大桥南接线 11.75 千米桥面基础工程全面完成，桥面沥青铺设工作结束。该工程总投资 1.37 亿元。
8月3日	苏州市政府审批通过《苏州沿阳澄湖地区控制规划》。
8月6日	常熟市虞山镇学校建设工程——义庄小学迁建工程顺利封顶。该工程占地 4.55 万平方米，建筑面积 4 万多平方米，总投资 1.4 亿元。
8月7日	苏州市委、市政府聘请中国科学院院士、中国工程院院士周干峙和中国工程院院士施中衡担任苏州市轨道交通技术审查咨询委员会高级顾问。
8月18日	204 国道常熟新线段工程在大义镇中泾村正式开工。
8月中旬	太仓市政府实事工程——太仓市农产品检测中心新建工程开工。该工程占地 2500 平方米，建筑面积 3570 平方米，总投资约 800 万元。
8月23日	苏州市第十三届人民代表大会常务委员会第三十六次会议通过了关于《苏州市城市总体规划》（2007—2020）的决议。
8月25日	张家港市第一人民医院竣工营业。该医院位于暨阳西路北侧，占地 12.07 万平方米。工程总投资 6.5 亿元。
8月28日	常熟市尚湖综合保护建设规划通过专家评审。
8月30日	苏州市首条成品油运输管道工程动工。

9月12日	苏州市建委公布拆迁公告（2007）第 035 号：由土地储备中心实施平江新城中央商务区北地块土地前期开发。拆迁范围：虎丘镇花锦村等。拆迁实施单位：众佳拆迁公司。
9月15日	苏州市建委公布拆迁公告（2007）第 042 号：由城北城投公司实施改建平江新城新莲路工程。拆迁范围：新莲路等。拆迁实施单位：百佳拆迁公司。
9月18日	常熟 110 千伏龙桥输变电工程建成投运。至此，常熟市 11 个镇（场）都拥有了 110 千伏等级

的变电所。

　　苏州市建委公布拆迁公告（2007）第 051 号：由土地储备中心实施关于石路商圈西扩等两幅土地前期开发（虎丘定销房地块）工程（6 标段）。拆迁范围：福全弄等。拆迁实施单位：诚成拆迁公司。

9月20日　　中国首条 20 千伏架空供电线路在苏州市正式投入运行。

9月21日　　苏州市建委公布拆迁公告（2007）第 052 号：由土地储备中心实施关于沧浪新城友新路以西等 7 幅地块土地前期开发（平江新城中央商务区北地块）工程。拆迁范围：312 国道以北幸福村等。拆迁实施单位：沧房拆迁公司。

　　苏州市建委公布拆迁公告（2007）第 053 号：由土地储备中心实施关于沧浪新城友新路以西等 7 幅地块土地前期开发（平江新城中央商务区北地块）工程。拆迁范围：东庄上等。拆迁实施单位：姑苏拆迁公司。

　　苏州市建委公布拆迁公告（2007）第 054 号：由土地储备中心实施关于沧浪新城友新路以西等 7 幅地块土地前期开发（平江新城中央商务区北地块）工程。拆迁范围：斜河浜等。拆迁实施单位：久盛拆迁公司。

　　苏州市建委公布拆迁公告（2007）第 055 号：由土地储备中心实施关于沧浪新城友新路以西等 7 幅地块土地前期开发（平江新城中央商务区北地块）工程。拆迁范围：沙头村等。拆迁实施单位：新城市政拆迁公司。

　　苏州市建委公布拆迁公告（2007）第 056 号：由土地储备中心实施关于沧浪新城友新路以西等 7 幅地块土地前期开发（平江新城中央商务区北地块）工程。拆迁范围：东升小区等。拆迁实施单位：红枫拆迁公司。

　　苏州市建委公布拆迁公告（2007）第 057 号：由土地储备中心实施关于沧浪新城友新路以西等 7 幅地块土地前期开发（平江新城中央商务区北地块）工程。拆迁范围：洋泾坝等。拆迁实施单位：苏城拆迁公司。

9月24日　　相城区荷塘月色湿地公园正式开园。

9月26日　　中国刺绣艺术馆建成开馆。该艺术馆占地面积 8000 平方米，建筑面积 5000 平方米。

相城区荷塘月色湿地公园（2022 年拍摄）

中国刺绣艺术馆［苏州高新区（虎丘区）档案馆藏　2012 年拍摄］

9 月　　　　张家港市政府十大实事工程项目之一的实验幼儿园易地新建工程开工。新园投资 5500 万元，占地 1.33 万平方米，建筑面积 1.2 万平方米。

张家港市中医院扩建工程开工。该工程占地 1.2 万平方米，建筑面积 1.25 万平方米。

张家港市第四自来水厂二期建设工程开工。

10 月 1 日　　　　苏州科技文化艺术中心（以下简称"科文中心"）开业。科文中心总投资近 17 亿元，占地 13.8 万平方米，建设工期历时两年半。

苏州科技文化艺术中心（2008 年拍摄）

苏州科技文化艺术中心（2022 年拍摄）

10月9日 　　苏州市政府重点工程——苏州市中医医院迁建工程正式启动建设。新的苏州市中医医院位于沧浪新城内，总建筑面积达 8.2 万平方米，总投资 3.8 亿元，建成后将成为一所拥有 500 张床位，集教、科、研于一体的现代化大型综合性医院。

　　沧浪新城社区配套项目正式启动建设。项目包括沧浪新城社区服务中心、四季晶华社区服务中心、福星社区医疗服务中心、消防站、垃圾中转站和公共厕所项目，合计用地面积 3.2 万平方米，建筑面积 4.7 万平方米，总投资 1.31 亿元。

10月10日 　　独墅湖隧桥工程（南环快速路东延工程）正式通车。该工程是苏州市历史上第一条湖底隧道，全长约 7.36 千米，其中高架桥 3.43 千米，隧道 3.4 千米，地面辅道 2.86 千米。工程概算投资额为 27.1 亿元。

独墅湖隧道（2007 年拍摄）

10月11日 　　国家生态园林城市江苏试点工作座谈会在常熟市召开。

10月18日 　　常熟市 2007 年城建重点工程——泰安街道路改造工程、环城河夜景亮化工程、亮山工程的夜景亮化工程、新世纪大道北延工程、红旗南路两侧地块改造工程、总马桥两侧立面整饰工程、琴川河保护改造一期工程、生活垃圾焚烧发电厂飞灰处置工程、城北污水厂三期工程等全面竣工。

10月29日 　　常熟国际贸易中心开工建设。该项目位于黄河路新世纪大道口，总建筑面积 9 万多平方米。

10月30日 　　苏州市轨道交通 1 号线一期工程可行性研究报告获国家发改委批准。

　　苏州市古城区的城市绿线划定方案获得苏州市政府批复，117 处古城区现有的和规划中的公共绿地首次明确地界。

11月7日 　　苏州市重点建设项目北环路西延工程前期勘察工程正式动工。

11月10日 　　常熟市谢桥门站至新港门站全长 28 千米的天然气高压管线建成并投用。

11月上旬 　　苏州高新区实事工程太湖大堤沥青路面铺设工程完工。该工程南起安山港闸北，北至高新区与相城区望亭镇交界处，全长 25.14 千米，道路路幅宽度 17 米，其中车行道宽 12.6 米（含两侧平石），两侧土路肩各宽 2.2 米，沿线共有 15 座桥梁，大堤内侧设排水边沟。

11 月 13 日   江苏省出台《关于加强太阳能热水系统推广应用和管理的通知》。苏州市在江苏省内率先推广一项新规：新建 12 层及以下住宅必装太阳能热水系统。

    人民路北延工程成功"下穿"沪宁铁路。

11 月 17 日   苏州工业园区重元寺隆重举行落成典礼暨全堂佛像开光法会。

11 月 21 日   官渎里立交由南往北试通车。

11 月 28 日   苏州火车站改造工程全面启动，工程总概算 23.23 亿元。

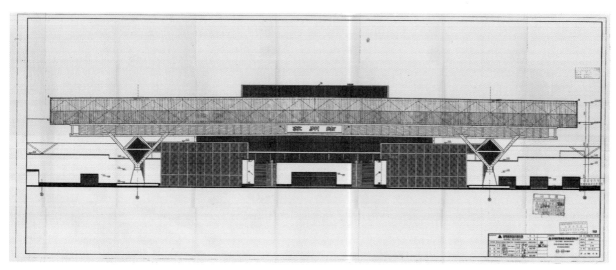

苏州火车站南立面图（苏州市城建档案馆藏）

苏州火车站（2022 年拍摄）

11 月 29 日   由苏州市规划局组织和牵头开发的"苏州数字城市三维基础平台系统工程"获得"2007 年度国家级地理信息系统优秀工程"金奖。

11 月   金阊新城路网建设提速，金阊新城规划新改建 33 条道路，总里程达 36 千米，目前已建成其中 6 条。

    昆山市柏庐实验小学防震减灾科普基地通过江苏省地震局验收。

重元寺（2022 年拍摄）

12月8日　　　苏州市在全省率先建成全覆盖污染源自动化监控系统，掌握全市811家重点污染源的实时排污情况。

12月10日　　张家港市在全省县（市）中率先实现了"村村通公路"。

12月14日　　2007年度中国建筑工程鲁班奖揭晓，常熟电厂二期（2×600MW）工程榜上有名。

12月21日　　据苏州市园林和绿化管理局消息，截至12月21日，全市2007年已建成绿地490万平方米，完成了全年实事工程任务总量的108.9%。

12月22日　　总投资近4亿元的长江常熟段边滩整治工程正式启动。本工程位于新港镇长江大堤外侧滩地上，按照计划需新筑围堤5.633千米，吹填后可建陆域面积136.8万平方米。

12月26日　　苏州市轨道交通1号线破土开建，全线设站24座，线路全长25千米。

　　　　　　　北环快速路、北环快速路东延、官渎里立交全互通改造、苏福快速路工程四大城建项目主线提前通车。

　　　　　　　苏虞张一级公路快速化改造工程开工。

　　　　　　　太仓市重点工程——向阳西路贯通人民路工程竣工。该工程全长220米，宽幅18米，局部宽幅25米，至2007年年底实现全线通车。

12月27日　　《苏州市城市照明专项规划》通过江苏省建设厅组织的专家评审。

　　　　　　　全线在苏州市境内的沪苏浙高速江苏段工程通过交工验收。该路段全线长49.947千米，双向六车道，设计时速120千米，项目投资近40亿元。

12月28日　　沧浪区安排2008年度实事项目——老新村综合整治工程面积45万平方米，包括三香新村、养蚕里二村、里河新村5—8小区、二郎巷小区、湄长新村北区5个老新村。

　　　　　　　常熟市220千伏琴川输变电工程开工建设。

12月29日　　京沪高速铁路苏州段线位方案已经初步确定。根据该方案，京沪高速铁路苏州段最终选择北线方案，线路全长59.923千米，全线采用高架，穿越阳澄湖，共设立苏州和昆山两个高速客运停靠站。

2008年度

大事记

苏 州 城 建 大 事 记

2008

1月

1月2日　昆山市珠江路桥开工建设。

1月8日　太湖文化论坛永久坛址奠基，包括国际会议中心、主题宾馆及旅游等配套设施，总投资拟超30亿元。

1月10日　2008年的苏州市政府实事项目公布，共18项，其中涉及城市建设的有：完成100万平方米左右老住宅小区和200条左右街巷的综合整治。供应中低收入家庭住房1600套、廉租住房390套。建设苏州美术馆新馆、苏州文化馆新馆、苏州市青少年活动中心和3个图书馆社区分馆；完成10个镇文化馆站标准化改造。新建公交停车场、换乘枢纽、首末站和保养场各1座。实施金墅水源地取水口清淤工程；建成福星、娄江污水处理厂二期工程。对市区北环路、南环路沿线及西中市实施综合整治，市区新增绿地450万平方米。年内完成12家农贸市场改造。

1月12日　2007年苏州市十大民心工程评选揭晓，其中涉及城市建设的有：苏州市轨道交通1号线正式动工，苏州火车站地区综合改造，1000套中低收入家庭住房及廉租房应保尽保，科文中心建成开放，北环快速路暨官渎里立交改造工程，城乡公交实现一体化，217条背街小巷完成整治，市区新增绿地490万平方米。

苏锡常都市圈城际交通干线——苏锡高速公路开工建设。苏州段路线全长7.63千米，项目初步设计批复概算投资为5.12亿元。

苏锡高速公路（2022年拍摄）

1月14日　张家港市成为全国首家建成"清洁能源使用区"的城市。

1月19日　吴中区金庭镇污水处理厂升级改造项目举行专家认证会。会上专家认为"臭氧＋生物活性炭技术"填补空白，处理水完全达到城镇回用水标准，太湖流域污水深度处理技术获得突破。

1月中旬　吴越路改造工程开工，总改造长度约1134.25米。该工程由苏州市市政设施管理处实施。

1月22日　常熟市委、市政府举行2008年度市城建重点工程——锁澜南路综合改造、古城保护改造、新城区道路工程开工仪式。

1月28日   建设部公布2007年"中国人居环境范例奖"25个获奖项目，其中常熟市梅李镇规划建设管理项目上榜。

2月

2月1日   苏州市政府召开2008年市区城建交通工程建设工作会议。2008年苏州市市级城建交通建设总投资规模为588.5亿元，年度计划完成投资264.61亿元。

2月4日   苏州市政府印发《苏州市2008年重点项目计划》。该计划共有132项，总投资1756亿元，2008年计划投资493亿元。其中，重点服务业项目49项，总投资507亿元，当年计划投资140亿元；重点基础设施项目36项，总投资681亿元，当年计划投资217亿元；重点制造业项目47项，总投资568亿元，当年计划投资136亿元。

常熟市新港镇扬子江大道建成通车。该路全长9.8千米，总投资近9239万元。

2月15日   苏州高新区太湖大道二期、太湖大堤建设工程举行通车典礼。

太湖大堤［苏州高新区（虎丘区）档案馆藏　2018年拍摄］

2月16日   国务院批复《太湖流域防洪规划》，要求苏州市按100年一遇洪水位设防，苏州市中心城区按200年一遇洪水位设防。

常熟市中洲湖滨商业广场奠基。该工程位于昆承湖穿湖大堤景观廊道和苏常公路交界处，总投资4.3亿元，总建筑面积9万余平方米。

2月18日   常熟市举行沿江高等级公路自张家港至海虞北延伸段、省道224昆山至锡太一级公路等一批2008年度重点交通工程开工典礼。

2月20日   街巷整治工作会议召开。2008年整治街巷201条，其中平江区78条，沧浪区65条，金阊区58条，街巷总长度44390米，面积20多万平方米，涉及居民28270户。2007年已完成217条街巷的整治任务，总长度约为66000米，面积34.6万平方米，受益居民27973户。

2月23日   苏州市轨道交通1号线首个站点工程——苏州乐园站正式进入施工阶段。

2月25日   苏州市轨道交通1号线广济路车站动工。

2008

| 2月26日 | 常熟市尚湖疏浚工程全面启动。根据《尚湖水系综合整治规划》，湖底疏浚分三期进行，总疏浚土方量 598 万立方米。 |

3 月

3月1日	2008 年苏州市区老住宅小区及街巷综合整治工程开工。老住宅小区整治工程准备完成 8 个小区的整治，面积为 110 多万平方米，涉及居民 17237 户。街巷综合整治工程准备完成 201 条街巷的整治，街巷总长度约为 44390 米，面积为 21.73 万平方米，涉及居民 28270 户。
3月3日	《苏州市民用建筑节能管理办法》发布，自 2008 年 5 月 1 日起施行。
3月4日	江苏省委常委、苏州市委书记王荣现场调研苏州市轨道交通 1 号线和苏州火车站地区综合改造工程建设情况。
	苏州高新区通过验收，被列为全国首批国家生态工业示范园区。
3月5日	2008 年常熟市政府为民办实事工程之一的老住宅小区综合改造工程正式启动。根据《常熟市老住宅小区综合改造整治实施方案》，政府决定花 5 年时间，对全市老住宅小区进行全面改造。
3月6日	京沪高铁苏州段动迁全面展开，昆山市将成为唯一设有高铁站的县级市。
3月10日	金阊新城绿化工程建设启动，2008 年拟投资 5 亿元。
3月11日	沪通铁路通过国家批准立项，苏州市境内设太仓、归庄、浏河等站。
3月13日	苏州市旧钢窗节能改造试点正式启动。首批试点老新村分别为沧浪区里河新村、平江区永林新村和金阊区彩虹新村。
3月24日	苏州市建委公布拆迁公告（2008）第 004 号：由土地储备中心实施平江新城中央商务区 312 国道以南地块土地前期开发（3 标段）工程。拆迁范围：花锦村 113—118 号等。拆迁实施单位：红枫拆迁公司。
	苏州市建委公布拆迁公告（2008）第 005 号：由土地储备中心实施平江新城中央商务区 312 国道以南地块土地前期开发（4 标段）工程。拆迁范围：花锦村等。拆迁实施单位：诚成拆迁公司。
3月	太仓市浏河镇入选首批苏州历史文化名镇，沙溪镇直塘历史街区同时被命名为苏州历史文化街区。

太仓市沙溪古镇（太仓市建设档案馆藏　2015 年拍摄）

4月

4月7日　　苏州市建委公布拆迁公告（2008）第006号：由土地储备中心实施金阊新城地块土地前期开发工程。拆迁范围：白洋湾新益村14组（杨水男户）。拆迁实施单位：金阊动迁发展中心。

4月11日　　连接南通市与苏州市的苏通长江公路大桥工程项目整体通过验收。

4月18日　　京沪高铁全线开工。苏州段共需征地129.93万平方米，需拆除民房1160户、工房40余户，至此工程进入征地拆迁阶段。

　　常熟市燕园修复完成，并对外开放。本次修复工程是在1998年第二期修复工程的基础上，又将十愿楼、冬荣老屋、一希瓦阁、竹里行橱四景恢复。

　　苏州市建委公布拆迁公告（2008）第007号：由轨道交通有限公司实施苏州市轨道交通1号线一期工程。拆迁范围：人民路1203号等。拆迁实施单位：华夏拆迁公司。

　　苏州市建委公布拆迁公告（2008）第008号：由轨道交通有限公司实施苏州市轨道交通1号线一期工程。拆迁范围：干将西路252号等。拆迁实施单位：诚成拆迁公司。

　　苏州市建委公布拆迁公告（2008）第009号：由轨道交通有限公司实施苏州市轨道交通1号线一期工程。拆迁范围：仓街5、6号。拆迁实施单位：诚成拆迁公司。

　　苏州市建委公布拆迁公告（2008）第010号：由轨道交通有限公司实施苏州市轨道交通1号线一期工程。拆迁范围：三元四村等。拆迁实施单位：中兴拆迁公司。

　　苏州市建委公布拆迁公告（2008）第011号：由轨道交通有限公司实施苏州市轨道交通1号线一期工程。拆迁范围：干将路桐安桥东南角（干将西路963号等）。拆迁实施单位：中兴拆迁公司。

　　苏州市建委公布拆迁公告（2008）第012号：由轨道交通有限公司实施苏州市轨道交通1号线一期工程。拆迁范围：干将东路685号等。拆迁实施单位：政通拆迁公司。

4月中旬　　山塘历史文化保护区保护性修复工程三期五大节点建设全面启动。节点分别是普福禅寺、贝家祠堂、桐桥遗址、陕西会馆、南社遗址。

4月23日　　苏州市建委公布拆迁公告（2008）第013号：由轨道交通有限公司实施苏州市轨道交通1号线一期工程。拆迁范围：人民路218号。拆迁实施单位：沧浪拆迁公司。

4月27日　　从2008年3月开始实施的太湖金墅取水口大规模清淤工程已经完成70%的工程量。这也是白洋湾水厂建成18年来首次对取水口进行大清淤。清淤工程耗资3500万元，范围包括饮用水源地保护区内的3.5平方千米，计划清理淤泥130万立方米。

　　常熟市宝岩禅寺重建扩建落成。

4月28日　　环境保护部命名了全国首批24个国家级生态村，其中苏州市的蒋巷村、大唐村上榜。

　　《苏州市建设工程远程评标系统》通过鉴定，以中国工程院院士王家耀为组长的鉴定组认为，该系统在同行业中处于国内领先水平。自2008年4月29日起，该系统在苏州市范围内全面开通。

4月29日　　平江新城绿色风景长廊、体育公园、科技公园等十大生态工程启动，预计投资16亿元。沧浪新城苏州市最大社区服务中心四季晶华汇邻中心开工，总投资2800万元，占地面积近7000平方米，建筑面积达1.4万平方米。

4月　　2008年苏州市区照明设施改造计划正式确定，共有81条新老道路和12个老居民新村路灯将得到安装及全面改造。

2008

2008

四季晶华汇邻中心（2022 年拍摄）

5月15日　白洋湾生态公园围堰、清淤等前期工程正式启动。白洋湾生态公园共投资 2.2 亿元，占地 25 万平方米。

5月22日　东南环立交匝道及辅道完善工程开工建设，线路总长 1083.5 米，共有 14 条快车道。

5月31日　国家电网公司"两型一化"建设试点工程——张家港市 220 千伏三兴变电站一次启动成功，投入运行。

6月2日　第二十五届国际桥梁大会（IBC）在美国匹兹堡召开，苏通长江公路大桥获乔治·理查德森奖。

6月5日　苏州市政府对苏州市规划局发出《关于苏州高新区枫桥片和狮山片控制性详细规划的批复》。

6月10日　《苏州市建筑市场与施工现场联动管理实施意见》发布。

6月12日　常熟市新建的 220 千伏福山输变电工程竣工投运，苏州市西北部电网的供电质量得到改善。

常熟市黄公望祠经过修缮布置后，被辟建为黄公望纪念馆并正式对外开放。

6月18日　苏州市政府实事和重点工程、投资 1.8 亿元的苏州市工人文化宫改造竣工启用。改造后总建筑面积为 5.6 万平方米，比改造前增加了 2.87 万平方米。

世界第一大跨径斜拉桥——苏通长江公路大桥顺利合龙。

6月19日　苏州市建设局正式审核确定张家港市锦丰镇南港村等 11 个村庄为 2008 年苏州市村庄建设整治试点村。

6月中旬　山塘三期五个节点保护性修复工程中的第三个节点——陕西会馆遗址开始修复。

苏州市工人文化宫（2022 年拍摄）

　　苏嘉杭高速公路南段扩建工程现场施工已全部完成，高速公路两侧 17 对过渡区的港湾式停车区建成。

6 月 24 日　　苏州市轨道交通 1 号线进入主体工程施工阶段，24 个车站和金鸡湖 A 岛风井共计 25 个基坑，已经开挖 16 个。

　　太仓港国际客运新站大楼正式建成启用，大楼占地面积达 2000 多平方米。

6 月 26 日　　昆山市城市生态森林公园被住房和城乡建设部列入第五批国家湿地公园。

6 月 30 日　　苏通长江公路大桥通车。

7 月

7 月 3 日　　《苏州市综合交通规划（2007—2020）》方案获苏州市政府批复。

7 月 8 日　　"让路"沪宁城际铁路金阊段动迁工作展开。沪宁城际铁路涉及金阊区境内 7.64 千米，总拆迁户数为 82 户，总建筑面积为 92842.46 平方米。

7 月 10 日　　《苏州市住房建设规划（2008—2012）》公布。根据这一规划，将实现"住有所居"。

7 月上旬　　苏州市轨道交通 1 号线八站点雨水管网迁移一期工程完成。

7 月 16 日　　江苏省委常委、苏州市委书记王荣现场察看苏州市轨道交通 1 号线等城建及交通工程建设情况。

8 月

8 月 1 日　　常熟市昆承湖穿湖堤工程——45 孔圆弧形仿古石拱桥贯通。

8 月 8 日　　太仓市经济适用房项目——南城雅苑小区在南郊新城动工。

2008

8月18日	苏州市轨道交通 1 号线一期工程项目贷款签约仪式在苏州市会议中心举行。
8月25日	苏州市首期 11 个援建绵竹市项目开工，防震强度 7.5 度以上。
8月	张家港市政府实事工程之一的张家港实验幼儿园新建工程竣工并交付使用。

9月

9月1日　张家港市沙洲中学搬迁至原沙洲职业工学院校址办学。项目总投入约 8500 万元，学校占地面积近 10 万平方米，建筑面积近 5 万平方米。

张家港市沙洲中学（张家港市城建档案馆藏　2012 年拍摄）

9月4日　苏州高新区获得"农村河道疏浚工程达标县（区）"称号。

9月15日　沪宁城际铁路苏州高新区段主线征地拆迁全面完成。该段全长 7.1 千米，共拆迁民房 80 户、17280 平方米，拆迁厂房 4 户，共计 12424 平方米。

　　江苏省市政示范工程奖揭晓，苏州科技城的科灵路、科荟路、科景路 3 条市政道路工程被评为年度江苏省市政示范工程。

9月25日　苏州市轨道交通 1 号线首台隧道盾构机"开路先锋 12 号"在苏州乐园站下井拼装。

9月27日　苏州朗诗国际街区项目正式被列入住房和城乡建设部 2008 年科学技术项目计划，整个项目的建筑综合节能率达到 80% 左右。

9月28日　张家港市沙洲中路、长安南路改造工程竣工，杨舍西街整体改造工程竣工。

　　张家港市汽车客运站易地新建工程竣工并投入使用。该客运站为一级汽车客运站，2007 年由政府规划易地迁建。工程总投资 1.5 亿元，占地 6.33 万平方米，建筑面积 2.62 万平方米，具有航空港站特征。

9月　张家港市青少年社会实践基地一期工程竣工并投入使用。该工程占地 30 万平方米，一期工程建筑面积 16566 平方米。

苏州朗诗国际街区（2022 年拍摄）

10月

10月1日	总投资 7000 万元的东仓大桥在太仓市正式建成通车。
10月6日	张家港市成为全国第一个获得"联合国人居奖"的县级市。
10月14日	《苏州市城市抗震防灾规划（2007—2020）》通过专家评审，学校教学楼、学生宿舍、医院等建筑抗震设防标准将从原来的 6 度提高到 7 度。
10月15日	总投资近 10 亿元的城南污水厂一期工程竣工投运，日处理能力为 7.5 万吨，保护东太湖水环境。
	北环快速路东延工程前期勘察正式启动，按计划主要沿 312 国道向东推进 4 千米。
10月17日	太仓市南洋广场举行开街仪式，南洋广场共投资 20 多亿元，总建筑面积 23 万平方米、商业面积 14 万平方米。

太仓市南洋广场（太仓市建设档案馆藏　2008 年拍摄）

10 月中旬　　　　太仓市府南街地块改造工程全面竣工。该工程占地 10 万平方米，拆迁 12 万平方米，新建 18.7 万平方米。

太仓市府南街地块改造工程（太仓市建设档案馆藏　2012 年拍摄）

10 月 25 日　　　　太仓市金仓湖赤足公园举行开园仪式，百花音乐喷泉广场和疏朗草坪开放。

太仓市金仓湖赤足公园（太仓市建设档案馆藏　2010 年拍摄）

10 月 27 日　　　　苏州市政府对吴中区政府、苏州市规划局发出《关于苏州市金庭镇总体规划的批复》《关于苏州市光福镇总体规划的批复》。两镇分别建成新型生态城镇和生态型旅游名镇。

10 月 28 日　　　　东南环立交完善工程竣工通车。该工程西起南园路，东至南环桥西堍，线路总长 1083.5 米。

10 月 30 日　　　　苏州市轨道交通 1 号线苏州乐园站首台盾构机启动。

人民路、广济路、梅巷路三大北延工程同时通车。

2008 年度"江苏人居环境范例奖"公布，"太仓市城市绿化建设""常熟虞山古城段保护与生态

改造前的东南环立交（2007 年拍摄）

修复""昆山市千灯古镇保护"" 3 个项目获奖。

10 月 31 日　　2008 年苏州市政府实事项目——苏州美术馆新馆、文化馆新馆和名人馆奠基开工。三馆东临人民路，西抵桃花河，地处桃花坞一带。三馆占地 2.2 万多平方米，总建筑面积近 3.3 万平方米。

10 月　　张家港市第四自来水厂二期工程竣工投运，日供水量 20 万吨，总投资 9267 万元。

11 月 4 日　　根据新签署的《海峡两岸海运协议》，常熟港被列为大陆开放的 63 个港口之一。

11 月 6 日　　苏州烟草物流中心在常熟市海虞镇工业二区奠基。该项目规划建筑面积 4.2 万平方米，总投资约 3 亿元，计划于 2011 年年初建成投用。

11 月 15 日　　位于昆山市前进东路 999 号的昆山市内首家中外合资医院——宗仁卿纪念医院正式建成，并投入使用。

11 月 18 日　　北环西延工程正式动工开建，总投资 26 亿元，全长 8.3 千米。北环西延工程包括新庄立交、苏虞张连接线西延工程和西延高新区快速路工程两大主体部分。

　　作为苏州市"五纵四横"快速路路网的放射线之一的苏州高新区鹿山路高架桥工程正式动工。工程总长约 8.3 千米，其中高新区境内长约 7.2 千米，总宽 60 米。

　　位于定慧寺巷卧于官太尉河上的吴王桥成为古城区首座"布"修完工的百年以上老桥。

　　张家港保税区正式获得国务院批准设立，成为全国第十二家保税港区。

　　苏州市建委公布拆迁公告（2008）第 042 号：由土地储备中心实施金阊新城地块土地前期开发项目工程。拆迁范围：白洋湾街道富强村等。拆迁实施单位：中诚拆迁公司。

　　苏州市建委公布拆迁公告（2008）第 043 号：由土地储备中心实施金阊新城地块土地前期开发项目工程。拆迁范围：白洋湾街道藕巷里等。拆迁实施单位：协成拆迁公司。

　　苏州市建委公布拆迁公告（2008）第 044 号：由土地储备中心实施金阊新城地块土地前期开发项目工程。拆迁范围：白洋湾街道张网村张家角（张网村）八组 1—29 号、50 号等。拆迁实施单

竣工后的东南环立交（2022 年拍摄）

位：益民拆迁公司。

11 月 24 日　　太湖水污染防治工程建设中的重点项目之一——苏州市区娄江、福星、城东污水处理厂升级改造工程在娄门外、312 国道边的原苏州硫酸厂旧址举行开工典礼。

张家港市城北经济适用房和廉租房住宅小区项目、社会福利服务中心项目、338 省道（张杨公路）鹿苑至高峰段改造工程和三干河南延工程举行开工仪式。

11 月 26 日　　苏州市建委公布拆迁公告（2008）第 046 号：由土地储备中心实施平江新城中央商务区北地块土地前期开发工程。拆迁范围：花锦北陆家庄 1 号等。拆迁实施单位：苏城拆迁公司。

苏州市建委公布拆迁公告（2008）第 047 号：由土地储备中心实施平江新城中央商务区北地块土地前期开发工程。拆迁范围：花锦社区花莲路 8 号等。拆迁实施单位：诚成拆迁公司。

苏州市建委公布拆迁公告（2008）第 048 号：由土地储备中心实施平江新城中央商务区北地块土地前期开发工程。拆迁范围：王家浜等。拆迁实施单位：百佳拆迁公司。

苏州市建委公布拆迁公告（2008）第 049 号：由土地储备中心实施平江新城中央商务区北地块土地前期开发工程。拆迁范围：花莲巷外浜等。拆迁实施单位：城北拆迁公司。

苏州市建委公布拆迁公告（2008）第 050 号：由土地储备中心实施平江新城中央商务区北地块土地前期开发工程。拆迁范围：城北东路等。拆迁实施单位：众佳拆迁公司。

11 月 30 日　　齐门路下穿北环路、沪宁铁路的隧道正式通车，苏州火车站地区 4 条北延通道全部打通，四纵格局形成。

12 月

12 月 2 日　　苏州市轨道交通 1 号线最后一个站点仓街站进入连续墙开挖阶段，该线路 24 个站点全面进入主体施工阶段。

常熟市昆承湖状元堤主体工程全面完工。

12 月上旬　　常熟市继淮河路东延工程贯通之后，湘江东路贯通工程也建成通车。

12 月 11 日　　苏州市建设局出台《苏州市深基坑专项设计施工方案审查指导意见》，对深基坑施工方案进行"前道"把关。

12 月 17 日　　苏虞张公路快速化改造工程竣工通车。此次快速化改造工程以相城区太阳路交叉口为起点，张家港市 340 省道交叉口为终点，改造里程 50.27 千米，总投资 5.67 亿元。

12 月 23 日　　由住房和城乡建设部巡视员焦占栓带领的全国建设领域节能减排监督检查第五组到苏州市，全面检查苏州市近年来在建设领域节能减排的情况。

苏州市轨道交通 1 号线首个站点——会展中心站主体工程全部封顶，并将成为全线第二个盾构施工的站点。

12 月 25 日　　318 国道苏州段整修一新，试通车。

12 月 27 日　　2008 年度苏州市在建高速公路总里程为 110.5 千米，全年完成投资 9.81 亿元。

随着公交镇湖环线、东渚环线，以及浒关首末站至申庄村等 3 条线路的开通，高新区 44 个行政村全部通上公交。

12 月 28 日　　太仓市 2009 年政府 3 项实事工程——太仓市图博中心、文化艺术中心和传媒中心共同奠基。

12 月　　204 国道张家港段改扩建工程竣工。该路段全长 31.537 千米，工程总投资 9.8 亿元。

张家港市垃圾处理厂一期建设工程竣工运行，总投资 2.14 亿元。

张家港市妇幼保健所搬迁工程竣工。该工程占地 1.33 万平方米，建筑面积 9436 平方米。

2009 年度

大事记

苏 州 城 建 大 事 记

2009

1月8日　江苏省建设厅公布全省首批5家"园林小城镇"名单，苏州占了4家，分别为昆山市淀山湖镇、苏州工业园区唯亭镇、太仓市沙溪镇和常熟市梅李镇。

1月13日　2008年苏州市十大民心工程评选揭晓，分别是：市区完成100万平方米左右老住宅小区、西中市综合整治；综合整治200条左右街巷；完善城乡公共就业服务体系，充分就业社区达标率达90%；实施基本卫生保健工程，全面实行社区居民常用药品政府补贴；优先发展教育事业，建设平江、沧浪、金阊3个新城配套小学3所；建设城乡公共文化设施，建设苏州美术馆新馆和苏州文化馆新馆；大力发展公共交通，市区公交月票使用范围扩大到市区全部线路；积极发展养老服务事业，全市新增养老床位2200张；建设"平安苏州"，在平江、沧浪、金阊3个新城建设270个左右社会治安监控点；市区新增绿地450万平方米。

1月15日　苏州市2009年政府实事项目已正式确定，共18项，其中涉及城建的有：市区组织供应经济适用住房1600套，廉租住房400套。完成市区100万平方米以上老住宅小区和180条以上街巷的综合整治。对市区现有城市道路、交通设施、公共建筑等进行无障碍设施建设改造。实施福星、娄江、城东污水处理厂升级改造；新开疏浚河道1276千米，加高加固防洪圩堤136千米。建设环境地理综合信息系统；市区新增绿地500万平方米。迁建苏州市实验小学和盲聋学校；建设苏州评弹学校新校；开展老年大学和幼儿园现代化建设。建设苏州美术馆新馆、文化馆新馆、名人馆、体育运动学校新校、档案馆新馆，修缮维护泰伯庙和昆剧传习所旧址。新建汽车北站客运枢纽和3座公交换乘中心。

1月16日　204国道张家港段扩建工程通过验收。

2月2日　张家港市小城河综合改造工程、张家港汽车生活广场项目开工奠基。其中，小城河综合改造工程总投资约15亿元（小城河东段改造），改造区域面积约11.2万平方米。

　　张家港市梁丰初级中学建设项目开工。项目占地面积57067平方米，总投资17650万元，总建筑面积达29200平方米。

2月6日　2009年苏州市区城建交通工程建设工作会议宣布，2009年市级城建交通建设总投资规模将达到800.52亿元，比2008年增加250亿元，年度计划完成投资工程量约为300亿元。

2月9日　苏州绕城高速光福互通度假区连接线道路开工建设，计划10月完工，总投资约为1.8亿元。

2月10日　苏州市政府印发《苏州市2009年重点项目计划》。该计划共有163项，总投资2671亿元，2009年完成计划投资602亿元。其中，加快建设保障性安居工程项目1项，加强农村基础设施建设项目2项，加快重点基础设施建设项目30项，加快医疗卫生、文化教育及民生事业发展项目16项，加快生态环境工程建设项目14项，加快自主创新和结构调整项目4项，加快重点制造业建设项目66项，加快重点服务业建设项目21项，总前期项目9项。

　　经国家林业局批准，苏州大阳山成为国家森林公园。

2月11日　苏州工业园区中法环境技术有限公司签约成立。

苏州大阳山国家森林公园（2022 年拍摄）

2 月 12 日	受环保部的委托，环保部环境工程评估中心对苏州市轨道交通 2 号线工程环境影响进行评估。
	苏州工业园区北环快速路东延二期及沪宁城际铁路园区站配套设施工程正式开工。
	张家港市 110 千伏善政变电站顺利投入运行。该变电站位于张家港保税区内，占地面积 3149.5 平方米，建筑面积 2032 平方米。
2 月 16 日	由苏州市援建的四川省绵竹市清道小学重建奠基。
2 月 18 日	江苏省委常委、苏州市委书记王荣来到苏州市轨道交通 1 号线苏州乐园站至玉山公园站隧道、苏州火车站地区综合改造工程北站房施工现场及三角咀湿地公园，察看苏州市一批重大基础设施项目。
2 月 20 日	据 2009 年三新城开发建设工作会议，2009 年，平江、沧浪、金阊三新城投资规模 160.85 亿元，年度计划完成投资工程量 62.37 亿元。
2 月 21 日	苏州市轨道交通 1 号线首段隧道区间苏州乐园站至玉山公园站打通。
2 月 23 日	葑门横街开工整治，投资 800 万元。
2 月 24 日	苏州市首条 220 千伏架空高压线入地工程开工建设，工程完工后，高新区汾湖路西至狮山变电所段长达 1.6 千米的 220 千伏架空高压线路将全部转入地下。
2 月 25 日	2009 年苏州市区老住宅小区、老街巷综合整治工程启动仪式在新元新村市民广场举行，共有 18 处老新村及 185 条老街巷。这两项工程预计将投入财政资金 3.4 亿元。
2 月 27 日	苏州市政府实事项目——苏州公交第五保养场开工建设，总投资 7730 万元，占地面积 71849 平方米，建筑面积约 12530 平方米，可同时满足 410 多辆公交车的停放、维修。

3 月

3 月 3 日	沧浪新城 20 个建设项目开工，总投资达到 7.2 亿元。其中包括京杭大运河友联运河段建造的双层景观桥、沧浪新城社区服务中心、沧浪新城中学等。
3 月 6 日	江苏省建设厅在苏州市召开《建设工程项目施工集成管理系统》成果推介会，由本地企业耗时

两年研发的苏州市首部建设工程集成管理系统将在本市试点并在全省推广。

3月10日 苏州市区阊胥路三香路匝道、馨泓路、园林路大修。全年列入大修计划的共有14条道路，预计花费8000万元，9月底前全部完成。

3月12日 苏纶厂地块项目苏纶国际城正式启动，总建筑面积将达45万平方米。

3月14日 沪宁城际铁路苏州段沿上海方向成功架设首榀箱梁。

张家港市人民路拓宽改造工程（华昌路至港城大道）、公园路拓宽改造工程（暨阳中路至人民路）开工。人民路拓宽改造工程东起华昌路，西至港城大道，全长3.3千米，宽43—46米，工程总投资约9040万元；公园路拓宽改造工程南起暨阳中路，北至人民中路，全长850米，宽26—27.5米，工程总投资约2100万元。

3月15日 受国家发改委委托，上海市隧道工程轨道交通设计研究院在苏州市组织《苏州市轨道交通2号线工程可行性研究报告》专家评估会，工程可行性研究报告通过专家评估。

3月19日 苏州市轨道交通1号线金鸡湖区间盾构从国际会展中心站开始向金鸡湖方向掘进，这是国内穿越最长距离的湖底隧道盾构工程，湖底距离达1800多米。

3月26日 科技部批准苏州高新区创建国家创新型科技园区。

3月30日 太仓保税物流中心（B级）通过国务院联合验收组验收，成为太仓市第一个国家级功能载体。

3月31日 苏州市灭火救援应急中心开工典礼在相城区渭塘镇举行。该应急中心是江苏省政府启动的区域性灭火救援应急中心建设工作的重点项目之一，总投资约9060万元，占地约54000平方米。

4月2日 苏州市建委公布拆迁公告（2008）第013号：由土地储备中心实施沧浪新城京杭大运河以南地块土地前期开发项目工程。拆迁范围：新郭社区官庄前（部分）等。拆迁实施单位：沧房拆迁公司。

苏州市建委公布拆迁公告（2008）第014号：由土地储备中心实施沧浪新城京杭大运河以南地块土地前期开发项目工程。拆迁范围：新郭社区等。拆迁实施单位：沧浪拆迁公司。

苏州市建委公布拆迁公告（2008）第015号：由土地储备中心实施沧浪新城京杭大运河以南地块土地前期开发项目工程。拆迁范围：新郭社区矮门里（全部）等。拆迁实施单位：诚成拆迁公司。

4月6日 投资7.8亿元的平江新城十大民生工程正式开工建设。

4月上旬 沪宁城际铁路苏州段主线房屋拆迁工作全部完成。苏州段全长73.6千米，主线征地241.47万平方米，主线房屋拆迁总量为20.54万平方米，涉及拆迁户390户。

4月15日 《张家港市生态文明建设规划》通过环保部主持召开的专家论证会，成为国内首份生态文明建设规划。

4月16日 太仓市客运中心站和城市公交枢纽站投入试运营。

4月18日 太仓市沿江高速新区互通立交开通。

4月20日 《苏州市城市建设项目配套绿地指标踏勘审查规程》实施，绿地不达标准，房子不验收。

4月21日 苏州市委常委、副市长曹福龙一行到四川省绵竹市，对苏州市援建项目进行考察。苏州市援建绵竹市的项目达52个，投资规模9.03亿元，全市参与施工和监理的单位共21个，一线工人和管理人员超过5000人。

4月25日 2009中国城市建设与环境提升大会暨2009中国城市管理发展年会在北京市举行。会上，昆山市、张家港市被授予"中国和谐管理城市"的荣誉称号。

4月27日　　　苏州市轨道交通1号线玉山公园站主体结构封顶。这是继会展中心站之后，苏州市第二个造好"屋架子"的轻轨车站。

5月

5月8日　　　杨湾、东村、堂里、东西蔡等太湖11处古村落综合整治项目通过江苏省发改委核准，分3批渐次进行，并开始进入实施阶段。苏州市将花25亿元修复太湖11处古村落。

　　　　　张家港市数字化城市管理模式通过住房和城乡建设部验收。

5月上旬　　星海街地下主体结构开建。

5月18日　　苏州市中心城区的城中村（无地队）综合改造试点工程——城湾地区城中村改造启动，中心城区146个城中村将分类改造。

　　　　　圆融星座项目、交通银行股份有限公司苏州分行新营业办公大楼和东吴证券大厦在工业园区开工奠基。圆融星座项目占地3万平方米，拟建面积27.3万平方米的城市综合体；交通银行股份有限公司苏州分行新营业办公大楼占地约8337平方米，总建筑面积6.58万平方米，总投资约4亿元；东吴证券大厦占地9012平方米，地上建筑面积4.05万平方米，地下建筑面积2万平方米。

　　　　　吴江市南北快速干线正式建成通车。

　　　　　227省道吴江段"白改黑"工程正式启动。

5月20日　　沪宁城际铁路苏州段站房建设工程全面启动，站房建设施工单位已全部进场，其中苏州高新区站、苏州站、苏州工业园区站、阳澄湖站、昆山南站站房已开始施工建设。

　　　　　苏州工业园区污泥干化处置一期工程奠基。该项目设计总规模为日处理900吨湿污泥。其中，一期工程项目设计规模为日处理300吨湿污泥，总投资1.8亿元。

5月21日　　江苏省委常委、苏州市委书记王荣，苏州市委副书记、市长阎立等现场察看了西中市和苏州火车站地区综合改造工程。

交通银行股份有限公司苏州分行（2022年拍摄）

东吴证券大厦（2022 年拍摄）

5 月 22 日　　据苏州市规划局苏州城区"三维"模型数据更新与扩展项目验收会，苏州市将推出全景式"三维"规划公示，市民点击鼠标就可亲手测量楼房的高度、马路的宽度。

5 月 26 日　　苏州工业园区开发建设 15 周年庆祝大会隆重举行，中国国务院副总理王岐山，新加坡内阁资政李光耀、副总理黄根成和吴仪同志共同启动苏州工业园区 15 周年庆祝仪式。

　　　　　　　　《苏州市城市用地竖向规划》公示。规划范围南至京杭大运河、北邻沪宁高速公路、西至京杭大运河、东邻东环路，规划总面积约为 78 平方千米；规划确定古城区道路最低标高控制在 2 米，古城风貌保护及历史街区部分道路降低标高。

5 月 31 日　　苏州市人民路北延整体工程完工。

6月

6 月 2 日　　苏州市政府对市规划局发出《关于苏州市平江新城控制性详细规划调整及北部地区城市设计的批复》。《苏州市平江新城控制性详细规划调整及北部地区城市设计》是苏州市规划设计研究院在原《苏州市平江新城控制性详细规划》基础上重新编制的。调整后的平江新城规划总用地面积 9.97 平方千米，将建成为苏州城市重要的副中心区之一。

6 月 5 日　　《苏州古村落保护规划》通过市长审议。金庭镇的堂里、后埠、植里、东西蔡、涵村、甪里及东山镇的杨湾、三山岛、翁巷共 9 个太湖古村落将"保护升级"。

6 月 10 日　　高新区长江路下穿鹿山路通道通车。长江路下穿南起长江路马运桥北侧，北至石图河桥南侧，全长 770 米，项目总投资约 1 亿元。

　　　　　　　　平江路入选首届"中国历史文化名街"。

6 月 11 日　　太仓市被环保部批准为第二批全国生态文明建设试点城市之一。

6 月中旬　　苏州市轨道交通 1 号线 24 个车站全部开挖，其中 23 个车站基坑已见底并进行底板和结构施工。

苏州高新区长江路下穿鹿山路通道（2022年拍摄）

平江路（2022年拍摄）

6月23日　　　库容800万立方米的七子山垃圾填埋场扩建工程一期正式启用，按苏州日产生活垃圾3600吨，2/3被焚烧处理用于发电，将可带来每年2亿多度电能，相当于节约8万吨标准煤。

南环路综合整治改造工程开工，改造内容包括全线平侧石更换，部分中央分隔带改造成停车场，等等。

6月26日　　　苏州市十四届人大常委会第十一次会议举行第二次全体会议，审议通过《苏州市风景名胜区条例》。

6月27日　　　据江苏省环保厅消息，目前太湖地区的苏州、张家港、常熟、太仓等11个城市已经建成第二水源或备用水源。苏州工业园区、苏州高新区及吴江、昆山等6个县（市）、区则实施了联网应急供水，为城市安全供水上保险。

6月30日　　　《苏州高铁站地区控制性详细规划及城市设计》公示。未来苏州高铁站地区将形成"十字轴、一核、两区"空间结构，在交通组织上构筑三层次、三环线的交通分流框架，成为苏城北面又一交通枢纽中心。

2009

2009

7月

7月13日　　三香南小区老新村改造的主体工程全部结束，改造面积共 19280 平方米，三香南小区是苏州市 2009 年列入改造的老新村中最早完工的一个。

苏州市轨道交通 1 号线玉山公园站至苏州乐园站隧道盾构区间右线顺利贯通。由此，苏州市轨道交通完成了第一个双向贯通的区间。

7月19日　　昆山南站站房进入现场浇注箱梁阶段，京沪高铁和沪宁城际铁路在此"合二为一"。

7月31日　　苏州市重点工程——太湖文化论坛主体结构封顶。

三香新村（1991 年拍摄）

三香南小区（2022 年拍摄）

8月2日	苏州地区体量最大的钢结构工程启动，苏州火车站北站房屋面结构动工。
8月6日	沪宁城际铁路苏州段主线房屋全部拆迁完毕。
8月7日	历时3年的苏州市政府实事工程——苏州市区53家农贸市场升级改造圆满完成，共完成11.5万平方米面积的改造，投入改造资金近1.2亿元。
8月8日	吴江市污水处理厂三期扩建工程正式投入运行，日均处理污水量达4.5万吨。
8月11日	苏州市轨道交通2号线工程可行性报告获国家发改委批准。苏州市轨道交通2号线贯穿城市南北，全长26.386千米，设计时速为80千米，工程总投资144.3亿元。
8月12日	京沪高铁和沪宁城际铁路并站的昆山南站共计合龙了两大铁路的18座悬浇梁。
8月13日	吴江市汾湖污水处理厂投入运行。
8月18日	227省道吴江市区段的北门桥、七里桥、北七星桥桥梁铺设已基本完工。
8月19日	苏州市首批完成的38个援建项目移交绵竹市政府。
8月26日	苏州市轨道交通1号线首个联络通道冷冻设计施工方案通过评审。 国内湖底盾构区间最长的金鸡湖底隧道左线盾构机，成功到达金鸡湖A岛湖心风井。
8月27日	沪宁城际铁路苏州工业园区站基本完成地下施工，进入地面部分施工。

9月8日	苏州汽车北站改建暨苏州综合客运枢纽北广场汽车站工程开工。苏州汽车北站占地面积32000平方米，总投资1.5亿元，按日平均发送旅客18000人次的一级汽车客运站进行规划设计，总建筑面积24267平方米；苏州综合客运枢纽北广场汽车站总占地面积12233平方米，总投资2.1亿元，总建筑面积38266平方米，日平均发送旅客10000人次。
9月22日	太仓市获得"江苏省节水型城市"称号。
9月26日	张家港市行政服务中心项目、中港安置小区项目和振兴路项目正式开工；公共卫生中心一期工程、道路改造暨建筑立面整治和夜景灯光改造工程、垃圾焚烧厂项目和城市雕塑项目正式竣工。 张家港市文化中心一区工程全部竣工并投入使用。一区工程包括图书馆、档案馆、文化馆、科技馆、城展馆、美术馆6馆。该项目占地15.07万平方米，总建筑面积约7.6万平方米。
9月28日	张家港市110千伏新东变电站建成投运。该变电站位于大新镇大新村，占地面积3833平方米，建筑面积2921.47平方米。

10月26日	苏州市轨道交通2号线初步设计通过专家审查。
10月27日	苏州市第十四届人大常委会第十三次会议通过《苏州市市政设施管理条例》。

张家港市文化中心（张家港市城建档案馆藏　2011 年拍摄）

10 月 28 日　　金阊区石路西区综合改造工程暨十大重点项目开工、开园仪式正式启动，重点项目总投资超过 50 亿元。

10 月 30 日　　太仓市中医医院扩建工程正式启动。新病房扩建项目位于人民南路 140 号（中医医院内），总建筑面积约 2.86 万平方米，高 60 米。

11月

11 月 2 日　　苏州市轨道交通 1 号线养育巷站至乐桥站盾构区间顺利贯通，这也是苏州古城区首条贯通的轻轨隧道。

　　张家港市中国长江文化博物馆建设项目开工奠基。项目建筑面积 5000 平方米，预算投资 2700 万元，布馆 3600 万元。

11 月 3 日　　苏州市启动工程建设领域突出问题专项治理，将用 2 年左右的时间，对自 2008 年以来规模以上的投资项目进行全面排查，着力解决招投标和工程建设物资采购等方面的突出问题。

11 月 8 日　　2009 年苏州市政府实事项目——苏州市档案馆新馆奠基。该项目选址齐门路 166 号工商档案管理中心地块，建设用地约 1.27 万平方米，总建筑面积约 2.7 万平方米。

11 月 11 日　　全国绿化模范城市检查组来苏州市核查，"十一五"期间，苏州市城市绿化建设投入资金约 135 亿元。

11 月 12 日　　苏州市委、市政府正式下发《苏州市农村住宅置换商品房实施意见》，确定适用范围和安置政策。

11 月 13 日　　吴江市松陵镇练聚村、盛泽镇沈家村两个省级环境整治试点（特色）村通过苏州市建设局专家组的考核验收。

11 月 22 日　　在第三届中国城市化国际峰会上，张家港市获"2009 年度十大活力县级城市"称号。

11 月 26 日　　苏州市政府机构改革动员大会决定组建苏州市住房和城乡建设局。将苏州市建设局、苏州市房产管理局的职责整合划入苏州市住房和城乡建设局，挂苏州市地震局牌子。不再保留苏州市建设局、苏州市房产管理局。

11月30日　　东环路改造完工。改造后，东环高架下设停车场6处、停车位150个。

12月

12月1日　　《苏州市市政设施管理条例》公布，自2010年3月1日起施行。

12月4日　　《苏州市总体城市设计（2008—2020）》通过国内专家的论证，将与《苏州市城市总体规划（2007—2020）》配合使用，作为指导苏州中心城区各项规划建设的依据。

《苏州市城市高度研究》通过国内专家论证，为今后苏州城市建筑"身高"确立了标尺。

12月10日　　苏州市轨道交通1号线金鸡湖区间湖底隧道实现双向贯通，填补了国内长距离水下盾构掘进的技术空白。

昆山市锦溪镇古镇保护项目获2009年"江苏省人居环境范例奖"。

12月18日　　截至目前，苏州市区人均公共绿地比2008年同期多了0.5平方米，达到14.8平方米，与此同步，全市绿地面积总量增长了530万平方米，完成2009年度实事工程计划任务总量的106%。

12月23日　　苏州太湖国家旅游度假区湖滨湿地公园晋升为国家级湿地公园。

12月25日　　苏州市轨道交通2号线开工。该线路为南北向线路，北起于相城区京沪高铁苏州站，途经平江区、金阊区、沧浪区，南止于吴中区迎春南路站，线路全长26.557千米。

12月　　张家港市338省道鹿苑至高峰段改造工程提前通车。该工程总投资7.03亿元。

太仓市文化艺术中心主体结构基本完成。该工程总投资约2.7亿元，位于太仓市行政中心南、市民广场西，建筑面积2.6万平方米。

张家港市公共卫生中心大楼竣工并投入使用。该工程占地3.67万平方米，工程投资1.81亿元，建筑面积4.65万平方米。

张家港市第二污水处理厂二期及改造工程、张家港市第一污水处理厂扩容改造工程竣工。

昆山火车站及配套设施建设工程正式竣工。

2010 年度

大事记

苏 州 城 建 大 事 记

2010

1月

1月8日　　2010 年苏州市区城建交通建设工作会议召开。2010 年，苏州市将安排千亿元资金推进城建交通工作，共涉及城市基础设施、新城开发建设、城建惠民实事、交通基础设施、脏乱差地区综合整治 5 个方面 21 个大类 100 个项目。

1月12日　　由吴江市建设工程（集团）有限公司承建的吴江经济开发区企业投资服务中心项目获得国家优质工程的荣誉称号。

1月13日　　《市政府关于下达苏州市 2010 年全社会固定资产投资和重点项目责任目标的通知》印发。确定 2010 年全社会固定资产投资的预期目标为 3442 亿元，比 2009 年增长 16%；确定重点项目 220 项，总投资 4188 亿元，当年完成投资 966 亿元。其中，基础设施项目共 53 项，总投资 1524 亿元，当年计划投资 368 亿元，约占总量的 36.4% 和 38.1%。

1月14日　　苏州市政府发布《苏州市区老住宅小区新一轮综合整治实施意见（2010—2012 年）》。苏州市实施老新村综合整治 5 年来，共整治 39 个城区老新村，投入整治资金约 7.76 亿元，受益居民累计 5.56 万户；2007 年至 2009 年，城区街巷整治共完成 656 条。

1月15日　　香港新鸿基地产集团投资建设的工业园区湖东 CBD 综合商业项目奠基。

　　　　　　苏州美术馆新馆、文化馆新馆和名人馆建设项目完成主体封顶工程。

1月20日　　2009 年苏州市十大民心工程评选揭晓，分别是：苏州市轨道交通 1 号线工程；苏州火车站地区综合改造工程；市区组织供应经济适用房 1600 套、廉租房 400 套，完成市区 100 万平方米以上老住宅小区综合整治；90% 的社区建成充分就业社区，组织 5 万个大中专毕业生就业岗位，免费培训城乡劳动者 25 万人；市区完成 180 条以上街巷的综合整治；实施医疗便民服务"一卡通"工程，启动母婴阳光工程，基本完成苏州市中医医院迁建工程，建设苏州市肿瘤诊疗中心；市区建设 35 个治安卡口和 250 个社会治安监控点，实施市区公安监管场所扩容扩建；市区新增绿地 500 万平方米；常昆高速、苏锡高速建成通车；迁建苏州市实验小学和盲聋学校。

1月21日　　由苏虞张连接线西延至京杭运河西侧鹿山路的鹿山大桥正式合龙。鹿山大桥工程总长约 1130 米，总投资约 1.6 亿元。

鹿山大桥（2012 年拍摄）

1月22日 苏州市十四届人大三次会议审定，2010年苏州市将投入百亿元巨资打造35个实事项目。其中涉及城市建设的有：市区启动36个城中村整治改造，完成80条街巷及60万平方米零星楼综合整治；市区完成130万平方米老住宅小区综合整治，全市组织供应经济适用房5100套、廉租房1280套；建成苏州美术馆新馆、文化馆新馆和名人馆，建设苏州市档案馆新馆、苏州评弹学校新校；市区新增绿地500万平方米，疏浚河道1060千米，加高加固防洪圩堤240千米，敷设排水管道26千米，建设城区外围泵闸，完成福星、娄江、城东污水处理厂升级改造工程。

1月27日 吴江市盛泽镇2009年8条共9.6千米的农村公路大中修改造工程通过验收。

1月28日 苏州市首个"地下城"——工业园区星海生活广场主体封顶。该广场总投资4.5亿元，总建筑面积5.22万平方米，分南、北两个广场，共有地下三层。

星海生活广场（2022年拍摄）

2月

2月2日 太仓健雄职业技术学院二期工程（健雄科技创业园）奠基。该工程占地面积13.33万平方米，建筑面积约5万平方米，总投资约2.2亿元。

2月3日 江苏大唐国际常熟燃气热电项目启动。该项目规划厂址位于常熟经济开发区沿江工业区，工程总投资14亿元，年发电量22亿度。

2月4日 平江新城2010年十大商务商贸项目集中开工。十大项目大多集中在沿人民路北延两侧，总计占地15.22万平方米，地上建筑面积可达42.04万平方米，计划总投资38.7亿元。

2月7日 高新区南新水泥厂完成爆破拆除。

2月8日 首幅轨排准确落在木渎站敞开段道床内，标志着苏州市轨道交通1号线正式进入轨道铺设阶段。

据苏州市交通运输工作会议，2010年苏州市全社会交通基础设施建设投资计划为416.2亿元，年度工作量计划为97.1亿元。

2月21日 苏州西部生态城建设指挥部揭牌暨太湖湿地公园开园仪式在高新区举行。苏州西部生态城规划面积42平方千米，总投资将超过250亿元。

2010

太湖湿地公园［苏州高新区（虎丘区）档案馆藏　2018 年拍摄］

2 月 22 日　　　2010 年苏州市老住宅小区暨街巷综合整治工程开工。新一轮整治将 25 个老住宅小区列入计划，共需整治房屋 551 幢、建筑面积 135 万平方米，涉及居民 17791 户。

3 月

3 月 2 日　　　吴江市第五人民医院在汾湖经济开发区开工奠基。

3 月 3 日　　　张家港市国泰新世纪广场、国泰东方广场开工奠基。国泰新世纪广场共 25 层，建筑面积 6.7 万平方米。国泰东方广场地下 1 层，地上 24 层，建筑面积 9.1 万平方米。

3 月 4 日　　　中央财经领导小组办公室副主任、中央农村工作领导小组办公室副主任唐仁健到张家港市调研 2010 年"中央一号"文件贯彻和推进统筹城乡发展制度创新等情况。

3 月 9 日　　　吴江市 230 省道东太湖临时大堤工程通过验收并正式启用。

3 月 14 日　　　吴江市农村公路大中修改造工程松陵段和横扇段通过竣工验收。

吴江市东太湖特大桥开工建设。

3 月 23 日　　　苏州市政府召开虎丘地区综合改造工程动员大会。改造范围：北起 312 国道，南迄沪宁城际铁路，西至苏虞张连接线，东接十字洋河，约 3.5 平方千米。

3 月 28 日　　　苏州绕城高速公路（西南段）和苏州天辰花园住宅小区获第九届中国土木工程詹天佑奖。

3 月 30 日　　　江苏省委常委、苏州市委书记蒋宏坤，苏州市委副书记、市长阎立调研石湖景区工程。最新一轮规划调整将石湖景区面积调整为 26.3 平方千米，包括吴山、七子山等，其中山水风景面积占到 16 平方千米。

4 月

4 月 1 日　　　苏州市今起调整住房保障政策：购房补贴标准从每平方米 2000 元调整为 2800 元；中等偏低收入家庭收入标准从人均月收入 1220 元调整到 1500 元；35 周岁以上单身的低收入住房困难户纳入住房保障范围。

天辰花园（2009 年拍摄）

苏州市荣获"全国绿化模范城市"称号。

4 月 9 日 　江苏省首例非电空调区域供冷项目在苏州工业园区月亮湾开工。

4 月 29 日 　张家港市 500 千伏锦丰输变电工程投运。该工程占地 1.31 万平方米，总投资 4.77 亿元。

4 月 30 日 　苏州市对口绵竹市六镇项目全面竣工，三年援建任务两年完成。

4 月 　常熟市南北快速通道安定至凤阳路段开工。路线全长约 15.081 千米，采用双向六车道一级公路标准。工程概算总投资约 9.5 亿元。

5 月

5 月 6 日 　2010 年上海世博会苏州馆隆重开馆。

5 月 8 日 　虎丘地区综合改造工程的规划红线获批，虎丘风景区的整体规划已于 4 月中旬通过专家论证。

位于太仓市新浏河南岸太平新路和东仓新路之间的风情水街·海运堤开街。该工程总占地面积

太仓市风情水街·海运堤（太仓市建设档案馆藏　2015 年拍摄）

181

2010

10 万平方米，总建筑面积 2 万平方米，绿化面积 7 万平方米。

5月上旬　　苏州市已建成 26 个强震台站，强震台网中心正在抓紧建设。

5月12日　　苏州市政府发布由苏州市住房和城乡建设局、物价局联合制定的《关于进一步加强市区商品房预售管理意见》(以下简称《意见》)，该《意见》于 5 月 12 日起执行。

5月15日　　苏州市轨道交通 1 号线牵引降压供电系统中的变电所和环网正式进场施工，标志着该线路进入供电系统安装阶段。

　　常熟市被住房和城乡建设部列为全国首个"村镇污水治理县域综合示范区"。

5月17日　　受国家发改委委托，中国国际工程咨询公司在苏州市主持召开为期两天的苏州市城市快速轨道交通建设规划（2010—2015）评估会。

5月20日　　据沧浪区住房和城乡建设局消息，2010 年将投入 2050 万元，重点整治 3 个城中村，即高家村、周家村、半家园。

5月21日　　沪宁城际铁路花桥、昆山、阳澄湖、苏州园区、苏州、苏州新区 6 站基建收尾。

5月26日　　国务院正式批准实施《长江三角洲地区区域规划》。

　　高新区鹿山大桥主段实体工程竣工。

5月　　常熟市东方染整厂超万平方米的太阳能屋顶集热系统建成投用。

6月

6月1日　　苏州市政府印发的《苏州市房地产开发项目货币资本金管理办法》自 6 月 1 日起开始实施。苏州市在全省率先实施房地产开发项目货币资本金管理制度，规定货币资本金占工程建设总投资的比例不得低于 20%。

　　江苏省环保厅组织的国家生态市省级考核组对苏州市进行了为期两天的调研和实地考察后，同意苏州市向环保部申报国家地级生态市。

6月2日　　独墅湖基督教堂竣工。

6月3日　　苏州市委、市政府召开桃花坞历史文化片区综合整治保护利用工程动员大会，工程采取"一次规划、分步实施"的运作方式，分期展开。

独墅湖基督教堂（2022 年拍摄）

6月4日　　　　总长约 26.3 千米的常熟市三环路快速化改造项目即将正式启动，三环路快速化改造后时速将提高至 80 千米。

6月10日　　　常熟市第一人民医院滨江院区项目举行封顶仪式。该项目总投资 3.7 亿元，总建筑面积 7.5 万平方米。

昆山市委党校二期扩建工程竣工。该工程建筑面积 1.6 万平方米，总投资 1.1 亿元。

6月11日　　　由国家文物局、江苏省文化厅、江苏省文物局和苏州市政府联合主办的 2010 年中国文化遗产日主场城市活动开幕，探索文化遗产保护苏州模式。

阊门横街二期整治工程正式开工，计划恢复部分水码头，再造石炮头。

6月12日　　　中国 2010 年上海世博会主题论坛在苏州太湖国际会议中心隆重开幕。苏州市与国内外近 20 座历史名城共同成立了历史城市联盟，向世界发出了以保护文化遗产为主旨的"苏州展望"宣言。

第二批"中国历史文化名街"名单揭晓，山塘历史文化街区入选十大名街（区）。

山塘历史文化街区（2022 年拍摄）

6月13日　　　苏州市政府召开《虎丘地区综合改造规划》（以下简称《规划》）论证会，《规划》通过专家论证。

常熟市一批重点民生和基础设施工程集中开工建设，包括三环路快速化改造工程、常熟市青少年活动中心、文化片区动迁安置房项目、周行污水处理厂，以及支梅线、董徐线工程。

6月19日　　　常熟市海洋泾引排综合整治工程放水仪式在海洋泾枢纽主体建筑前举行。工程全长 15.2 千米，总投资 5.67 亿元，主河道排泥场占地 34.64 万平方米，绿化占地 43.06 万平方米。

6月21日　　　张家港市 220 千伏徐巷输变电工程投运。该工程占地 3.03 万平方米，建筑面积 945 平方米，总投资 3.29 亿元。

6月23日　　　苏州市在江苏省内率先实施预选承包商制度，凡政府投资建筑工程的建设单位必须从名录库中选择投标人，首批确定 5 个专业 515 个名额。

6月24日　　　据长三角区域规划，苏州市成为长三角区域中心城。功能新定位为高技术产业基地、现代服务业基地和创新型城市、历史文化名城和旅游胜地。

6月26日　　　沪宁高铁苏州园区站配套工程竣工。连接苏州工业园区与昆山两地的阳澄湖大桥和界浦河大桥、中胜大桥通车，苏州城东大交通实现升级。

6月29日　　　苏州市社会福利总院奠基，总投资 4.12 亿元，位于相城经济开发区采莲村，将为 1000 多名"三无"老人、孤残儿童提供新家。

苏州市轨道交通 1 号线主电源——220 千伏阊胥变电站投运，它不仅是市区电压等级最高的变

2010

电站，更是首座 220 千伏全户内变电站。

6月　　　苏州公园周边的五卅路、公园路、民治路片区市容环境综合整治工程将全面启动，该片区将被整治为现代中式风格和民国建筑相得益彰的特色商业街区。

7月

7月1日　　　沪宁高铁全线开通，设计最高时速 350 千米。

苏州新火车站北站房投入使用。

高新区太湖大道高架长江路以西长约 5 千米路段通车。

7月3日　　　投资 4532 万元的常熟新材料产业园污水厂一期改扩建项目开工建设。

7月9日　　　吴江市学院路下穿工程主体工程完成，高新路、人民路、学院路 3 处上跨工程同步完成，为滨湖新城路网架构打下坚实的基础。

7月14日　　　同里景区入选第二批国家 AAAAA 级景区。

鹿山路高架长江路段［苏州高新区（虎丘区）档案馆藏　2010 年拍摄］

同里古镇（2022 年拍摄）

苏州市轨道交通 1 号线 22 座车站实现主体结构封顶，即将进入装修阶段，机电设备开始安装。

7月16日 苏州市 2008 年的跨年度政府实事项目——苏州公交石湖保养场正式落成并投入使用。总面积 12260 平方米，总投资约 7730 万元。

苏州公交石湖保养场（2022 年拍摄）

山塘历史文化保护区第三期节点保护性修复工程举行新一批节点修复的启动仪式。义风园、渡僧桥观景平台、贝家祠堂小码头、观音阁和桐桥阁、虎丘山塘入口等第二批 5 个节点将在 2010 年年底完成修复。

7月31日 吴江市总部经济中心启动建设首个项目城投大厦。

8月

8月3日 苏州市轨道交通 2 号线始发首台盾机，2011 年 6 月掘通天筑路站至苏州火车站站。

吴江市新建的震泽汽车站站房大楼通过吴江市建筑质量监督站的主体验收。

8月6日 苏州火车站南站暨南广场配套工程正式开工，标志着苏州火车站地区综合改造工程正式转入南部建设施工阶段。

高铁快速路工程开工建设。

8月13日 苏州市实验小学迁建工程竣工。新校区功能分区合理，各种设施设备全面实现现代化。

8月18日 张家港市 110 千伏梁丰输变电工程投运。工程占地 3600 平方米，建筑面积 2329.79 平方米，工程静态总投资 3947 万元，动态投资 4067 万元。

8月23日 虎丘地区综合改造首个定销商品房项目开工。项目位于金阊新城虎池路以北、城北西路以南、金业路以东、白洋湾湿地公园以西，占地面积 11.6 万平方米，总建筑面积 32.6 万平方米，将建成 2678 套房。

8月25日 根据《国务院关于同意设立苏州高新技术产业开发区综合保税区的批复》，苏州高新区将建综合保税区。

苏州市实验小学（2022 年拍摄）

9 月

9 月 1 日　　张家港市城北公交站举行液化天然气公交车投运仪式。

9 月 5 日　　新华社、中央人民广播电台、中央电视台、《光明日报》《经济日报》《人民日报》《中国建设报》7 家中央媒体来到苏州市，专题采访苏州市公共租赁住房建设管理情况和住房保障工作经验。

9 月 7 日　　苏州市创建全国无障碍建设城市接受江苏省终期检查。截至目前，市区已有 269 条城市主干道建成无障碍道路，盲道总长 690 千米，提示盲道 13594 处，路口无障碍坡道 12314 处。

9 月 10 日　　张家港市梁丰初级中学建成完工，举行落成典礼。学校占地面积 5.71 万平方米，建筑面积 2.92 万平方米。

9 月 13 日　　南环新村危旧房解危改造工程领导小组正式下发《南环新村危旧房解危改造工程实施意见》，《南环新村危旧房解危改造工程安置补偿办法》同步出台。

9 月 15 日　　在国家重大科技专项"城市水环境改善和饮用水安全保障"示范城市讨论会上，常熟市以"城乡统筹污水治理暨江南水乡水环境改善与保持关键技术研究及示范"课题，入选首批"城市水环境

张家港市梁丰初级中学（张家港市城建档案馆藏　2013 年拍摄）

改善和饮用水安全保障示范市"候选名单。

9月19日　石湖景区滨湖区域工程开工。该工程总投资约 13.44 亿元，占地面积 49.5 万平方米，建筑面积 3.86 万平方米，绿化面积 31.55 万平方米。

9月20日　太仓市被公安部、住房和城乡建设部联合授予"2008—2009 年度实施畅通工程模范管理城市"称号。

9月20—21日　张家港市作为唯一的县级市被授予"全国节水型社会建设示范市"称号。

9月27日　全长约 7.2 千米的太湖大道高架桥（也称"北环西延工程"）正式全线通车。

太湖大道高架桥（2022 年拍摄）

9月27—28日　沪苏浙高速公路顺利通过江苏省发改委组织的竣工验收，工程质量为优良等级。

9月28日　张家港大剧院建成开业。该剧院总投资 2 亿余元，总建筑面积 2.2 万平方米，按国家甲级剧院标准设计建设。

9月30日　苏虞张公路快速通道工程启动，开建 11 座上跨桥，其中主线 9 座、支线 2 座，基本取消原来的 24 处平交口红绿灯。

　　吴江市汾湖经济开发区启动的首个农民公寓项目——新友花苑主体工程完工，2010 年年底全部竣工交付使用。

10 月

10月4日　昆山市摘得"联合国人居奖"，为 2010 年度全球 6 个获奖城市之一，是中国唯一上榜城市。

10月7日　吴江市境内全长近 50 千米的沪苏浙高速公路江苏段通过竣工验收。

10月10日　《桃花坞历史文化片区综合整治保护利用规划》通过由国内著名专家、学者组成的专家组的论证。

10月13日　《苏州市城乡规划条例》获得苏州市十四届人大常委会第二十次会议通过。

　　苏通长江公路大桥工程项目通过竣工验收。

10月14日　吴江市周湖线全封闭施工改造，12 月底恢复通车。

苏通长江公路大桥中跨合龙（2007 年拍摄）

苏通长江公路大桥（2022 年拍摄）

10 月 19 日　　　苏州市首个公租房小区——福运公寓开工建设。该项目占地面积 33291.8 平方米，总建筑面积 107582 平方米，由 7 幢 22 层和 32 层的高层建筑构成，共计 1489 套。

10 月 22 日　　　桃花坞历史文化片区综合整治保护利用工程正式启动。

10 月 25 日　　　苏州市轨道交通 1 号线顺利实现全线 41 千米隧道"洞通"，加上 24 座车站全部主体结构封顶，至此，该线路已完成主体工程，全面进入铺轨、装饰和设备调试阶段。

10 月 26 日　　　上海市轨道交通 11 号线北段工程（安亭站至花桥站）在昆山市花桥奠基。工程总投资 16.95 亿元，东起上海市安亭站，西至昆山市花桥站，全长约 6 千米，均为高架线，设 3 座高架车站，增购车辆 6 列。

10 月 27 日　　　苏州润华环球大厦正式竣工。

10 月 30 日　　　338 省道张家港段改造工程全线通车。

11 月 3 日　　　《市政府批转关于进一步促进市区房地产市场平稳健康发展加快推进保障性住房建设的意见的通知》明确，居民家庭在苏州市区只能新购一套住房，违反规定者将不予办理房产登记。

　　　　　　　　连接无锡至张家港的锡张高速公路建成通车。该工程全长 49.1 千米，其中张家港段 16.86 千米。

11 月 4 日　　　苏州高新区综合保税区通过联合验收，成为全国第十一个综合保税区，也是全国首家通过"信

上海市轨道交通 11 号线花桥站（2022 年拍摄）

苏州润华环球大厦（2022 年拍摄）

苏州高新区综合保税区［苏州高新区（虎丘区）档案馆藏　2014 年拍摄］

2010

息化围网"技术进行监管的国家级综合保税区。

11月6日　　2010年，苏州市委、市政府首次将城中村（无地队）改造工程列入年度十大民生工程，并确定用5年时间基本完成沧浪、平江、金阊3城区范围内121个城中村（无地队）改造的目标。目前，城中村（无地队）改造工作已全面启动。

　　据苏州市投资暨重大项目、实事工程建设推进会，2011年苏州市中心城区将建设保障性住房1300套，其中廉租房100套，城市居民公共租赁住房400套，中低收入家庭住房800套；31处老住宅小区实施综合整治，307幢房屋完成平改坡。

11月26日　　南环新村危旧房解危改造工程开工。

11月28日　　张家港市走马塘拓浚延伸工程江边枢纽开工建设。河道工程全长66.5千米，总投资超26亿元，其中张家港市境内工程投资超1/3。

11月30日　　太仓市革命烈士纪念碑重建工程竣工。

11月　　张家港市老年大学竣工并投入使用。该工程占地面积1.47万平方米，投资概算1446万元，建筑面积5642平方米。

12月11日　　苏州市委副书记、市长阎立实地察看南环新村危旧房解危改造工程。

12月12日　　张家港市获"2010年度中国十佳绿色城市奖"。

12月18日　　苏州市轨道交通2号线桐泾公园站顺利实现主体结构封顶。

12月22日　　苏州市委、市政府召开城区居民家庭"改厕"工程动员大会。苏州市将投资31亿多元，用3到4年时间，使古城区居民彻底甩掉马桶。

　　张家港市城北科技新城沙洲湖工程奠基开工。沙洲湖占地面积43.33万平方米，湖区水面面积23.33万平方米，建设景观绿化面积99.6万平方米，工程总投资约5.5亿元。

12月28日　　苏州市住房和城乡建设局公布《苏州市区保障性住房上市交易实施细则》，自2011年4月1日起施行。

　　苏州市政府投资建筑工程预选承包商名录暨网上招投标系统正式开通。

12月31日　　苏州市轨道交通4号线及2号线延伸线工程奠基，加上正在建设中的苏州市轨道交通1号线、2号线，苏州市轨道交通线正在加速成网。

12月　　张家港市塘桥镇、金港镇、锦丰镇、乐余镇、凤凰镇、南丰镇、现代农业示范园区7个镇（区）建成康复中心，面积达5600平方米。

2011 年度 大事记

苏 州 城 建 大 事 记

2011

1月

1月1日　　三角咀湿地公园基本建成。三角咀湿地公园位于相城区、金阊区和平江区 3 城区交界处，规划总面积 12.04 平方千米，总投资达 3.27 亿元。

1月4日　　苏州市中医医院新院启用。

1月5日　　吴中区宝带西路延伸段改建、绕城高速光福互通度假区连接线工程通过交工验收。吴中区宝带西路延伸段改建工程全长 5.29 千米，总投资约 2.78 亿元。绕城高速光福互通度假区连接线工程主线长 7.97 千米，总投资约 1.8 亿元。

吴中区宝带西路延伸段（2022 年拍摄）

光福互通度假区连接线工程（2022 年拍摄）

吴江市区域供水第二水厂（一期）工程奠基仪式隆重举行。

1月10—13日　在省辖市防震减灾工作综合评比中，苏州市获得综合评比第一名，以及全国市县防震减灾工作综合评比优秀奖、法制工作单项奖等佳绩。苏州测震台网和苏21井水位观测已连续5年获得全省评比第一名。

1月11日　苏州市召开对口支援绵竹市地震灾后恢复重建总结表彰大会。投入27.72亿元援建资金，经过43名援建干部和5000援建大军历时两年的努力，共援建了103个项目，完善了733个农民集居点的基础配套设施。

1月13日　苏州汽车北站改建工程一期基本完成，汽车北站新站房将正式启用。汽车北站新站房按日平均发送旅客18000人次的一级汽车客运站进行规划设计，总建筑面积约24267平方米。

1月17日　2010年苏州市十大民心工程揭晓，分别是：苏州市轨道交通1号线、2号线建设；南环新村危旧房解危改造工程；桃花坞历史文化片区综合整治保护利用工程；全市组织供应经济适用房5100套、廉租房1280套；虎丘地区综合改造工程；新公交公司成立，提速公交优先；市区置换天然气2万户；市区新增养老床位5000张；全市完成116家城乡农贸市场升级改造；等等。

全国无障碍建设城市国家检查组来苏州市进行终期检查。两年来，苏州市共安排经费8458万元，完成1917个无障碍改造项目。

太仓市居住住房改善项目获评住房和城乡建设部颁发的2010年度中国人居环境示范奖。

1月20日　2011年苏州市实事项目正式确定，共10个方面36个项目，其中涉及城市建设的有：实施城区居民家庭"改厕"工程、南环新村危旧房解危改造工程、虎丘地区综合改造工程、桃花坞历史文化片区综合整治保护利用工程、2万户天然气置换工程；整治改造市区22个城中村（无地队）、老住宅小区和零星居民楼120万平方米；全市组织建设供应保障性住房10853套；建设市立医院本部门急诊楼，建立残疾人康复服务中心或康复室（站）；新购公交车700辆，新辟公交线路10条，新投放出租车400辆；新建配套幼儿园6所，实施3所初中校和2所职业学校教学用房改扩建工程；新改建城乡农贸市场80家；市区新增绿地500万平方米，整治城区6条黑臭河道，疏浚河道1200条，拆除坝埂900处。

1月23日　苏州美术馆新馆、苏州市名人馆和苏州市文化馆新馆落成典礼正式举行。

苏州美术馆新馆（2022年拍摄）

苏州市名人馆（2022 年拍摄）

苏州市文化馆新馆（2022 年拍摄）

2 月

2 月 9 日	常熟市江浦路常浒河大桥主桥顺利合龙。
2 月 14 日	《市政府关于下达苏州市 2011 年全社会固定资产投资和重点项目责任目标的通知》印发，确定 2011 年全市全社会固定资产投资预期目标为 4270 亿元，争取目标为 4500 亿元。确定重点项目 220 项，总投资 6651 亿元，其中当年完成投资 1318 亿元。
2 月 16 日	苏州工业园区月亮湾社区建江苏省内首个"共同管沟"，集供电、供水、供冷、通信等综合管线于一体，投入使用后将为 120 万平方米商用、住宅建筑提供服务。
2 月 21 日	2011 年苏州市城区居民家庭"改厕"工程，老住宅小区、街巷综合整治工程，城中村（无地队）改造工程正式开工。
2 月 23 日	吴江市环境监测中心大楼奠基。
2 月 28 日	南环新村危旧房解危改造工程第二片区举行开工仪式。第二片区建筑包括 4 栋高层住宅、地下

车库及配套设施，可安置 824 户居民。

2月　　　　张家港市小城河综合改造二期工程启动，改造范围为原新风桥以南至南环路的谷渎港沿线区域。

3月

3月6日　　常熟市体育中心二期体育馆工程顺利推进，总建筑面积 3.2 万平方米。

3月10日　　干将路综合整治工程动工，全部工程总投资近 6 亿元。

3月21日　　江苏省重点水利工程——走马塘常熟工程建设全面铺开。该项目的主要功能是控制芦浦塘水位。

3月23日　　平江新城十大项目集中开工，总占地面积约 81 万平方米，总建筑面积约 177.7 万平方米，计划总投资达 103.3 亿元。十大项目是苏州市综合便民服务中心、威尔玛商务广场、港龙大厦、万辉大厦、苏尚大厦、东桥花园大厦、苏站路综合楼、生态景观工程一组、公建配套项目一组、精品住宅一组。

3月29日　　太仓市浏河水源地工程围堤龙口合龙。该工程总投资 12 亿元，设计日供水能力 60 万立方米，避咸调节储备水库蓄水有效库容 1427 万立方米。

太仓市浏河水源地工程（太仓市建设档案馆藏　2012 年拍摄）

3月30日　　沿江开发高等级公路常熟西段正式竣工通车。

4月

4月2日　　苏州市召开全市保障性安居工程建设工作会议，明确苏州市 2011 年度保障性住房总目标任务为 28709 套（间）。

4月20日　　虞山污水处理厂一期工程初步设计方案通过专家评审。该厂位于常熟市虞山镇大义片区，总建设规模为日处理能力 6 万吨，其中一期工程建设规模为日处理能力 3 万吨。

2011

张家港市老年大学新校舍落成并举行开学典礼。

4月21日 太仓市万达广场开工奠基，工程总建筑面积 47.76 万平方米。

4月23日 吴江市盛泽新城在京杭大运河畔隆重奠基。

4月27日 汶川特大地震抗震救灾和恢复重建先进事迹报告团首场报告会在北京人民大会堂举行，苏州市对口援建绵竹市指挥长沈国芳做题为《共建人间新天堂》的报告。

4月29日 苏州市轨道交通 1 号线实现全线轨通，该线路由此全面转入设备安装和调试阶段。

5月6日 昆山市老年大学开工建设。

5月11日 横跨胥江古运河的重型木结构拱桥——"欢乐胥江"大桥开工。该桥全长约 120 米，主跨度 75.7 米，完全突破传统木结构建筑理念，成为目前国内跨度最大的重型木结构拱桥。

5月12日 吴江市震泽镇第二中心小学和文化中心两个项目同时开工奠基。

5月26日 住房和城乡建设部与发改委公布第五批国家节水型城市名单，苏州市、常熟市、太仓市等 17 个城市榜上有名。

5月 2011 年太仓市十大实事工程之一的太仓市科技活动中心开工建设。中心总面积 2.4 万平方米，总投资约 1.2 亿元。

张家港市小城河综合改造一期工程竣工。

6月2日 由上海市城市建设设计研究院编制的《苏州高新区有轨电车线网规划》获苏州市政府批准。

6月11日 国家生态市考核验收组举行通报会宣布，经过两天的实地考察及查阅相关档案资料，原则同意苏州市通过国家生态市考核验收，并按程序报环保部审议批准。

6月22日 金阊新城十大重点民生工程集中开竣工。开竣工十大工程总投资 23 亿元，总占地面积约 32 万平方米，总建筑面积近 65 万平方米。

6月28日 位于苏州市轨道交通 1 号线广济路站的苏州市轨道交通控制中心大楼主体结构竣工。工程总建筑面积 57697 平方米，地面建筑总高度 99.9 米。苏州轨道交通有限公司运营分公司正式挂牌。

苏州市地标性建筑——现代传媒广场正式开工。

7月

7月1日 2011 年苏州市"姑苏杯"优质工程奖（交通工程系列）揭晓，吴江市 318 国道江苏段养护改善工程（含平望节点工程）、230 省道吴江南段养护改善工程、227 省道吴江段路面改善工程 3 个项目均获得"姑苏杯"优质工程奖（交通工程系列）。

苏州市轨道交通控制中心大楼（2022 年拍摄）

7 月 12 日　　吴江市学院路大桥工程重新施工。

7 月 21 日　　《苏州市无障碍设施管理办法》公布，自 2011 年 9 月 1 日起施行。

7 月 22 日　　虎丘地区综合改造工程中首个按照《国有土地上房屋征收与补偿条例》操作实施的虎阜路西延工程（西段）项目征收工作实质性启动。

　　　　　　苏州市政府公布征收决定苏府征〔2011〕2 号：由虎投公司实施虎阜路西延工程（西段）项目。征收范围：虎丘街道、路北村等。征收实施单位：金阊区住建局。

7 月 26 日　　投资 1000 万元的七铜公路七都改线段（东环路）全面完成沥青混凝土摊铺及基础设施改造，正式通车。

7 月 31 日　　截至 7 月底，全市开工建设各类保障性住房 30234 套，占苏州市年度目标任务的 105%，占江苏省下达目标任务的 129%，并发放租赁补贴 4642 户，据初步测算，城区住房保障人群覆盖面已达到 25% 左右，超过了国家和江苏省的住房保障要求。

8 月

8 月 2 日　　《苏州市房屋使用安全管理条例》公布，自 2011 年 10 月 1 日起施行。

　　　　　　苏州市轨道交通 2 号线在第十标段的宝带西路站至旺吴路站区间顺利实现双线贯通。

8 月 8 日　　苏州市启动优秀历史建筑保护利用试点工程。苏州市政府将投入 1 亿元引导资金，对这批老宅进行统一的保护性修缮和科学合理利用。首批 12 个试点老宅：潘世恩故居、德邻堂吴宅、潘镒芬故居、潘祖荫故居、钮家巷王宅、大儒巷丁宅、博习医院旧址、富郎中巷吴宅、大石头巷秦宅、顾廷龙故居、岭南会馆、东齐会馆。

　　　　　　太仓大剧院、太仓市图书馆、太仓市文化馆、太仓博物馆建成。

8 月 9 日　　五卅路体育设施改造新闻通气会召开，苏州市政府实事工程——五卅路体育设施改造工程启动。整个改造工程分 3 大块，总建筑面积约 5 万平方米，项目审定估算近 2 亿元。

8 月 18 日　　吴江市七都镇城乡一体化公寓房项目——儒林佳苑奠基。

修缮前的潘世恩故居（2012 年拍摄）

修缮后的潘世恩故居（2013 年拍摄）

修缮前的潘祖荫故居（2012 年拍摄）

修缮后的潘祖荫故居（2013 年拍摄）

苏州市体育场（2022 年拍摄）

苏州市市民健身中心（2021 年拍摄）

苏州市儿童业余体校（2022 年拍摄）

9 月

9 月 1 日　　　张家港市东渡实验学校投入使用。学校投资 1.26 亿元，占地面积 4.67 万平方米，建筑面积 2.2 万平方米。

9 月 5 日　　　桃花坞历史文化片区重要节点——《泰伯庙·阊门西街地区修建性详细规划》通过评审。

桃花坞历史文化片区（2022 年拍摄）

9 月 8 日　　　虎丘地区综合改造工程总体规划出炉。据规划，改造后的虎丘地区内，虎丘山风景区面积将达到 72.8 万平方米，是现有核心景区面积的 2.5 倍，虎丘塔的核心地标将更为凸显。

康岱（苏州）生物医药技术有限公司在吴江汾湖经济开发区开工奠基。

9月上旬　　苏州城区首座"三位一体"的星级标准公厕亮相平江区东中市王天井巷、开甲巷内，占地面积约 100 平方米。

9月20日　　苏州市城墙阊门北码头段、平门段、相门段 3 段古城墙保护修缮工程暨古城水系中张家巷河恢复工程启动。工程投资近 2.4 亿元，修缮总长超 1400 米。

9月25日　　经国务院批准，张家港经济开发区升级为国家级经济技术开发区，更名为张家港经济技术开发区。

9月26日　　苏州市古建老宅保护修缮首批试点工程正式启动。原大儒巷 6 号的丁宅移建至大儒巷 54 号保护，占地 1320 平方米。其他 11 个老宅将陆续保护修缮。

9月28日　　吴江科创园二期竣工，工程总投资 1.6 亿元。

10月1日　　《苏州市房屋安全管理条例》自 10 月 1 日起施行，擅自拆改房屋单位最高可罚 10 万元。

10月8日　　张家港市民服务中心大楼建成并投入运行，工程总投资 1.16 亿元，建筑面积 2.05 万平方米。

10月11日　　在第二届中国湿地文化节暨亚洲湿地论坛开幕式上，苏州太湖国家湿地公园被国家林业局正式授牌，成为全国首批 12 个国家级湿地公园之一。

10月18日　　自 2011 年起，苏州市区 297 座桥梁"十年一检"。历时 4 个月，首批 35 座桥梁拿到体检报告。已 700 余岁"高龄"的老觅渡桥得分超过 90 分，状态等级为 A 级"完好"。

　　　　　　张家港市老年公寓暨张家港市残疾人综合服务中心建成启用。张家港市老年公寓投资 1.95 亿元，一期工程占地面积 3.33 万平方米，建筑面积 3.5 万平方米。张家港市残疾人综合服务中心投资 5000 万元，占地面积 1.07 万平方米，建筑面积 1.02 万平方米。

10月24日　　江苏省委常委、苏州市委书记蒋宏坤赴新南环建设工地了解情况，要求改造工程力求做到"工程质量好、配套设施好、小区环境好"。

10月26日　　金阊区西出入口高架道路改造工程正式动工。该工程分两期实施。此次开工建设的是一期工程，从虎池路交叉口西侧起，到 312 国道交叉口西侧止，全长 611 米，工程总投资 1.56 亿元。

10月27日　　苏州市规划局发布《苏州市居民私有住房建设规划管理规定》，自 11 月起实施。

10月28日　　桃花坞历史文化片区综合整治保护利用工程启动区开工仪式举行，唐寅故居文化区率先实施。

　　　　　　东环快速路南延工程和南环快速路西延二期工程开建。

10月29日　　苏州市和吴江市的重点工程项目——东太湖大桥正式通车。该桥北连苏州市、南接吴江市滨湖新城，全长 2602.2 米，总投资 2.3 亿元，是 230 省道上的一座特大型桥梁。大桥按双向六车道设计，宽度 29.5 米，设计时速为 100 千米。

　　　　　　吴江市盛泽国际会展中心、盛虹万怡酒店、潜龙渠公园集中开工。

11月4日　　《苏州市城区定销商品房建设销售管理办法》印发，自 12 月 8 日起实施。

东太湖大桥（2022 年拍摄）

11 月 7 日   2010—2011 年度中国建设工程鲁班奖颁奖典礼在北京市举行，苏州市共有阳澄湖酒店及配套等 5 个建筑工程项目喜获建筑业工程质量的最高荣誉——鲁班奖。

11 月 8 日   苏州市文化产业重点项目——吴江天池文化生态园开工奠基。

11 月 24 日   江苏省委常委、苏州市委书记蒋宏坤率苏州市有关方面负责同志赴城区实地调研"改厕"工程项目实施进展情况。

12 月

12 月 1 日   苏州市轨道交通 2 号线齐门北大街站至金民东站隧道（盾构区间）提前实现双向贯通。

12 月 3 日   苏州工业园区第二污水处理厂一期工程获 2010—2011 年度国家优质工程奖银奖。

     浒墅关经济开发区涉及 23 个宕口，截至目前，天狗庙、凤凰寺、白鹤山、象山 4 个项目 13 个大小宕口已整治竣工，通过市级主管部门的竣工验收，工程进入绿化养护阶段，整体工程量过半。

12 月 5 日   南环新村危旧房解危改造工程居民回迁安置选房工作拉开序幕，第一阶段按照组别观看安置房模型工作开始。

12 月 8 日   平江、沧浪、金阊 3 城区的 800 户家庭通过摇号配得保障性住房。

12 月 9 日   苏州市轨道交通 1 号线工业园区段正式移交运营分公司。

苏州工业园区第二污水处理厂（2022 年拍摄）

12 月 13 日　　　　金阊区白洋湾街道西站社区的低洼地改造工程正式启动。

12 月 14 日　　　　苏州工业园区与苏报集团就共建苏州新闻大厦即苏报集团总部新大楼，达成合作意向并正式签约。

　　　　沪宁铁路下穿 S9 苏绍高速 28K+500 处东桥挡墙修复工程历时半年，全面竣工。

　　　　第四届中国绿色发展高层论坛上，常熟市入选"中国十佳绿色城市"。

12 月 15 日　　　　虎丘地区综合改造工程重要配套项目虎阜路西延工程开工。道路全长 2410 米，路幅宽 40 米，6 车道。道路沿线拟建 1 座跨越齐白河桥梁，3 座跨越青龙河桥梁，拆除重建现有虎阜大桥，工程总投资 9.9 亿元。

　　　　截至目前，苏州市新开工各类保障性住房 39824 套（间），超出江苏省下达的 23500 套（间）目标任务 16000 多套（间）。

12 月 17 日　　　　苏州市西交利物浦大学行政信息大楼获 2011 中国人居典范建筑规划设计方案竞赛金奖。

12 月 18 日　　　　太仓市杨林塘航道整治工程开工。该工程计划整治航道 65.4 千米，按照通航千吨级船舶的三级航道标准进行整治，计划新建船闸 1 座，改建、新建桥梁 41 座，项目概算总投资 49.96 亿元。

12 月 20 日　　　　桃花坞历史文化片区包括宝源里等在内的 7、8、9 号街坊综合整治工作设计方案在专家论证后通过评审。

12 月 25 日　　　　干将河全线通水。

12 月 27 日　　　　干将路沥青的铺设全面完工，绿化景观等配套工程进行扫尾工作。

12 月 29 日　　　　2011 年涉及 3 城区 7942 户的"改厕"工程一户不落全部完成。

　　　　城区首批公租房摇号，经确认参加本批次城市居民公租房摇号的低收入无房家庭共 204 户。

12 月 30 日　　　　苏州市政府房屋征收办公室正式揭牌。

12 月 31 日　　　　七浦塘拓浚整治工程启动仪式在相城区阳澄湖镇举行。该工程西起阳澄湖，东至长江，全长 43.89 千米，总投资约 36 亿元。

　　　　干将路综合整治工程正式全线恢复通车。

　　　　桃花坞历史文化片区综合整治保护利用工程动迁定销商品房正式动工开建。

2011

整治前的干将路（2007 年拍摄）

竣工后的干将路（2022 年拍摄）

2012 年度 大事记

苏 州 城 建 大 事 记

2012

1月1日　太湖三山岛湿地公园晋级国家湿地公园。

太湖三山岛湿地公园（2022年拍摄）

南环东延工程入选"国家优质工程奖30年精品工程"。

张家港市杨舍老街开街。该老街占地面积1.97万平方米，建筑面积近3.6万平方米，总投资4.5亿元。

1月3日　南环新村危旧房解危改造工程选房工作正式开始。

1月9日　南环新村危旧房解危改造工程启动区20号楼顺利封顶。

吴江市七都公交客运枢纽站投入使用。工程建筑面积1100平方米，其中主楼建筑面积898平方米，停车场面积6000平方米，总投资950万元。

1月10日　2011年苏州市十大民心工程揭晓。分别是：轨道交通建设工程；干将路综合整治工程；城区居民家庭"改厕"工程；虎丘地区综合改造工程；桃花坞历史文化片区综合整治保护利用工程；南环新村危旧房解危改造工程；"菜篮子"安全保障工程；新增公交车、出租车，提高公共运能；增绿地、治河道、控灰霾，打造宜居天堂；保障性住房建设，扩大供应。

吴江经济技术开发区学院路大桥完成最后一节钢箱梁的吊装，实现主跨合龙。

1月11日　经苏州市十四届人大五次会议审议通过，苏州市2012年实事项目确定，共10个方面38个项目，预计投入资金将超过150亿元，其中涉及城市建设的有：实施南环新村危旧房解危改造工程、虎丘地区综合改造工程、桃花坞历史文化片区综合整治保护利用工程、梅巷片区及朱家庄片区危旧房和解放新村部分危旧房解危改造工程；实施城区居民家庭"改厕"10103户，完成8539户；市区综合整治老住宅小区113万平方米、零星居民楼16万平方米；城区组织建设供应保障性住房6600套；市区实施17个城中村（无地队）整治改造；全市新建幼儿园31所、小学15所、初中5所、高中2所、职业学校1所；实施苏州市老年大学改造工程；等等。

苏州工业园区—相城区合作经济开发区揭牌，首批项目集中签约。

1月12日　苏州高铁新城管理委员会正式挂牌。

1月18日　被誉为"中国最大门形建筑"的东方之门顺利合龙。

苏州工业园区"文商旅"新地标——斜塘老街改造工程正式开工。

1月21日　友新高架沧浪新城段匝道竣工通车。

1月30日　吴江市黎里古镇综合开发工程启动。

1月31日　总投资220亿元的市政道路工程——苏州市中环快速路暨312国道分流线城区段工程正式开建。

老住宅小区改造、街巷综合整治、城中村（无地队）改造、城区居民家庭"改厕"工程等一批惠民工程举行开工仪式。

24个科技项目在桑田岛苏州纳米城举行开工开业仪式，项目总建筑面积100万平方米，总投资超过100亿元。

太仓港疏港高速公路开工，规划路线全长15.42千米，项目概算投资17亿元。

1月　张家港市谷渎港改造工程启动，对东至河东路、西至河西路、南至新风桥以北、北至青龙桥北侧停车场范围的谷渎港地块实施综合改造。

2月

2月1日　江苏省首部全面规范湿地保护管理的地方性法规——《苏州市湿地保护条例》正式施行。

甪直历史文化名镇保护规划在苏州市规划局网站上公示，明确甪直镇作为历史文化名镇的保护范围及保护要求。

2月2日　干将路西延工程的道路规划方案和安置补偿方案同时在高新区管委会（虎丘区人民政府）网站、金阊区政府网站、苏州市规划局网站，以及三元四村内、高新区运河路公示。

2月6日　宝馨科技二期、观山商业广场、阳山新城中央公园、阳山花苑三期等30个重点项目在高新区浒墅关开发区集中开工，总投资42亿元。

苏州市轨道交通1号线8面艺术文化墙完成。

2月9日　相城区10个项目联合奠基开工，项目累计投资16亿元，涉及电气设备、新型建材、风力发电、精密机械加工和物流等行业。

2月10日　高新区重点项目在通安镇集中开工奠基，24个项目总投资230亿元。

2月上旬　常熟市两家屋顶晶硅电池光伏发电站正式并网发电。一家是中电投常熟光伏发电有限公司9.8兆瓦光伏发电项目，总投资2.09亿元；另一家是常熟阿特斯阳光电力科技有限公司2.6兆瓦屋顶光伏电站工程项目，总投资5200万元。

2月13日　苏州市金门单元控制性详细规划在苏州市规划局网站公示。

2月14日　《市政府关于下达苏州市2012年全社会固定资产投资和重点项目责任目标的通知》印发，确定2012年全社会固定资产投资的预期目标为5180亿元，争取目标为5315亿元；确定重点项目230项，总投资8073亿元，当年计划完成投资1675亿元，其中，重点考核项目50项，总投资3878亿元，当年计划完成投资755.5亿元。

2月15日　南环新村危旧房解危改造工程启动区内16号楼22层楼面完成模板施工，17号楼20层楼面完成钢筋施工，小学、幼儿园、社区服务中心、农贸市场已全面开建。

2月17日　滨湖新城20个基础设施工程集体开工。

2月24日　阊胥路（三香路至金门路段）、桐泾路（留园路至枫桥路段）、枫桥路匝道（寒山寺至何山桥段）等8条道路进行改造。同时，30座桥梁进行专业检测，5座桥梁进行涂装或加固。

2月27日　苏州市运行的渣土车强制安装3G化动态监控系统，未安装监控系统的渣土车将不得继续进行运输作业。首批28家运输企业的渣土车安装监控系统。

2月29日　平江区老新村综合整治开工建设。整治资金约6447.5万元，涉及8个区域150幢房屋，惠及3940户居民。

2012

苏州工业园区星明街立交工程开工建设。该工程与现有的星明街将向北延伸，与娄江快速路（北环东延一期工程）相衔接。

桃花坞历史文化片区综合整治保护利用工程启动区成套房动迁完成。

苏州美术馆的颜文樑纪念馆全面大修。

3月

3月5日	苏高新水泥物流中心在长江路中外运高新物流园落成。
3月6日	元和文化创意产业园一期项目开工建设。一期项目规划占地1.2万平方米，利用旧厂房进行改造，总投资约1亿元。
3月10日	北环快速路东延二期工程被中国市政工程协会评为"全国市政金杯示范工程"。
3月12日	老斜港大桥拆除。
3月13日	古城墙保护修复工程阊门北码头段一段长230米、约2层楼高的城墙在阊门亮相。
3月14日	苏州市中环快速路高新区段完成初步设计评审。该工程将采用"高架桥+地面辅道"形式，全长约13.1千米。
	虎丘地区综合改造首期第二批地块房屋征收签约交房率达95%。该地块涉征301户居民，286户居民签约交房。
	苏州市住房和城乡建设局对全市的城市桥梁安全管理工作进行了检查考评。检查发现，全市3681座桥梁运行情况良好。
3月15日	参照中国绿色建筑三星标准、美国LEED绿色建筑标准等评价体系设计建设的苏州工业园区设计研究院新楼，在月亮湾举行奠基仪式。
3月19日	全市城乡一体化改革发展暨村庄环境整治工作会议召开，正式下发《苏州市村庄环境整治两年行动计划》。
3月21日	苏州市区第二批危旧房解危改造工程正式启动。涉及梅巷片区、朱家庄片区及解放新村片区3300多户居民。
3月22日	苏州市启动城区"畅河工程"，计划年内投资90万元拆除6座河道闸站，恢复河道畅通。
	苏州市启动市区二次供水改造工程。
	苏州市轨道交通2号线开始铺轨。
3月25日	苏州太湖国家旅游度假区15个重点旅游建设项目集中开工，投资约35亿元。
	高新区港龙城市商业广场奠基。该项目总建筑面积16万平方米，投资20亿元。
3月26日	由江苏省和浙江省共同打造的环太湖风景路项目正式启动。临湖核心线路长317.5千米。其中，苏州段全长147.5千米，吴江段全长42.7千米。
3月27日	苏州市住建部门公布《建筑节能"十二五"专项规划》。
	苏州市首次实时公布PM2.5监控数据。
3月28日	苏州市凤凰文化广场招商推介会在工业园区金鸡湖凯宾斯基大酒店举行。该项目投资约16亿元，总建筑面积约20.5万平方米。
3月29日	苏州新闻大厦地块签约。该地块位于独墅湖月亮湾地区，总占地面积15168.43平方米。
	由苏州农业职业技术学院设计、施工建造的代表中国参展的"中国园"竣工并通过验收。"中国园"将在2012年荷兰世界园艺博览会上正式亮相。

3月30日　苏州市召开2012年城建交通重点工程推进会，明确2012年150项城建交通重点项目及工程进度，总投资达3720亿元。

　　国务院"征收新政"后苏州市首个征收项目——环古城风貌保护工程北码头景观配套整治工程（古城墙修复）项目开始挂牌选房。

3月31日　列入江苏省"十二五"能源规划的重点工程——苏州工业园区北部燃机热电项目开工建设。该项目是一项清洁高效能源工程，占地7.732万平方米，总投资15.1亿元。

　　江苏省首次组织召开轨道交通工程试运营基本条件专家评审会。经过3天全面评审后，28位国内专家给出最终评审意见，认为"苏州市轨道交通1号线工程已具备了试运营基本条件"。

4月2日　位于沧浪区晋源桥堍的城区首个公租房小区已进入桩基施工阶段，目前已完成1152根桩基中的600根。

4月4日　在荷兰芬洛举行的2012荷兰世界园艺博览会上，"中国园"主题展区揭幕。

4月9日　苏州市轨道交通1号线"万人试乘体验周"拉开序幕。

4月11日　虎丘地区综合改造工程的首个征收项目——虎阜路西延工程的涉征居民挂牌选房，48户涉征居民选定87套定销房。

4月12日　阊门北码头段城墙修复工程中，施工人员在城墙北段地下4米处新挖出一段50多米长的古城墙遗迹。

4月16日　《苏州市城市总体规划（2007—2020）》环境影响评价开始网上公示，征求市民对城市环境保护的建议等。

4月21日　木渎镇长江路南延段、七子路、良臣路、凯悦路和清泉路首批5条道路及其配套设施项目开工建设。

　　吴江市同里镇两大民生工程——同里湖渡船码头市民文化广场、富土邻里中心开工建设。

　　吴江市同里镇举行古镇北入口综合改造工程、水利同知衙门修复启动暨金松岑纪念馆开放仪式。

4月23日　全国环保领域最高社会性奖项——第七届中华宝钢环境奖在北京人民大会堂举行颁奖典礼。苏州市获得"城镇环境类"大奖。

4月28日　苏州市轨道交通1号线在乐桥站举行正式开通试运营仪式，苏州市成为全国第一个开通轨道交通的地级市。

　　苏州市轨道交通商业综合体——星海生活广场正式开业。

　　轨道交通大厦新大楼举行启用仪式。

　　由中国、新加坡两国合作成立的中新集团走出江苏省的第一个项目——苏滁现代产业园在安徽省滁州市正式开工建设。

5月3日　沧浪区解放新村危旧房解危改造工程征收补偿方案进入为期30天的公示阶段。

2012

5月4日	苏州火车站南站房第一榀钢屋架顺利吊装完成并实现正常滑移。
5月8日	苏州市启动吴文化地名保护工作。
5月9日	苏州饭店7层高的西楼机械拆除。
5月10日	三香路、道前街综合整治工程进行施工前动员。
	由澳大利亚JPW建筑设计事务所设计的新闻大厦规划设计方案经工业园区规划与建设委员会讨论通过。
5月11日	苏州市中环快速路工业园区段北起方洲路南至港田路长1.6千米的三标段进入桩基施工阶段。
5月13日	联合国教科文组织亚太地区世界遗产培训与研究中心古建筑保护联盟在耦园揭牌。
5月14日	临顿河、平江河和官太尉河3条河道的清淤工程正式启动。
5月15日	苏州市完成高架桥全面"体检"。苏州市市政设施管理处对东环、西环、南环、友新、西出入口5座高架桥，以及官渎里、东南环等9座立交桥和跨线桥进行首次全身大"体检"。
	吴江市平望新运河大桥北半幅开始动工改造。
5月16日	甪直镇2012年度重点项目开工仪式在甪直中学校新址举行，总投资25亿元的30个项目集中开工建设。
5月17日	在第八届中国（重庆）国际园林博览会上，苏州市参展的"苏州园"获得了住房和城乡建设部颁发的"室外展园金奖"。
5月18日	苏州科技城商业综合体项目——"新都会·时尚水岸"举行开工典礼。该项目总投资8亿元，占地7.55万平方米，总建筑面积7.9万平方米。
	吴中区东山镇12个重点项目集体开工、揭牌，项目总投资额超过25亿元。
5月20日	苏州中心在苏州工业园区金鸡湖畔开建。项目总面积达182万平方米。

苏州中心（2022 年拍摄）

苏州工业园区隆重举行庆祝开发建设 18 周年活动，开工开业或签约项目达 40 多个，总投资 460 多亿元。

5 月中旬　官渎里立交、友新立交、东南环立交、新庄立交 4 座立交和西互通连接线，共计 41 千米长的近 2500 个泄水井的垃圾疏通工作全部结束。

5 月 21 日　苏虞张快速通道工程（绕城高速至 340 省道段）主线 SMA 沥青面层摊铺任务顺利完成，主线路面实现贯通。

5 月 22 日　《梅巷片区危旧房改造工程房屋征收补偿方案》通过论证，该工程将实施"原地回迁"安置方式。

5 月 23 日　今后凡涉及苏州市城区房屋征收与补偿的，都将按照《苏州市城区房屋征收与补偿若干问题处理规定》执行。

5 月 25 日　东山镇环岛公路夜景照明一期工程全面竣工。该工程长约 4.5 千米。

5 月 26 日　圆融星座公馆正式对外开放。

圆融星座公馆（2022 年拍摄）

平江河"清淤除黑臭工程"开启。

5 月 28 日　苏州市经济和信息化委员会、住房和城乡建设局联合主办的预拌砂浆现场推广会在南环新村危旧房解危改造工程现场举行，南环小区预拌砂浆示范工程同时揭牌。

苏州工业园区阳澄湖半岛环湖自行车道正式启用。同时，阳澄湖半岛旅游度假区 4 个项目举行集中开工典礼。

浒墅关开发区动迁安置房南庄新苑北区开工、新鹿花苑三期奠基。

5 月 29 日　虎丘地区综合改造工程二期房屋征收工作正式启动。

5 月　苏州市开始实施"城区河道水质提升计划"。

6 月

6 月 1 日　苏州市首个房屋征收项目——北码头古城墙修复工程房屋征收完成。

苏州市住房和城乡建设局网站上对首期商品住宅专项维修资金交存标准进行公告，自8月起苏州市住宅维修资金将执行新的交存标准。

虎丘景区五十三参大殿修缮工程启动。

6月2日 吴中经济开发区举行2012年国有集体重大项目开工仪式，总投资63.64亿元，涉及社会事业、基础设施、环境建设等方面的23个项目集中开工建设。

6月3日 吴江市松北公路（苏同黎公路至H03线）改造工程正式开工建设。

6月5日 三香路绿化改造工程设计方案开始网上公示。三香路绿化改造工程西起西环路，东至人民路，绿化改造将结合三香路道路综合改造进行设计。总长4.4千米的三香路将分为3段进行改造。

高新区保障住房建设推进顺利，科技城公租房主体结构封顶。

张家港市获"江苏省生态文明建设特别贡献奖"。

6月6日 苏州市政府下发《市政府关于全面推进城乡生活垃圾处理工作的实施意见》。

北环快速路维修工程已完成试验段的修补工作，并对之前的维修方案进行优化。新庄立交至桐泾路段已完成2400平方米，工程进入实质性施工阶段。

苏州市"控保一号"的钱大钧故居，在原址上恢复的主体建筑已基本落成。

6月7日 《2012年苏州市生活垃圾分类处置工作行动方案》和《市政府关于全面推进城乡生活垃圾处理工作的实施意见》出台。

6月8日 天平山天云寺一期工程竣工验收。

木渎镇与森茂集团签订战略合作协议，森茂集团将投资80亿—100亿元，在胥江新城建设园林式休闲观光汽车城，项目计划建筑面积100万平方米。

6月10日 苏州市轨道交通2号线施工中，采用盾构机直接切削桩基穿越广济桥的施工圆满完成。

周庄获得"全球优秀生态景区"称号。

6月13日 苏州市召开城区河道清淤工程动员大会，计划2012年对平江、沧浪、金阊3个建成区（不含新城）110条河道进行清淤，清淤长度116千米。

6月18日 苏州市轨道交通4号线和轨道交通2号线延伸线工程环评项目顺利获得环保部批复。

苏州市轨道交通融资租赁签约仪式举行。苏州市政府、中石油昆仑金融租赁公司、宁波银行苏州分行与苏州市轨道交通签约融资项目合作，将为轨道交通2号线建设项目提供20亿元的授信支持。

6月19日 苏州市轨道交通4号线及支线、轨道交通2号线延伸线项目土地预审顺利获得国土资源部批复。

位于劳动路的110千伏胥门变电站正式建成投运。

6月21日 山塘街岭南会馆保护修缮工程启动。

6月25日 虎丘婚纱城正式开工。婚纱城位于苏虞张连接线东，距离虎丘塔约1000米，总建筑体量达30万平方米。

张家港市苏虞张公路快速通道北段工程正式通车。该工程以苏州市绕城高速北桥互通为起点，以张家港市340省道交叉口为终点，全长约42千米，总投资6.77亿元。

苏虞张公路快速通道北段正式建成通车。

吴江市仲英大道和鲈乡南路沿街建筑外立面改造工程全面启动。

吴江市周湖线幸二至周庄段改造工程全面开工。

吴江市吴模路、江库路、体育路改造方案确定。

6月28日 张家港市民办养老机构——合兴老年公寓启用。公寓占地3300平方米，建筑面积6000平方米。

6月29日 "两河一江"环境综合整治提升工程规划在苏州市规划局网站上公示。

6月30日 张家港市小城河综合治理二期工程基本完工。小城河综合治理工程投资约20亿元，改造区域面积约11.2万平方米，分两期进行。

虎丘婚纱城（2022 年拍摄）

张家港市小城河（张家港市城建档案馆藏　2012 年拍摄）

7月1日　　　　　北环快速路辅路匝道主体结构已完工，并与整条北环快速路隧道、南北广场连结隧道一起进入最后的装修阶段。

干将路地下综合管线探测工程通过验收。干将路地下综合管线探测工程探明管线 252.796 千米，管线探测的数据精度和格式标准符合国家及行业规范。

相门段城墙陆城门主体结构完成，其中城楼未用一颗铁钉、一根钢筋。

7月2日　　　　　苏州市轨道交通 2 号线的主线接触网、供电安装施工项目正式开工。

高新区房产图形数据库成果经过专家组评审通过验收，高新区"数字房产"全面建成。

继首批平江河、临顿河、官太尉河清淤结束后，苏城第二批共 40 条河道的清淤在快速推进中。

方正国际与日本欧姆龙携手共建澳门轨道交通项目签约仪式在苏州工业园区举行。方正国际的轨道交通自动售检票系统（AFC）进入国际高端市场。

7 月 5 日 "两河一江"环境综合整治工程启动。"两河一江"环境综合整治工程涉及环古城河、京杭大运河苏州市区段和胥江城区段，估算总投资约 170 亿元。

"两河一江"之护城河（2022 年拍摄）

"两河一江"之胥江（2022 年拍摄）

张家港市 500 千伏张家港变电站扩建 3 号主变工程顺利投运。

7 月 8 日 张家港市金城中银大厦项目开工奠基。该项目规划用地面积 1 万平方米，总高度 100 米，总建筑面积 6 万平方米，预计投资总额约 4.5 亿元。

2012

	吴江市垂虹路改造完工通车。
7月9日	由国家发改委副主任杜鹰率领的苏南现代化示范区建设规划调研组一行来苏州市开展专题调研。
7月12日	吴江市仲英大道改造完工，主干道自当日起正式通车。
7月15日	位于金鸡湖大道（原苏沪机场路）上的金鸡湖收费站正式停止收费，结束19年的收费历史，并开始拆除。
7月16日	苏州市南门单元控制性详细规划（整合）在苏州市规划局网站上公示。
7月18日	东方之门主楼"穿外衣"工程正式开始。300多米高的个子"量体裁衣"，主楼将用1.4万块幕墙，申报11项专利。
	2012年南门街道"改厕"工程启动，计划总数为1000余户。
7月21日	苏州轨道公司运营分公司举行"一号线车辆段市民开放日"活动。
	浒墅关开发区与中铁二十局第一工程公司举行铭源创业园签约暨揭牌仪式。
7月23日	中国汽车零部件产业（苏州）基地研发检测大厦落成，成为长三角首个以汽车零部件检测研发为核心的公共平台。
	莲花村南岸组、北岸组环境整治规划开始公示。位于阳澄湖中央的莲花村南岸组、北岸组是典型的三面环湖岛村。
7月24日	苏州市轨道交通2号线天筑路北扩车站顺利完成基坑结构封顶，2号线05标土建工程收官。
	"航空节水型"拖动式车载移动公共卫生间在石湖景区亮相。
7月26日	浒墅关开发区举行江苏省首家AAAA级温泉度假山庄授牌暨大阳山国家森林公园二期开工仪式。
	高新区大型商业综合体绿宝广场举行二期奠基仪式，总建筑规模将达47万平方米。
	石路西区综合改造工程范围涉及搬迁的1018户居民挂牌选房。选房首日，637户居民完成挂牌。
7月27日	枫桥孔雀工业园二期项目破土动工，计划总投资3.6亿元，二期项目占地面积16.2万平方米，总建筑面积16万平方米。
	江苏省太湖治理工作推进会在吴中区召开。
	"全国城市一卡通互联互通"在常熟、上海、宁波、绍兴、湖州、台州、兰州、白银8个城市正式开通，常熟成为全国首个实现"一卡通互联互通"的县级市。
7月28日	苏州市轨道交通1号线辅助设施首期项目通过竣工验收。该项目由西环路站、桐泾路站、临顿路站、相门站结合出入口、风亭的4个建筑单体组成，总建筑面积3524.55平方米。
	苏州市启动工业园区阳澄湖水厂一期工程、吴中区新水厂深度处理工程及高新区第二水厂深度处理工程。
7月29日	苏州市沈德潜故居维修工程经2012年上半年启动，于7月29日结束。
7月31日	全市六级以上航道普查工作启动。普查对象是苏州市范围内维护等级六级以上（含六级）的内河航道及其构造物，涉及航道总里程约705千米。
	浒墅关开发区老镇改造动迁新居"浒墅人家"一期工程举行封顶仪式。

8月

8月1日	新的《苏州市商品住宅专项维修资金管理暂行办法》今起施行。
	苏州工业园区率先启动动迁安置小区供水一体化改造，计划通过两年左右的时间对各镇52个多层动迁小区进行全面的供水改造升级。

8月2日　　市容市政部门将对临顿路、凤凰街、桐泾北路、解放西路（唐胥桥至晋源桥段）4条道路实施街景立面提升整治工程。

　　绕城高速对户外广告设施进行了重新调整与规划。按照设计标准，规划调整后的户外广告设施在满足抗震、防雷、防腐要求的同时，还要具有承受12级台风的强度。

8月3日　　国家知识产权局专利局专利审查协作江苏中心在苏州科技城智慧谷奠基。

8月7日　　苏州工业园区唯亭镇对园区城铁站综合商务区首期启动区内的艺达精密机械有限公司厂房实施拆除，城铁站综合商务区企业用地回购工作进入签约拆房的关键阶段。

8月8日　　苏州市交巡警部门在干将路上正式投入使用最新信号可控交通诱导屏幕，此屏幕兼具交通诱导、流量分析、指挥调流等多项功能，是苏州市智能交通的一大体现。

8月12日　　万枫家园老住宅小区综合整治工程正式进场施工。

8月13日　　苏州市区87千米航道开始普查，重点普查航道、船闸、临跨过河建筑物、航标等基本信息，并涉及通航的各项技术数据信息、航道图标绘等。

8月14日　　南环新村危旧房解危改造工程主体结构全部封顶，包括五大片区共21幢住宅楼，总面积39.2万平方米。

　　苏州市在全国率先建成市县区联动的"畅通工程"示范城市群，中心城区主要道路平均行驶车速连续3年保持在35千米／小时左右。

8月16日　　由江苏省国土资源厅和苏州市政府共同合作的"苏州城市地质调查"已顺利完成。苏州市举办该项目成果评审及成果移交仪式。

　　苏州高新区有轨电车1号线工程车辆采购（含牵引系统）招标文件获国家发改委批复。有轨电车1号线全长18千米，起点苏州乐园，终点科技城龙安路，总投资31亿元。

　　高新区浒墅关镇老镇改造第三、第四期居民国有征收工作启动，共涉及浒墅关镇和祥、龙华两个社区，共计770多户。

8月18日　　法国REMPART文化遗产保护志愿者工作营平江路项目在大儒巷丁宅正式开营，20位中外志愿者将在11天的时间里参与文物古建的修复工作。

8月21日　　申张线青阳港段航道整治工程通过江苏省发改委组织的预可审查。青阳港段全线按三级航道标准整治，设计最大通航船舶等级为1000吨级，整治航道里程7.73千米，改建桥梁9座，概算投资19.8亿元。

　　苏申外港线（江苏段）航道整治工程通过江苏省发改委组织的工可审查。苏申外港线（江苏段）航道整治工程按三级航道标准整治，整治航道里程约29千米，改建桥梁6座，概算投资5.7亿元。

　　总投资超过100亿元的15个项目分别在苏相合作区和高铁新城集中开工。

　　苏州市老年大学扩容改造工程已基本完成民国建筑的修复工程，进入内装饰阶段，同时拆除一幢旧的办公危楼。

8月27日　　苏州市住房和城乡建设局发布《苏州市房地产开发企业信用管理办法》。

　　吴江市吴模路全幅通车。

8月28日　　交通运输部和江苏省政府联合主办、长江南京以下深水航道建设工程指挥部承办的长江南京以下12.5米深水航道一期工程开工仪式在常熟市举行。

8月30日　　太仓市政府实事工程项目——城北青年公寓在新区开工，该项目被列入江苏省公共租赁住房建设示范项目。

8月31日　　经苏州市十五届人大常委会第二次会议审议，通过《苏州市甪直历史文化名镇保护规划》《苏州市东山镇陆巷历史文化名村保护规划》《苏州市金庭镇明月湾历史文化名村保护规划》。

　　苏州市保障性住房工程建设指挥部成立。

2012

大儒巷丁宅移建工程正式完工。丁宅是 2011 年苏州市启动的首批试点保护修缮的 12 个老宅子中最先完工的一座。

苏州城区河道清淤一期工程完工，共涉及 6 个标段 40 条河道，总长 48.5 千米，清淤量 70.7 万立方米。

8 月　　张家港市沙洲湖科创园开工建设。该工程占地约 12 万平方米，总建筑面积约 32 万平方米，投资总额 15 亿元。

9 月

9 月 1 日　　苏州市中心城市行政区划调整优化方案正式公布。经国务院、江苏省政府批复同意，苏州市将撤销沧浪、平江、金阊 3 区，设立苏州市姑苏区；撤销县级吴江市，设立苏州市吴江区。

沧浪新城汇邻中心正式开业。沧浪新城汇邻中心建筑面积达 2.8 万平方米。

9 月 2 日　　江苏省政府批复，同意设立江苏省吴江东太湖生态旅游度假区。范围是：东至苏震桃一级公路，南至七都汤家扇港，西濒太湖，北起顾家荡路，规划面积 16.8 平方千米。

苏州火车站南站房钢屋架与北站房钢屋架进行合龙。此外，北环快速路辅路——隧道工程进入收官阶段，位于南广场东西两侧、连接火车站南北广场的两条地下通道进行最后的装修。

9 月 3 日　　苏州碑刻博物馆闭馆维修。

9 月 5 日　　高新区管委会与上海信达立人投资管理有限公司签署投资合作框架协议，将共同合作建设高新区狮山片区，打造一个不低于 300 米高的区域新地标城市综合体。

9 月 6 日　　国家发改委集中批准了全国 25 个城市的轨道交通建设规划。其中，苏州市轨道交通 4 号线及支线、轨道交通 2 号线延伸线，以及江苏省沿江城市群城际轨道交通网可行性研究报告通过批准。

三香路公交专用道正式启用。三香路公交专用道西起西环路，东至阊胥路，全长约 3 千米。

9 月 7 日　　经国家标准委批准，苏州市成为全国首个进行综合服务标准化试点的地级市。

香山中学新校正式落成启用。新建香山中学占地 3.33 万平方米，建筑面积 2.3 万平方米，总投资 7181 万元，按 8 轨 24 班规模设置。

9 月 10 日　　虎丘中心小学新校园落成。新校园占地面积 3.53 万平方米，总建筑面积 1.99 万平方米。学校按 8 轨 48 班规模设置，能容纳近 2000 名学生。

苏州市自来水公司启动针对市区近 3000 个屋顶水箱的直供水改造工程。工程分 3 批进行，将花 3 年时间基本取消市区范围内的屋顶水箱。

苏州工业园区星塘街立交工程正式开工。

吴江运河大桥暨东太湖大道东延伸段正式通车。

9 月 11 日　　高新区有轨电车 1 号线工程举行开工典礼，这是全国首条 100% 低地板钢轮钢轨现代有轨电车线路。

《常熟市城市地下空间开发利用规划（2011—2030 年）》通过专家论证。

9 月 12 日　　吴江区震泽镇新乐村新农村二期公寓房建设 150 套住宅全面竣工并申请验收，计划 10 月底交付使用。

9 月 13 日　　市容市政部门对临顿路、凤凰街、桐泾北路、解放西路（唐胥桥至晋源桥段）等 4 条道路实施街景立面提升整治工程。

吴中区原吴县物资大厦成功实施定向爆破拆除。

9月14日　木渎镇与红星美凯龙签订协议，就红星国际广场项目达成战略合作伙伴关系。红星国际广场项目位于长江路西侧，占地面积约 26.67 万平方米，该项目计划总投资 100 亿元，规划总建筑面积 92.944 万平方米。

9月15日　高新区新港天都大厦正式开工，按照 5A 级写字楼的标准进行规划设计。项目用地面积 2.7 万平方米，总建筑面积 14.69 万平方米。

9月16日　一组"壁挂式"太阳能供电机组被引进沧浪区二郎巷社区。

9月17日　濒临东太湖的吴江区滨湖新城建设，首次用上防水抗高压的海底电缆。

9月19日　位于震泽古镇内的吴江区级文保单位——思范桥修缮竣工，并通过专家组的验收。

9月20日　吴中区胥口镇举行胥口实验小学落成启用仪式，学校被授牌为"苏州市少儿乒乓球培训基地"。

　　　　　　苏州市古城保护志愿者秋季调查活动举行启动仪式。志愿者们将对市区现存的控制保护古建筑进行核验，充实汇总整理资料信息，完成文字录入、照片拍摄、方位标定及局部测绘。

9月25日　苏州市与里加结好 15 周年庆典暨"苏州石牌楼"竣工剪彩仪式在拉脱维亚首都里加市举行。新建的石牌楼，高约 3.8 米，宽约 2.5 米，重约 3 吨，青石材质，为清代建筑风格，刻有"源远流长"字样，象征着两市的友好情谊源远流长。

9月27日　苏州市轨道交通 4 号线及支线、轨道交通 2 号线延伸线举行开工仪式。

　　　　　　相门段、平门段、阊门段 3 段古城墙保护修缮工程竣工并免费向市民开放。

9月28日　沧浪区政府与苏州大学签订《天赐庄片区合作协议》，共同保护和利用天赐庄片区。

　　　　　　苏州博物馆获得由教育部、科技部、文化部等联合主办的"2012 北京国际设计周"年度设计奖的设计应用奖。

　　　　　　以展示改革开放成就、科学发展成果为主要内容的中华思源馆在吴中区胥口镇落成。

9月29日　沪宁高速苏州工业园区快速连接线竣工通车。该工程北起 312 国道，南接沪宁高速苏州工业园区收费站，沿沪宁高速南侧布线，采用双向四车道、分幅式道路断面，分为南、北两条线路。

10月1日　苏州高新区与上海绿地集团合作开发签约仪式在苏州科技城举行。

　　　　　　常熟市虞山公园提升改造工程全部完工，正式向市民全面开放。工程总投资 3000 万元。

10月2日　齐门北大街路灯改造工程全线完工。

10月4日　城区河道清淤二期工程各标段进场施工。

10月8日　位于平江新城广济北路 388 号的苏锦社区服务中心大楼正式投用。

10月9日　火车站南站房钢屋架结构竣工，南站房的主体结构基本完成。

10月10日　开元寺无梁殿抢修工程、沈德潜故居维修工程竣工验收会在苏州市市区文物保护管理所举行。

　　　　　　　高新区浒墅关古镇穿越大运河必经之路兴贤大桥全面竣工并全线贯通。

10月11日　苏州市首座双层桥——斜港大桥开建。

10月12日　以"两河"为主题的"两河一江"吴中段项目正式启动。

　　　　　　　曾是"黎里八景"之一的"揽桥残雪"开始修复。

10月13日　天赐庄片区保护与整治规划专家论证会举行。两院院士、建设部原副部长周干峙、同济大学教授阮仪三等参加会议。

10月14日　金阊区环卫所第一座移动式公厕完成全部升级提档改造工程，并正式投入使用。

10月15日　穹窿山景区游客服务中心开工建设。

10月16日　《苏州市南门单元控制性详细规划（整合）》草案开始第二轮公示。

　　苏州市轨道交通3号线工程环境影响评价、轨道交通2号线工程环境影响评价补充报告编制开始招标。

　　位于尹山湖生态商圈内的核心项目尹山湖商业水街开工建设。

10月18日　金阊新城西出入口高架道路匝道工程竣工通车。该匝道起点自虎池路交叉口西侧，终点至312国道交叉口西侧，全长611米，工程总投资1.56亿元。

　　相城区残疾人康复中心在相城区黄桥街道正式开工。

　　苏州文庙（除大成殿区域外）经过整修，重新对外开放。

　　位于吴中区县前街的新苏中心奠基。

　　位于吴江汾湖高新技术产业开发区的康力电梯产业园正式开工奠基。

10月20日　"沿运河历史文化保护志愿服务大行动"正式启动。

10月23日　苏州市老年大学改扩建工程正式开工。新建成的老年大学面积将在原来基础上扩大5000平方米，占地4000平方米，增加学位2000余个。

苏州市老年大学（2022年拍摄）

　　位于浒墅关开发区阳山环路的江苏省水利防汛物资储备中心仓储基地苏州迁建工程开工。

　　吴江区黎里端本园修复工程正式开工。

10月24日　《黄埭镇总体规划（2012—2030）》在苏州市规划局网站上公示。

　　位于灵岩山麓的灵岩山寺佛教安养院落成。

10月25日　全国保障性住房工作座谈会在苏州市召开。

　　高新区两个大型非机动车停车库全面竣工并免费对外开放。

10月26日　姑苏区、苏州国家历史文化名城保护区正式挂牌成立。苏州国家历史文化名城保护区与原有古城区的沧浪、平江、金阊3区一致，为江苏省派出机构，将与姑苏区实行"区政合一"的管理模式。

　　吴江区人民路东延揽桥荡大桥开工建设。大桥宽32米，长120米，有13个圆弧拱桥，工程总长1.6千米。

10月28日　　虎丘地区综合改造工程、桃花坞历史文化片区综合整治保护利用工程、虎丘婚纱城工程建设现场推进会召开。

10月29日　　吴江撤市设区大会召开。

　　苏州市残疾人康复训练服务中心二期工程开工建设。

苏州市残疾人康复训练服务中心（2022 年拍摄）

10月30日　　常嘉高速工程昆山至吴江段启动。项目概算投资约 41.1 亿元，路线里程约 28.5 千米。其中吴江段全长 13.5 千米，全部位于汾湖高新技术产业开发区内，总投资约 23.3 亿元，双向六车道，设计时速 120 千米。

　　2012 吴江投资贸易洽谈会暨东太湖北部湖区生态清淤工程、滨湖新城总部经济区启动仪式举行。会上，总投资 716 亿元的 124 个重大项目分别签约和开工。

10月31日　　苏州市确定第二批古建老宅保护修缮项目 40 个。

10月　　张家港市金港大道建设、西二环公路路面改造、华昌路改造等 9 项工程全面完工。

11月

11月1日　　苏州市轨道交通 4 号线Ⅳ-TS-07 标南门路站首幅地下连续墙成槽开始施工，南门路站主体支护工程施工正式开始。

　　相城区生态农业示范园片区新规划已通过苏州市政府审批。

11月2日　　全国重点文保单位——清代著名国学大师俞樾旧居的保养性维修及环境整治工程，通过竣工验收。

11月3日　　位于苏州工业园区 CBD 的苏州招银大厦举行落成典礼。项目占地面积近 8000 平方米，总建筑面积达 4.5 万平方米。

　　吴江区体育路、吴模路、江厍路 3 条道路自当月起进行立面改造。项目总投资约 1800 万元。

11月4日　　星海生活广场荣获第八届中国商业地产博览会唯一的"2012 中国城市轨道商业综合体金奖"。

11月6日　苏州工业园区独墅湖学校、独墅湖幼儿园新建，斜塘学校、跨塘实验小学虹桥校区重建，胜浦实验小学、车坊实验小学、唯亭实验小学改扩建工程举行集中开工仪式。

《高铁新城片区环秀湖景观设计方案》面向全球公开征集。

张家港保税区正式获国务院批准为汽车整车进口口岸。

11月7日　苏州城区 2012 年度城市居民公共租赁住房进行摇号配租，229 户低收入无房家庭全部抽定了住房号。

天平山风景区莲花洞恢复景点古建工程的"静心轩"和"文昌阁"通过验收。该工程于 2012 年 5 月底开工，轩和阁的建筑面积约 130 平方米，平台面积约 100 平方米。

在第五届世界健康城市联盟大会上，世界卫生组织、健康城市联盟公布了获得 2011—2012 年度健康城市奖项的城市名单，苏州市获得 6 个健康城市国际奖项。

11月13日　2012 年度摇号配租廉租住房确认登记结束，134 户申请家庭的情况开始向社会公示。

11月14日　苏州市轨道交通 4 号线吴江段开工建设，同里站率先开工。

苏州城区两个单元——金门单元和留园西园单元的控制性详细规划在苏州市规划局网站上公布。

11月15日　苏州市规划部门编制的《苏州市城东单元控制性详细规划（整合）》进行公告。

吴中富民工业园三期工程开工奠基。

11月16日　苏州市规划部门发布征集公告，《苏州市上方山森林植物园、动物园、游乐园规划设计》全球征集，公开报名。

11月17日　由原苏州工业园区建屋发展集团有限公司、苏州圆融发展集团有限公司、苏州工业园区商业旅游发展有限公司、苏州工业园区测绘有限责任公司 4 家国企整合组建的苏州新建元控股集团有限公司正式成立。

11月19日　观前地区邵磨针巷、富仁坊巷、大井巷等 13 条街巷的 200 余盏老式圆球形灯罩路灯将拆除，采用金卤灯光源的新型路灯。

苏州市政府公布征收决定苏府征〔2012〕12 号：由苏州荣和工程建设有限公司实施梅巷片区危旧房改造工程（三标段）。征收范围：梅巷三村 1 幢、2 幢、3 幢。征收实施单位：平江区征收办。

11月20日　梅巷片区危旧房改造工程征收启动。

苏虞张快速通道北段被评为江苏省首批节能减排示范项目。

11月21日　大白荡城市生态公园通过国家 AAA 级旅游景区验收。

11月22日　从苏州开往欧洲的直达货运列车——"苏满欧"班列车正式开通。

张家港市疏港高速公路开工仪式举行。路线全长 20.71 千米，项目批复概算 35.68 亿元。

11月23日　在苏州市召开的"中国绿色建筑与节能委员会青年委员会 2012 年年会暨第四届江苏省绿色建筑技术论坛"上，苏州工业园区共有 50 个项目通过各级绿色建筑认证，按照各级绿色建筑标准建设的在建项目超过 60 个，苏州市占全省总数的近 50%。

11月26日　广济路综合整治工程正式开工。

虎丘综合改造定销房和泰家园举行交房仪式，803 户首批涉征居民乔迁新家园。

11月28日　虎丘综合改造定销房——虎阜花园开始交房。此次共计交房 1496 套。

常熟市总投资 3 亿多元的文化惠民实事工程——江南文化艺术中心工程竣工。

11月29日　滨湖新城环太湖风景路（高新路至 230 省道段）及自行车道建设全面完成，准备接受验收。该路段长约 3 千米，宽 8 米；自行车道长约 2.5 千米，宽 5 米。

11月30日　苏州市规划局与姑苏区政府共同委托同济大学组织编制的《苏州古城天赐庄片区保护与整治规划启动区详细规划》草案完成并予以公示。

12月

12月5日　苏州国际财富广场获评设计绿色二星标识，成为苏州工业园区湖西 CBD 区域首座获得住建部设计绿色二星标识的超高层项目，也是苏州工业园区首座 200 米以上通过住建部该项认证的超高层建筑。

12月6日　苏州市规划部门对虎丘湿地公园修建性详细规划方案进行有奖征集。

虎丘湿地公园启动改造工程。

山湖花园鸿辉苑开工。新建安置小区山湖花园鸿辉苑占地面积 13.33 万平方米，总投资约 9 亿元，共计可安置居民 2041 户。

12月7日　中国外运苏州物流中心举行开工奠基仪式。

12月8日　苏州市轨道交通 2 号线正式全线"洞通"。

12月10日　苏州市姑苏区第一届人民代表大会第一次会议开幕。"古城保护"是工作报告中的关键词。报告提出，要以整体规划、科学实施、保护传承、融合创新为原则，建立成片保护的新机制，积极探索历史文化名城的"苏州模式"。

12月12日　苏州市荣膺"最中国创意名城"称号。

12月16日　位于高新区的长江路农副产品综合批发市场二期工程竣工。

12月18日　新苏国际、江苏中标科技有限公司、洛克斯润滑油等 16 个项目在相城区黄埭镇集中签约、开工，其中 12 个项目的投资规模超过 1 亿元。河滨公园、康阳路改造、黄公荡休闲农庄 3 项实事工程同时竣工。

12月19日　张家港市沪通铁路（南通至上海安亭段）获国家发改委批准立项。

12月20日　位于桃花坞片区廖家巷的唐寅祠维修保护工程通过苏州市相关部门的竣工验收。

唐寅祠（2022 年拍摄）

12月21日	经苏州市政府正式批复同意，姑苏区部分街道进行更名，姑苏区"平江路街道"更名为"平江街道"，"南门街道"更名为"沧浪街道"，"彩香街道"更名为"金阊街道"。
	苏州市轨道交通2号线05标工程完成竣工验收工作。
12月24日	中央农村工作领导小组办公室全国新农村建设中心公布首批"全国社会主义新农村建设示范镇"名单，张家港市杨舍镇成为苏州地区唯一获此荣誉的乡镇。
12月25日	桃花坞工程重要节点之一的泰伯庙二期整治修复工程主体建设完工。
12月26日	联合国教科文组织亚太地区世界遗产中心古建筑保护联盟及研究会在苏州市举行成立大会。
	经江苏省政府批准，苏州工业园区撤销娄葑镇分设娄葑街道和斜塘街道，撤销唯亭镇设唯亭街道，撤销胜浦镇设胜浦街道。
	苏州市轨道交通2号线实现全线正线"轨通"。
	梅巷危旧房改造工程签约交房在4个标段同时启动。605户涉征居民完成签约交房手续，占梅巷危旧房改造工程先行启动总户数的46%。
12月27日	张家港复线船闸开闸通航。工程概算投资9.27亿元，闸室长230米、宽23米，门槛水深4米，建设里程2.8千米，常年可通航千吨级船舶。
12月28日	古城区110条河道全部完成清淤整治工作。
12月29日	苏州火车站中轴线上的重要地标性建筑——苏站路综合楼（苏州商务中心）开工奠基。
12月30日	连接苏州市、无锡市两地的望虞河大桥正式开通。
	苏州玄妙文化产业园项目签约仪式在大阳山国家森林公园举行。
12月	太仓现代农业园区通过全国旅游景区质量评定委员会评定，被批准为国家AAAA级旅游景区。

太仓现代农业园区（太仓市建设档案馆藏　2012年拍摄）

2013 年度

大事记

2013

1月

1月5日　　　姑苏区 31 个重点项目开竣工。此次竣工项目 10 个，开工项目 21 个，涵盖城市基础设施、科技文化、商业商务和民生工程等众多方面。

梅巷片区危旧房改造工程地质勘探工作正式启动。

友新综合市场举行开工仪式，建成后将成为现代化、智能化的第三代市场，可以进行网上交易。

1月6日　　　苏州美术馆的颜文樑纪念馆大修工程按修旧如旧原则顺利完成验收。

1月8日　　　2012 年苏州市十大民心工程评选揭晓，分别是：苏州市轨道交通 1 号线建成投运、城乡社会养老保险和居民医疗保险实现并轨、南环新村危旧房解危改造工程、苏州市民卡工程、城区居民家庭"改厕"工程、城区河道清淤工程、城区保障房建设工程、全市新建 54 所学校、石湖景区滨湖区域开园、"9064"养老服务体系进一步完善。

1月9日　　　虎殿路西、金政街南侧地块旧城改造项目征收启动仅 4 天，所涉 41 户居民全部交房。

1月10日　　苏州市 2013 年实事项目经苏州市十五届人大二次会议审议通过，共涉及 10 个方面 30 项，其中涉及城市建设的有：组织供应城区廉租住房 200 套、中低收入家庭住房 1000 套；实施城区居民家庭"改厕"6734 户；综合整治老住宅小区 111 万平方米、零星居民楼 19 万平方米；实施天然气置换 5 万户；启动 37 个城中村（无地队）整治改造；启用苏大附一院新院门急诊楼，建设苏州市公共医疗中心、社区卫生临床检验集中检测中心；新改扩建 100 所幼儿园，推进职业教育实训基地建设；建设苏州博物馆城，新建 20 个图书馆分馆、12 个标准配置公共电子阅

览室、12 个村（社区）文化活动室等。

        苏州古城控制性详细规划修编研讨会召开，这是苏州市对古城保护进行的第三轮控制性详规修编。

1 月 12 日   虎丘山风景区重点工程正式启动，一榭园、花神庙等 6 个扩建景区拉开建设序幕。

1 月 13 日   吴江区黎里古镇保护开发一期工程进入全面施工阶段。

1 月 14 日   由姑苏区住房建设和市容市政局牵头打造的石路地区停车诱导系统正式开工建设。

1 月 16 日   吴中太湖旅游区荣膺国家 AAAAA 级旅游景区。

吴中太湖旅游区（2022 年拍摄）

苏州市 2012 年度直属校舍安全工程计划安排项目 13 个，其中计划内 3 个加固项目和 2 个重建项目已全部竣工并交付使用。

位于狮山路、塔园路交界处的苏州信汇达城市综合体项目正式开工。该项目总建筑面积 28 万平方米，主塔楼高 300 米，副楼高 200 米，总投资预计达 50 亿元。

1 月 17 日　同里古镇保护工程荣获 2012 年联合国人居署"迪拜国际改善居住环境最佳范例奖"中的全球良好范例称号。

1 月 18 日　环保部当日发布 2013 年第 2 号公告，苏州市荣膺"国家生态市"称号。

世界 500 强企业日本永旺集团旗下的永旺梦乐城苏州工业园区购物中心正式开工建设。项目总投资 1.85 亿美元，占地面积近 10 万平方米。

苏州市政府公布征收决定苏府征〔2013〕1 号：由苏州古城投资建设有限公司实施古建老宅保护修缮工程〔王宅及周边（含陈宅）〕。征收范围：钮家巷（部分）。征收实施单位：姑苏区住房建设和市容市政局。

苏州市政府公布征收决定苏府征〔2013〕2 号：由苏州古城投资建设有限公司实施古建老宅保护修缮工程（潘世恩故居）。征收范围：钮家巷 1—3 号独户。征收实施单位：姑苏区住房建设和市容市政局。

1 月 20 日　苏州市中环快速路苏州工业园区段娄江立交开工建设。

苏州工业园区北部燃机热电项目一期工程受电成功，1 号机组正式具备联合循环启动试运条件。

1 月 24 日　苏州市住房和城乡建设局的官方微博正式上线。

1 月 28 日　地处沧浪新城晋源桥桥堍的苏州市首个公租房小区福运公寓，7 幢高层已有 4 幢结顶。

1 月 29 日　位于胥江古运河上的重型木结构拱桥——"欢乐胥江"大桥完工。

"欢乐胥江"大桥（2022 年拍摄）

梅巷新村已全面完成签约交房的 6 号、8 号两幢老楼，正式开始破拆并推倒。

2月

2月1日　　"两河一江"城区段环境综合整治工程正式开工。此次先行开工的是3条路,总长2341.572米,工程中标总价4520万元。其中胥秀路(西环路至桐泾路)总长1175.220米,奥体路总长176.609米,怡然路总长989.743米。

2月2日　　苏州市住房和城乡建设局、财政局印发《关于推进全市绿色建筑发展的意见》,自2月2日起正式施行。

　　　　作为2013年苏州市、姑苏区两级重点工程的姑苏区渔家村村庄整治与再利用项目协议搬迁全部完成。该工程是石湖景区配套工程之一。

2月3日　　苏州教育博物馆筹建办公室正式揭牌。

苏州教育博物馆(2022年拍摄)

2月5日　　苏州火车站南广场步行区域投入使用。

2月7日　　《市政府关于下达苏州市2013年全社会固定资产投资和重点项目责任目标的通知》印发,确定2013年全社会固定资产投资的预期目标为6055亿元,比2012年增长15%;确定重点项目210项,总投资10298.5亿元,当年计划完成投资1992.6亿元,其中,重点考核项目50项,总投资5256.8亿元,当年计划完成投资908.6亿元。

2月13日　　中国捐建的苏式园林"姑苏园"在位于日内瓦的世界贸易组织(WTO)总部举行开园仪式。

2月17日　　国家智慧城市试点创建工作会议公布首批国家智慧城市试点名单,苏州工业园区以高分成功入选。

　　　　2013年苏州市重大项目春季开工活动在各县级市、区举行,全市471个项目集中开工,总投资达2479亿元。

　　　　作为重要民生工程的两个城区保障房项目——苏苑街地块和体育场南地块开工。

2月19日　　高新区浒墅关开发区启动阳山敬老院三期建设。

2月20日　　高铁新城开泰路改造启动。

2月22日　　张家港保税港区汽车整车进口口岸通过国家联合验收组的验收。

2013

2月25日 苏州市第十五届人大常委会审议通过了苏州市政府提请审议的《苏州市生态文明建设规划（2010—2020）》。

作为 2013 年度苏州市政府实事工程之一的百所幼儿园新建、改扩建进入全面启动实施阶段，101 所幼儿园名单已经正式确定。

南环中心小学和南环幼儿园开始动工装修。届时该小学将改名为南环实验小学，并增名沧浪实验小学南校区。

2月27日 在江苏省"绿色江苏"建设推进会上，张家港市获 2003—2012 年"绿色江苏"建设突出贡献奖和生态创建成就奖。

2月28日 苏州城市广场开建。该项目占地面积约 3.3 万平方米，总建筑面积约 36.7 万平方米，裙房 7 层，主楼 41 层，最大建筑高度 180 米。

3月

3月2日 苏州浒墅关经济开发区升格为国家级经济技术开发区。至此，苏州大市范围已拥有各类国家级开发区 12 家。

张家港市永联村荣膺"中国最有魅力休闲乡村"。

3月10日 石湖景区渔家村村庄整治与再利用项目选址举行专家论证会。

3月12日 苏州市成功获评"全国无障碍建设先进城市"。

3月13日 吴江区康力电梯 288 米试验塔奠基。

3月17日 昆山市花桥金融服务外包产业园获国家绿色建筑创新奖二等奖，昆山市花桥商务城基地办公楼获江苏省绿色建筑创新奖三等奖。

3月18日 宝带桥至澹台湖景区公开招标修建性详细规划。宝带桥至澹台湖景区规划范围北至京杭大运河、南至石湖路、东至吴东路、西至复田港，规划总面积约 105.95 万平方米，其中湖面面积约 44.60 万平方米。

3月19日 由苏州二叶制药厂地块 69 栋单体老厂房改造而成的"姑苏·69 阁"文化创意产业园正式开园。

3月25日 苏州市重新调整了全市生态保护区的区划范围和功能定位。调整后的生态保护区总计 101 个，分为 11 种类别，总面积 3587.58 平方千米，占到全市国土面积的 42.26%。

苏州市老年公寓在高新区苏州乐园狮子山西侧奠基。

3月26日 国家文物局下发《关于苏州文庙大成殿抢险加固维修工程设计方案的批复》，原则同意所报抢修方案。

苏州市轨道交通 4 号线首个正式开挖的站点——南门路站正式开挖。

3月27日 三元三村老住宅小区综合整治工程启动。该工程是 2013 年姑苏区首个老新村改造项目，涉及建筑面积 32 万多平方米，整治房屋 147 幢，惠及居民 4700 多户。

古城墙保护修缮二期工程中的第三段城墙——姑胥桥以北段城墙，在苏州市规划局网站上公示。该段城墙分 A、B 两段，总长 284.5 米，其中 A 段长 142 米，B 段长 142.5 米。

由台湾慈济慈善事业基金会设立的苏州慈济健康促进中心正式启用。规划面积 3.7 万平方米，主要功能为高科技健康促进管理和志业培训。

3月28日 苏州高嘉国际中心项目举行开工仪式。该项目将投资 5 亿元，地块面积 1.39 万平方米，建筑面积超过 4 万平方米。

解放新村 1—13 幢危旧房解危改造工程正式启动，共有 229 户接受了评估。

3 月 29 日　太仓市被住房和城乡建设部授予"2012 年度中国人居环境奖"。至此，苏州的县级市实现了"中国人居环境奖"的全覆盖。

3 月 31 日　苏州市体育馆改造工程全面启动。

4 月

4 月 2 日　华泰绿岛、韶山花园和公园天下的二次供水改造开始施工。

吴江区人防工程质量监督站成立。

4 月 6 日　虎丘湿地公园规划修编、新一轮 3 段古城墙设计方案获原则通过。

4 月 9 日　三山岛古村落修复工程正式启动。对岛上清代古建筑薛家祠堂修复工程进行招投标。

4 月 12 日　甪直古镇水系修复工程开始启动，总投资近 3000 万元。

4 月 18 日　西环快速路北延（苏虞张快速通道南段）工程开工。该工程全长 17.86 千米，总投资 35.3 亿元。道路主线按照双向六车道一级公路标准建设。

渔家村村庄整治与再利用项目奠基。渔家村村庄整治与再利用项目是石湖景区的二期工程，占地 25.4 万平方米。

在由经济日报社主办的第三届中国自主创新年会上，苏州市以"精心描画经济园林"的生动实践荣膺"十大创新城市"称号。

4 月 20 日　姑苏区内的王天井巷开始施工改造。

4 月 21 日　解放新村危旧房改造工程征收签约正式启动。

常熟市重点民生实事工程——老住宅小区综合改造正式启动，改造总面积达 41.1 万平方米，涉及居民 4824 户，房屋 221 幢。

4 月 22 日　苏州市排水有限公司尝试为污水井装防坠网，首批 100 套防坠网在广济路沿线试装，防坠网选用海船上救生的涤纶复合长丝，抗腐蚀且牢固，可承重 350 千克。

4 月 23 日　吴江区城南家园二期开建，占地面积 19.47 万平方米，共有 1900 套安置公寓房，预计将于 2015 年交房。

4 月 24 日　施乐辉医用产品（苏州）有限责任公司在苏州工业园区的二期扩建项目开工。项目总投资 6000 万美元，占地面积 4 万平方米。

4 月 26 日　张家港市沪通铁路工程顺利通过初步设计审查。

4 月 27 日　苏州火车站南站房正式启用。

4 月 28 日　吴江区赛格广场正式落成启用。

5 月

5 月 1 日　高新区 2013 年重点项目之一的横塘老镇改造工程国有土地上房屋征收一期签约工作正式启动。

5 月 3 日　国家文物局官网上公布了第七批全国重点文保单位名单，东吴大学旧址和唯亭草鞋山遗址同时入选。

东吴大学旧址（2022 年拍摄）

5 月 9 日 古村落保护法规草案修改工作启动。

古村落保护法规草案修改工作启动。

吴中区木渎镇胥江河南岸东段景观工程正式开工，东段工程长 1 千米，投资 2500 万元。

5 月 10 日 拙政别墅荣获"2013 年国际地产大奖亚太区最佳多栋物业五星大奖"。

5 月 12 日 吴中人民医院综合大楼正式启用。综合大楼总建筑面积 76000 平方米，增设床位 480 张。

5 月 15 日 文化部部长蔡武来苏州市考察京杭大运河苏州段申遗准备工作。

"两河一江"胥江、运河城区段环境综合整治工程二期道路基础设施工程启动。工程包含港务路、枣市街和胥江桥。

南环新村危旧房解危改造工程居民回迁工作正式启动。

5 月 16 日 苏州博物馆、苏州文化艺术中心、苏州火车站、昆山文化艺术中心、工业园区时代广场、苏州图书馆、苏州国际博览中心、高新区青山度假山庄、苏州美术馆新馆及文化馆新馆、高新区阳光新地（香格里拉）10 个项目获评苏州市十大优秀公共建筑。

苏州市地名办完成 1600 条老地名的资料收集、考证。

山塘片区自流活水计划启动。

5 月 18 日 苏州博物馆荣获由中国博物馆协会颁发的"2013 年度最具创新力博物馆"奖项。

苏州生肖邮票博物馆、苏州巧生炉博物馆和苏州古代石刻艺术博物馆正式开馆。

5 月 19 日 苏州工业园区举行庆祝开发建设 19 周年集中开工开业签约仪式，苏州新闻大厦、海格新能源客车研发制造基地、微创骨科医疗科技公司奠基开工。

5 月 22 日 苏州大学唐仲英医学研究院大楼在苏州大学独墅湖校区正式奠基。唐仲英医学研究院大楼建筑面积 8.8 万平方米，其中主楼高 100 米、长 110 米。

5 月 23 日 苏州市轨道交通 2 号线开始安装 AFC 系统（城市轨道交通自动售检票系统）。

苏州市古建老宅保护修缮试点工程潘祖荫故居维修整治（一期）通过竣工验收。

千年古塔瑞光塔抢修工程进入前期准备工作，这是该塔自 1987 年全面整修加固之后进行的首次大修。

5 月 25 日 苏州城镇化发展研究院在木渎正式成立。

5 月 28 日 经江苏省政府批准，吴江区汾湖镇更名为黎里镇。

浒墅关经济技术开发区在大阳山东麓举行国家级经济技术开发区揭牌仪式。同时，中国石坞三维数字文化科技园、苏州·中国丝绸文化产业创意园两个总投资 80 多亿元的文化创意产业项目正式开工。

苏州士林电机有限公司新厂区在高新区开工建设。新厂区 12000 平方米，总投资 3800 万美元。

5月29日 苏州市政府印发《苏州市城乡规划若干强制性内容的规定》。自 7 月 1 日起，苏州 6 类区域的规划和建设将依从新的强制性规定。

新加坡国立大学苏州研究院新大楼正式启用。

6月

6月4日 隶属苏州市"两河一江"改造工程的小桥浜地区改造涉及的 49 户居民全部测量评估结束。

6月5日 全国重点文物保护单位"天香小筑"修缮工程通过苏州市文物局组织的竣工验收。

高新区有轨电车 1 号线开始铺轨。

6月7日 苏州市市区保障性住房委托开发企业名录库正式对外公布，12 家有实力、有担当的企业获得承建资格。

6月8日 吴中区被列为中国生态文明研究与促进会首批联系点。

6月9日 苏州市轨道交通 4 号线宝带东路站正式开工。

6月13日 卡夫食品（苏州）的扩建工程——毕加索项目在苏州市正式动工。项目总投资约 5.45 亿元，厂房扩建面积约 3 万平方米。

古城区河道"自流活水"工程核心项目的娄门堰、阊门堰、娄东堰已陆续开建。

6月22日 苏州市召开美丽镇村建设工作会议，共有 16 个镇、71 个村被确定为美丽镇村示范点。

吴中太湖旅游区"太湖一级游客中心"正式落成。

6月23日 吴中太湖旅游区 AAAAA 级景区揭牌仪式在新落成的太湖一级游客中心举行。

常熟市古里镇城乡一体化示范小区——铁琴花园正式启用。

6月24日 苏州市轨道交通 2 号线首列车开始进入动车调试阶段。

6月26日 南环新村危旧房解危改造工程举行"交钥匙"仪式，总投资 23.5 亿元的苏州城区危旧房成片解危改造工程宣告完工。

改造前的南环新村（2010 年拍摄）

在建中的南环新村（2012 年拍摄）

南环新村（2022 年拍摄）

北园新村 72 幢建筑整体搬迁项目居民签约正式启动。

7月

7月2日　　　　吴中区东山镇陆巷古村古建筑——惠和堂经过整体修缮正式开馆。

7月3日　　　　苏南运河吴江段三级航道整治工程 WJ3 标段通过交工验收。

7月5日　　　　浒墅关开发区国资公司在位于大丰港区的苏盐合作工业园区内投资建设苏州阳山工业园。项目
总投资 30 亿元，总建筑面积约 40 万平方米。

7月6日　　　　吴中区举行 2013 年下半年度重大项目集中开工开业仪式，共涉及 133 个重大项目，总投资
689.8 亿元。

7月12日　　　城东新村搬迁正式启动。

7月14日	渔家村村庄整治与再利用项目的首个地面建筑新郭老街建筑设计方案已获市、区两级政府审批通过。
7月16日	吴江中学易地重建工程主体完工。
7月18日	苏州市政府召开全市重点项目推进会。截至6月底，200项苏州市重点项目共完成投资800.9亿元，占全年重点项目计划投资额的40.2%，开工项目165项，开工率为82.5%。
	张家港市委、市政府联合印发《张家港市现代化建设三年行动计划（2013—2015）》，提出以"810工程"为重中之重，深入实施"六大提升行动"，加快建设更具实力、更显美丽、更加幸福的现代化城市。
7月19日	《苏州历史文化名城保护规划（2013—2030）》在苏州市规划局网站上公示。这是苏州市第五次制定名城保护规划。
7月20日	苏州市轨道交通2号线石路站的艺术墙——"南濠寻仙"竣工。
7月23日	高新区举行全区村庄环境整治工作会议，高新区已累计投入资金7260万元对辖区自然村进行村庄环境整治，269个村庄环境面貌焕然一新。
7月24日	姑苏区召开老住宅小区环境专项整治媒体通气会。此次专项整治涉及的122个小区已完成107个。到7月底，全区专项整治工作将基本完成。
	2013年度全国建筑装饰行业"优秀项目经理""科技示范工程奖""科技创新成果奖"评选揭晓，苏州金螳螂建筑装饰股份有限公司共有54名项目经理获"优秀项目经理"称号；67个项目获"科技示范工程奖"；50个项目获"科技创新成果奖"。
7月25日	阿特斯位于苏州市的国家"金太阳"示范工程项目——30兆瓦"金太阳"示范工程项目顺利完工。
7月26日	经国家测绘地理信息局批准，数字苏州地理空间框架建设项目被列入2013年国家测绘地理信息局数字城市地理空间框架建设推广计划，苏州市成为国家数字城市地理空间框架建设推广城市。
	吴江区东西快速干线工程项目举行开工奠基仪式。该工程起自230省道，止于318国道，全长29.755千米，总投资33.4亿元。
	苏州轨道交通集团和国家开发银行苏州分行牵头的12家银行，签订了总金额近300亿元的苏州市轨道交通2号线延伸线、轨道交通4号线及其支线银团贷款合同。
	苏州大学附属儿童医院园区总院（暂定名）主体工程宣告结束。
7月28日	虎丘湿地公园协议搬迁项目城北段、白洋湾段启动搬迁签约。
	木渎凯马广场茶城一期工程正式开业。
7月31日	西交利物浦大学国际商学院、研究生院揭牌成立，南校区动工仪式同时举行。

8月

8月5日	住房和城乡建设部公布了2013年度国家智慧城市试点名单，全国103个城市上榜，其中苏州市吴中太湖新城和昆山市入选。
8月7日	苏州市轨道交通2号线主线通信系统安装施工项目顺利通过竣工验收。
8月11日	浒墅关开发区上塘片老镇改造安置房浒墅人家迎来首批分房。
8月12日	江苏省政府公布了江苏省第七批历史文化名镇名村，苏州市常熟古里镇入选省级历史文化名镇；吴中区东山镇杨湾村、三山村，金庭镇东村入选省级历史文化名村。

江苏省生态办组织有关部门对全省 13 个省辖市进行 2012 年度生态文明建设工程综合考核，苏州市得分为 373.6 分，位列全省第一。

太平天国忠王府与贝氏祠堂、王氏义庄保养性维修工程启动。

8 月 14 日   在吴中太湖新城永旺绿岛内，总长约 6600 米的智慧化管网系统开始实施。

8 月 15 日   苏州市轨道交通 2 号线天平车辆段的调度管理权、属地管理权、设备管理权全部移交给运营部门，该线路进入车辆试运行前的最后准备阶段。

苏州市自来水公司白洋湾水厂改建一期工程完工并正式通水。至此，苏州市自来水公司下属相城、胥江和白洋湾 3 个水厂均实现深度处理工艺。

8 月 17 日   第三届中法文化遗产保护志愿者工作营在平江路上举行开营仪式，两国志愿者们将在 10 多天里亲身参与文物古建的修复工作。

8 月 20 日   苏州市"两山一镇"环境整治生态提升工程规划开始向社会公示。"两山一镇"规划总面积为 617 万平方米，将使用园林设计手法实现木渎区域内"显山透绿、城在园中"。

8 月 21 日   江苏省委常委、苏州市委书记蒋宏坤率苏州市有关部门负责人来到姑苏区进行"改厕"工程专题调研。

苏州市轨道交通 2 号线人防工程顺利通过专项验收。

8 月 23 日   苏州高新区有轨电车 1 号线项目"无缝对接"高铁焊接技术施工正式开始，18 千米线路将"一根长轨"通到底。

8 月 24 日   苏州市两大生态建设工程——上方山石湖生态园、虎丘湿地公园扩建正式开工。

8 月 26 日   苏州市十五届人大常委会举行第八次（扩大）会议，会议审议并通过了《苏州市非物质文化遗产保护条例》《苏州历史文化名城保护规划（2013—2030）》。

《苏州市轨道交通近期建设规划（2015—2020）》的主要信息在中国苏州网公示。

8 月 27 日   《江苏吴江东太湖生态旅游度假区总体规划》获江苏省政府正式批复，成为全省新设立的 19 个省级旅游度假区中第一个获批的旅游度假区总体规划。

8 月 28 日   保障房 13 号 -A 地块桩基正式破土动工，苏州市区保障性住房四大片区进入实质性工程施工阶段。

8 月 29 日   吴江区新城吾悦广场项目正式启动。

8 月 30 日   第二批中国传统村落名录公示，苏州市 5 个村落榜上有名，分别为吴中区东山镇三山岛、吴中区东山镇杨湾村、吴中区东山镇翁巷村、吴中区金庭镇东村、常熟市古里镇李市村。

8 月   张家港市港城大厦新建工程、江帆幼儿园新建工程、江帆小学新建工程、常青藤实验中学改造工程竣工。

9 月

9 月 5 日   常嘉高速 A4 标率先在全线开展钻孔桩施工，常嘉高速工程正式开始施工。此次开工建设的常嘉高速主要是昆山至吴江段。

9 月 9 日   南环实验小学及附属幼儿园举行落成典礼。新校改造后占地面积达到 16772 平方米，相当于原先的 3 倍左右。

9 月 17 日   据苏州市地名委员会《关于同意命名"苏州湾"的批复》，东至吴江区东太湖大堤，南至太浦河口一线，西至吴中区东太湖大堤，北至东太湖梢的东太湖水域被命名为"苏州湾"。

龙湖时代天街项目、金鹰商业广场项目、港中旅新区一号项目、华能分布式能源项目、索山公园地下空间项目等一批狮山商贸区重点项目集中开工，总投资达到 155 亿元。

位于平江历史街区卫道观前的平江街道老年公寓在改造后正式投入使用。

9 月 21 日 苏州市轨道交通 2 号线开始为期 3 个月的试运行。

9 月 22 日 苏州市政府 2010 年十大民生实事工程之一的苏州市社会福利总院一期工程正式完工。苏州市社会福利总院位于相城区新福路 700 号，占地面积 6 万平方米，总建筑面积 8.36 万平方米，一期工程总投入 4.28 亿元。

苏州市社会福利总院（2022 年拍摄）

9 月 23 日 苏州大学西大门处的博习医院"金砖门诊楼"进行修复性整容。

9 月 24 日 张家港市沙洲湖大桥竣工。

9 月 25 日 北园新村 72 幢建筑整体搬迁项目居民签约全部完成。

9 月 28 日 2013 年度保障性住房贷款专场在干将路的公积金中心营业大厅举行。

9 月 29 日 苏州市第二批危旧房梅巷片区、解放新村片区改造工程同日开工建设。

娄门堰、阊门堰正式建成通水。

吴江区苏州绿地中心超高层项目正式启动，规划高度 358 米。

9 月 30 日 吴江区七都老街改造完工，打造现代苏式风格的街面景观。

10月

10 月 1 日 石公山码头经过改造提升，正式恢复通航。

10 月 9 日 美丽城镇 12 项技术标准全部制定完成。标准由苏州市住建、市容市政、水务、商务和公安 5 个部门参与制定，包括整治老旧小区、整治街头巷尾、规范占道经营、规范广告店招等。

10 月 12 日 苏州太湖国家旅游度假区重大旅游、基础设施项目集中开工仪式在太湖大桥一号桥堍举行，包括太湖大桥"姊妹桥"、渔洋山隧道、度假区环太湖公路等在内的 19 个项目集中开工，涉及总投资

2013

154.9 亿元。

10 月 15 日　　苏州市轨道交通 4 号线首段隧道开挖，将穿过黄埭塘和苏虞张公路。

10 月 16 日　　昆山市上海轨道交通 11 号线花桥站启用。

10 月 21 日　　高新区浒墅关老镇改造第七期征收签约启动。

10 月 24 日　　三菱树脂聚酯膜（苏州）有限公司在高新区举行竣工典礼，投资总额将达 15 亿元，一期占地 5.89 万平方米。

　　　　　　　　花园路改造工程（吴江经济技术开发区路段）基本完成。

10 月 25 日　　江苏省政府批复同意《苏州历史文化名城保护规划（2013—2030）》。

　　　　　　　　姑苏区总投资 99.92 亿元包括姑苏软件园、天赐庄项目定销房在内的 15 个项目集中开工、竣工。

10 月 26 日　　高新区横塘老镇改造启动二期房屋签约。

10 月 28 日　　常熟市保障性安居工程晨枫家园项目开工建设，小区规划设计总建筑面积 10.43 万平方米，计划建设保障性住房 1017 套。

10 月 29 日　　苏州文博中心奠基暨吴江区重大项目集中开工仪式在太湖之畔举行，包括苏州文博中心在内的 72 个项目，总投资达 480 亿元。

10 月　　　　　苏城商务中心投建。该项目总规划建筑面积 11.55 万平方米，总投资额约 12 亿元。

11 月 1 日　　太仓市沿江高速公路上海路匝道通车。

11 月 4 日　　古建老宅保护修缮工程项目协议搬迁定销房正式挂牌工作在平江路混堂巷、猛将弄 2 号展开。11 月 4 日是潘世恩故居和钮家巷王宅搬迁地 49 户居民的正式挂牌日。

11 月 5 日　　苏州丝绸博物馆整治提升工程举行开工仪式。该工程计划新建展馆 2629 平方米，主体建筑外立面改造 2667 平方米，广场及周边景观改造 3400 平方米。

　　　　　　　　木渎"两山一镇"生态提升工程中"疏径"规划的一部分——灵天路及慢行绿道系统正式开工建设。

　　　　　　　　改建一新的金仓粮食物流中心正式投入运行。

11 月 6 日　　苏州市被授予"国家公共文化服务体系示范区"称号。到 2013 年 6 月止，全市公共文化设施总面积比创建前净增 12 万平方米，人均公共文化设施面积达 0.25 平方米，位居全国同类城市前列。

11 月 7 日　　苏州市政府与中信银行总行签订战略合作协议，苏州市 63 个重点项目将获得中信银行信贷支持。

11 月 9 日　　苏州市轨道交通 2 号线试运营前安全评价报告通过评审。

11 月 12 日　　2012—2013 年度第十届苏州十大明星楼盘暨苏州十大明星房地产企业、苏州明星商业地产评选揭晓，30 个优秀企业及项目入选。

　　　　　　　　张家港市水上乐园项目在苏州江南农耕文化园三期工地开工奠基，项目总投资近 8000 万元，占地 4.2 万平方米。

11 月 13 日　　娄门城墙的城楼与新建城墙主体结构已基本完工。

11 月 14 日　　苏州市轨道交通 2 号线 04 标项目荣获"2013 年全国 AAA 级安全文明标准化工地"称号。

11 月 15—17 日　受江苏省交通运输厅和苏州市交通运输局的委托，上海市交通运输行业协会、江苏省交通运输协会在苏州市共同组织召开苏州市轨道交通 2 号线试运营基本条件评审会。最终形成评审意见，认为"苏州市轨道交通 2 号线工程已经达到了试运营基本条件的要求"。

11月18日　　苏州状元宰相潘世恩故居重修工程完工，这是苏州市启动古建老宅修缮工程以来完成的第三个试点项目。

全国重点文物保护单位苏州文庙主体建筑大成殿抢险加固与修缮工程正式开工。

由苏州市园林和绿化管理局参与建设的江苏展园——"忆江南"在第九届中国（北京）国际园林博览会上获得5个最高奖项。

11月21日　　2013年度苏州市区廉租住房摇号配租举行，96户家庭通过摇号获得所申请的廉租房。配租房源位于梅亭苑等地。

11月23日　　苏州城墙博物馆开馆暨相门城墙文化休闲景区举行启幕仪式。

11月25日　　由苏高新集团开发的苏州高新广场项目荣获"2012至2013年度国家优质工程奖"。

苏州高新广场（2022年拍摄）

11月27—28日　　江苏省政协主席张连珍到张家港市调研城镇化和城乡发展一体化情况。

11月28日　　《苏州市吴文化地名保护名录》出炉，首批收录992条地名。

苏州市交通运输部门发布配套苏州市轨道交通2号线的公交线网优化规划。该方案共涉及线路26条，其中新辟线路7条，优化调整线路15条，试点微型公交线路1条，增加停靠站线路3条。

11月29日　　《苏州市古村落保护条例》正式发布。

11月　　苏州市区部分市管道路地下管线进行补测工作，共涉及道路66条，预计管线累计长度1000千米左右。

12月6日　　苏州市政府出台《苏州市逐步禁止公共绿化、道路冲洗使用自来水工作的实施意见》，将通过工程、管理等综合措施，利用再生水、河水、雨水作为替代水源。

苏州市河道管理处启动干将河河道清淤工作。干将河清淤范围东起环城河、西至学士河，河道全长2.8千米。

12月15日　苏州市排水公司首次对西环路污水主管网进行大规模清淤，并使用了新设备——"管道机器人"。

12月18日　横跨胥江运河的静波桥正式合龙。

12月19日　2013年度苏州市城区保障房进行公开摇号，符合此次摇号条件并参加摇号的申请家庭共715户。其中，完全出售型493户，共有产权型222户。

12月20日　京杭大运河吴江段古纤道二期修缮工程启动。二期修缮工程占古纤道总长度的80%以上，修缮过程中将尽量使用原有材料，最大限度还原古纤道历史风貌。

12月23日　总投资9.1亿元的金庭镇环岛公路全面贯通。该路全长42千米，路面宽度16米（局部小于16米），包括隧道1座、中小桥梁33座。

　　　　　　苏州市轨道交通2号线配套电源工程——220千伏沧浪变电站成功启动投运。

12月26日　姑苏区所有区管桥梁首次"全面体检"顺利完成。姑苏区住房建设和市容市政局根据检测报告，对桥梁技术状况、完好程度进行综合评定，其中A类（完好）桥308座，B类（良好）桥10座，D类（不合格）桥14座，无危桥。

　　　　　　吴中区穹窿山景区、高新区大阳山国家森林公园和阳澄湖莲花岛生态旅游区通过验收，被批准为省级生态旅游示范区。

12月27日　苏州市轨道交通2号线延伸线05标新发路站至星华街站盾构区间隧道顺利贯通。

　　　　　　古城墙保护修缮二期工程竣工。二期工程共修缮3段城墙，分别是娄门段城墙、姑胥桥以北段城墙和齐门桥以东段城墙。

　　　　　　苏州市公共医疗中心开工建设，选址相城区太平街道花倪村，由苏州市广济医院和苏州市五院迁址新建两个部分组成。

12月28日　总投资23亿元的苏州市城区居民家庭"改厕"工程宣告基本完成。

　　　　　　苏州市轨道交通2号线正式开通试运营。

　　　　　　苏州高新区西京湾生态农场项目开工建设。西京湾生态农场位于苏州市西部生态城镇湖街道太湖村的农业生产区域，规划面积253.67万平方米，总投资将达10亿元。

　　　　　　人民路综合整治提升工程正式启动。工程的实施范围北起平门桥、南至团结桥，全长约5.73千米。

12月29日　吴江区新同里中学主体建筑竣工。

12月30日　高新区有轨电车1号线正式实现全线"轨通"。

12月31日　江苏省发改委正式批复，同意南京大学常熟生态研究院立项建设江苏省湿地修复工程实验室，开展湿地修复工程等技术研究。

　　　　　　苏州市水利部门对沧浪新城高架河、顾家河、九曲港、南庄浜、吴埝港、一号河、友新河、张家浜共8条河道，采用先带水再干河的办法进行清淤。

　　　　　　吴江区桃源老街综合改造通过验收。

12月　　京杭大运河申遗苏州古城段顺利通过评估验收。

　　　　　　虎丘山风景区花神庙、孙武祠开工建设。建设项目总投资6700万元，占地6.72万平方米，其中孙武祠项目用地1.16万平方米，花神庙及花卉观赏园项目用地5.56万平方米，建筑面积共计3600平方米。

　　　　　　沧浪亭综合整治改造工程顺利完工。该工程投入资金450余万元，对园内排水系统进行全面改造。

　　　　　　张家港市杨锦公路改造工程完成。该工程总长12.6千米，总投资1.88亿元。

　　　　　　张家港市一干河（沙洲湖）应急水源厂建设项目完工。该工程总占地面积6308平方米，投资概算3647万元。

2014 年度

大事记

苏 州 城 建 大 事 记

1月

1月3日　常熟市重要民生实事工程——常熟市第二生活垃圾焚烧发电厂点火试运行。

1月5日　相城区启动城市中央生态区和滨湖景观带两大生态工程，总面积116.4平方千米。

　　　　　新南环农贸市场投入使用。

1月6日　苏州市启动石湖水环境提升工程。

1月8日　吴中区通过2013年度创建江苏省"土地执法模范县（市、区）"省级考核验收，获2013年度江苏省"土地执法模范区"称号。

1月12日　2013年苏州市十大民心工程（第十二届）评选颁奖仪式在苏州市会议中心举行。古城河道"活水自流"、苏州市轨道交通2号线开通试运营、城区居民家庭"改厕"任务完成、古城墙修复二期工程、南环新村危旧房改造工程如期交房、全市新改扩建100所幼儿园、公积金扩面提升工程、全市养老服务体系建设、医疗卫生体系优化健全工程、城区农贸市场标准化建设改造工程10个项目被评为2013年苏州市十大民心工程。

1月13日　江苏省住建厅、江苏省综改办等部门的领导专家来吴中区，对吴中区的2013—2014年省级规划建设示范村工作进行验收。

1月14日　苏州市2014年实事项目经苏州市十五届人大三次会议审议通过，共10个方面30项。其中涉及城市建设的有：全市新建37所小学、幼儿园，实施74所外来工子弟学校标准化建设；建成投用苏州大学附属儿童医院园区总院，建设苏州科技城医院、苏州大学附属第一医院迁建项目二期工程和姑苏医院；实施苏州市妇女儿童活动中心迁址新建工程；建设苏州博物馆城，新增苏州图书馆分馆10个；实施虎丘地区综合改造和桃花坞历史文化片区综合整治保护利用工程；等等。

　　　　　苏州市推荐申报的3个镇——吴中区木渎镇、昆山市淀山湖镇、常熟市梅李镇获评第四批"国家园林城镇"。

1月16日　总投资108亿元的30个重点项目在高新区浒墅关镇集中开工开业。

　　　　　虎丘湿地公园项目白洋湾段二期未经登记建筑认定工作顺利结束。

　　　　　苏州园林建成"基因"数据库，9座世界遗产园林建筑物三维扫描完成。

　　　　　苏虞生物医药产业园自建区工程项目在常熟新材料产业园开工建设。

1月20日　《苏州市区镇村布局规划》在苏州市规划局网站上公示。

1月21日　娄江立交桥梁主体工程顺利贯通。

　　　　　太湖新城地名规划方案公示。

1月22日　住房和城乡建设部村镇建设司副司长赵宏彦、国土资源部土地利用管理司地用处调研员黄清和江苏省住房和城乡建设厅副厅长刘大威一行，来吴中区东山镇陆巷村和杨湾村调研中国传统村落保护工作。

1月23日　吴江区苏嘉杭高速吴江互通综合改造工程、江陵东路东延工程通车。该项目总投资约4亿元。

1月28日　太湖湿地保护小区划定，总面积近800平方千米，含6个岛屿。

　　　　　常熟市碧溪新区城乡统筹垃圾处理与资源化利用项目、昆山市陆家镇小城镇人居环境建设项目荣获2013年中国人居环境范例奖。

2月

2月12日　苏州市委、市政府在高新区科技城举行重大项目春季集中开工仪式，此次集中开工的重大项目共有 422 个，总投资达 2812 亿元。

2月13日　泰伯庙内的泰伯、仲雍和季札 3 尊雕塑造像重建工作完成。

2月15日　管道液化气退出苏州工业园区。

2月18日　苏州市水利工作会议召开。2014 年水利部门将着力于七浦塘拓浚整治、东太湖整治、长江边滩整治、河道疏浚，以及苏州大市范围基础水利数据库建设等六大主要工程。

2月19日　在住房和城乡建设部与国家文物局最新公布的第六批中国历史文化名镇（村）中，苏州市共有 3 个镇、3 个村入围。

　相城区举行项目集中开工仪式。30 多个项目在苏相合作区、高铁新城和相关镇、街道破土动工，总投资超过 100 亿元。

2月20日　江苏省第九届园博会园博园总体规划设计方案评审会在吴中区召开。

2月24日　苏州工业园区召开星港街隧道工程新闻发布会。计划于 2014 年上半年开工的星港街隧道工程初步设计总概算约 28 亿元，2014 年计划完成投资额 4.5 亿元。

　木渎古镇开始对山塘街、下沙塘两条老街进行改造提升。

2月25日　苏相合作区东部综合片区控制性详细规划完成编制。

2月26日　《关于〈苏州市吴江区震泽历史文化名镇保护规划〉的决议》正式出台。

　苏州市规划部门公布甪直镇、东山镇陆巷村、金庭镇明月湾村等历史文化名镇、名村的保护规划。

　苏州市中环快速路吴淞江大桥开建，大桥上跨苏申内港线航道，设计为双向十车道，单幅跨度达 24.6 米。

　东山镇陆巷村把古村最古老的明代建筑——遂高堂打造成洞庭商帮博物馆。

2月27日　《市政府关于下达苏州市 2014 年全社会固定资产投资和重点项目计划目标的通知》印发，确定 2014 年全社会固定资产投资的预期目标为 6780 亿元，并确定重点项目 210 项，总投资 10973 亿元，当年计划投资 2088 亿元，其中，重点考核项目 50 项，总投资 5235 亿元，当年计划投资 883 亿元。

2月28日　高新区有轨电车 1 号线一期工程外电接入顺利完成。

2月　苏州市立医院东区投资 400 余万元，将医院东南侧 5000 余平方米的停车场改建成花园广场并正式启用。

3月

3月1日　沪通铁路建设项目的核心部分沪通铁路跨江大桥正式开工建设。沪通铁路在苏州市共设 5 个站，将结束张家港市、常熟市、太仓市没有铁路的历史。

3月7日　总建筑面积 47000 多平方米、总造价 2.78 亿元的常熟市老年公寓建设工程顺利推进。

　苏州工业园区公共卫生中心正式破土动工。

3月10日　木渎镇胥江城静波桥建成通车。至此，胥江城片区交通主干道长江路南延通车。

静波桥（2022 年拍摄）

3月11日　　苏州市保障房 1 号地块项目搬迁工作召开动员大会，搬迁工作正式启动。

怡养老年公寓的体验中心正式对外开放。

3月18日　　苏州市召开 2014 年度苏州市生态文明建设十大工程推进会。截至 2013 年年底，生态文明建设十大工程共完成投资 252.2 亿元，43 项已完成或基本完成，37 项在建。

苏州市房地产经纪业商会正式成立。

姑苏区虎丘湿地公园协议搬迁项目白洋湾段二期正式启动现场签约工作，本次搬迁范围涉及张网村和新渔村（部分）的 656 户居民、46 家企业。

3月19日　　苏州市政府出台《加强太湖苏州湾水域管理和保护的意见》（以下简称《意见》）。《意见》明确太湖苏州湾水域管理保护范围内新建、改建、扩建项目，不得随意占用水域、滩地。

苏州市规划部门公布苏福单元控制性详细规划。苏福单元规划范围东起外城河至盘胥路，西至京杭大运河，北自胥江，南到南环快速路，用地东西宽约 2.7 千米，南北长约 1.9 千米，规划总用地面积 3.99 平方千米。

浒墅关开发区阳山花苑三期项目开始分房，361 个家庭的动迁农民将可分享 700 套以上的动迁安置房，平均每户可分得两套住房。

虎丘综合改造指挥部邀请文史专家拟定一份包括 200 个候选地名的地名库资料，为虎丘综合改造过程中即将新建、改建的若干道路、桥梁、河道等公共设施提供命名依据。

3月21日　　国家知识产权局专利局专利审查协作江苏中心一期业务用房落成启用。

3月23日　　苏州工业园区公布苏安新村危旧房改造工程最新控制规划方案和安置补偿办法。

3月24日　　《白马涧地区规划提升完善方案》编制完成。

苏州市荣获第三届李光耀世界城市奖。

3月25日　　苏州市建筑节能行业协会正式成立。

3月26日　　苏州市轨道交通 4 号线 05 标顺利通过观前街站，观前街站至乐桥站区间基坑开挖节点验收，工程进入主体结构施工阶段。

3月27日　　高新区举行苏州大学附属第二医院高新区医院改扩建项目开工奠基仪式。

3月29日　　黄埭镇新巷村启动良荡河生态改造。

3月30日　　国家发改委正式批复，同意将苏州市列为"国家发展改革委城乡发展一体化综合改革试点"。

3月　　　张氏义庄、亲仁堂保养性维修及改造工程通过苏州市文物局的竣工验收。

虎丘综合改造指挥部邀请东南大学朱光亚设计团队部分专家，实地踏勘山塘四期范围内有关建筑物、构筑物。

4月

4月3日　苏州盐城沿海合作开发园区举行重大项目集中开工仪式，共有总投资20亿元的10个项目集中开工。

4月9日　高新区有轨电车1号线首辆列车在中国南车集团南京浦镇车辆有限公司正式下线，高新区有轨电车1号线车辆正式进入交付使用阶段。

高新区有轨电车1号线车辆正式进入交付使用阶段。

中铁第四院勘察设计院集团有限公司、苏州高新有轨电车有限公司举行签约仪式，成立华东有轨电车交通设计院。

苏安新村危旧房改造工程新一轮入户调查工作全面启动。

4月10日　虎丘地区综合改造工程312国道路北区域地块协议搬迁工作进展顺利。该区域选择虎丘定销房A地块和泰家园的涉征居民开始挂牌选房。此次有6种房型可供240余户居民选择。

4月11日　高新区与中国电信苏州分公司举行"智慧高新区"建设战略合作协议暨"苏州科技城太湖国际信息中心"项目合作协议签约仪式。

苏州德威国际学校举行中学部大楼落成典礼。

4月12日　《高新区有轨电车2号线工程可行性研究报告》通过由上海市城市建设设计研究总院组织的专家评审。

4月16日　苏州市太湖苏州湾水域管理办公室正式挂牌。

4月17日　《人民日报》、新华社、《光明日报》等8家中央媒体来到苏州市，开展"水生态文明建设巡礼"采访活动。

4月22日　姑苏区政府、苏州国家历史文化名城保护区管委会与苏州科技学院签订共建协议书，苏州国家历史文化名城保护研究院正式成立。

4月23日　苏州火车站北广场汽车客运站城市候机楼正式启用。这是苏州市首个可直达苏南硕放、上海虹

苏州火车站北广场汽车客运站城市候机楼（2022年拍摄）

桥、上海浦东 3 个机场的城市候机楼。

4 月 24 日　　江苏省委副书记、省长李学勇来苏州市吴江区调研城市环境综合整治情况。

工业园区阳澄湖水厂一期工程全部完工。

4 月 26 日　　高新区省级自驾游基地——西部生态城以高分通过江苏省考核检查组验收。

4 月 29 日　　《苏州市生态补偿条例》公布。

4 月 30 日　　《苏州市区 2014—2015 年道路交通排堵促畅工作方案》出台，苏州市住房和城乡建设局负责道路及公共停车设施建设。

4 月　　孙武文化园建成。该园位于穹窿山三茅峰下的仓坞和茅蓬坞境内，总面积 36.7 万平方米，总投资约 5 亿元。

太仓市现代化养老机构——颐悦园正式启用。

孙武文化园（2022 年拍摄）

太仓市颐悦园（太仓市建设档案馆藏　2013 年拍摄）

5月

5月4日	太仓市规划展示馆正式建成并对外开放。
5月8日	苏州市人大常委会主任杜国玲率调研组赴姑苏区平江街道走访调研古城保护和历史文化街区建设情况。
5月9日	《苏州市绿色建筑工作实施方案》正式对外公布。
	市区中低收入家庭住房保障收入标准调整，其中，低收入家庭收入标准从人均月收入 1600 元以下调整到人均月收入 1750 元以下；中等偏低收入家庭收入标准从人均月收入 2300 元以下调整到人均月收入 2750 元以下。
5月14日	苏州市住建部门公布保障性住房建设工程建筑设计企业名录库申报条件等内容。该名录库将采用企业自愿申报，根据评分标准对申报企业进行综合评分，并按分值排名，择优录取的方式确定。该名录库有效期两年，入选企业每年将进行考评。
5月17日	修葺一新的泰伯庙正式对外开放，吴门书道馆于同日开馆。
5月18日	苏州工业园区高垫庙举行落成典礼暨神像开光庆典。
	相城区非物质文化遗产展示交易馆在元和文化创意产业园内开馆。
5月22日	苏州市渔家村文化旅游项目首期工程——新郭老街正式开工建设。该项目是石湖景区和上方山"三园"工程的二期工程，规划用地面积约 21.5 万平方米，预计总投资约 16.5 亿元。
	苏州市住建部门对全市的保障性安居和公共建筑工程的质量安全展开检查并通报检查结果。此次共检查在建工程项目 30 个，建筑面积 169.7 万平方米。
5月23日	2014 年吴中区甪直镇重点项目集中开工开业仪式举行。72 个重点项目包括竣工项目 30 个、开工项目 42 个，总投资近 50 亿元。
	北京外国语大学附属苏州湾外国语学校在吴江太湖新城开工建设。
	吴文化研究会部分专家考察东山古镇，把脉当地正在进行的西街改造及配套项目工程。
	张家港市 110 千伏智能变电站永河变电站成功投运。
5月25日	位于吴江区同里镇的苏州古典园林退思园水系生态修复工程启动。
5月26日	苏州市召开加强国家历史文化名城保护工作推进会，对进一步加强名城保护工作进行全面再动员。
	苏州市住建部门下发通知，要求全市各在建工程有运输需求的单位，要与有资质的运输企业签订运输合同，并报工程所在地住建部门及其安监机构备案。
	木渎镇"两山一镇"动迁安置小区玉景花园举行奠基仪式。该园占地面积约 15.3 万平方米，总建筑面积近 50 万平方米，总投资约 15 亿元。
5月27日	苏州市《有轨电车交通管理办法（草案）》出台。
	金诚集团苏南总部大楼举行开工仪式。该项目地处高新区"金条计划"中心区域，总建筑面积 5.2 万平方米，总投资额将超过 6 亿元。
5月28日	苏州市领导实地察看人民路综合整治提升工程进展。
5月29日	苏州市人大常委会主任杜国玲率队来到震泽镇，督办震泽历史文化名镇保护规划落实情况。
	娄江快速路星湖街立交完善工程的各条道路相继建成通车。
5月	高新区浒墅关镇老镇改造安置房——红叶花园迎来首批分房。

2014

6月

6月3日　　　　苏州市委召开双月座谈会，向应邀出席会议的苏州市各民主党派、工商联负责人和无党派代表人士通报"两山一镇"环境整治生态提升工程建设情况，并为加快推进"两山一镇"建设征求意见建议。

6月6日　　　　国家旅游局党组副书记、副局长王志发代表国家旅游局将"古城旅游示范区"牌授予苏州国家历史文化名城保护区、苏州市姑苏区。

6月11日　　　环保部对《苏州市城市快速轨道交通建设规划（2010—2015）调整环境影响报告书》出具审查意见，评价结论总体可信。

　　　　　　　　占地面积59000平方米、总投资近5000万元的常熟市新材料产业园生态湿地处理中心一期工程顺利竣工并成功试运行。

6月13日　　　苏州市首座风力发电厂正式投运，位于阳澄湖畔的康盛风电输变电工程成功实现"倒送电"。

6月17日　　　虎丘湿地公园白洋湾段二期协议搬迁项目第二奖励期顺利结束。涉迁的656户村民中631户已签订搬迁协议，签约率达96.2%。

　　　　　　　　杨素路修复工程正式启动。

6月19日　　　全国人大常委会副委员长吉炳轩到张家港市调研城乡一体化、新型城镇化等方面情况。

　　　　　　　　苏州市领导赴相城区召开高铁新城、苏相合作区建设现场推进会。

6月22日　　　京杭大运河被批准列入《世界文化遗产名录》，苏州古城成功以"古城概念"申遗。

京杭大运河（2022年拍摄）

6月23日　　　吴江区苏州绿地中心超高层项目动土仪式举行，358米超高层项目进入全面快速施工阶段。

　　　　　　　　苏州文庙大成殿抢险加固与修缮工程完工。

6月24日　　　苏州市轨道交通4号线首个区间南门路站至团结桥站双线全部贯通。该区间单线长818米，由北向南沿人民路下穿至东吴北路团结桥站。

　　　　　　　　落户苏州工业园区的硅品科技（苏州）有限公司举行三期项目开工仪式。

6月25日	苏州市文物局组织瑞光塔维修工程竣工验收。
6月26日	太湖流域水环境综合治理走马塘拓浚延伸常熟段工程顺利通过省级投入使用验收。
6月27日	姑苏区、高新区、工业园区、吴中区部分区域实现天然气管网覆盖，苏州主城区正式告别"管道煤气时代"。
6月28日	苏州高新区有轨电车1号线试运行。
6月30日	位于苏州工业园区的金红叶光伏电厂20兆瓦项目整体并网发电。
6月	苏州工业园区唯亭街道青剑湖景区景观提升工程启动。

张家港市第一人民医院妇儿楼扩建工程竣工。该工程投资概算1.96亿元，建筑面积4.04万平方米，建筑高度74.2米，地上17层，地下1层。

张家港市第一人民医院妇儿楼（张家港市城建档案馆藏　2015年拍摄）

7月

7月1日	江苏省通报2013年各省辖市生态文明建设工程考核情况，苏州市以380.8分的成绩位居全省之首，连续两年蝉联第一。
7月5日	长湖申线大桥全桥贯通，苏震桃公路吴江南段全线贯通。
	苏州市轨道交通2号线延伸线东方大道站至独墅湖南站区间右线盾构机穿越苏州运河，实现对苏州运河的双线穿越。
7月6日	白塘西延工程完成实现通水，为"自流活水"提供第二水源。

7月7日	苏州市领导调研七浦塘拓浚整治工程。
7月10日	作为姑苏区2014年政府实事项目工程之一的石路街道幼儿园改造提升工程启动。本次改造提升工程涉及彩香村幼儿园及彩香一村第二幼儿园，改造面积达795平方米。
	山塘四期（一期）地块涉征居民完成挂牌选房，可选择的房源均来自和泰家园小区。
7月17日	苏州市轨道交通4号线汽车客运站至庞金路站隧道贯通，该线路双线穿越京杭大运河。
7月18日	姑苏区首台厨余垃圾生化处理机在长风别墅小区投入使用。
7月21日	吴江中专异地新建工程主体完工，9月1日将正式启用。
7月23日	三元四村老新村改造项目正式启动。
7月25日	苏州市轨道交通4号线团结桥站主体结构顺利通过分部验收。该站全长174.6米，为地下两层岛式车站。
7月28日	常熟市三环路快速化改造工程东南环高架桥面系统全面通车。
7月31日	经江苏省住房和城乡建设厅、江苏省财政厅批准，张家港市被确定为"江苏省绿色建筑示范城市"。
7月	张家港市农村供水改造工程开工。该工程主要涉及张家港全市规划保留村庄（含阶段性保留村庄）213个，改造63818户。

8 月

8月1日	苏州城区二次供水设施改造正在加速推进。截至8月1日，已完成改造的小区48个，正在进行改造的小区14个，预计2014年年底全部完成，受益居民5万户。
8月12日	苏州市轨道交通2号线延伸线04标的金谷路站至松涛街站右线隧道顺利贯通，该区间实现双线贯通。
8月20日	高新区枫桥街道马涧市民服务中心建成。该中心占地面积1.2万平方米，建筑面积近2.8万平方米，总投资约1.7亿元。

马涧市民服务中心（2022年拍摄）

8月24日	梅巷危旧房改造工程回迁挂牌工作正式启动，本次回迁挂牌涉及被征收居民927户。
8月28日	作为东山镇2014年政府实事工程的三山岛二路电源湖底电缆埋设工程施工正式启动。
8月	暑期苏州市教育局分别对田家炳高中、田家炳初中、苏州市第一初级中学、苏州市第六中学等学校的建筑进行加固、维修；同时对一些学校的水电、道路、消防通道、绿化景观等进行改造和维护；继续对苏州市第一中学、苏州市第三中学等学校进行大规模改造，对南环中学实施原地重建。
	苏州市唯一保存较为完好的抗倭遗迹、位于枫桥风景名胜区的铁铃关保养工程启动。

9月

9月5日	北环快速路隧道5座泵房开始改造。
9月8日	苏州市轨道交通4号线08标宝带东路站至石湖路站区间左线隧道顺利贯通。
9月10日	金阊新城绿台桥、芝墙上地区旧城改建项目全面启动。
9月11日	太仓港综合保税区通过海关总署、财政部、发改委等十部委的联合验收。
9月12日	总投资约100万元的叶圣陶纪念馆维修改造工程完工。
9月15日	城北街道汇翠花园、华恒家园、苏江花园3个定销房小区正式启动综合整治工程。此次定销房小区综合整治工程共分为市政工程和智能化工程两大部分，总投资约200万元。
	石湖沿线越城河、横三河、邵昂河、跃进河4条河道的清淤疏浚完工。
9月16日	江苏省城市河道环境综合整治现场会在苏州市召开。
	位于平江新城的嘉裕花园获2014年度"詹天佑优秀住宅小区金奖"。
	现代化农产品物流园的详细规划在苏州市规划局网站上公示。
9月17日	金阊新城北部幼儿园项目正式启动建设。该幼儿园位于藕前路与新开河相交处，用地面积1万多平方米，总投资约6193万元，建成后能够容纳700多名学生就读。
9月18日	吴江区松陵大道（笠泽路站至江库路站）通车，并在城区设置首个路面引导。
9月21日	李公堤四期文化创意街区正式开街。至此，从2005年开始建设、总面积32万平方米的李公堤项目已全部建设完毕。
9月24—26日	江苏省交通运输厅在苏州市组织"苏州市有轨电车1号线工程试运营基本条件评审会"。高新区有轨电车1号线通过评审，已具备试运营基本条件。
9月28日	姑苏区市民文化活动中心新馆正式落成，面向市民开放。该中心建筑面积约13000平方米。
9月29日	苏州市人大常委会主任杜国玲率苏州市人大常委会视察组专题视察城区水环境治理情况。视察组一行先后实地察看了胥江河道清淤工程、苏州市福星污水处理厂加盖除臭工程、石湖片区调水引流工程进展情况。

10月

10月1日	盘门景区三大景观之一的瑞光宝塔经过抢救性维修、保养、检测与鉴定，正式对外开放。
	苏州革命博物馆提升改造工程全面竣工，并免费对外开放。
10月6日	苏州设计师陈天趣的作品《斜塘老街》一期设计文本获"2014美丽奖·世界园林景观规划设计

大赛"专业组金奖,其本人获"中国古建园林年度资深设计大师"奖项。

10月10日 常熟市地理标志性建筑——南宋方塔大修竣工开放。

10月15日 全晋会馆开始维修,这是该馆自1984年以来首次整体维修。

沪通铁路太仓段开工建设。

10月16日 苏州市民生实事工程——高新区渔洋街的苏州市怡养老年公寓试运行。

苏州市怡养老年公寓(2022年拍摄)

10月17日 三山岛传统村落保护发展规划对外公示。

10月18日 苏州工业园区—相城区合作经济开发区首个邻里中心项目——漕湖邻里中心正式开业。该中心建筑面积2.58万平方米,总投资1.2亿元。

10月22日 苏州市轨道交通4号线04标北寺塔站至观前街站盾构顺利始发,盾构机将下穿观前商业地带。

10月24日 位于金阊新城的和美家园如期交房。该项目是苏州市重点实事工程,为市区大型经适房和定销房项目。

和美家园(2022年拍摄)

木渎镇胥江城片区控制性详细规划在苏州市规划局网站上公示。

高新区浒墅关老镇改造第八期、第九期征收签约启动。

10月25日 绿叶集团生物美容产业园落成投产典礼在高新区浒墅关举行。

10月26日 经过省市交通部门的批复，苏州高新区有轨电车1号线正式更名为"苏州市有轨电车1号线"，苏州市今后再建的有轨电车线路将统一命名为"苏州市有轨电车×号线"。

苏州市有轨电车1号线正式宣告通车试运营。

苏州市有轨电车1号线（2022年拍摄）

苏州市轨道交通2号线延伸线工程的自动扶梯项目正式在金谷路站施工。该工程建设进入机电设备安装阶段。

国内首家现代有轨电车产业联合体在苏州市成立。

姑苏区、苏州国家历史文化名城保护区迎来成立两周年纪念日。全区21个重点项目集中开工、竣工。

10月27日 《苏州市工程质量治理两年行动实施方案》公布。

10月30日 城区首个公租房项目——福运公寓开始交房入住。该公寓位于晋源桥东南塬，总建筑面积超过10万平方米，由7幢高层建筑构成。

福运公寓（2022年拍摄）

东环快速路南延（吴江段）的主体工程——跨吴淞江大桥正式合龙。

10月 沪通铁路太仓段开工建设。

11月

11月2日 高新区浒墅关镇的苏钢家属区正式启动协议搬迁，首日签约率为97.7%。

11月3日 市区2014年将有78户最低收入住房困难家庭确认参加本年度廉租房配租摇号。

11月5日 太湖新城吴中片区（启动区外）控制性详细规划对社会公示。

11月7日 苏州市5个村落入选第三批中国传统村落名录，分别是吴中区金庭镇衙角里村、吴中区金庭镇东蔡村、吴中区金庭镇植里村、吴中区香山街道舟山村、昆山市千灯镇歇马桥村。

11月8日 苏虞张公路相城城区段（苏蠡路至阳澄湖西路）实施封闭改造工程，并永久取消。

11月上旬 第九届江苏省园博会园博园总体规划方案获批复，主展园率先开工建设。

11月11日 苏州市领导察看石湖区域水环境提升工程、上方山石湖生态园工程、苏州市电梯应急救援指挥中心、苏州大学附属第一医院迁建二期工程、1号保障房地块城中村改造项目、苏州市妇女儿童活动中心迁建项目等实事项目，并召开现场推进会。

苏州市住房和城乡建设局召开绿色建筑主题宣传通气会，

从 2015 年开始，苏州全市城镇新建民用建筑将全面按一星及以上绿色建筑标准设计建造。

11 月 15 日　　相城区黄埭镇"新巷村"更名为"冯梦龙村"。

11 月 18 日　　高新区举行重大项目集中开工活动，15 个项目总投资 117 亿元。

11 月 20 日　　苏州状元博物馆开馆，对公众免费开放。

11 月 21 日　　苏州市轨道交通首次钢轨铝热焊作业顺利结束，苏州市轨道交通运营队伍已具备在正线利用夜间封锁作业时间进行钢轨焊接的能力。

11 月 24 日　　苏州市轨道交通出台《苏州市轨道交通工程建设保险单位第三方安全监督管理暂行办法》。

11 月 25 日　　城区最大体量的保障房小区宝祥苑社区服务中心启用。

　　　　　　　自 11 月 25 日起，运输建筑垃圾的渣土车将进行改装。改装后的渣土车将有统一的外观，车身颜色为苹果绿，车顶部显示渣土车、"苏 E 准 ××××"车牌号等信息。

11 月 26 日　　苏州市启动"共建美丽新苏州、同享美好新生活"城市环境综合整治提升行动。

　　　　　　　苏州市市政设施管理处集合该处应急抢险分队开展桥梁应急演练。

11 月 27 日　　云岩寺塔（虎丘塔）保养维修工程完成招投标。这是自 1986 年大修以来，云岩寺塔进行首次大规模保养性维修。

11 月 29 日　　滨湖新城环太湖风景路（高新路至 230 省道段）及自行车道建设全面完成，准备接受验收。该路长约 3 千米、宽 8 米；自行车道长约 2.5 千米、宽 5 米，铺设彩色沥青，是整个环太湖风景路的重要组成部分。

11 月　　　　　"中国大运河苏州段遗产监测和档案中心"挂牌成立。

　　　　　　　虎丘电镀厂对遗留在厂区内的 151 吨电镀废液和 10 吨含重金属的污泥进行安全处置，并通过环保部门验收。处置工作历时近 9 个月，投资总额 200 万元。

　　　　　　　吴江区湖滨华城社区服务中心全面竣工。

12 月 1 日　　　《苏州市生态红线区域保护规划》出台，划定生态红线区域 3205.52 平方千米，占全市国土面积的 37.77%，占比率为全省最高。

　　　　　　　苏州市轨道交通 4 号线风险最大的盾构区间火车站站至北寺塔站区间右线盾构顺利贯通，成功穿越多个控保建筑群和火车站铁路群。

　　　　　　　苏州市有轨电车 2 号线全面开工。该线路呈东西走向，全长 18 千米，其中高架线路 7 千米，并设两座高架站。

　　　　　　　昆山市东城大道、绿地大道实现互通车。

12 月 2 日　　　常嘉高速土方施工基本结束，吴江区境内的白蚬湖特大桥、三白荡特大桥、太浦河特大桥等桥梁均在进行上部结构施工。

12 月 9 日　　　江苏省苏州昆剧院新院正式落成并投入使用。新院位于姑苏区平门校场桥路 9 号，占地面积 7449.56 平方米，投入 1.3 亿元。该项目被列入 2012 年苏州市政府实事工程、2013 年苏州市十大民生工程及 2014 年苏州市政府 35 项主要工作任务。

12 月 10 日　　苏州城市产业设计工程管理有限公司正式成立。该公司由苏州燃气设计院、燃气工程公司、城投项目管理公司 3 家公司整合而成。

12 月 16 日　　苏州市轨道交通 3 号线正式开工。该线路是苏州市轨道交通线网中东西向骨干线路，全长

昆山市东城大道、绿地大道互通（昆山市城建档案馆藏　2014 年拍摄）

江苏省苏州昆剧院（2022 年拍摄）

45.185 千米，总投资 310 亿元。

12 月 19 日　　经江苏省公安厅交通管理局认定的全省首个有轨电车驾驶人考试基地——苏州有轨电车基地在高新区揭牌。

12 月 20 日　　位于姑苏区劳动路 66 号的 5166 影视产业园正式开园。

12 月 23 日　　虎丘塔 28 年来首次全面性保养维修工程正式启动。

12 月 25 日　　西环北延与中环共线段已完成高架桥梁建设。西环北延与中环共线段位于整个苏州市中环快速路网的西北角，路线全长 3.44 千米，概算投资 13.4 亿元。

12 月 26 日　　《苏州轨道交通 3 号线高新区段沿线交通一体化规划》出炉，高新区将引进立体化的"P+R"换乘枢纽新模式。

　　　　　　　　虎丘综合改造工程虎丘村项目 105 户居民在第二仓储公司进行挂牌选房。本次挂牌是 2014 年虎丘综合改造第六批涉征居民选择新居，房源位于定销房 A 地块（和泰家园）及定销房 B 地块（虎池苑）。

12 月 27 日　　2014 中国智慧城市推进大会暨第四届中国城市信息化 50 强发布会上，苏州市位列"2014 中国城市信息化 50 强"第八名。

12 月 28 日　　苏式花窗博物馆在平江新城落成。

12 月 29 日　　住房和城乡建设部公布"2014 中国人居环境范例奖"，常熟市虞山镇历史文化遗产保护项目、太仓市沙溪镇特色小城镇建设项目等 5 个项目荣登榜单。

12 月 30 日　　昆山市花桥综合管廊完工。

12 月 31 日　　高新区 44 个生活垃圾分类试点小区参加 2014 年度下半年市级验收，其中 39 个试点小区通过验收，通过率高达 88.64%。

2015 年度

大事记

苏　州　城　建　大　事　记

2015

1月

1月1日　　苏州市对姑苏区行政区域内所有直管公有住房租金进行第一次调整。

　　占地9200平方米的甪直游客中心正式启用。

1月4日　　金庭镇首批4条游步道已完成规划并开工建设。

1月6日　　苏州市轨道交通4号线下穿东太湖730米的花港路站至江陵西路站左线区间隧道成功贯通，这是苏州市轨道交通所有在建项目中的最长区间。同时，30米深的区间风井刷新苏州市建筑基坑的深度纪录。

　　常熟市梅李镇聚沙园景区正式获批国家AAAA级旅游景区，成为江苏省新增的8家国家AAAA级旅游景区之一。

　　昆山市花桥综合管廊迎来第一位"房客"——11万伏的高压输电线缆。

1月9日　　南环新村新地名全面启用，新地名分别是：南环大街、校园街、同和街、普悦街、承平街、锦南巷。

1月10日　　苏州市轨道交通2号线延伸线的通信系统开始安装。

　　苏州市轨道交通2号线延伸线东方大道站2号出入口已完成垫层浇筑的爬坡段土体发生滑移，4名被困基坑作业人员全部脱险。

1月11日　　阊门北码头景观整治工程进入收尾阶段，建成具有民国风情的特色建筑群。

1月14日　　苏州市入选2014"美丽中国"十佳智慧旅游城市，苏州国家古城旅游示范区入选十佳度假区。

1月19日　　5幢3D打印建筑正式亮相苏州工业园区。

1月20日　　2014年苏州市十大民心工程揭晓。分别是：国际物流快速通道（中环路）工程、苏州市有轨电车1号线工程、梅巷片区危旧房改造工程、居民家庭天然气置换工程、苏州大学附属儿童医院园区总院工程、京杭大运河苏州古城段申遗工程、开展公益性应急救护培训10万人工程、石湖区域水环境提升工程、苏州市电梯应急救援指挥中心工程、吴江区镇老街功能提升改造工程。

　　苏州市轨道交通3号线主体工程启动。苏州市轨道交通3号线全长45.2千米，共设车站37座。

1月27日　　吴江区太湖新城阅湖台"8"字回望岛的钢结构廊桥项目正式启动申报"中国建筑钢结构金奖"。该项目凭借工艺和技法创新，创下多个国内钢结构施工技术第一。

1月28日　　太仓城区公交换乘站正式投入启用。换乘站总用地

太湖新城阅湖台（2022 年拍摄）

太仓城区公交换乘站（太仓市建设档案馆藏　2015 年拍摄）

面积 6000 余平方米，总建筑面积 1000 余平方米。

1 月　　张家港市城北生态提升一期工程竣工。工程总面积 14 万平方米，总投资 4000 万元，主要包括斜桥中心河北移、景观绿化生态提升及慢行系统建设。

2 月

2 月 3 日　　苏州市 2015 年政府实事项目经苏州市十五届人大四次会议审议通过，共 10 个方面 24 个项目。涉及城市建设的有：提供住房保障 5200 户。新建 41 所幼儿园、小学及初中学校，60 间"未来教室"；实施智慧健康项目一期工程。实施苏州博物馆城建设工程，建设苏州历史文化陈列馆（苏州故事馆）；建成苏州御窑博物馆；完成苏州丝绸博物馆和昆曲博物馆整治提升工程，推进"书香苏州"工程建设。市区实施背街小巷交通微循环二期工程，新购公交车 550 辆，建设 10 个公交场站；苏州市交通运输指挥中心建成投运。市区新增绿地 430 万平方米，实施阳澄湖生态优化项目 65 项，完成七子山生活垃圾填埋场水平拓展区生态修复工程，实施城市燃气管网建设安全改造工程，等等。

苏州市政府下发《进一步加强地下管线规划建设管理工作的实施意见》，对苏州市之后 10 年的地下管线体系建设做出规划。

2 月 5 日　　苏州高新有轨电车公司与国家开发银行苏州分行、农业银行苏州分行、中信银行苏州分行组成的银团签约，贷款 22 亿元，用于苏州市有轨电车 2 号线项目建设。

2 月 10 日　　新斜港大桥桥面正式合龙。大桥为全钢结构的特大型下承式系杆拱桥，上、下两层都能通车，上层与东环快速路南延段相接，下层为地面道路。

苏震桃公路吴江南段建成通车。

3 月

3 月 6 日　　江苏省环保厅正式对《苏州市轨道交通 5 号线西段工程调整环境影响报告书》出具批复意见，

苏州市轨道交通 5 号线西段工程调整环评获批复。

3月9日	2015 首届中国古建筑产业博览会新闻发布会在苏州市举行。
3月10日	相城区举行春季项目集中开工活动，14 个先进制造业、现代服务业、基础设施和民生实事工程项目分别开工，总投资超 42.8 亿元。
3月11日	位于苏州国际博览中心 3 楼 6B 馆的世乒赛主赛馆基本完工。主赛馆面积 7000 多平方米，将设 8 张球台，可容纳 5300 多名观众。
3月12日	据苏州市园林和绿化管理局统计，截至 2014 年年底，苏州市人均公园绿地面积 14.98 平方米，绿化覆盖率 42.6%，绿地率 37.7%。
3月16日	江苏省水利厅正式对苏州市轨道交通 5 号线项目水土保持方案做出行政许可决定，同意方案中所确定的水土流失防治责任范围、分区防治措施、水土流失防治目标及水土监测方法。
3月17日	《苏州高新区景观照明专项规划（2015—2030）》颁布实施。
	苏州市规划局发出《苏州市地下管线综合规划（总规阶段）任务书》和《苏州市地下综合管廊专项规划任务书》，对两个项目分别进行公开招标。
3月18日	"非洲绿色城市规划研讨会"的联合国人居署、环境署非洲城市代表参观团来昆山市参观。
3月19日	中国城市轨道交通协会现代有轨电车分会发起人会议在苏州电车基地举行，会上决定将该分会总部和秘书处设在苏州市，这是我国首个国家级有轨电车行业协会。
	太湖流域水环境综合治理省部际联席会议第六次会议在苏州市召开。
3月22日	《苏州市排水管理条例》正式实施。
	苏州市开展第二十三届"世界水日"、第二十八届"中国水周"主题宣传活动，在全省率先推出《城市中心区排水（雨水）防涝综合规划》。
3月24日	苏州市轨道交通集团有限公司发布《苏州市城市轨道交通近期建设规划（2016—2024）》。
3月25日	国家旅游局、环保部最新公布 2014 年国家生态旅游示范区名单，苏州高新区镇湖生态旅游区榜上有名。
3月26日	江南水乡古镇申报世界文化遗产工作推进会在苏州市召开，江苏、浙江两省三市十三古镇联合申遗工作全面启动。
	由德国林德集团投资设立的林德（中国）燃烧技术实验中心在位于高新区的林德气体（苏州）有限公司开业。
3月29日	吴江大道（东西快速干线）八坼大桥北半幅百米跨河主桥实现合龙。

4月

4月1日	苏州市城镇新建民用建筑全面执行《江苏省绿色建筑设计标准》，按该标准设计的项目等同于在设计阶段整体上达到国家《绿色建筑评价标准》的一星级标准。
4月2日	苏州市交通运输局官网对苏州市轨道交通 4 号线及支线站名方案进行公示。
4月3日	住房和城乡建设部、国家文物局公布的第一批 30 个中国历史文化街区名单中，苏州市平江历史文化街区、山塘街历史文化街区榜上有名。
4月8日	由苏州市交通运输局组织编制的《苏州市航道网客运专线规划》（以下简称《规划》）在网上公示。根据《规划》，到 2030 年前，全市将形成 41 条航道网客运专线，包括 24 条内河客运专线和 17 条湖区客运专线，总里程达 452.2 千米。

苏州市交通部门对外公布《苏州市城市公交换乘枢纽规划（简本）》。

自苏州市排水有限公司排水管网管理所在城区推行低水位运行以来，城区污水液位基本控制在河道水位 1~2 米以下。

4 月 9 日　　苏州市入选国家首批地下综合管廊试点城市。根据申报方案，苏州市将在之后 3 年建设 5 个地下综合管廊试点项目，总长度约 31.16 千米。

河道部门针对古城区百家巷、因果巷、旧学前 3 条道路雨水主管道进行汛期前的彻底"清肠"，同时使用"内窥镜"对管道内部进行检查。此次雨水主管道疏通尝试使用干水疏通的方式，以便能更直观地看到疏通效果。

轨道交通 8 列"2015 年苏州世乒赛专列"正式开行。

4 月 10 日　　苏州世乒赛场馆全部完成验收，改造总面积 11 万平方米。

4 月 13 日　　苏州市住房和城乡建设局向苏州燃气集团有限责任公司下达 2015 年苏州城区城镇燃气管道安全改造工作任务，此次安全改造涉及中压燃气管道 24 条，长约 46.4 千米；涉及小区低压燃气管道 16 条、5 万余用户。

太湖大桥复线桥进入桥面铺设阶段。

4 月 14 日　　苏州市轨道交通 2 号线郭巷站至郭苑路站区间右线顺利贯通。该线路延伸线盾构施工全部完成，实现"洞通"节点目标。

4 月 16 日　　市区开展建筑垃圾（工程渣土）运输违法行为专项整治行动，渣土车上路运营将被全过程全时段管控。

总投资 2.3 亿元、扩建面积 33577 平方米的常熟市虞山镇颐养院扩建工程顺利推进。

4 月 17 日　　《市政府关于下达苏州市 2015 年全社会固定资产投资和重点项目计划目标的通知》印发，确定 2015 年全社会固定资产投资的预期目标为 6000 亿元左右。确定重点项目 210 项，总投资 10315 亿元，当年计划投资 1630 亿元，其中，重点考核项目 50 项，总投资 4623 亿元，当年计划投资 695 亿元。

4 月 18 日　　同里镇 11 项旅游民生项目集中开工，在提升古镇旅游品质的同时，也更好地服务于古镇居民。

4 月 20 日　　第九届江苏省园博会的亮点之一——柳舍村整体改造保留项目加速启动，村庄改造涉及 262 户人家。

4 月 22 日　　常熟智慧城市建设的基础性核心项目——数据交换中心及五大数据库项目顺利通过专家组终验，正式投入使用。

柳舍村（2017 年拍摄）

4月23日	《苏州市阳澄湖生态休闲旅游度假区总体规划（2014—2030）》在苏州市规划局网站上公示。根据公示，阳澄湖生态休闲旅游度假区总面积61.72平方千米（含阳澄湖水面43.02平方千米）。
4月28日	住建部等5部委公布全国首批26个生活垃圾分类示范城市（区），苏州市成功入选。
	苏州市住房和城乡建设局2015年推出新举措，扬尘管控检查出现3次以上问题的，将取消或暂停相关房屋预售，并作为不良行为记入相关企业信用档案，限制其招投标。
4月30日	昆山市中环快速路通车试运营。该路总长度为44.2千米。

5月1日	张家港市南丰镇永联村作为中国农村城镇化的典型代表参加米兰世界博览会，成为唯一参展的中国乡村。
5月4日	阳澄湖半岛国家级旅游度假区公交环线150路启用14辆纯电动公交车，6座充电桩也交付使用。
5月5日	《太湖度假区高科技产业园详细规划》公示。
5月6日	吴中区获批国家级生态保护与建设示范区。
	苏州市轨道交通4号线主线及支线通信设备安装已经开始。
5月8日	位于白洋湾街道南部虎池路东侧的苏州市重点项目姑苏软件园启动区（一期）项目正式启动主体建设。启动区位于姑苏软件园核心区域，规划面积约10.13万平方米，建筑面积约48万平方米。

姑苏软件园（2022年拍摄）

	全市城镇燃气安全监管工作会议上，苏州市计划用5年时间完成市级燃气企业管道改造更新，并已落实财政专项改造资金6500万元。
	苏州市召开水生态文明城市建设试点工作推进会，对近期水源保护进行部署，将全面消除河道黑臭，2017年迎水生态文明城市"国检"。
5月9日	阮仪三城市遗产保护平江路活动基地和城乡遗产保护研究与人才培养协同创新中心正式启动。
5月10日	苏州市首座全钢结构的双层桥——斜港大桥2万多吨钢节段全部安装到位，大桥的整体面貌已经初步成型。
5月11日	苏州市轨道交通4号线吴江段双向全线贯通。

5月12日	埃斯维机床（苏州）有限公司在苏州工业园区的新工厂正式奠基。
5月16日	第八届中国名镇名村论坛在周庄镇举行。
5月19日	苏州历史文化名城保护工作推进大会召开。
5月20日	苏州市委副书记陈振一率相关部门负责人调研七浦塘拓浚整治工程建设情况。七浦塘拓浚整治工程西起阳澄湖，东至长江，全长43.89千米，其中老河拓浚31.76千米，平地开河12.13千米。
	苏州工业园区苏州中心体验馆正式开馆。由金鸡湖城市发展整体开发的苏州中心项目总建筑面积达113万平方米，该体验馆位于苏绣路和星阳街交会处，总建筑面积约2500平方米。
	苏帮菜博物馆筹建启动，将与中国大运河饮食文化博物馆筹建同步进行。
5月21日	京杭大运河苏州段航拍监测在枫桥景区启动，苏州运河遗产及周边缓冲区保护地带内的环境状况、水面状况、两岸绿化情况、建筑情况等将被一一记录。
5月22日	苏州市召开全市美丽村庄建设推进会。苏州市将在2015年年内完成10个美丽村庄示范点和100个"三星级康居乡村"创建的目标任务。
5月24日	自白洋湾水厂改建完成以来，以臭氧活性炭为代表的深度处理工艺已实现在市区供水的全覆盖，市区三大水厂出厂水质106项检测指标100%达标。
5月25日	阳澄湖生态休闲旅游度假区莲花岛获"中国最美绿色生态旅游乡村"称号。

莲花岛（2022年拍摄）

5月26日	随着京杭大运河苏州段遗产监测首度运用水下声呐探测阶段性成果的取得，加上前期无人机航拍监测的开展，苏州市已建立起空中、水面、水下三位一体全覆盖的京杭大运河遗产监测体系。
5月28日	2015年城区宫灯型路灯的大修工作正式拉开序幕，共涉及临顿路、凤凰街、白塔东西路、东西中市等17条道路1142套路灯。
	相城区集中供热项目启动规划设计，项目计划总投资7.5亿元。
5月29日	七浦塘拓浚整治工程实现主体工程通水。
5月31日	除中环227省道以东至工业园区段、312国道中环以西段外，主线全长97千米的苏州市中环快速路对外开放交通。苏州市中环快速路及放射线工程全长112.204千米，工程总投资366亿元。
5月	金阊新城西出入口高架及地面道路改造工程（一期）获得2014年度"全国市政金杯示范工程"，这是我国市政工程质量的最高奖。
	沪通铁路张家港段工程完成清障交地，施工便道全部贯通，实现无障碍施工。
	张家港市老年大学改造工程竣工，建筑面积5200平方米。

金阊新城西出入口高架（2022 年拍摄）

6 月

6 月 1 日	苏州大学附属儿童医院（总院）正式启用开诊。
6 月 4 日	苏州高新区管委会与中国铁道科学研究院在苏州高新有轨电车基地签订战略合作协议。

太仓市全国重点文物保护单位——金鸡桥正式开工修缮。金鸡桥是太仓市 5 座元代石拱桥之一，建于元至治二年（1322），具有极高的历史、文化和艺术价值。

6 月 5 日　苏州市第七批文物保护单位保护范围及建设控制地带、第四批控制保护建筑保护范围及风貌协调保护区公布，2014 年新增的市级文物保护单位、控制保护建筑由此划定了"紫线"，贴上了"护身符"。

苏州市轨道交通 4 号线变电所内的直流柜首次采用"硅脂膏"进行绝缘，有效防止潮气和异物对直流柜绝缘安装部位的侵入，绝缘强度接近 100%，为列车的运行安全提供保障。

苏州古城的标志性建筑——虎丘塔正式完成三维建模。

6 月 9 日　世界 500 强企业楼氏电子（苏州）有限公司在苏州工业园区 – 相城区合作经济开发区正式投产。新厂占地 5.2 万平方米，建筑面积 4.5 万平方米，总投资 1.2 亿美元。

6 月 10 日　江苏省最严格水资源管理制度考核联席会议通报"2014 年度实行最严格水资源管理制度考核结果"，全省 3 个地区成绩优秀，苏州市位居榜首。

6 月 11 日　苏浒路拓宽改造工程（一期）正式启动。此次改造工程将分段分期实施：第一段是黄花泾河到金政街段，长约 1.4 千米，总投资约 2 亿元。

苏州市轨道交通 3 号线的玉山路站正式开工。

6 月 12 日　留园冠云楼进行木构件、门窗重新油漆，并将对屋面保养。

吴江区盛泽镇南二环大桥正式通车。

6 月 15 日　苏州市城市道路交通委员会制定《苏州市区 2015 年道路交通排堵促畅工作计划》（以下简称《计划》）。《计划》主要分为 5 个方面共 40 个项目，其中，建设类 26 项、政策类 6 项、管理类 8 项。

267

辉瑞苏州药厂在苏州吴淞江科技园举行新厂奠基仪式。

6月16日 在苏州国家历史文化名城保护研究院共建推进大会上，姑苏区通过相关目标责任实施方案，进一步明确各部门工作职责，加快实施以古城保护为核心的"姑苏战略"。

苏州市轨道交通2号线延伸线供电样板工程在金谷路站顺利通过验收。

6月17日 受暴雨等因素影响，盘门城门东段北侧一段20世纪80年代重修的景观城墙发生滑坡，未造成人员伤亡，对盘门文物本体也未构成直接影响。

6月18日 苏州市政府发布《苏州市新型城镇化与城乡发展一体化规划（2014—2020）》。

6月24—25日 住房和城乡建设部部长陈政高来苏州，就农村生活污水处理设施建设和运行管理等工作进行调研。

6月25日 虎丘婚纱城商户入驻装修启动仪式举行，虎丘婚纱城全面进入商户装修及试运营筹备阶段。

首座现代园林式百货公司新光天地苏州店开业。

6月27日 民生实事工程——常熟市敬老院正式启用。该敬老院总造价约3亿元，占地面积1.7万平方米，建筑面积4.7万多平方米。

7月

7月1日 浒墅关地区通浒路东延下穿铁路通道完成施工。

7月2日 苏州中心项目7栋塔楼已全部实现主体结构封顶。该项目位于苏州工业园区金鸡湖西侧，项目占地16.7万平方米，总建筑面积约113万平方米。

张家港市电网首座220千伏智能化变电站悦来变电站投入运行。该工程占地面积2.65万平方米，总投资17598万元。

7月5日 苏州工业园区污泥处置及资源化利用项目二期工程正式动工。

7月6日 苏钢集团与印尼苏门答腊钢铁集团合作建设"世界耐磨钢球制造基地"项目在高新区签约启动。

苏州市轨道交通3号线东振路站首幅地下连续墙破土开挖，该线路工业园区段土建施工正式开始。

7月11日 苏南运河吴中水上服务区陆域配套工程完工。

吴中水上服务区（2022年拍摄）

7月13日　园博会综合服务中心、文化体验中心和管理中心主体结构顺利封顶。

7月14日　吴江区城南家园二期工程竣工，可定向安置居民 1900 户。

7月16日　苏州市中环快速路一期主线正式通车。苏州市中环快速路一期工程总长 114.5 千米，设计车速为 80—100 千米 / 小时。

苏州市中环快速路（2022 年拍摄）

苏州市中环快速路与太湖大道枢纽（2022 年拍摄）

　　312 国道中环以西段正式通车。

　　苏州城区三维模型数据更新扩展，已覆盖 330 平方千米。

7月20日　中环二期工程完成方案，规划总长度 358 千米。

7月21日　《苏州轨道交通 5 号线工程可行性研究报告》获江苏省发改委正式批复。该线路全长 44.1 千米，其中地下线长 43.5 千米，地上线长 0.6 千米。全线设站 34 座，最高运行时速为 80 千米。

7月30日 浒墅关原蚕种场分场办公楼被平移 80 米进行保护。该罗马式民国建筑办公楼长 22.7 米、宽 10.45 米、高 12 米，整幢建筑结构、间架均保存完好。

7月 《江苏省城镇体系规划（2015—2030 年）》经国务院同意，获住房和城乡建设部批复。至 2030 年，全省共将形成 2 个特大城市、15 个大城市、12 个中等城市、28 个小城市和 540 个镇的城市等级规模体系。2 个特大城市是南京市和苏州市，昆山市、常熟市、张家港市被列入大城市。

新苏师范学校附属小学原地扩建。校园面积从 10000 平方米增至 28667 平方米，办学规模从一个年级约 4 个班扩大到 6 个班，在校生规模从约千人扩大到 1440 人，硬件设施将全部达到苏州市现代化学校标准。

8月1日 苏州市规划局网站公布《山塘四期修建性设计公示》，居住用地占 1/4。

8月3日 常熟市法治文化建设重点项目——法治雕塑公园正式建成，面向广大市民开放。

8月4日 虎丘湿地公园协议搬迁项目白洋湾段一期村民 732 户已全部完成搬迁。

8月9日 虎丘景区的新一代监控系统通过验收并投入使用。

8月10日 苏州市政府与国家开发银行就推进苏州市棚户区改造签订战略合作协议。

高新区民生项目——木桥公寓开始交付。

8月11日 常熟市政府重点投资民生项目——文庙修复工程二期全线竣工，恢复原文庙建筑 1100 平方米。

昆山市 1000 千伏特高压变电站开建。

8月12日 苏州市城市环境综合整治工作推进会召开。2015 年，全市共需完成"九整治"项目 304 个，"三规范"项目 3188 个。截至目前，"九整治"项目已完成 82 个，"三规范"项目已完成 3053 个。

8月13日 在国务院公布的第二批 100 处国家级抗战纪念设施、遗址名录中，苏州市常熟沙家浜革命历史纪念馆名列其中。

8月14日 首批《苏州园林名录》公布，该名录中共包括 1949 年以前的苏州园林 33 处，其中，对外开放的 19 处，不对外开放的 14 处。

苏州市轨道交通 1 号线钢轨调边及钢轨接头焊接圆满完成。

8月15日 苏州市政府与国家开发银行签署支持苏州古城保护合作备忘录。

8月16日 苏州市政府批复《高新区中心城区控制性详细规划》。

建设历时近 3 年的苏州市轨道交通 4 号线区间隧道全部贯通。

8月17日 苏州中医药博物馆经过 1 年的馆址修缮和中医药文物、古籍、器具的维护保养，于 8 月 17 日正式面向市民开放。

8月20日 位于金鸡湖西岸的苏州中心正式封顶。

8月23日 高新区 2015 年民生重点项目之一的文体中心完成主体结构封顶。文体中心总建筑面积 17 万平方米，总投资 16 亿元。

8月25日 苏州市轨道交通 2 号线延伸线顺利实现全线"轨通"。

常熟市三环路快速化改造工程东北环段高架关键节点——黄河路挂篮施工完成合龙。至此，整个三环路高架桥面全线贯通。

8月26日 苏州市交通管理部门发布《苏州市轨道交通 4 号线、2 号线延伸线与地面交通衔接换乘规划》。

8月28日 苏州大学附属第一医院平江院区正式投入使用，"一院两区"同步运行。新落成的平江院区规划

苏州大学附属第一医院平江院区（2022 年拍摄）

用地 13.46 万平方米，规划床位 3000 张，门诊大厅按照日门诊量 5000 人次进行设计。其中一期占地面积约 6.67 万平方米，规划床位 1200 张；二期规划床位 1800 张。

吴江区云梨桥主桥浮托完工。

8 月 30 日 苏州市轨道交通大型隧道清洁设备在轨道交通 2 号线桐泾公园至宝带桥南段正式上线作业。

8 月 31 日 苏州乐园大阳山水上世界及汉诺威马场在大阳山举行开工典礼。

9 月

9 月初 昆山市祖冲之路改造工程开工。

9 月 7 日 第二十二届海峡两岸城市发展研讨会在苏州市召开，两岸专家学者围绕"新型城镇化：理想与实践"主题展开对话与交流。

9 月 8 日 自 9 月起执行《苏州市建筑施工安全生产责任追究若干意见（试行）》，规定发生重大或特大安全生产事故的，责任人终生不得从事建筑施工安全生产工作；市外建筑业企业永久不得在苏州市承接工程。

中国城市轨道交通协会现代有轨电车分会在苏州市成立，有轨电车产业技术创新联盟在高新区成立。

9 月 9 日 张家港市新一轮农村生活污水治理工程现场会在冶金工业园（锦丰镇）南港村召开。

9 月 11 日 第十七届江苏国际服装节上表彰的 16 个"2014 年度百亿特色名镇"苏州市占 11 席，分别是常熟市的虞山镇、碧溪街道、古里镇、沙家浜镇、梅李镇和海虞镇，吴江区的盛泽镇、桃源镇、平望镇、震泽镇，以及太仓市的璜泾镇。

9 月 15 日 吴中区东环快速路南延一期工程高架桥（现名：吴东快速路）正式通车，路线全长约 4.5 千米。

苏州市首座双层复合桥——斜港大桥正式通车。

重新修整后的冠云楼正式对外开放。

斜港大桥（2022 年拍摄）

9 月 17 日	太湖园博会公布三大主展馆建筑方案。
9 月 18 日	中国丝绸档案馆建设专家研讨会在苏州市召开。
9 月 19 日	苏州市住建、财政和物价部门共同发布《关于明确苏州城区保障性住房交易指导价格和政府回购指导价格的通知》。
9 月 22 日	高新区枫桥街道 4 个重点民生项目（高新区第四中学项目、枫桥中心小学东校区项目、枫桥实验幼儿园项目及新天地项目）集中开工，项目总投资达 7.7 亿元。
	太仓港区聚集 22 个重大装备产业项目，总投资超 120 亿元。
9 月 23 日	苏州工业园区重点项目集中开工开业活动在苏州系统医学研究所新建项目地块举行，此次集中开工开业的 23 家重点项目，总投资 160 多亿元。
	苏州市轨道交通 3 号线东振路站地下连续墙施工全部完成，东振路站成为首批完成前期工作的站点。
9 月 25 日	苏州市有轨电车 1 号线延伸线开工，延伸后全长 28 千米。
	江苏省纳米技术产业创新中心在苏州工业园区揭牌。
	张家港市吾悦广场举行开业典礼。吾悦广场占地 13.13 万平方米，总建筑面积 60 万平方米，总投资 50 亿元。
9 月 28 日	苏州市轨道交通 4 号线首列车于 9 月 28 日顺利完成组装，进驻吴江松陵车辆段。
	吴中城区举行新塘景观桥开通仪式。
9 月 29 日	苏州市轨道交通 3 号线 11 标北港路站正式进入主体结构基坑土方开挖施工阶段，北港路站成为该线路率先进入车站基坑开挖的车站。
	昆山市西部医疗区建设工程正式开工。
9 月 30 日	吴中开发区与华东师范大学签订合作办学协议，2015 年年底启动建设华东师范大学附属小学。

10 月

10 月 1 日 修复后的可园对外开放。

云岩寺塔全面保养维修工程基本完成。

10 月 7 日 6000 兆伏安 1000 千伏特高压主变器系统在特高压苏州变电站顺利完成安装。

10 月 8 日 浒墅关镇红叶花园龙华社区便民服务中心举行启用仪式，中心面积达 6000 平方米。

苏州市首单棚户区改造政府与社会资本合作（PPP）项目顺利落地高新区。

10 月 13 日 国务院印发《关于苏州工业园区开展开放创新综合试验总体方案的批复》，同意在苏州工业园区开展开放创新综合试验，原则同意《苏州工业园区开展开放创新综合试验总体方案》，苏州工业园区成为全国首个开展开放创新综合试验区域。

10 月 14 日 中国名城委和苏州大学携手共建的中国历史文化名城（苏州）研究院揭牌成立。

10 月 16 日 在"城市价值再建与产业重构"——2015（第四届）中国城市发展市长论坛之"纪念开发区 30 周年暨榜样开发区创新大会"上，苏州高新区荣获"中国创新力开发区（园区）"称号。

10 月 18 日 吴江区举行重大项目集中开工和招商签约活动，共开工项目 27 个，总投资约 90 亿元；签约项目 58 个，总投资 442.95 亿元。

木渎镇启动古镇片区老公房改造工程，涉及翠坊新村二期和姜窑新村及河桥里部分居民楼，共包括 53 幢居民楼，占地面积约 5.33 万平方米，改造面积约 12 万平方米。

10 月 20 日 苏州城区第三轮控保建筑标志牌安装工作完成，254 处遗珍贴上升级版"护身符"。

10 月 21 日 "城市环境大家管、市容秩序大提升"五项治理动员大会召开，苏州市政府发布《苏州市人民政府关于开展城市环境大家管市容秩序大提升五项治理工作的通告》明确重点。

高新区举行重点项目集中开工开业仪式，30 个项目总投资达 120 亿元，涉及新一代信息技术、高端装备制造、金融集聚与创新、节能环保、健康产业、现代物流及总部经济项目等领域。

位于邓尉路和珠江路交叉口的苏州市妇女儿童活动中心正式对外开放。新建的妇女儿童活动中心占地 2.87 万平方米，是苏州市政府斥资 2.6 亿元打造的绿色工程。

苏州市妇女儿童活动中心（2022 年拍摄）

苏州市地下管线科普馆正式启用。

张家港市优居壹佰养老公寓建成开业。该公寓投资 3.5 亿元，占地面积 1.93 万平方米，建筑面积 5.4 万平方米。

10月22日　全国给水深度处理研究会 2015 年年会在苏州召开。苏州水务集团所属自来水有限公司的白洋湾、相城、胥江 3 座水厂，已全部完成自来水深度处理工艺升级改造。

国家级相城经济技术开发区正式挂牌。

"苏州历史文化名城保护与发展学术论坛"在苏州规划展示馆多功能厅举行。

10月26日　苏州市首个基础设施类 PPP 项目——高铁新城北河泾景观及蠡太路改造 PPP 项目落地，项目计划总投资约 5.6 亿元。

高铁新城北河泾景观及蠡太路（2022 年拍摄）

太湖西山岛出入通道扩建工程——太湖大桥复线二号桥五跨连续梁中跨合龙，复线二号桥主体工程顺利完工。太湖大桥复线又称"太湖大桥姊妹桥"，复线二号桥全长 1665.04 米，主桥跨度 230 米。

苏州市自来水公司水质检测中心顺利通过国家实验室认可监督扩项的项目评审。

苏州市划定中心城区开发边界线，并上报国土资源部、住房和城乡建设部。

10月28日　省级清洁能源项目——华能苏州燃机热电联产项目在高新区开工建设。该项目总投资 18.85 亿元，将建设热网 31.4 千米、天然气管道专线 60.3 千米。

高新区狮山横塘片区举行民生项目集中开工仪式，15 个民生项目投资超过 18 亿元。

苏州市建成江苏省规模最大的全光网城市、全国首个千兆城市。

10月31日　苏州市首次获得"中国最具幸福感城市"称号，同时获"2015 中国小康社会建设示范奖"。

苏州市有轨电车 1 号线首次提速，18 千米单程运行时间将缩短至 38 分钟。

10月　中衡设计集团股份有限公司（原苏州工业园区设计研究院股份有限公司）研发中心正式启用。该研发中心总建筑面积 7.5 万平方米，高 99 米，由塔楼和裙房组成。

11月2日　经过全面保养维修的虎丘塔重新亮灯。

虎丘塔（2022年拍摄）

2015

　　　　　　　沪通铁路太仓段首孔现浇箱梁浇制完成。

11月4日　　苏州市河道管理处联合姑苏区相关部门启动苏州城区"水更清"行动，前期以平江历史街区周边的 8 条河道（平江河、临顿河、东北街河、麒麟河、胡厢使河、柳枝河、悬桥河、新桥河）为示范点，进行水环境综合治理。

　　　　　　　世遗景点苏州全晋会馆完成维修。

11月5日　　由苏州工业园区兆润控股集团投资开发的兆润财富中心获得"金坐标——最具投资价值商业地产项目"奖项。

11月10日　吴江区苏州湾体育公园开园。

11月17日　昆山文化艺术中心一期工程荣获"2014—2015 年度中国建设工程鲁班奖"。

11月19日　华东六省一市超高层关键施工技术及质量安全管理观摩会在苏州国际金融中心举行。

11月20日　常熟市三环路快速化改造工程东北段高架道路正式通车。

11月23日　位于苏州工业园区苏雅路的江苏银行苏州分行新大楼正式落成启用。

11月27日　苏州市在吴江区召开全市冬春水利建设现场会。自 2015 年以来，全市水利建设取得新的明显成效，实现七浦塘拓浚整治主体工程全线通水，张家港老海坝节点综合整治一期工程完工，供水安全保障能力不断提升，农村水利建设任务全面完成，年度防汛工作取得全面胜利。

11月　　　2008 年浒墅关开发区启动阳山采石宕口整治，已基本完成所有宕口的整治，总投资达 3.5 亿元。

12月1日　　太湖西山出入通道扩建工程重点项目——渔洋山隧道正式洞通。隧道全长约 2.5 千米。

12月4日　　昆山市巴城湖水利风景区通过省级验收。

12月7日　　苏州工业园区娄葑街道群力社区综合改造工程顺利通过竣工验收，娄葑街道 2015 年度动迁社区提升改造工程全面完成。

　　　　　　　苏州市轨道交通 3 号线金鸡湖西站破土动工，开始首幅地下连续墙的成槽作业。

12月9日　　苏州太湖一号房车露营公园获"江苏省首批房车露营地"称号。

　　　　　　　总投资近 2 亿元的常熟福山光伏发电有限公司 20 兆瓦地面光伏电站破土动工。

12月15日　江苏省住房和城乡建设厅会同苏州市规划局在苏州市召开规划成果论证会。《苏州市地下管线综合规划（总规层面）》通过专家评审，在江苏省率先完成城市地下管线规划的编制。

12月18日　苏州市轨道交通 4 号线及支线全线实现"轨通"，轨道总长 137.583 千米。

12月22日　位于独墅湖月亮湾 CBD 一带的独墅湖邻里中心投入使用，项目占地约 2.5 万平方米。

　　　　　　　高新区首家托老所杨木桥日间照料中心投入使用。该中心建筑面积 2304.39 平方米，总投入建设资金约 980 万元。

12月25日　苏州市交通运输应急指挥中心试运行。

　　　　　　　苏州市轨道交通 2 号线延伸线北延段无线通信系统全线开通。

　　　　　　　姑苏区金阊街道彩香公园启动改造升级工程。

12月27日　全长 15.5 千米、总投资 9600 万元的环古城河健身步道全线贯通。

12月28日　苏州市人大常委会对 2015 年苏州市政府实事项目开展视察。视察组实地察看吴中区太湖新城太湖大堤（南段）绿化景观项目、苏州市交通运输应急指挥中心项目、胥江实验中学"未来教室"项目。

苏州市交通运输应急指挥中心（2022年拍摄）

　　苏州工业园区在辖区范围内率先开展不动产登记业务工作，苏州市正式开始实施不动产统一登记制度。

12月29日　　苏州市轨道交通2号线延伸线列车从尹中路站带电试跑至终点站桑田岛站，顺利完成热滑调试。该线路延伸线进入全线系统联调阶段。

　　苏州供电公司召开新闻发布会，宣布苏州智能电网应用先行区建设取得阶段性成果，苏州工业园区玲珑湾小区于2015年12月25日正式建成国内首个智能电网应用示范单元。

　　在吴江体育馆基础上改建而成的笠泽文体广场竣工。

12月31日　　昆山市城建档案馆被江苏省档案局授予"江苏省5A级数字档案馆"荣誉奖牌。

12月　　《苏州虎丘塔文物本体材料检测评估报告》出炉。苏州市对文物本体的"健康体检"已从结构是否安全等宏观层面向微观层面延伸。

2015

2016 年度

大事记

苏 州 城 建 大 事 记

2016

1月

1月6日　由苏州市排水部门和苏州科技学院联合编制的《苏州市古城区排水达标区实施方案》完成。本次方案编制范围为苏州市古城区、护城河以内区域，面积约 14.2 万平方米。

　　浒墅关开发区举行 30 个重大项目集中开工仪式，总投资额达 108 亿元，年内计划投资 53.3 亿元。

　　相城区确定盛泽湖地区城市景观延伸设计方案。盛泽湖地区城市景观延伸的概念设计区域为环湖绿地系统，面积 9.88 平方千米。

　　2016 年太仓市十大政府实事工程已排定，计划总投资 9.987 亿元。

1月7日　2016 年虎丘区将扎实推进八大类 20 项、总投资 142 亿元的民生实事项目。

　　2016 年相城区确定 23 项实事工程。

　　吴江区第十五届人大五次会议明确 2016 年吴江区八大实事项目。

　　古城区 450 千米污水管网有了健康档案，每个路段污水管的年龄、修复时间、修复工艺等情况一目了然。

　　苏州市轨道交通 5 号线工程通过安全风险评审。

1月11日　姑苏实验小学综合教学楼新建工程，木渎中心小学综合楼、教学楼翻建工程，范仲淹实验小学综合楼、教学楼新建工程已全面竣工。

1月12日　由江苏省交通运输厅组织的杨林塘航道整治工程交工验收会议在太仓市召开。杨林塘航道整治工程项目总里程 65.4 千米，全线计划改建桥梁 41 座，概算总投资 49.96 亿元。

杨林塘航道（2022 年拍摄）

　　苏州市独墅湖医院（苏州大学医学中心）正式破土动工。

1月13日　高新区正式启动"太湖金谷金融小镇"建设，投资 4.5 亿元。项目位于苏州科技城，首期规划建设 50 栋高端金融商务办公别墅，建筑总面积 3.5 万平方米。

　　姑苏区金融系统首个无障碍机动车停车位在农业银行苏州城中支行正式启用。

1月14日	江边枢纽正式开泵引水，七浦塘拓浚整治工程全部建成。七浦塘拓浚整治工程是苏州市第一个"通江达湖"引排工程。
	位于高新区浒墅关城铁新城、建筑面积达到16.3万平方米的永旺梦乐城苏州新区店正式开业。
1月15日	苏州市轨道交通集团有限公司正式推出"云购票"系统，首批启用站点为乐桥、临顿路、火车站。
1月20日	2015年第十四届苏州市十大民心工程评选结果揭晓，分别是：环古城河健身步道建设、苏州市交通运输应急指挥中心建成投运、七浦塘拓浚整治工程、市区实施背街小巷交通微循环二期工程、金鸡湖创业长廊、苏州大学附属第一医院（平江院区）迁建项目、新能源汽车推广应用、相城区朱巷安置房三期项目、常熟市三环路快速化改造工程、昆山市教育惠民工程。
	苏虹路东延段建成通车。该路全长880米，其中跨青秋浦航道桥梁长267.5米，总投资7500万元。
	西园新村"改厕"工程安置小区桐仁花园正式交房，329户居民将在年前领到新房。
1月21日	苏州市2016年政府实事项目经苏州市人民代表大会审议并通过，共六大方面20个项目。其中涉及城市建设的有：建成苏州市城市公共交通智能化应用示范工程；市区新建8个公交场站；新辟社区巴士公交线路20条；建设10000个以上P+R（换乘）停车泊位；淘汰1607台燃煤小锅炉；完成1000个农村村庄生活污水治理；市区新增绿地350万平方米；实施城区环境卫生、建筑工地、街面市容秩序、停车秩序和再生资源回收5项治理提升工程；实施城市燃气管网建设安全改造工程；建设苏州市电梯物联网工程；等等。
1月21—22日	苏州市中环指挥部组织专家组对中环快速路工程吴中区东线、支线段部分高架桥及主线道路进行预验收。
	位于十梓街338号的苏州市公共信用信息服务大厅正式启用，面向企业和个人提供信用信息查询等服务。
1月24—27日	苏州市1月24日市区最低气温零下8.3℃，创下39年来最低纪录。由于气温骤降，姑苏区出现由爆表、爆管引起的漏水点上万个，3天修复近5000个水表。
1月28日	苏州市召开"人民路综合整治提升工程"新闻发布会。人民路改造段北起平门桥，南至团结桥，全长约5.8千米。
1月29日	住房和城乡建设部召开新闻通气会，并在会上公布"2015年国家生态园林城市、园林城市、县城和城镇命名名单"。苏州市、昆山市被命名为"国家生态园林城市"；常熟市碧溪镇、张家港市南丰镇、昆山市千灯镇被命名为"国家园林城镇"。
1月30日	经江苏省住房和城乡建设厅组织考核并报江苏省政府批准，常熟市被授予"江苏省优秀管理城市"称号。
1月	苏州市轨道交通1号线对站内"无障碍通道"标识进行升级改造，新标识与苏州市轨道交通2号线相应标识实现统一。
	张家港市美丽城镇建设（2016—2020）启动实施。

2月

2月1日	斜港钢便桥顺利拆除。
	江苏省水利厅、江苏省发改委在昆山市召开昆山市创建省级节水型社会示范区验收会。经综合

2016

考查评估，昆山市以 95 分通过验收。

2月4日 苏州市规划建设工作会议召开。根据会议部署，"十三五"时期，苏州市将构建"1—4—50"城镇布局体系，即以苏州市区为核心、4 个县级市市区和 50 个镇为骨干的"1—4—50"城镇体系。

苏州市有轨电车 1 号线工程获 2015 年度"全国市政金杯示范工程"。

2月15日 苏州市获评"厕所革命"创新城市。

2月16日 吴江区举行新春重大项目集中开工活动，30 个项目总投资逾 252 亿元。

2月17日 2016 年全市重大项目春季集中开工活动在高新区主会场举行。此次开工的重大项目共有 230 个，累计总投资达 2274 亿元。

高新区鱼跃医疗二期项目、前途汽车（苏州），以及狮山路综合改造工程、高新区社会福利中心、科技城总部大楼等重点项目开工建设。

位于相城区活力岛区域的苏州第二图书馆破土动工。该工程总投资估算为 4.8 亿元，规划建筑面积 45332 平方米，可容纳 700 余万册藏书。

2月27日 姑苏区范围内南北向主干道人民路（南到团结桥、北到平门桥）改造工程启动。

2月29日 解放军第 100 医院举行新门诊大楼启用仪式暨"苏州大学教学医院"揭牌仪式。新门诊大楼建筑面积 10380 平方米，每日可承载门诊量 2000 人次。

吴中区胥口镇香山隧道正式通车。

2月 位于南环西路 24 号底层的大龙港农贸市场升级改造工程已全部完成。此次改造总投资约 130 万元。

相城区北桥街道完成冯店路、南张路、盛北街、张家浜路、凤北公路、凤北荡公路 6 条道路照明设施的改造提升。

3月

3月1日 苏州高新城市轨道交通检验认证有限公司成立。

3月8日 苏州市轨道交通首列架修车完成 300 千米动调试验。

3月9日 姑苏区虎丘街道观景二村雨污水管道改造工程正式启动。

3月11日 根据对太湖水情、水质及天气趋势的分析，为保障太湖水源地供水安全，江苏省水利厅、水利部太湖流域管理局启动"引江济太"工程。

3月15日 城北西路地下综合管廊开工建设。城北西路地下综合管廊工程一期实施城北路主线管廊（金政街至江宇路）7.925 千米，支线管廊 3.575 千米，合计 11.5 千米。

3月18日 苏州市政府召开常务会议，审议通过《关于进一步促进房地产市场稳定健康发展的意见》。

苏州工业园区体育中心项目游泳馆钢结构成功合龙。

3月中旬 蒋侯庙开始整修。

3月22日 苏州市领导率苏州市有关部门负责人调研环古城河健身步道提升工程。

3月23日 江苏省水利厅发布 2015 年度省级"水美乡村"建设名单，苏州市有 6 个乡镇、79 个村庄分别获得"水美乡镇""水美村庄"的称号。

3月24日 苏州市召开全市城乡发展一体化工作会议，要求落实五大发展新理念，增创城乡一体新优势。

3月28日 由中铁一局电务公司承建的苏州市轨道交通 4 号线吴江段完成接触网热滑试验，即列车"带电试跑"。

3月30日	苏州高新区文体中心项目主体工程完工。该项目占地22.6万平方米，建筑面积达17万平方米，总投资18亿元。
3月31日	《苏州市水污染防治工作方案》下发。该方案将苏州市近阶段的水污染防治工作分为10条，共计49款、85项措施，分解任务至苏州市所有政府（管委会）及35个相关部门。
3月	苏州轨道交通运营分公司对专用无线通信系统MSO（核心交换机）进行全面升级，通话组数量由71个增加至200个。

4月1日	《苏州市生活垃圾处置区域环境补偿暂行办法》正式发布。 江苏省吴中高新区正式挂牌。
4月7日	苏州市规划局网站公示木渎镇总体规划（2015—2030年）。 苏州市特大城市课题专家咨询会举行，来自北京市、上海市、南京市等地的专家与学者共同为苏州市特大城市的功能定位和发展思路"把脉"。
4月8日	苏州市规划局与苏州市园林和绿化管理局联合编制《苏州市海绵绿地系统专项规划》。
4月9日	苏州市轨道交通4号线及支线工程全线"电通"。全线供电系统分为8个分区，设3座110千伏/35千伏主变电站。
4月11日	位于白塔东路5-1号的苏州动物园闭园。
4月12日	苏州太湖湖滨国家湿地公园正式挂牌，成为国家级湿地公园。 欧朗物联硬创空间苏州站在苏州工业园区斜塘东坊创智园地开业。欧朗物联硬创空间苏州站项目总面积2100平方米，其中1800平方米是孵化器，300平方米是微工厂，总投资1000万元。
4月13—14日	苏州市"全国质量强市示范城市"争创工作于4月13日正式迎来"国考"，接受国家专家组的验收。4月14日，苏州市"全国质量强市示范城市"顺利完成验收。
4月14日	苏州市召开全市城市环境综合整治暨创建优秀管理城市动员部署大会，深入开展城市环境综合整治"931"行动及各项城市管理治理行动。 苏州市轨道交通S1线（昆山段）完成设计招标，江苏省城市规划设计研究院中标苏州市轨道交通S1线（昆山段）沿线城市设计项目，中标金额为198万元。 园博园建成苏州市首个大型"海绵公园"，整座"海绵公园"可蓄水14.28万吨。 苏州市莫舍社区、凯旋花园、万科中粮本岸3个小区率先启动厨余垃圾就地处置试点。
4月17日	中国首个纪录片小镇落户苏州市东山镇。
4月18日	第九届江苏省园艺博览会在苏州市开幕。园博园位于吴中区临湖镇，规划总面积236万平方米，其中主展区面积约110万平方米。
4月19日	苏州市轨道交通2号线延伸线人防工程顺利通过专项验收。
4月20日	苏州丝绸博物馆的整治提升工程完工，于4月20日试开放。该馆整治提升工程于2013年11月6日正式启动，苏州市财政拨款7200余万元。
4月22日	姑苏区虎丘街道红星社区南一村小区道路绿化专项整治工程开始施工。此次专项整治工程被列入苏州市、姑苏区实事工程，将重点解决小区污水满溢情况。 苏州市有轨电车2号线首列车完成总装，即将开始系统联合调试。
4月24日	苏州市轨道交通3号线首个站点（北港路站）封顶。

2016

苏州丝绸博物馆（2022 年拍摄）

苏州高新区太湖沿线的马山港至米泗山 1 千米湖滨生态景观工程正式完工，并对游客开放。该工程的实施使此地新增绿化面积达 13.8 万平方米。

4月25日　苏州市副市长俞杏楠一行先后来到苏州燃气集团横山钢瓶检测站、苏州泰华燃气公司苏州液化气充装站进行检查。截至 4 月 15 日，苏州市区已累计置换液化石油气钢瓶 30722 只，报废钢瓶 4188 只。

5月

5月1日　《江苏省体育设施向社会开放管理办法》正式实施。

5月3日　高新区狮山公园规划方案讨论会召开，明确要将占地 73 万平方米的狮山公园打造成"山环水抱、真山真水"的生态佳境。

大规模电网负荷供需互动系统在昆山市投建。

5月6日　苏州市政府发布关于《苏州市供给侧结构性改革总体方案（2016—2018）》和行动计划的通知。在这份通知中，备受苏州市房地产市场关注的《苏州市供给侧结构性改革房地产去库存行动计划（2016—2018）》发布，明确 13 项重点任务、政策措施，以及行动计划实施的责任主体。

苏州市发布《2016 年苏州市区生活垃圾分类处置工作行动方案》。该方案明确，在 3 个市级垃圾分类试点小区和 16 个区级垃圾分类试点小区（单位和学校）加快推进以厨余垃圾分类为重点的分类试点工作，实现源头减量 20% 的目标。

5月10日　《苏州市城市轨道交通近期建设规划（2016—2022）及线网规划环境影响报告书》（三期）通过审查。

"苏州市智慧城市公共地名地址数据中心"建设项目完成并通过评审验收。该建设项目为全国标准地名地址库试点示范建设项目之一。

2013-G-128 地块定销房项目（保障房小区）即驿东苑小区首幢高层住宅结构封顶。雨水收集系统将进入驿东苑小区，实现雨水的循环使用。

5月12日　　捷博轴承技术（苏州）有限公司举行新工厂竣工及投产仪式。

5月16日　　《苏州市2016年重点项目投资计划》审议通过，确定2016年市级重点项目210项，总投资10496亿元，当年计划投资1513亿元，其中，重点考核项目50项，总投资4623亿元，当年计划投资639亿元。

5月17日　　苏州市政府与国网江苏省电力有限公司签署共建苏州国际能源变革发展典范城市合作协议。

5月18日　　第九届江苏省园艺博览会正式闭幕。

　　　　　　苏州市国土资源局发布公告，出台苏州市土地限价令。即将拍卖的10幅地块"设定最高报价，对报价超过最高报价的，终止土地出让，竞价结果无效"。

　　　　　　苏州科技城医院正式投入使用。

　　　　　　苏州新闻大厦主体正式封顶。

　　　　　　狮山路综合改造工程正式启动，改造长度约2.3千米。

苏州新闻大厦（2022年拍摄）

改造后的狮山路［苏州高新区（虎丘区）档案馆藏　2018年拍摄］

5月19日　　苏州生物产业园一期开业暨二期开工仪式在苏州工业园区桑田岛举行。作为苏州生物纳米园的产业化基地——苏州生物产业园占地 21 万平方米，分 3 期开发。

苏州生物产业园（2022 年拍摄）

5月21日　　苏州市政府召开土地储备和招标拍卖领导小组会议，对苏州市区 2016 年土地收购储备和商品住宅开发用地计划做了专题研究。会议确定苏州市区 2016 年商品住宅开发用地供应计划为 380 万平方米，较 2015 年商品住宅开发用地供应量 310 万平方米增加 22.6%。

5月26日　　经苏州市政府第五十二次常务会议审议通过，《苏州园林名录》（二）正式向社会公布。包括常熟市、太仓市、昆山市，以及吴江区、姑苏区、吴中区、高新区，苏州大市范围内共有 26 座园林入选。

　　阳澄湖半岛旅游度假区浅水湾商业街环境整治和改造提升工作启动，涉及商户 80 多户，改造面积 5 万平方米。

　　木渎高级中学与范仲淹实验小学举行合作办学签约仪式，"江苏省木渎高级中学附属范仲淹实验小学"正式揭牌。同日，范仲淹实验小学新食堂、艺体馆开工。

5月29日　　苏州市轨道交通 3 号线 11 标段北港至群星二路左线盾构始发，该线路正式进入盾构施工阶段。

5月30日　　以黄埭镇潘阳工业园和生物科技产业园为主体的相城高新技术产业开发区获江苏省政府批准，将实行现行的省级高新技术产业开发区政策。

5月31日　　苏州市有轨电车 2 号线首列车在苏州有轨电车基地开展低速动调。

　　卫材（中国）药业有限公司新固体制剂厂房奠基。厂房位于苏州工业园区兴浦路，占地面积 31000 平方米，设计产能达制剂 30 亿片／年和包装 50 亿片／年。

5月　　水利部门对城区 18 处易积水点进行有针对性的改造。

6月1日　　苏州市政府召开全市学校建设工作会议，会上印发苏州市政府新出台的《关于加强学校新建项目投入使用的若干意见》。

《苏州市轨道交通条例》正式实施，将为轨道交通行政管理的依法实施提供明确依据。

新版《中国地震动参数区划图》正式实施，苏州市境内抗震设防要求将进一步提高。

吴江区交通运输局官网公布关于新建上海至苏州至湖州铁路项目（苏州段）社会稳定风险征询意见公告。公告显示，该线路东起沪苏交界处，途径汾湖镇、吴江区、盛泽镇等地，西至湖州市南浔区交界处，工程全长 54.401 千米。

6月5日 苏州市轨道交通 2 号线开出首列绿色的"环保号"，倡导公众"生活方式绿色化"。

6月6日 苏州高新区东渚镇的老镇改造一期项目征收工作进行首日签约。

6月12日 苏州高新区社会福利中心举行开工奠基仪式。该中心总投资 3 亿元，建筑面积将达 42400 平方米，占地 31333 平方米，一期床位 600 张。

苏州市市管绿地 3000 余株法桐行道树于 2016 年首次采用生物防治方式"以虫治虫"，以天敌昆虫花绒寄甲防治天牛。

苏州市轨道交通 1 号线完成 22 座车站 LED 新光源节能技术改造工作，车站的照明度提升约 50% 以上，能耗节约 60% 以上。

受大雨影响，苏州市河湖水位普遍上涨，城区大包围枢纽封闭排水，最大投入排涝动力 155 立方米/秒。

6月13日 苏州市世嘉科技股份有限公司举行 2.5 亿元募投项目奠基仪式。此次奠基的募投项目是"年产电梯轿厢整体集成系统 20000 套等项目"和"技术研发检测中心项目"，项目占地面积 3.35 万平方米，建筑面积 4.7 万平方米，项目总投资约 2.5 亿元。

6月14日 巴城镇正式出台《巴城镇村庄布局调整方案》，制订"小村并大村"保留村庄方案，执行以"留"加"并"为导向的村庄布局，进一步提高土地利用效率，节约社会公共资源，提高村庄宜居水平。

6月16日 《苏州园林名录》（二）公布工作座谈会于 6 月 16 日下午在耦园召开，会议向新入选的 26 处园林颁发证书。

6月20日 2000 余只报废的液化气瓶在苏州中航气瓶检验有限公司被集中销毁。同时，新气瓶上原有的代表身份证的"条形码"升级为"二维码"。

6月22日 石路街道将南浩街神仙庙东侧路段改造成健身步道。

6月23日 全国通信光电缆专家联席会议在吴江区召开。

由中国城市轨道交通协会现代有轨电车分会举办的首届现代有轨电车运营管理沙龙在苏州高新有轨电车有限公司举行。

11 时 30 分，太湖平均水位达到 4.02 米，超警戒水位 0.22 米；京杭大运河枫桥水位达到 4.12 米，超警戒水位 0.32 米，苏州市启动防汛Ⅳ级应急响应。

6月25日 位于高新区的苏州旅游客运总站、苏州汽车客运西站对外试营业。

6月27日 苏州市十五届人大常委会第二十九次会议举行，会议审议通过东山历史文化名镇和杨湾、三山、东村历史文化名村保护规划的决议。

苏州大运河（遗产监测管理）软件平台项目通过专家组验收，正式开通运行。

6月28日 京杭大运河枫桥水位涨至历史最高，七浦塘首次开启动力排水。

6月29日 国家标准委办公室下达有关"新立项的社会管理和公共服务综合标准化试点项目"的通知，苏州高新有轨电车有限公司申报的苏州有轨电车运营服务标准化试点项目正式入选。

江苏省国土资源厅下发《关于表彰 2015 年度江苏省国土资源节约集约利用模范县（市、区）的决定》，苏州市虎丘区被评为 2015 年度江苏省国土资源节约集约利用模范区。

6月 沪宁高速公路苏州新区收费站完成改扩建，投入使用。

2016

7月

7月2日　　苏州市首个民国风情街区——阊门北码头民国风情街正式向公众开放。

阊门北码头民国风情街（2022年拍摄）

7月3日　　苏州市连续遭遇暴雨袭击，河湖水位持续上涨，太湖平均水位达 4.63 米，超警戒水位 0.83 米，防汛形势十分严峻。按照《苏州市防汛防旱应急预案》规定，13 时，苏州市防汛指挥部决定，启动苏州市防汛 II 级应急响应。

7月6日　　《苏州市地下管线管理办法》公布。

　　由江苏现代低碳技术研究院、苏州市环境卫生管理处和苏州科技大学联合举办的"废弃物处理与应对气候变化国际活动发起仪式"在苏州市举行。

　　8 时，太湖平均水位达 4.8 米，超警戒水位 1 米，成为历史第二高水位，相较 1999 年太湖最高水位只差 17 厘米。为缓解区域防洪压力，望亭水利枢纽和太浦闸全力抢排。

7月7日　　太仓市沪通铁路跨杨林塘大桥正式合龙。

7月9日　　苏州汽车西站综合客运枢纽及狮山石路国际生活广场正式投运。

7月12日　　苏州市政府办公室发布《苏州市城镇黑臭水体整治行动方案的通知》，要求到 2018 年，苏州市各城市建成区基本消除黑臭水体。

7月13日　　全长 390 米的常熟市城市道路节点改造重点项目——衡山路北延工程竣工通车。

7月14日　　苏州市美丽村庄建设现场推进会召开，至 2015 年年底，全市已创建美丽村庄示范点 86 个，建成三星级康居乡村 374 个。

7月18日　　《东园综合整治（一期）设计——原动物园独岛区域方案》发布。

　　由苏州市质监局下属事业单位苏州市电梯应急救援指挥中心申报的"苏州市电梯应急救援指挥科技示范"项目获批立项。

　　17 时，太湖平均水位回落至 4.63 米，京杭大运河枫桥水位回落至 4.04 米，全市河湖水位缓慢回落，汛情总体平稳可控。苏州市防汛指挥部决定于 7 月 18 日 20 时起，将防汛应急响应由 II 级降为 III 级。

苏州汽车西站（2022 年拍摄）

常熟市东三环黄河路互通下穿隧道正式通车。

7 月 19 日　苏州市水利（水务）部门联合各级防汛部门积极应对汛情，自 4 月以来，全市沿江口门全力排
水，截至 7 月 19 日 8 时，沿江八大闸累计排水 45 亿立方米。

7 月 21 日　昆山市亭林大桥竣工通车。

昆山市亭林大桥（昆山市城建档案馆藏　2018 年拍摄）

7 月 26 日　太湖水位回落至 4.20 米，苏州市防汛指挥部决定于 14 时起解除苏州市防汛 Ⅲ 级应急响应。

苏州市在市区 40 个小区以开设宣传专栏形式试点宣传商品房维修资金政策。

7 月　苏州市轨道交通 1 号线可视化接地监控系统正式并轨运行。

8月

8月2日	《苏州市城市总体规划（2011—2020年）》获国务院批复。根据总体规划，苏州城市规划区总面积为2597平方千米，到2020年，苏州市域总人口规模为1100万人。
	《苏州城市地图集》通过专家组的验收。
	苏州市规划局公布启动编制《苏州市区古城、古镇、古村、古宅保护利用规划》。
8月4日	苏州高新区浒墅关老镇改造12项重点实事工程集中开工。
	放虫种草养出"水下森林"，东北街河水质提升试验工程收官。
8月5日	由苏州市规划局组织编制的《苏州市海绵城市专项规划》通过专家评审。
8月8日	苏州市规划局网站挂出苏州湾1号隧道和苏州湾2号隧道规划批前公示。根据公示，苏州湾2号隧道路线全长17.78千米。
8月11日	苏州市政府新出台《关于进一步加强苏州市区房地产市场管理的实施意见》，分别针对土地供应、土地竞价、预售管理、价格管理、购房信贷、公积金贷款等15个方面推出系统性稳控措施。
8月15日	宣州会馆修缮保护完工，将成"隐居姑苏"示范点。
8月16日	淮南—南京—上海1000千伏交流特高压输变电工程苏通GIL综合管廊工程在常熟市开工。
8月22日	苏州市轨道交通3号线苏州乐园站西端头井深基坑首块底板完成浇筑，苏州乐园工区全面进入第三阶段主体工程施工阶段。
8月24日	苏州市美丽城镇建设暨被撤并镇整治提升现场推进会举行，2016年被撤并的试点镇有14个。
8月25日	苏州市中心城区污水泵站自控系统实现全覆盖。
8月26日	苏州热电厂烟囱成功定向爆破。此烟囱是苏州古城区高架环线内唯一的工业烟囱，高80米。
8月28日	苏州市轨道交通3号线首个贯通的区间隧道（北港路站至群星二路站区间）打通。
8月29日	"十三五"期间，全省将新建、改造40多个铁路综合客运枢纽，其中，苏州市将新建扩建苏州高铁北站、苏州工业园区城际站、吴江铁路站、张家港铁路站、常熟铁路站、太仓铁路站6个铁路综合客运枢纽。
	苏州市轨道交通2号线延伸线工程试运营评审顺利通过。
	苏州市轨道交通6号线工程可行性研究正式启动。

9月

9月2日	苏州市召开"厕所革命"推进会，3年内将实现"一张地图找厕所"。
9月6日	2016年全国重点镇名单公布，苏州市共有6个镇入选，分别为：吴中区甪直镇，吴江区震泽镇，常熟市海虞镇、沙家浜镇，昆山市巴城镇，太仓市浏河镇。
9月8日	纳米真空互联实验站开工启动仪式在苏州工业园区举行，该实验站是全世界首个纳米领域的重大科技基础设施。
	苏州市轨道交通集团有限公司运营分公司举行"刚性接触网接触线严重烧损临时处置"演练，这项技术为该公司自主研发，并已获得国家实用新型专利证书。
9月10日	南环快速路西延高架高新区段部分通车，南环快速路西延高架真正实现全线贯通。南环快速路

南环快速路西延高架（2022 年拍摄）

西延高架高新区段位于苏福路上方，东起南环快速路滨河路西侧桥墩，西至塔园路东侧桥墩，全长
1.54 千米，高架桥、地面道路均为双向六车道。

9月12日　　　苏州市轨道交通 4 号线及支线通信系统顺利通过单位工程完工验收。

9月19—24日　第十届国际湿地大会在常熟市召开，72 个国家和地区的湿地专家、学者和管理人员参加大会。
至 2016 年，苏州市已建成国家湿地公园 4 个、国家湿地公园（试点）2 个、省级湿地公园 6 个、
市级湿地公园 9 个，总数达 21 个。全市自然湿地保护率从 2010 年的 8% 提高到 53.8%，位列全
省第一。

9月20日　　　苏州市轨道交通第三期建设规划（2016—2022）已编制完成，报批线路总长度 143.4 千米。

9月21日　　　苏南运河苏州段三级航道整治工程二期疏浚工程正式开工建设，整治总里程 81.5 千米。
苏州市中环南拓重要环节——吴江大道（吴江东西快速干线）正式建成通车。

9月23日　　　姑苏区南门码头的公共厕所设置"第三卫生间"，设施为残疾人、儿童和婴儿量身布置。

9月28日　　　苏州市发改委批复阊胥路、新市路、莫邪路、竹辉路 4 条道路的改造计划，届时在这些路段会
建设两条下穿隧道缓解道路交通压力。
苏州市轨道交通 2 号线延伸线开通试运营。
常熟文庙修复启用暨丙申年祭孔大典举行。该修复工程总投资 6000 万元，占地面积 12700 平
方米。

9月　　　　　张家港市第一人民医院科教综合楼新建工程开工，建筑面积 3.18 万平方米。
张家港市城北派出所新建工程开工，建筑面积 1.3 万平方米。
张家港市谷渎港景观绿化一期工程（锦绣四期南侧及西侧）开工建设，总面积 7000 平方米，
总投资概算 150 万元。

10月

10月1日　　　张家港市金沙洲玫瑰园正式开园。

10月3日　苏州市出台《关于进一步加强全市房地产市场调控的意见》，自10月4日起正式实施。

10月8日　国家发改委发布《中欧班列建设发展规划(2016—2020年)》，苏州被列为中欧班列枢纽节点之一，进一步明确苏州作为内陆一个重要国际铁路货运口岸的地位。

10月9日　正在施工中的苏州市有轨电车2号线用上新型轨道结构，该项技术是有轨电车领域的首个国家标准。

10月11日　苏州市委副书记、市长曲福田主持召开苏州市政府常务会议，审议并通过《苏州市公共自行车交通系统管理办法》。

10月13—14日　苏州市有165家房地产开发企业与当地物价部门签订价格信用承诺书，向社会做出公开承诺，将严格遵守价格法律法规，切实承担起企业肩负的社会责任，努力规范自身销售过程中的价格行为。

10月14日　住房和城乡建设部公布第一批中国特色小镇名单，苏州市吴中区甪直镇与吴江区震泽镇名列其中。

10月15日　"两河一江"胥江段环境综合整治工程项目定销商品房期房挂牌选房工作启动。

10月16日　为提高供水设施的抗寒能力，水务集团已对供水区域内老新村、老街巷供水设施开展全面的升级改造，计划投资2.01亿元，惠及34万户居民。

10月18日　渔洋山隧道土建工程基本结束。渔洋山隧道工程位于苏州太湖国家旅游度假区内，隧道长2.4千米。

渔洋山隧道（2022年拍摄）

苏州市轨道交通4号线及支线自动售检票系统顺利通过单位工程验收。

占地20000平方米的苏州高新区综合保税区进口肉类指定口岸通过验收，并投入运营。

吴中高新区举行重点项目开工、开业、开园揭牌仪式。集中开工、开业、开园的项目有13个，总投资32.85亿元。

10月19日　常熟企业中交天和机械设备制造有限公司自主研发制造的重型双处理机全智能海上深层搅拌船"DCOC—1"号在天津港下水，进入设备调试阶段。该船是世界首艘重型双处理机全智能深层搅拌船，打破日本等国在海底软基加固领域的技术封锁。

10月20日　苏州市文化广电新闻出版局会同苏州市经济和信息化委员会制订的《苏州市有线智慧镇（街道）建设指导标准（试行）》及验收办法于当日起施行。

耐克森集团与苏州中吴能源科技股份有限公司相继在吴中经济技术开发区举行开业开工典礼。

10月21日 交通运输部出台关于有轨电车运营方面的首个标准——《有轨电车试运营基本条件》。该标准由苏州高新有轨电车有限公司联合交通运输部科学研究院共同编制。

自2016年以来，苏州市在姑苏区新建完成11个再生资源社区回收点，在苏州工业园区新建完成4个再生资源社区回收点。目前，姑苏区及周边地区已建有再生资源社区回收点92个。

10月25日 苏州市住房和城乡建设局发布通知，要求各地加强基坑维护工程施工监管，不得针对单独的基坑维护工程发放施工许可，消除安全监管盲区。

苏州市渣土办尝试对执法全程进行网络视频直播。

10月29—31日 2016年"国际能源变革论坛"在苏州市召开。

10月30日 沪通铁路太仓站站台基础完工。

10月 漕湖街道永昌泾花苑一期启动交房工作，首批3390套安置房将陆续交付使用。

11月1日 苏州市人民路大修工程路灯的安装工作正式启动，大修工程进入最后阶段。

11月2日 苏州市苏南运河三级航道整治工程疏浚工程使用"船舶监控系统"，杜绝淤泥偷抛乱抛等行为。

11月3日 世界电压等级最高、容量最大的江苏苏州南部电网500千伏统一潮流控制器示范工程正式开工建设。该工程总投资9.55亿元。

11月4日 配合三维建模工作，世遗景点、全国重点文物保护单位宝带桥开始水上点云数据采集。

11月8日 苏州市国土资源工作会议召开，确保年内全面完成城市周边永久基本农田划定工作。会上，苏州市政府与各市、区政府，苏州工业园区、苏州高新区管委会签订"十三五"耕地保护目标责任书。

江苏省建筑施工技术创新与质量标准化现场观摩会在苏州市举行，中建三局华东公司承建的苏州工业园区体育中心项目——260米大跨度的索膜结构体育场获广泛关注。

11月10日 苏州市城区第二水源——阳澄湖引水工程项目建议书获批准。

11月11日 《苏州市市区禁止燃放烟花爆竹规定》在苏州市政府官网予以公布。

11月15日 苏州工业园区湖东星塘街—淞江路至独墅湖大道路段正式恢复通车。至此，星塘街全线正式贯通，此次星塘街拓宽改建工程顺利完成。

由质监部门负责牵头的"电梯物联网"项目工程进入试运行阶段。年内苏州市有至少4000台"物联网电梯"启用。

11月16日 张家港市疏港高速公路正式通车，路线全长19.57千米。

11月17日 苏州市轨道交通4号线及支线开始对各项专业设备进行综合联调。

高新区重点项目集中开工开业仪式在苏州科技城举行。其中，20个集中开工项目总投资118亿元，合同利用外资28.1亿元；18个集中开业项目总投资225亿元，合同利用外资35.5亿元。

江苏省县（市、区）首家城市原点——太仓城市原点标志落地。原点所在地位于上海路北侧，介于太仓博物馆和太仓文化馆中轴线上。

11月18日 苏州高新区文体中心正式启用。苏州高新区文体中心是苏州市十大文化工程之一，占地面积22.6万平方米，总投资18亿元。

11月22日 苏州市自来水有限公司胥江水厂的工作人员为同德里、同益里等街巷中现存的老井进行集中"体检"。

苏州高新区文体中心（2022年拍摄）

11月23日　　由中铁七局承担施工的苏州市轨道交通3号线11标北港路站至群星二路站盾构区间右线"秦龙6号"盾构机破土而出，这成为该线路全线第一个双线贯通的盾构区间。

姑苏区金阊新城（白洋湾街道）富强村召开撤村工作村民代表大会，经村民代表表决，同意撤销富强村村民委员会建制。

11月28日　　人民路主干线燃气管道改造工程完工。

张家港市外国语学校北校区奠基，工程总用地面积8.67万平方米，总建筑面积6.2万平方米。

11月　　苏州市针对破损反映较为集中的三香路、干将路、阊胥路、清塘路和道前街5条市区重点道路试点半柔性路面施工。

张家港市城中老年体育健身综合基地新建项目竣工，建筑面积5790平方米。

张家港市杨锦公路西侧绿化提升工程竣工，工程总面积4.2万平方米，总投资600万元。

12月

12月2日　　苏州市政府办公室公布《苏州市文物保护事业"十三五"发展规划》。

12月7日　　苏州市轨道交通4号线项目工程通过验收。

2016—2017年度中国建筑工程鲁班奖揭晓，苏州金螳螂企业（集团）有限公司一举揽进8项鲁班奖。至此，金螳螂企业（集团）有限公司累计已获得鲁班奖82项。

12月8日　　苏州市文化广电新闻出版局草拟《苏州市江南水乡古镇保护办法（征求意见稿）》，公开征询公众意见。

12月9日　　由苏州市政府、财政局着力推进的重点项目——苏州城市发展基金正式设立，首期规模266亿元。

12月12日　　苏州市轨道交通4号线及支线项目工程顺利通过验收，具备试运行条件。

12月13日　　常熟市2016年度重点工程——常熟市滨江实验小学项目工程正式开工。该项目占地3万平方米，总建筑面积2.59万平方米。

12 月 16 日　　苏州市第二工人文化宫在相城区开工奠基。苏州市第二工人文化宫位于广济北路东侧，占地 4.67 万平方米，总投资约 5 亿元，建筑总面积约 7.5 万平方米。

12 月 17 日　　苏州市轨道交通 3 号线苏州乐园站、方湾街站主体结构封顶。

12 月 18 日　　苏州市轨道交通 4 号线向首批乘客开放试乘体验活动，该线路已基本具备通车条件。

12 月 20 日　　太湖大桥复线桥通车，老桥实施封闭改造。

12 月 22 日　　《苏州市区公共文化设施布局规划（2015—2030）》经苏州市政府常务会议审议并原则通过。

12 月 26 日　　苏州市轨道交通 5 号线项目盘胥路站、劳动路站征收工作入户调查工作已正式启动。劳动路和盘胥路两个站点，总面积 40522 平方米，共涉及居民 185 户、企业 6 家。

　　　　　　　　2016 年度省级"水美乡村"建设评选名单公布，苏州市 4 个镇获评省级"水美乡镇"，21 个村庄获评省级"水美村庄"。截至 2016 年，全市共有 18 个镇（街道）、155 个村获评省级"水美乡镇""水美村庄"。

12 月 27 日　　苏州高新区举行"引水畅流工程"一期通水仪式，建林河闸站宣告正式启用，高新区初步实现清水东调。

　　　　　　　　在 2016 年中国"新型智慧城市"峰会上全国 335 个城市的"互联网 +"社会服务指数排名中，苏州市以 184.53 分位居全国第九，并在"互联网 +"交通运输服务品质排名中位居全国第二。

12 月 31 日　　人民路综合整治提升工程的主体工程结束，实现全面通车。

人民路（1991 年拍摄）

人民路（2022 年拍摄）

　　　　　　　　截至当日，苏州市 2016 年度生态文明建设工程项目全部完成，共实施重点项目 116 项，实际完成投资 127.1 亿元，投资完成率达到 98.1%。

12 月　　　　张家港市第四人民医院新建项目竣工，建筑面积 3.6 万平方米。

2017 年度

大事记

苏 州 城 建 大 事 记

2017

1月

1月1日　苏州市城区（姑苏区）住房保障收入标准线自1月1日起调整并实施，低收入家庭的人均月收入标准线从1950元调整到2100元；同时调整并实施的还有城区（姑苏区）住房保障租赁补贴标准，最低收入家庭的1人户补贴标准调整到每平方米49.1元/月。

1月4日　虎丘区十一届人大一次会议召开。会上宣布2017年虎丘区扎实推进八大类25项、总投资144亿元的为民实事项目，当年投资56亿元。

1月5日　苏州市第九人民医院落户吴江区，总投资20亿元。该项目是太湖新城公共配套的重点项目，项目占地约16.33万平方米，医院按照三级甲等综合医院标准设计。

1月6日　住房和城乡建设部、文化部等7部门联合公布2016年第二批219个列入中央财政支持范围的中国传统村落名单，常熟市古里镇李市村、吴中区东山镇翁巷村和香山街道舟山村3个传统村落榜上有名。

1月7日　姑苏区二届人大一次会议上获悉，2017年，姑苏区将开展28项实事工程。

1月9日　苏州市下发《关于加快引导推进苏州市区商业办公用房去库存工作的实施意见（试行）》。

吴江区民企东南电梯创新研发"带钢结构一体化积木式电梯"。

1月10日　苏州市政府召开苏州市重点道路交通项目新闻通气会。《苏州市轨道交通第三期建设规划（2016—2022）》拟建设城市轨道交通6、7、8号线和市域轨道交通S1线，全长143.8千米，设109座车站。

《苏州市高铁新城东部片区控制性详细规划》（以下简称《规划》）获苏州市政府批复。《规划》范围西起227省道（524国道），东临聚金路，北至渭泾塘，南到西公田路至万庄街，总面积4.64平方千米。

苏州市规划局编制完成《苏州市市域轨道交通线网规划》，规划由6条线路组成放射状网络，总规模370千米，设站104座。

1月11日　由苏州工业园区城市重建有限公司代建管理的苏州工业园区第五中学重建项目正式开工建设。项目占地约6.2万平方米，总建筑面积逾6万平方米，总投资约2.42亿元。

1月12日　相城区政府召开实事工程、重点项目工作会议，确定44个重点项目，计划总投资478.3亿元。

1月16日　P+R停车换乘设施是2016年苏州市政府实事项目之一。截至2016年年底，市区24个P+R停车换乘设施全面建成，完成10000个以上泊位建设工作，泊位建设完成率达100%。

1月17日　2016年苏州市十大民心工程评选暨颁奖仪式在苏州市会议中心举行。经评选，2016年苏州市十大民心工程为：人民路综合整治提升工程，江苏省第九届园艺博览会，苏州市轨道交通2号线延伸线建成运营、轨道交通4号线及支线试运行、苏州汽车西站综合客运枢纽建成投运，实施妇幼健康工程，全市建设10000个以上P+R停车泊位，续建常熟至嘉兴高速公路、昆山至吴江段建成通车，苏嘉杭高速城区段禁止货车通行，上方山生态园开园，完成1000个农村村庄生活污水治理，市区设立30家公共场所母乳哺育室。

苏州市轨道交通3号线12标东兴路站至东振路站区间右线成功贯通。

1月19日　苏州市2017年实事项目经苏州市十六届人大一次会议审议通过。2017年实事项目以"三优三清三提升"为重点，共有9个方面38个项目。其中涉及城市建设的有：新建和改扩建中小学、幼儿园77所；建设苏州市独墅湖医院、苏州市中医医院二期工程，建成苏州市公共医疗中心和第九人民医院；建设体育训练基地、体育主题公园和健身步道等各类设施，构建"10分钟体育休闲生活圈"；建设苏州市第二图书馆、第二工人文化宫和工业展览馆、名城水文化馆；完成 400 个村、社区综合性文化服务中心标准化建设任务等。

1月20日　　由苏州高新区自来水公司承担的区内高层住宅二次供水设施改造任务全部完成。项目涉及二次供水小区 46 个、惠及居民用户 20633 户。

1月21日　　姑苏区金阊街道举行新兴村社区服务中心奠基仪式，该服务中心总建筑面积约 8700 平方米，计划投资 6800 万元。

1月24日　　由无锡市和苏州市两市合作共建的望虞河大桥正式竣工通车。

望虞河大桥（2022 年拍摄）

1月25日　　《苏州市 2017 年重点项目投资计划》审议通过，确定 2017 年市级重点项目 210 项，总投资 11068 亿元，当年计划投资 1357 亿元。其中，苏州市重点考核项目 50 项，总投资 5680 亿元，当年计划投资 657 亿元。

2月

2月1日　　《苏州市公共场所母乳哺育设施建设促进办法》自 2 月 1 日起施行。

2月4日　　沪苏湖高铁确定"松江方案"。吴江区方面已有了明确的建设时间和目标，52.4 千米铁路新建工程建设年限为 2016 至 2020 年，计划总投资 89.6 亿元。

2月6日　　苏州高新区公交开出第五条社区巴士线路 3006 路，与即将开通的苏州市有轨电车 2 号线、轨道交通 3 号线形成无缝衔接。

2月8日　　2016 年，姑苏区以普惠民生为重点，在 5 个方面开展 20 项实事项目，总投资 1.56 亿元。

2月9日　　苏州市住房和城乡建设局公布《苏州市（区）住房保障发展规划 (2016—2020 年)》。

2月10日　　苏州市政府立法规划（2017—2021 年）和 2017 年立法有关计划公布。《苏州市江南水乡古镇保护办法》成为苏州市政府 2017 年规章立法计划项目之一。

2月12日　　吴中区启动 2017 年春季重大项目集中开工仪式，当天 16 个重大项目集中开工，总投资 158 亿元，年度计划投资 38 亿元。

2月15日 2017年苏州市将出台《苏州市公共场所母乳哺育设施建设指南》，计划建成城乡40个公共场所母乳哺育室项目。

2月16日 苏州工业园区体育中心体育馆项目通过"中国钢结构金奖"现场核查。

位于苏州工业园区普洛斯物流园内的阿迪达斯中国区分销配送中心扩建项目正式开工建设。

苏州市工商大数据中心一期工程竣工。

2月17日 苏州市旅游局开展全市AAAAA级景区调查梳理，将指导各景区的"第三卫生间"建设。

2月18日 姑苏区沧浪街道吉庆社区为散落在辖区小巷深处的26口古井制作号码标牌"身份证"，并建立电子档案。

2月20日 姑苏区桃花坞街道请专业施工队伍，对养育巷社区内36口古井进行换水、清淤、井圈修复、井壁清理修复等作业。

2月21日 中张家巷河西段恢复工程正式启动。

苏州市文化广电新闻出版局草拟《苏州市古城墙保护条例（征求意见稿）》，向全社会公开征求意见。

2月22日 苏州市轨道交通建设领导小组会议召开。2017年，苏州市轨道交通工程计划总投资达95.1亿元，轨道交通运营线路总里程将达到120.7千米，设车站98座。

吴中区公共文化中心现代化的图书馆建成。图书馆分为地上5层，地下1层，建筑面积在15000平方米左右。

2月25日 苏州市正式启动建设"城市大脑"。

2月28日 苏州大学附属第一医院新院正式更名为苏州大学附属第一医院（总院），十梓街上的老院则称为苏州大学附属第一医院（十梓街院区）。总院综合楼建设项目于2月28日开工。

3月

3月3日 苏州市人大常委会主任陈振一主持召开苏州市十六届人大常委会第三次主任会议，听取苏州国家历史文化名城保护工作情况的汇报。古城54个街坊控制性详细规划组织编制和报批工作已完成，《苏州国家历史文化名城保护条例》的立法工作正有序推进。

苏州市政府出台《关于进一步加强全市商品住宅专项维修资金监管工作的若干意见》。

国务院综合管廊试点项目之一的相城区澄阳路地下综合管廊项目已打下90%的围护桩，400米长的主体结构建设完成。澄阳路地下综合管廊全长3.24千米，计划投资3.24亿元。

3月6日 苏州市轨道交通全线调整线网运营时间。

3月7日 苏州市新建一条500多米长的污水管道，连接到位于吴中区金庭镇的千年古刹——包山禅寺，解决古刹污水排放问题。

3月8日 《苏州市"十三五"城镇燃气发展规划》公布。

3月9日 苏州市规划局网站对苏州市中环快速路北线二期工程规划更改、南湖路快速路东延吴中区段规划调整、苏同黎公路快速化改造等部分道路工程进行建设工程规划批前公示。

3月9—13日 苏州市地铁4号线及支线工程试运营基本条件评审会召开，专家组一致认为工程具备开通试运营基本条件。

3月10日 2017年苏州市区生活垃圾分类工作推进会召开。截至3月10日，苏州市437个小区试点垃圾分类。

3月13日　　苏州市召开城镇黑水体整治暨城镇生活污水治理工作推进会，贯彻落实《苏州市水污染防治工作方案》《苏州市城镇黑水体整治行动方案》和"两减六治三提升"专项行动有关要求。

3月16日　　苏州市民政局公示重大地名注销、命名方案，涉及姑苏区16个街道地名的注销，以及新设7个街道地名的命名。

　　　　　　苏州工业园区规划建设网公示《金鸡湖水岸慢行绿道规划及景观设计方案》。

3月17日　　江南水乡古镇申报世界文化遗产2017推进会在苏州市举行。由中国文化遗产研究院承担的江南水乡古镇申报世界文化遗产文本初稿和保护管理规划已经完成。

　　　　　　苏州工业园区召开草鞋山遗址保护规划专家论证会。草鞋山遗址公园建设方案已经立项上报国家文物局。

3月19日　　《苏州市"两减六治三提升"专项行动实施方案》（以下简称《方案》）出台。《方案》明确苏州市将实施236项重点工程，制定落实33项政策措施。

　　　　　　《苏州市生态文明建设"630"行动计划》出台，苏州市政府将再投811亿元，实施六大类30项204个重点项目。

　　　　　　苏州高新区的狮山街道、横塘街道，已全面完成撤村建居工作。狮山、横塘片区都将进入社区化管理与服务的范围。

3月20日　　桃源镇境内首条高等级公路苏震桃公路吴江南段全线通车。

3月21日　　2016年城市环境综合整治工作汇报会举行，苏州市顺利通过江苏省2016年度城市环境综合整治工作的考核验收。

3月23日　　全市铁路建设工作推进会召开，"十三五"期间苏州市将规划建设通苏嘉铁路、沪苏湖铁路、南沿江铁路、沪通铁路二期工程及太仓港疏港铁路等项目，加快全市铁路建设，尽快形成"三横一纵"的丰字形快速路网。

　　　　　　苏州市轨道交通4号线试运营。

　　　　　　苏州市将开展"国际一流城市配电网"建设，建成世界首个500千伏UPFC（统一潮流控制器）示范工程。

3月24日　　苏州市政府在"中国苏州"政府门户网站发布关于同意姑苏区街道行政区划调整的批复。

　　　　　　"苏州市餐厨垃圾全过程监管信息平台"项目通过住房和城乡建设部建筑节能与科技司的验收。

　　　　　　苏州市住房和城乡建设局（地震局）官方微信公众号"苏州住建"正式上线运行。

3月25日　　苏州市轨道交通4号线及支线开展试乘活动。

3月27日　　苏州高新区与浙江南方建筑设计有限公司签署全面战略合作框架协议，双方合作规划建设一批产业特色鲜明、功能集成完善、示范效应明显的特色小镇和特色区域，推动高新区经济转型升级和城乡统筹发展。

3月28日　　苏州规划设计研究院与苏州市规划局编制的《苏州环古城河、金鸡湖水上连通规划》（以下简称《规划》）可行性研究出炉。《规划》选择通过娄江将环古城河与金鸡湖进行串联，游线总长约11千米，古城区由东方水城负责实施，工业园区由工业园区负责实施。

3月30日　　姑苏区街道行政区划调整新闻发布会上，姑苏区宣布新设立拙政园、阊门、盘门、葑门和山塘5个历史文化片区。

　　　　　　苏州市有轨电车2号线首段轨道——龙康路站至天佑路站顺利通过验收，双线总长5.7千米。

　　　　　　苏州工业园区与中国科学院上海技术物理研究所签署合作协议，设立中国科学院技术物理研究所苏州研究院。

3月　　　现代传媒广场项目通过验收。

2017

4月

4月5日　　　根据 2017 年苏州城区燃气管道安全改造工作任务，2017 年苏州市将重点改造居民小区的中、低压管道。

　　　　　　　东苑路南端改造提升工程及文曲路、长兴街西延工程已经全线完工，东吴北路改造提升工程接近完工。4 条道路总长度近 3.5 千米，总投资 1.18 亿元。

4月12日　　　苏州工业园区东沙湖社区党群公共服务中心正式启用，中心建筑面积约 3500 平方米。

　　　　　　　苏州市商联会、图比特商业研究机构联合发布的 2017 年苏州商业（规模型）发展报告显示，苏州市已建成 5000 平方米以上的大中型商业项目达 1280 万平方米。

　　　　　　　江苏省境内高压输电线路建设中，首次同时跨越三大电气化铁路交通干线的工程项目，正式在昆山市投入作业。

4月14日　　　由中铁隧道集团施工的苏州市轨道交通 3 号线 12 标、13 标两个项目的两台盾构机在东振路站同时始发，该站点全力进入盾构状态，开始穿越地下。

4月15日　　　苏州市轨道交通 4 号线及支线开通试运营。

　　　　　　　在全面开展交通大整治行动的基础上，自 4 月 15 日起，苏州市甪直镇将对晓市路、清风路及古镇区域内道路采取交通管理措施，同时在 5 条古镇道路上增加 759 个停车位。

　　　　　　　2017 年度苏州市土地储备和招标拍卖领导小组会议召开，确定 2017 年苏州市区（不含吴江区）房地产开发住房用地计划为 390 万平方米，到 2017 年年底土地储备计划确定为 1793.19 万平方米。

4月21日　　　苏州市"厕所革命"工作推进会召开。2017 年苏州市共计划新（改）建公共卫生间 373 座，新（改）建旅游厕所 85 座。

4月25日　　　苏州市十六届人大常委会第三次会议上，《苏州市木渎历史文化名镇保护规划》和《苏州市光福历史文化名镇保护规划》正式获批。《苏州市禁止燃放烟花爆竹条例》审议通过。

4月28日　　　吴中区公共文化中心启用。

吴中区公共文化中心（2022 年拍摄）

5月2日　　苏州市政协主席周伟强主持召开苏州市十四届政协第三次主席会议，会议通过《进一步加强历史文化名城保护利用的建议》。

　　　　　苏州市召开市政府常务会议，审议并原则通过《关于促进低效建设用地再开发 提升土地综合利用水平的实施意见》。

　　　　　苏州市轨道交通 3 号线 11 标北港路站至群星二路站盾构区间联络通道顺利贯通。

5月4日　　浙江省交通规划设计研究院江苏分院落户苏州高铁新城。

5月7日　　江苏省发展和改革委员会公布首批 25 家省级特色小镇创建名单。苏州市苏绣小镇、东沙湖基金小镇，昆山市智谷小镇上榜。

5月8日　　江苏省副省长蓝绍敏到张家港市调研特色田园乡村建设。

5月9日　　吴中凤凰文化产业园项目签约仪式在吴中高新区举行。该项目总投资约 3.5 亿元，占地面积 4847.7 平方米，总建筑面积约 3.1 万平方米，高约 80 米。

5月15日　苏州市人大常委会组织开展"263"专项行动黑臭河道治理督查和《苏州市河道管理条例》实施情况执法检查。

5月17—20日　2017 年世界城市峰会在苏州市举办。

5月25日　据第一财经旗下数据新闻项目"新一线城市研究所"在上海发布的《2017 中国城市商业魅力排行榜》，苏州市排在全国第七位。

5月31日　苏州市发改委批复同意东汇公园至拙政园片区新建一条下穿护城河隧道。该隧道主通道长约 150 米，计划投资 1.6 亿元。

6月4日　　清华苏州环境创新研究院揭牌仪式在苏州高新区举行。

6月13日　江苏省政府办公厅主任谢润盛、江苏省政府督查室主任崔巍率江苏省重大项目督查二组来苏州市，实地督查纳入全省集中开工活动的重大项目进展情况。

　　　　　苏州市住房和城乡建设局于 5 月中旬开展全市工程质量安全提升行动督查活动，当日发布通报，全市农民安置房质量总体处于受控状态；抽查项目未发现使用"瘦身钢筋""地条钢"及被淘汰、不合规的砖瓦产品等现象。

6月16日　苏州市园林和绿化管理部门统计，市区上半年累计新增绿地 288.3 万平方米。

6月20日　苏州市政府召开全市生活垃圾强制分类工作动员部署电视电话会议。

　　　　　苏州市住房和城乡建设局会同市安监、消防、司法、市容市政、环保等部门，在 18 号 -A（01—35）地块保障性住房建设项目现场，开展以"建筑施工和房屋安全"为主题的安全宣传咨询日活动。

6月21日　苏州市委、市政府召开全市政府投资项目代建制工作推进会，进一步加强工程建设领域专项治理，在全市推行政府投资项目代建制。

6月22日　苏州市交通运输局官网发布《苏州市中环快速路北线二期工程环境影响评价公众参与第二次公

2017

示》。中环快速路北线二期工程线路总长约 16.6 千米，项目投资估算总金额 150.85 亿元。

中设设计集团宣布成功拿下苏震桃高速公路工程可行性研究项目，苏震桃高速公路正式进入工程可行性研究招标阶段。

6月23日　苏州市获"2016 年度江苏省国土资源节约集约模范市"荣誉称号。

6月25日　小茅山道院移建工程竣工暨神像开光庆典在苏州高新区东渚镇小茅山道院举行。易地重建的小茅山道院占地约 5933 平方米，建筑面积约 3600 平方米。

6月26日　据苏州市住房公积金管理中心消息，从 7 月 1 日开始，苏州市 2017 年度住房公积金缴存基数调整工作全面启动，每月缴存基数调整到最高 2 万元，同比 2016 年度最多可增加 1900 元。

6月27日　苏州市十六届人大常委会召开第四次会议，首次审议《苏州市古城墙保护条例（草案）》。

6月28日　张家港协鑫玖隆 35 兆瓦屋顶光伏分布式电站全容并网。

7月

7月1日　迎春路（吴中东路至南环东路）、莫邪路（竹辉桥至蒨门路）、石湖大桥进行大修施工。

7月3日　苏州市政府下发《关于加快建设国家智能制造示范区的意见》。

《苏州市建筑产业现代化 2017 年工作要点》经苏州市推进建筑产业现代化工作联席会议审议通过。

常沙线快速化改造工程的关键节点——跨申张线航道高架桥顺利实现合龙。

太仓市老年人体育活动中心正式建成。

7月5日　姑苏区虎丘街道半边街雨水管道改造工程正式启动。

苏州供电公司第八十三座电动汽车充电站工业园区凤凰城公交充电站投入运行。

7月6日　大院大所合作对接会暨合作项目签约仪式在独墅湖会议中心举行，29 个重大载体和重点项目进行集中签约，近期已落地的 14 个合作项目进行揭牌。

7月7日　苏州市政府下发《苏州市市级政府投资项目代建单位名录库管理办法（试行）》。

7月10日　《苏州市环境影响评价机构考核管理暂行办法》（以下简称《办法》）出台。《办法》明确，自 8 月 1 日起，年度考核结果为 D 级的环评机构，不得参与苏州市政府投资项目及苏州市重点工程的环评工作。

7月14日　住房和城乡建设部公布第三批"生态修复城市修补试点城市"名单，苏州市名列其中。

7月18日　苏州市公安局召开 2017 年上半年度新闻发布会。据了解，目前苏州市机动车保有量已达 343 万辆，居于全国大中城市第五位。

姑苏区石路、苏州市立医院北区、苏州汽车南站周边规划在苏州市规划局网站公示。

首届"中国城市信用建设高峰论坛"在杭州市开幕，苏州市入围信用建设优秀创新经验城市前 20 名。会议现场，国家信息发布中心发布《中国城市信用状况监测评价报告》，2016 年苏州市在全国 259 个地级市中信用排名第一。

7月19日　《苏州市"十三五"危险废物污染防治规划》出台。

苏州市顺利通过全国首批水生态文明建设试点市验收。

7月21日　苏州市召开东太湖综合整治后续工程建设推进会。东太湖综合整治后续工程投资 14.8 亿元，包括行洪供水通道贯通工程 12.2 千米、环湖大堤达标加固工程 35.3 千米，以及入湖河道综合整治 20 条。

吴中区举行运河图书馆揭幕典礼，青年人文书院同时启用。

7月22日 江苏省首个"活力模式"养老社区落户相城区。

7月24日 江苏省首家国家新能源汽车充电设施质量监督检验中心获国家质检总局批准在苏州市筹建。

苏州市规划局在网上公示古城 12 号、13 号街坊，15 号、23 号街坊，以及 25 号街坊的城市规划设计方案。

7月25日 苏州市政府印发文件《市政府办公室印发关于推进装配式建筑发展加强建设监管的实施细则（试行）的通知》。

苏州市西环高架南延工程主线正式开通。路线全长 7.35 千米（不含吴中大道立交节点范围约 1.45 千米），主线设计车速为 80 千米 / 时。

西环高架南延工程主线（2022 年拍摄）

7月26日 山塘历史文化片区综合行政执法大队正式挂牌成立。

7月27日 京杭大运河苏州段堤防加固工程领导小组召开（扩大）会议，研究部署运河堤防加固和环境综合整治相关工作。

住房和城乡建设部公示第二批全国特色小镇名单。苏州市吴江区的七都镇成功入选。

7月31日 苏州市水利局通报苏州市上半年水行政执法行动的检查情况，全市一共拆除河道筑坝 103 条，清除网箔、渔网 500 余处，清除杂船 966 条。

7月 张家港市"五纵一横"之一的新泾路快速化改造项目开工实施，路线全长 5.15 千米。

8月1日 苏州市第七人民医院的改扩建项目主体工程完工。该工程新增土地面积 3.09 万平方米，规划建筑面积约 12.8 万平方米。

苏州市规划局公布苏州市木渎镇总体规划、甪直镇总体规划、部分地区的控制性详细规划，以及重点村庄、特色村庄规划。

2017

苏州市"海绵城市"建设工作领导小组办公室组织专题培训，相关授课专家表示，建设"海绵城市"将全面提升苏州市的水生态环境。

8月6日　　环太湖公路（度假区段）全线贯通。该工程是苏州市的一项民心工程、实事工程、城市形象工程，项目北起吴中区与高新区的分界点，南至蒋墩转盘处接舟山路，全长 23 千米。

　　上海至南通铁路太仓至四团段工程（沪通铁路二期）可行性研究报告获国家发改委批复，项目总投资 368.2 亿元，建设工期 5 年。

8月8日　　因沉降抢修，白洋湾下穿工程正式通车。

　　苏州市广济医院搬迁工作正式拉开帷幕。

8月9日　　《苏州市城市桥梁限载及限高标志设置方案》出台。此次涉及限载及限高的桥梁共 655 座。

8月14日　　西环南延地面道路苏震桃兴昂路路口正式开通。

8月15日　　金阊新城滨河绿化建设项目已获得同意批复。项目占地面积约 44765 平方米，总投资为 2087 万元。

8月17日　　由清华大学中国农村研究院 17 名师生组成的专题调研组就"河长制"河道管理模式进行专题调研。

8月18日　　苏州市被列为江苏省"购租同权"试点城市之一。

8月中旬　　"苏州高新"投资建设的苏州乐园森林世界全线开建。

8月20日　　星港街隧道及现代大道下立交工程正式通车。

8月21日　　苏州市公布第三批《苏州园林名录》。

8月22日　　《苏州市公共卫生间建设与管理规范（试行稿）》在苏州市旅游局网站公布，全市公共卫生间的建设管理有了"苏州规范"。

　　苏州高新区和上海长峰集团投资合作的"龙之梦"项目签约仪式在苏州高新区举行。

8月23日　　江苏省特色田园乡村首批试点村庄名单正式公布。首批试点共有 45 个村庄，苏州市有 5 个村庄入围。

8月24日　　苏州市城镇黑臭水体整治工作现场推进会召开。目前，列入 2017 年整治范围的 40 条市级黑臭水体全部开工建设。

8月28日　　总投资约 4 亿元的海虞镇海洲新城二期项目开工建设。

8月29日　　《苏州市"城市双修"试点实施方案》经苏州市政府审议通过。

8月31日　　《苏州高新区海绵城市建设综合规划（2016—2030）》编制完成。

9 月

9月1日　　根据苏州市委、市政府《关于全面深化河长制改革的实施意见》，苏州市河长办组织编制完成 32 条（座）主要河湖"一河一策"行动计划。

　　常熟市民生实事工程校安工程项目之一的唐市中学新校区易地迁建已经完工。

9月4日　　苏州市住房和城乡建设局组织编制的《苏州市海绵城市建设施工图设计与审查要点（试行）》通过专家评审，正式印发，自 2017 年 10 月 1 日起施行。

　　苏州市轨道交通 2 号线高架段箱梁"体检"工程全部告竣。

9月5日　　苏州市政府批复同意《苏州市水土保持规划（2016—2030 年）》（以下简称《规划》）。《规划》由苏州市水利局组织编制，将成为此后一段时期全市防治水土流失与合理利用、开发与保护水资源的重要依据。

苏州市最大的地下污水厂项目——高新区污水厂迁建和综合改造项目全面开建。

9月11日 苏州工业园区举行2017超智能城市（苏州）创新论坛暨重大项目签约仪式。

9月14日 苏州市住房和城乡建设局制定出台《苏州市建筑市场"黑名单"管理办法》，自2017年10月9日起执行。

9月15日 苏州第二图书馆主体结构顺利封顶。该馆是苏州市"十三五"重点公共文化设施工程之一，项目总投资4.8亿元，规划建筑面积4.5万平方米。

9月16日 苏州市政府与华大基因签订战略合作框架协议，随后，苏州高新区、华大基因、万科，以及"苏州高新"就投资建设生命健康小镇项目签订四方合作协议。

9月18日 姑苏区2017年第二批老旧区域环境改善提升工程项目获得苏州市发改委同意批复。项目占地面积3.7万平方米，道路、绿化整治面积约1.9万平方米。

苏州市中环快速路工业园区段（东方大道快速化）工程规划方案在苏州工业园区规划建设委员会网站公示。该工程西起苏申外港大桥西侧，东至吴淞江大桥西侧，全长5576.35米。

9月20日 江苏省建筑工程施工许可实施并联审批和电子证书发放制度。苏州全市建筑工程施工许可采用新的申请模式，建设单位统一在"江苏省建筑工程一站式申报系统"中办理施工许可、质量报监、安全报监、现场踏勘条件提交等申请事项，业务审批由各主管部门在相应的业务系统中办理。

苏州市政府投资项目集中建设工作会议暨代建工程项目集中签约仪式举行。14家企事业单位成为市级政府投资项目代建单位名录库首批入选单位，桐泾路北延工程等5个项目的建设单位分别与3个集中建设机构签订代建协议。

截至9月上旬，全市482个村庄已经完成生活污水治理。

9月22日 福耀玻璃（苏州）有限公司在相城经济技术开发区苏相合作区举行开工仪式。该公司计划投资22亿元，占地面积31.5万平方米。

苏州工业园区管委会与中国科学院计算技术研究所签署战略合作协议，双方共建中国科学院计算技术研究所苏州人工智能产业研究院。

太仓中心公园正式开工建设。中心公园占地面积约20万平方米。

9月24日 苏州市城北路改建工程全线施工。城北路改建工程（长浒大桥至娄江快速路段）是2017年度省、市重点项目，项目概算总投资49.74亿元，工程路线全长约14.9千米。

2017年江苏省最美跑步线路评选揭晓，全长16千米的苏州市环古城河健身步道路跑线路成功入选。

9月26日 高达288米的全球最高电梯试验塔在吴江区正式落成。

9月28日 西山岛出入通道扩建工程（太湖大桥姊妹桥和渔洋山隧道工程）通过交工验收。

苏州地区第一百座220千伏变电站——"璜泾变"正式通电投运。

9月30日 《苏州市东山镇总体规划局部修改（2011—2020）》方案出炉，东山镇将打造"一镇、五片、多点"的空间结构。

金鸡湖音乐厅启用仪式在苏州文化艺术中心举行。总建筑面积近7200平方米，声学容积约9600立方米。

10月

10月11日　全国首个使用"磁悬浮"驱动技术的立体车库在高新区淮海街亮相。该车库名为淮海街智慧停车楼，占地面积约1000平方米，高约20米，共分为上、下8层，目前已经完成设备安装调试工作。

淮海街智慧停车楼（2022年拍摄）

10月13日　"第十届长三角投资发展论坛·长三角慢生活旅游峰会暨首届长三角慢生活旅游目的地联盟峰会"在吴江汾湖高新区（黎里镇）举行。吴江汾湖高新区（黎里镇）文旅小镇、吴江区同里古镇、张家港市永联村（永联小镇）、昆山市巴城镇（昆曲小镇）、昆山市周庄镇入选"长三角最具魅力旅游特色小镇"。

由国家电网公司、苏州市政府联合举办的苏州同里新能源小镇建设专家咨询会在吴江区召开。

苏州工业园区娄跨大桥由北向南方向星湖街主线和西侧匝道的3个信号灯全部启用，这是苏州市首座安装信号灯的高架桥。

10月17日　在江苏省水利厅、江苏省文物局联合指导下，苏州市首次完成水文化遗产调查。根据初步摸底，苏州市水文化遗产数量居全省首位，达2224个，占全省总量的42%。

10月18日　苏州国家历史文化名城保护区商业特色街区发展联盟第一次会员大会暨第一届理事会成功召开。

盘门片区的低洼地改造工程全部完成。

10月19日　苏州市重点工程项目现场推进会召开。2017年前9个月，210项市级重点项目完成投资970亿元，完成年度投资计划的73%。

苏州市瓶装液化石油气安全管理工作会议召开。截至9月底，全市企业共有瓶装液化石油气瓶125万只，杜绝充装过期气瓶、报废气瓶、不合格气瓶等违法违规行为。

姑苏区海绵城市建设规划方案通过专家评审。

22位市民代表被聘为苏州城市总体规划"公众咨询团"成员。

10月21日　太湖经贸合作洽谈会临湖分会场活动启幕，同时举行重点企业重大载体集中开工开业、入驻典礼。活动将持续至10月24日，其间签约、开工、开业项目达到36个，总投资约12.86亿元。

10 月 23 日　　苏州市十六届人大常委会举行第七次会议，审议通过《苏州国家历史文化名城保护条例》和《苏州市古城墙保护条例》。

　　　　　　用直镇举行重点项目集中开工开业仪式，同时启用模具成形制造科创中心。本次共有 25 个项目参加重点项目集中开工开业仪式，总投资超 21 亿元。

10 月 24 日　　苏州市委、市政府组织召开全市特色田园乡村建设工作会议。

　　　　　　姑苏区政府公布征收决定姑苏府〔2017〕96 号：由苏州市姑苏区房屋征收与补偿办公室征收"两河一江"环境综合整治胥江河以北项目。征收范围：叶家庄 1 号、5 号等。征收实施单位：苏州市姑苏区政府沧浪街道办事处。

10 月 25 日　　苏州市有轨电车 2 号线龙康路站至天佑路站近 6 千米的轨道工程顺利通过验收。

10 月 26 日　　《太湖风景名胜区石湖景区详细规划（2017—2030）》公示。

　　　　　　苏州市规划局对东汇公园换乘停车场进行建设工程规划批前公示。

　　　　　　6 所高校产学研项目落户狮山横塘街道。

10 月 27 日　　苏州市委、市政府印发《苏州市特色田园乡村建设实施方案》。

10 月 30 日　　苏州高新区旅游部门收到来自国家旅游发展基金对大阳山国家森林公园 3D 打印厕所的 30 万元奖励。在 2017 年揭晓的全国"厕所革命先进奖"推荐评审中，该项目获得"技术创新奖"，还荣获中国城市环境卫生协会颁发的"最美公厕"科技奖。

10 月 31 日　　张家港市荣获"国家生态园林城市"称号。

11 月 2 日　　总投资 1.8 亿美元的强生医疗爱惜康新工厂在苏州工业园区奠基。

　　　　　　姑苏区葑门片区牵头组织城管、市场监督、公安、消防等部门，对东环路陆家村、南园南路蔡家村以及横街分布的最后 7 处违规老虎灶进行拆除。至此，苏州市古城区的 56 处老虎灶全部被清除。

11 月 3 日　　苏州市审计局出台《苏州市建设（代建）单位审计中发现失信行为认定办法（试行）》。

11 月 6 日　　城北路管廊人民路节点双通道近距离上跨轨道顶管贯通。

　　　　　　2016—2017 年度中国建设工程鲁班奖揭晓，苏州市本土企业金螳螂建筑装饰股份有限公司共荣膺 12 项鲁班奖。

11 月 8 日　　苏州市区 2017 年已有 24 座公交候车亭升级到"2011 年款"的"第四代"。目前，苏州市"4.0 版"的公交候车亭已有 194 座，其中改建 156 座，新增 38 座。

　　　　　　中德先进制造技术国际创新园在太仓市开工建设。该园总投资 20 亿元，规划占地面积 21.2 万平方米，总建筑面积 15 万平方米。

　　　　　　太仓市旅游产业地标性项目——恒大童世界项目开工。

11 月 9 日　　自 2017 年以来，苏州市房地产中介行业与信用系统全面上线。系统将苏州市（不含昆山市）1800 多家备案经纪机构，以及近万名从业人员的数据纳入管理，实现对房地产经纪行业的信息化管理和诚信体系建设。

　　　　　　苏嘉杭高速全线 33 套整车称重动态秤台实施改造。

11 月 10 日　　2017 年经贸恳谈会暨阳澄湖创客年会高铁新城专场活动在清华紫光大厦举行，高铁新城共签约项目 29 个，总投资额近 200 亿元。

11 月 11 日　　姑苏区举行商业特色街区发展联盟成立大会暨"姑苏·商贸"平台启动仪式。

11 月 13 日　　苏州市召开市政府常务会议，审议并原则通过《苏州市政府关于扩大市区禁止燃放烟花爆竹区域的通告》。

　　　　　　　由中铁七局承建的苏州市轨道交通 3 号线 11 标北群盾构区间、群东盾构区间双线全部贯通。

　　　　　　　沧浪街道道前社区启动保护古井项目，为 128 口古井拓片。

11 月 16 日　　《京杭大运河苏州段堤防加固工程初步设计》通过由江苏省发改委组织的专家审查。

11 月 17 日　　姑苏区政府公布征收决定姑苏府〔2017〕102 号：由苏州市姑苏区房屋征收与补偿办公室征收"两河一江"环境综合整治胥江河以北项目。征收范围：叶家庄 60 号·桐泾南路 596 号等。征收实施单位：苏州市姑苏区政府沧浪街道办事处。

11 月 18 日　　苏州市城北路综合管廊元和塘顶管工程顺利贯通。该工程总长度达到 233.6 米，断面尺寸宽 9.1 米、高 5.5 米。

11 月 20 日　　吴中区太湖新城龙翔路管廊友翔路节点顶管工程双通道成功贯通。该工程通道并列间距 0.6 米，顶管施工单侧长 80.44 米，地下埋深 8 米，断面尺寸宽 5.4 米、高 4.5 米。

11 月 21 日　　生命健康小镇总体规划基本确定。生命健康小镇位于枫桥街道西南部，北至华山路，西至龙池路，东至湘江路，规划面积 3.96 平方千米，核心区用地面积 1.15 平方千米。

　　　　　　　史密斯英特康位于苏州工业园区的新工厂正式开幕。新工厂面积约 7900 平方米，比之前的旧工厂增容一倍。

　　　　　　　艾默生苏州涡旋制造工厂二期项目奠基仪式在苏州工业园区举行。该项目建筑面积 6500 平方米。

11 月 22 日　　苏州市城市总体规划（2035）专家咨询会举行，11 位来自全国规划领域的权威专家为苏州市编制新一轮城市总体规划出谋划策。

　　　　　　　苏州市公安局交警支队发布通告，自 2018 年 1 月 1 日起，苏州市工程运输车辆、专项作业车辆在通行方面将有限制管理措施。

　　　　　　　苏州市轨道交通 3 号线星港街站主体结构施工全部完成。

11 月 24 日　　苏州市有轨电车 1 号线延伸线供电标接触网工程正式送电运行。

11 月 26 日　　广济路管廊正式贯通。至此，由苏州城市地下综合管廊开发有限公司承建的国家试点管廊项目内的 4 条顶管全部贯通。

11 月 29 日　　苏州市有轨电车 1 号线延伸线工程正式开始车辆上线调试。

11 月　　　　环古城河、金鸡湖贯通工程北线城区段建设项目获批。根据规划，环古城河、金鸡湖贯通工程将通过南北两条线路，实现金鸡湖和环古城河的串联。

　　　　　　　吴中区斜港钢便桥梁拆除工程施工。

12 月

12 月 1 日　　《江苏省传统村落保护办法》全面实施。

12 月 2 日　　沪通铁路跨长江大桥 29 号主塔墩承台浇筑顺利完成。该承台平面面积达 5100 平方米，高 9 米，共用钢筋 7500 吨、混凝土 42900 立方米。

12 月 3 日　　苏州高新区浒墅关镇老镇改造最后一批 260 户 320 套安置房如期交付。

12 月 5 日　　苏州市首个建筑产业现代化试点保障房项目虎丘 C 地块正式启动桩基工程。

　　　　　　　吴江区 227 省道城区段改造工程基本完工。改造后的 227 省道城区段（江兴西路至高新路段）主要路口实现展宽，车道重新进行渠化，路口蓄车能力提升。

12月6日 苏州湾大桥伸缩缝专项维修工程基本结束。

12月7日 苏州市政府召开城建交通重点项目督查推进会。1至11月市级城建项目资金支出完成情况良好。其中,轨道交通工程建设完成投资 83.49 亿元,为年度计划的 88%,预计可完成年度投资任务。

苏州市住房和城乡建设局公布 2017 年度苏州市村镇建设优秀示范项目名单,苏州高新区通安镇树山村保护整治与改造提升项目、吴江区黎里镇 318 文化大院项目、吴中区光福镇渔民陆上定居工程等 16 个项目榜上有名。

12月8日 华贸中心规划出炉。华贸中心项目位于石路商圈核心地区,金门路与广济路交叉口,总建筑面积 70 多万平方米。

上海市第十人民医院尹山湖分院签约仪式在郭巷街道尹山湖医院举行。

12月9日 瓣莲巷 42 号工程正式开建。该工程为老旧区域环境改善提升工程之一。

12月11日 苏州市将建立起厕所开放联盟,吸纳首批厕所开放联盟成员单位,向社会免费开放内部卫生间。

12月13日 天平山风景名胜区景点云泉晶舍进入改造方案深化阶段。

在 2016—2017 年度国家优质工程奖颁奖活动上,由苏州高新区住房和城乡建设局负责实施的苏州市中环快速路工程高新区段(312 国道至玉山路南)工程项目荣获中国工程建设质量方面的最高荣誉——国家优质工程奖。

12月14—17日 339 省道太仓东至太仓港段及延伸段工程、227 省道常熟黄河路至相城交界段改扩建工程(青墩塘至安定段)通过江苏省交通运输厅公路局竣工验收。

12月15日 苏州市第十六届人民代表大会常务委员会发布《苏州市古城墙保护条例》公告。

苏州市规划局对《虎丘湿地公园修建性详细规划调整》进行公示。

吴中区召开美丽乡村建设工作会议。2018 年,吴中区美丽乡村建设标准计划调整为美丽村庄和康居村庄两类,全区计划重点实施 145 个自然村整治建设,其中美丽村庄 9 个、康居村庄 136 个。

装配式木结构公共厕所在苏州工业园区阳澄湖半岛旅游度假区投用。

截至当日,苏州全市累计完成岸电装置 491 套,累计用电量 60 万千瓦时,实现港口岸电全覆盖。

12月18日 苏州市规划局网站发布《苏州市胥江单元 ZC-b-010-07 基本控制单元控制性详细规划调整》。

苏州市便民服务中心入驻新建成的苏州城市生活广场并正式启用。

苏州城市生活广场(2022 年拍摄)

12月19日	苏州南部电网500千伏统一潮流控制器工程成功投运。
12月中旬	苏州工业园区全面推进金鸡湖及周边区域水环境综合治理。木沉港泵闸及水立交工程已进场施工，引清通道沿线口门控制工程、金鸡湖沿线口门控制工程，以及湖东片区干河清淤工程已完成招标，斜塘河枢纽及配套工程启动方案设计。
12月21日	苏州市通过河长制省级验收。自全面推行河长制以来，全市共落实18名市级河长、17名河道主官、186名县级河长、1357名镇级河长、3557名村级河长，形成覆盖全市的四级河长网络。
12月22日	相城区四届人大常委会召开第八次会议，审议通过相城区政府提出的《相城区规划五大功能片区的报告》。
12月23日	在古城保护板块中，姑苏区将分步打造护城河以内14.2平方千米古城"大景区"。
	苏州市第五人民医院从姑苏区西二路2号整体搬迁至相城区广前路10号，与2017年搬迁启用的苏州市广济医院相邻。至此，两家"新院"组成的苏州市公共医疗中心正式投入使用。
12月25日	苏州市住房和城乡建设局通知要求苏州市各相关单位严防海砂进入建筑工地。
12月26日	苏州市作为江苏省住房租赁的6个试点城市之一，苏州市住房和城乡建设局与中国建设银行苏州分行就住房租赁签订战略合作协议，旨在借助金融来助力"租购并举"。
	苏州市住房和城乡建设局发布《关于推行数字化审图工作的通知》，自2018年1月起，苏州市将逐步推行建设工程施工图设计文件数字化审查。
12月27日	苏州市河道管理处经过1年多的探索试验，认为采用干管清通配合CCTV高清摄像机器人探测疏通的效果明显，疏通彻底。
	吴江区吴淞江大桥正式建成通车。
	吴江区盛泽镇坛丘大桥重建工程于11月底通过省级验收，于11月27日正式通车。
12月28日	苏州市全面推广启用新能源汽车专用号牌。
12月29日	苏州市委副书记、代市长李亚平主持召开京杭大运河苏州段堤防加固工程领导小组会议。
	苏州市轨道交通红庄站图书馆正式对外开放。
12月30日	姑苏区2017年首批老旧区域环境改善提升工程完工。该项目包括东园小区、城西教师新村、华银花园、友新新村4个小区的49幢房，惠及居民1244户，道路绿化整治面积约4.1万平方米。
12月31日	苏州市中医医院二期建设项目正式开工。苏州市中医医院二期建设项目为苏州市政府实事工程，地上建筑面积48008.44平方米，地下建筑面积40827.72平方米。

苏州市中医医院（2022年拍摄）

2018 年度

大事记

苏 州 城 建 大 事 记

1月

1月1日　　230省道马浜桥、前宙桥、林树头桥、下许桥、俞巷桥、后上章桥、箭渎桥7座危桥抢修工程顺利完工。

1月2日　　《苏州桃花坞历史文化片区二期修建性详细规划》正式对外公示。

　　　　　　供水应急保障继续向城区老新村推进，2017年老新村老街道供水设施综合项目完成2.5万户水表箱升级改造。

1月6日　　苏州市轨道交通3号线轨道在浒墅关车辆段铺轨基地内施工。

1月8日　　苏州市住房和城乡建设局公布住房保障、购房补贴等标准的通知。

1月9日　　"苏州市公交专用道规划修编"环境影响评价进行第一次公示。截至2017年，苏州市现状路段公交专用道已完成237.55千米，远期规划总计路段公交专用道将达到926.17千米，增长近3倍。

1月10日　　苏州市规划局对相城区黄埭镇黄埭东单元、西单元和东桥单元的控制性详细规划进行公示。

1月11日　　2017年苏州市十大民心工程评选结果揭晓，分别是：苏州市公共医疗中心项目、苏州市轨道交通4号线及支线建成运营、城区燃气管网安全改造工程、西环高架南延工程、"家在苏州·e路成长"未成年人社会实践体验活动站综合服务平台建设、苏州市区新建改建公共厕所工程、苏州中心建成投用、城北路地下综合管廊全线贯通、城市中心区清水项目、长期护理保险制度。

　　　　　　吴江区江兴大桥正式通车。

1月12日　　2018年度城区第一批住房保障申请家庭公示。此次共有13户家庭基本符合条件通过初审，其中最低收入家庭9户，低收入家庭4户。13户家庭户籍地都在姑苏区。

1月13日　　苏州市2018年实事项目经苏州市十六届人大二次会议审议通过，共8个方面36个项目，总投资将超过250亿元。其中涉及城市建设的有：新建、改扩建中小学和幼儿园36所；建设苏州考古博物馆、苏州奥林匹克体育中心、金阊体育馆（新城文体中心）、东园体育休闲公园、运河体育主题公园；实施环古城健身旅游提升工程。建设实施苏州大学附属第一医院（二期）工程、苏州市疾控中心迁建工程；新建、改扩建基层医疗卫生服务机构24家。实施城市中心区清水工程，完成污水管网建设20千米，修复40千米。完成平江历史片区截污清水工程、阳澄湖中西湖连通工程、阳澄湖引水工程；整治城镇黑臭河道69条；市区新增及改造绿地350万平方米。实施姑苏区4个老旧小区环境改善提升工程、山塘历史街区风貌整治工程、海绵城市改造项目20个；建设10个康居特色村和350个三星级康居乡村。开工建设苏州市轨道交通6号线、S1线等。

　　　　　　江南水乡古镇申报世界文化遗产工作2018年推进会在苏州市召开，来自苏浙地区的14个江南水乡古镇将联合申报世界文化遗产。

1月14日　　2018年相城区交通基础设施、民生建设项目集中开工活动在春申湖路快速化改造项目现场举行。此次集中开工的项目共24个，总投资200亿元。

1月15日　　姑苏区葑门片区（双塔街道）顾廷龙故居协议搬迁项目举行现场集中选房挂牌仪式。36户原顾廷龙故居的涉迁居民完成选房挂牌。

1月16日　　盐通铁路正式开工，通苏嘉铁路南通西至张家港段同步实施，苏州市"丰"字形铁路网南北纵向开始形成。

　　　　　　姑苏区综合创业社区——青创社正式启动。

1月18日　　苏州市持续推进生态文明建设十大工程，2017年实际完成投资123.96亿元。

　　　　　　作为苏州高新区浒墅关经济开发区2017年重点民生实事项目之一的浒墅人家乐居中心正式启

用，建筑总面积 1.5 万平方米。

吴中高新区全长 5000 米的运河健身步道和澹台湖景观桥同时启用。

1月22日　苏州高新区通安镇树山村改造项目的 48 户村民房屋改造竣工，本次改造涉及房屋建筑面积约 10.3 万平方米。

1月23日　苏州奥林匹克体育中心服务配套楼已经完成竣工验收，奥林匹克体育中心施工收尾。该中心规划总面积近 60 万平方米，规模可容纳 8 万人。

苏州市有轨电车 1 号线"红色专列"从苏州乐园站上线首发。

占地 4000 多平方米的苏州工业园区医学检验实验室公共平台在生物医药产业园启用。

昆山市举行新型公厕建设改造开工仪式，稳步推进"厕所革命"。

1月26日　由苏州创成爱康建筑科技有限公司主编的中国工程建设协会标准《建筑给水聚丁烯 (PB) 管道工程技术规程》通过验收。

1月27日　苏州市首个智能制造工业互联网平台体验中心——紫光工业云体验中心正式对外开放，总面积 1500 平方米。

2月1日　全国首笔租房贷款落地苏州市，该笔贷款将用于苏州万科泊寓对收购的开元酒店的改造、装修和设备更新，改造后的酒店将以租房公寓的形式服务苏州市住房租赁市场。

2月5日　苏州市政府制定《苏州市医疗卫生资源补缺补短"123"方案》（以下简称《方案》）。根据《方案》，苏州市将迁建市疾控中心，新建市妇幼保健院、太湖新城医院两家医院。

苏州市住房和城乡建设局网站公布一批项目的环境影响报告表。本次公布环境影响报告表的项目涉及虎池路、虎殿路、平河路、平海路、金筑街、金政街、白洋街、城北西路和 3 个公园及 8 条河道的海绵改造工程。

2月6日　苏州工业园区体育中心更名为苏州奥林匹克体育中心。苏州奥林匹克体育中心位于苏州工业园区湖东核心区，总建筑面积约 36 万平方米。

苏州市首宗全租赁用地位于相城经济技术开发区，以每平方米 3000 元的底价成交，相城区开始探索"只租不售"模式。

由联合国教科文组织亚太地区世界遗产培训与研究中心（WHITRAP）苏州中心和同济大学建筑与城市规划学院联合举办的"2018 亚太地区古建筑保护与修复技术高级人才培训班——石灰与文化遗产保护实践"，在苏州怡园开班。

2月7日　苏州市规划部门对桐泾路北延工程进行建设工程规划批前公示。根据规划，桐泾路北延工程主线隧道双向六车道，全长约 2.5 千米。

2月8日　独墅湖第二通道工程的第二次环境影响评价在苏州市住房和城乡建设局网站公示。

2月9日　苏州老动物园成为古城区最大的开放公园。

2月11日　苏州市政府出台《关于加快推进"天堂苏州·百园之城"的实施意见》（以下简称《实施意见》）。《实施意见》提出，至 2022 年，列入《苏州园林名录》的园林数量将超过 100 处，力争完成 12 处园林的修复或遗址保护，园林开放率达 90% 以上。

苏州市第二工人文化宫进行建设工程规划许可批后公布。该工程总规划建筑面积约 7.5 万平方米，总投资约 5 亿元。

苏州奥林匹克体育中心（2022 年拍摄）

317

2018

2月12日	苏州市规划局对高铁新城南片区控制性详细规划调整进行公示。
2月13日	2018年城区第二批住房保障家庭情况开始公示,此次基本符合条件通过初审的共有59户。
	姑苏区继续推进老旧小区居住环境改善工程,提升城市整体形象。此次改造共涉及81幢房屋,2392户居民,建筑面积18.5万平方米,占地21.3万平方米,道路、绿化整治面积约15万平方米。
2月22日	2018年,姑苏区将完成西北街社区卫生服务中心等5个社区卫生服务机构的新建改建工作。
2月24日	苏州高新区举行36个重点项目集中开工仪式,投资总额达590亿元。
2月26日	国家旅游局和高德地图联合推出全国百城"城市开放厕所平衡指数",苏州市排在第六位。
2月27日	苏州市委副书记、市长李亚平率队赴沪参加苏州市和上海市重大交通基础设施对接协作座谈会,与上海市副市长时光辉等共商两地重大交通基础设施规划建设对接工作。
2月28日	松陵大道综合交通枢纽正式开工,建成后将打通吴江区与苏州市南部连接。

3月1日	苏州市打好污染防治攻坚战暨"263"专项行动推进会召开。年内将实施大气重点治理工程1200项,实施挥发性有机化合物(VOC)治理项目969项;实施水污染治理重点工程128项,太湖治理重点工程项目124项;新增焚烧处置能力7.7万吨以上。
	《苏州国家历史文化名城保护条例》《苏州市古城墙保护条例》《苏州市江南水乡古镇保护办法》正式实施。
	苏州市轨道交通3号线首列车在松陵车辆段顺利交付。
3月2日	苏州市对照江苏省要求,围绕年度"治气、治水、治土"和"263"专项行动计划,排定15个污染防治挂牌督办重点项目。
	经过改造、整治,桐泾公园、三香公园、劳动公园重新正式对外开放。
3月7日	苏州市规划局对苏州市轨道交通1号线木渎公交换乘枢纽项目进行建设工程规划批前公示。根据规划,苏州市轨道交通1号线木渎站将设置1286个停车位。
	首批江苏省生态文明建设示范乡镇(街道)、村(社区)名单发布,苏州市17个镇(街道)、10个村(社区)榜上有名。
3月8日	苏州市住房和城乡建设局印发《2018年行政执法工作计划》并下发通知,要求各地住房和城乡建设局全面落实行政执法责任制,规范行政执法行为。
	"园区45号河"整治工程被列入2017年苏州市城镇黑臭水体整治工作创新典型案例。
3月9日	环金鸡湖景区及苏绣路、苏惠路、苏茜路及星都街4条湖西CBD区域主要道路绿化景观综合提升工程开始施工。
3月12日	东环高架LED道路照明提升改造工程全面启动。
3月14日	苏州市住房和城乡建设局印发《2018年苏州市城镇燃气管理工作要点》。
3月15日	苏州市有轨电车1号线正式启用自动售票系统。
3月16日	托管式"环保管家"项目正式入驻相城高新技术产业开发区。
3月18日	84个重大项目在吴中区集中开工开业,总投资286.2亿元,年度计划投资106.7亿元。
3月19日	苏州市领导来到担任河长的七浦塘巡查河长制工作开展情况。
	2018年苏州市区将新建娄门农贸市场、南门水产市场等4家农贸市场,完成对景城邻里中心农贸市场、翰林邻里中心农贸市场两家农贸市场的改建工作。

苏州市有轨电车 1 号线延伸线与有轨电车 1 号线开始进行贯通跑图试运行（延伸线区段不载客）。

苏州高新区横山体育公园完成前期规划和功能设计。根据规划，公园占地约 4.8 万平方米。

3 月 20 日　苏州市航道管理处为大运河苏州段量身定制的"数字体检档案"出炉。

姑苏区召开打好污染防治攻坚战暨"263"专项行动推进会。2018 年姑苏区排定 10 个重点项目。

3 月 21 日　江苏省城建档案馆馆长座谈会在苏州市召开。

苏州市委副书记朱民率市水利局、市经信委、农委、环保局相关负责同志，巡查阳澄湖沿线整治工程进度。

3 月 22 日　上海市政协副主席、党组成员李逸平率上海市政协调研组来苏州市，围绕"发挥上海核心城市作用，推动长三角一体化发展"进行调研。

日处理能力达 4 万吨的高铁新城污水处理厂正式投入运行。

3 月 23 日　苏州市委副书记、市长李亚平会见世界遗产城市组织（OWHC）秘书长丹尼·理卡尔一行。双方就世界遗产城市组织亚太区大会相关筹备工作交换意见。

3 月 25 日　苏州市 2018 年重大项目开工现场会在昆山高新区举行。

3 月 27 日　姑苏区政府公布征收决定姑苏府〔2018〕38 号：由苏州市姑苏区房屋征收与补偿办公室征收桃花坞历史文化片区综合整治保护利用工程二期项目。征收范围：桃花坞大街 97 号等。征收实施单位：苏州市姑苏区政府金阊街道办事处、苏州市姑苏区政府平江街道办事处。

3 月 28 日　2018 年重要民生实事项目之一的常熟市广播电视发射塔原址重建工程正有序推进。该项目规划用地面积 9913 平方米，总建筑面积 2579 平方米，总投资 1.26 亿元。新建发射塔塔身高度将由原来的 119 米提升至 180 米。

3 月 29 日　据相城区元和街道召开的全面深化河长制改革工作推进会信息，除辖区内区级河道由区统筹推进治理外，镇村两级 108 条河道"一河一策"已全部编制完成，河长制工作转入全面治河阶段。

位于仁安街的航运新村开始污水管网改造，涉及航运新村二村、三村及谈埠上。此项工程将惠及 1800 多户居民、30 多户商家。

苏州乐园森林世界项目第一栋建筑单体"商售 6 速食餐车 4"完成建筑结构封顶。

3 月 30 日　苏州市加油站地下油罐防渗漏改造工作正在加快推进中，2018 年全市将完成 200 个加油站地下油罐的防渗漏改造。

张家港市城南老年活动中心新建工程开工建设。该工程建筑面积 2552 平方米，总投资 1365 万元。

4 月 1 日　苏州市地下管线管理所发布 2018 年度管线建设计划。

4 月 2 日　畅园、道勤小筑举行免费开放仪式。

4 月 2—12 日　苏州市开展东水西调互联互通管道应急演练。

4 月 3 日　对苏州市市管行道树展开的无损检测试点已全部结束，狮林寺巷、园林路等街巷的 1090 棵法桐用上新的保护手段。

4 月 4 日　梅巷七、八组（含园口头）城中村（无地队）改造项目房屋征收补偿方案公布。该项目共计征收约 185 户，其中住宅约 170 户，非住宅约 15 户，总计约 10 万平方米。

4 月 5 日　吴江区安惠港带状公园建设接近尾声，总绿化面积约 6.6 万平方米。

4月7日	高新区首个改造动迁小区白马涧花园四区,投资4000多万元完成改造。

4月8日 苏州乐园森林世界筹建处承建的象山路、罗家湾路宕口环境整治工程获得江苏省住房和城乡建设厅授予的2017年度"扬子杯"江苏省优质工程奖。

4月9日 《昆山市海绵城市专项规划》入选全国首批海绵城市推广示范样本。

4月10日 阊门片区(金阊街道)三元二村启动综合整治工程。

配合"金鸡湖水上游联通南线"项目,葑门横街和石炮头及葑门河沿线综合整治和提升工程启动。

江苏省一维多利亚州海绵城市创新示范基地在昆山市奠基开工。该示范基地将成为江苏省一维多利亚州生态海绵城市建设合作协议下第一个启动的实质性双边合作项目。

4月11日 常合高速公路常熟北互通连接线工程(新世纪大道北延一期工程)正式开工。工程全长约9.78千米。

4月12日 《苏州市2018年重点项目投资计划》审议通过,确定2018年市级重点项目215项,总投资11505亿元,当年计划投资1326亿元。

全市城镇黑臭水体整治联席会议2018年度现场推进会召开,总结2017年全市城镇黑臭水体整治情况,研究部署2018年整治工作。

全国首座三维异形钢结构桥梁——星港街天桥在三维异形钢筋下料、安装和"C60自密实清水混凝土"浇筑技术上创造3项"全国第一"。

星港街天桥(2022年拍摄)

4月14日 江苏一维州研创中心二期项目剪彩仪式在苏州科技城举行,该中心加推的2500平方米孵化场地正式投用。

4月15日 姑苏区将启动古井井边环境提升工程。这是该区自2016年9月起对辖区412口古井排摸分档造册并组织清淤以来,再次实施古井保护项目。

苏州市有轨电车1号线延伸线通过试运营评审。

4月20日 苏州市180家砖瓦窑企业采矿许可证全部注销,历时15年,苏州市完成采石宕口整治226个,基本完成全市露采矿山环境整治工作。

4月24日 苏州市轨道交通5号线首台盾构机在车斜路站始发,该线路盾构施工开始。

4月26日 吴江区苏州湾体育中心工程举行开工仪式,该项目计划投资12.46亿元。

4月27—28日	苏州市十六届人大常委会第十一次会议首次审议《苏州市房屋使用安全管理条例（修订草案）》。

苏州市有轨电车1号线延伸线正式开通试运营。

甪直古镇二期举行开街仪式。

4月28日 苏州市规划局公布苏州国际物流快速通道二期工程——独墅湖第二通道工程的选址公示。

5月2日 规划部门对相城区盛泽湖环湖地区城市设计进行公示。此次设计范围东至湘太路、西至茶叶浜、南至渭泾塘、北至盛泽湖南岸，占地面积约3.11平方千米（含水域面积约0.46平方千米）。

5月3日 苏州市住房和城乡建设局联合苏州市财政局下发《苏州市市级政府投资建筑工程变更备案管理实施细则》，自6月1日起实施。

苏州市全面推进的高标准干河清淤贯通工程及控源截污直排点整治工程进入验收阶段。

5月4日 苏州市集中式饮用水水源地环境保护专项行动启动。

5月5日 亚太遗产中心古建筑保护联盟第二次代表会议暨苏州世界遗产与古建筑保护研究会第二届会员大会召开。

吴江区平望镇重大地标性工程在大龙荡田园生态公园举行开工仪式。

5月7日 苏州市城市照明管理处正式启动城区高速公路出入口亮化提升工程。

5月9日 苏州工业园区第二中学青剑湖项目正式开工建设，由苏州工业园区城市重建有限公司负责代建管理。

5月15日 苏嘉杭高速城区高架段声屏障更新改造工程全面启动，计划拆除、更换声屏障6854米，建成后整体降噪可达10分贝左右。

常熟市北部医院项目深基坑工程成功应用自动化监测系统。

5月16日 《太湖风景名胜区西山景区详细规划》（2018年3月修订版）获得住房和城乡建设部批复，成为太湖风景名胜区13个景区中首个获批的景区详规。

5月18日 总投资3亿元打造的全长45.8千米的环太湖自行车道分三期施工建设。目前，一期马山至西京湾段14.2千米已完成基础建设。

5月20日 苏州工业园区北部文体中心项目正式启动建设。该项目占地面积2.38万平方米，总建筑面积约4.8万平方米，其中地下室约2.45万平方米，项目投资3.55亿元。

5月23日 桐泾路北延工程在苏州市规划局网站进行选址公示。

5月24日 高铁新城快速路连接线（常熟交界至凤阳路以南段）规划方案在苏州市规划局网站进行公示。

苏州市轨道交通5号线（莫邪路站）征收方案公布，共涉及里河新村6户住宅，总计约480.83平方米。

虎丘塔影园项目打好便桥桩，打通施工通道，有序展开后续施工。整个项目占地23550平方米，总建筑面积4000余平方米。

姑苏区政府公布征收决定姑苏府〔2018〕57号：由苏州市姑苏区房屋征收与补偿办公室征收苏州市轨道交通5号线（莫邪路站）项目。征收范围：里河新村41幢101室、102室、103室、402室、502室、603室。征收实施单位：苏州市姑苏区政府双塔街道办事处。

5月25日 苏州市住房和城乡建设局印发《关于进一步优化外地进苏建筑业企业管理的若干意见》（以下简称《意见》）。《意见》将原先的现场递交材料的核验方式改为在网上平台自助注册申报，实现外地建筑企业进市实行网上申报不见面审核。

5月26日　苏州市住建部门开展工程质量安全提升行动专项督查。

5月28日　苏州市轨道交通5号线填塘项目开工。

苏州市规划局网站上发布姑苏区苏地2017-WG-67号地块建设规划批前公示。

高新区各区域已陆续启动老旧小区电动车集中充电点建设工程。

5月29日　苏州市首张企业投资项目信用承诺制建筑工程施工许可证发给苏州赛联通讯技术有限公司的厂房项目，苏州市企业投资项目信用承诺制改革试点工作顺利开始。

5月30日　苏州市住房和城乡建设局会同苏州市发改委、财政局、国土局、规划局联合印发文件，将在苏州市政府投资的公共项目中全面推广采用装配式建筑技术。

5月31日　苏州市铁路工作推进会召开，贯彻落实全省铁路发展推进会精神，部署推进全市铁路建设推进工作。

苏州市规划局网站发布位于姑苏区平江新城板块的住宅用地——苏地2017-WG-48号地块建设规划批前公示。

6月1日　524国道通常汽渡至常熟三环段改扩建工程已列入江苏省首批十大品质工程创建示范项目。

第十一届中国（郑州）国际园林博览会闭幕，苏州园"城市山林"斩获"室外展园综合奖大奖""展园设计奖大奖""优质工程奖大奖""植物配置奖大奖"共4项最高荣誉奖项。

6月4日　姑苏区启动河道水环境专项整治攻坚行动，治理范围包括该区所有河道，重点治理古城核心区14.2平方千米范围内及重要景区周边的53条河道。

6月5日　姑苏区虎丘街道辖区内的玻纤路改造提升工程全部完工，并投入使用。

虎池路水管改排工程全部完工，将原来直排进黄花泾的雨水管道改走长泾塘，从源头上消除防汛隐患。

昆山市淀山湖镇和上海市青浦区两地的锦淀公路对接崧泽大道桥梁工程项目桥梁主体已完成，道路连接线段路基已施工完毕，昆山市锦淀公路与上海市崧泽大道正在实现无缝对接。

6月6日　即日起至12月底，苏州市将开展建筑施工安全专项治理行动。

苏州高新区举行辖区农贸市场改造推进会，明确自2018年起，将用3年对全区23个农贸市场进行升级改造。

苏州市轨道交通5号线方洲公园站开始主体施工。

首例数字化审图项目卡乐电子（苏州）有限责任公司新建厂房的审图工作顺利完成，实现审图过程全程网上进行。

6月7日　苏州市成为国家建筑垃圾治理试点城市。到2019年年底前，苏州市将连同其他入选的试点城市一起，就建筑垃圾治理开展一系列试点工作，形成可复制、可推广的经验惠及全国其他城市。

6月8日　《苏州市城市绿地系统规划（2017—2035）》专家论证稿出炉。根据规划，到2020年，苏州市人均公园绿地面积将由现在的14.5平方米提高到15平方米，到2035年增至15.5平方米。

6月10日　太湖大道快速化改造启动，2条隧道将让车辆通行时间节省超过20%。

204国道苏州段顺利完成交通运输部2018年度"国检"，用时约100分钟，检测里程98.145千米。

高新区住房和城乡建设局积极改进施工图审查服务方式，推动数字化审图的落地实施。

6月11日 由苏州市水利局起草的《苏州市生态河湖行动计划实施方案（2018—2020年）》，已在苏州市政府常务会议上通过并印发，苏州市生态河湖三年行动计划正式启动，到2020年消除劣V类水体。

张家港市城南文体中心新建工程开工。该工程占地1.19万平方米，建筑面积2.12万平方米。

6月12日 苏州市吴江区与嘉兴市秀洲区签订清溪河（麻溪港）联合治理合作协议。

中国铁路总公司与江苏省政府联合批复《苏南沿江铁路的可行性研究报告》。该铁路在苏州市境内线路全长约100千米，建成后张家港市、常熟市、太仓市将通高铁。

6月13日 苏州市住房和城乡建设局向各市（县）区下发《2018年苏州市建筑节能与绿色建筑工作任务分解表》，按照江苏省住房和城乡建设厅要求，苏州市将完成新建节能建筑1650万平方米。

6月18日 "美丽昆山"老旧小区改造提升三年计划出台，昆山市政府计划用三年时间，对94个老旧小区进行改造提升，进一步改善老旧小区居住环境。

6月20日 苏州市轨道交通1号线全部25列电客车的首轮架修任务顺利完成，更换部件24.2万余个。

自6月20日起苏州工业园区戈巷街过铁路立交封闭施工。

6月21日 苏州市领导赴姑苏区、常熟市、昆山市检查中央环保督察"回头看"交办信访问题整改工作，就有关问题进行现场督办，并查看城区水环境治理，对七浦塘河长制工作开展巡查。

6月24日 第二十次中日韩环境部长会议在苏州市举行。

生态环境部部长李干杰在苏州市调研生态环境保护工作，加大力度推进生态文明建设。

6月25日 江苏省内首个生态环境治理协同平台在苏州市启动，重要污染源"行踪"实时精准定位。

苏州市召开进一步做好中央环保督察"回头看"切实加强重点问题整改工作电视电话会议。

6月29日 苏州奥林匹克体育中心商业广场和游泳馆率先向市民开放。

桐泾路北延工程项目通过初步设计审查。该工程全长2千米，起点位于西塘河南岸，终点位于西园路与现状桐泾北路交叉口。

7月

7月3日 姑苏区启动建设百千万美丽楼道三年行动计划。

7月4日 苏州市委、市政府召开京杭大运河文化带和堤防加固工程建设推进会，全面落实江苏省大运河文化带建设工作领导小组第一次全体会议工作要求，研究部署苏州市大运河文化带和堤防加固工程建设。

苏州市国有控股的专业住房租赁企业——苏州市住房租赁有限公司成立，加快推进"租购并举"快速发展。

7月6日 312国道苏州东段改扩建工程初步设计获江苏省发改委批复。该项目路线全长约33千米，按一级公路标准建设，主线为双向六车道。

苏州市规划局对苏州市阳澄西湖第三通道进行建设工程规划批前公示。

7月9日 吴江区鲈乡北路北延工程已开工建设，该工程项目总长约4.45千米，计划总投资6.5亿元。

7月10日 苏州市召开扬尘污染防治推进会，进一步推进"263"专项行动。

苏州市规划局对苏地2018-WG-4号地块（苏州市现代农产品物流园南环桥市场建设项目）进行建设工程规划批前公示。

苏州市城市照明管理处正式启动友新立交景观灯改造工程，改造工程涉及更换LED洗墙灯和有机波浪板。

7月15日　　苏州高铁新城搭建智慧工地现场监督指挥平台，42只"智慧天眼"守护文明施工。

7月17日　　继苏通长江公路大桥和在建的沪通长江大桥后，江苏省将在苏州、南通之间再建一座过江通道。目前苏通第二过江通道已进入环评公示阶段。

7月18日　　苏州市区西环路劳动路口进行局部交通改造。

7月20日　　312国道苏州西段改扩建工程创建绿色公路主题性项目通过交通运输部验收。此段绿色公路采用沥青温拌技术等40余项节能减排技术。

　　　　　　皮市街花鸟工艺品市场临时建筑全部拆除。

7月23日　　苏州市政府召开苏州市海绵城市建设试点区海绵改造项目推进工作会议。会议要求各项目单位高度重视，保证20个试点区海绵改造项目在年底全面完成建设。

　　　　　　华谊兄弟电影世界建成开业，为阳澄湖畔再添重量级新地标。

8月

8月1日　　连接苏州高新区与古城区的太湖大道快速化改造工程部分主路段封闭，下穿隧道两侧临时便道开通，基坑围护结构施工正式开启。该工程全面进入主体隧道施工阶段。

8月2日　　苏州国际快速物流通道二期工程——吴江区东吴南路对接鲈乡北路工程选址规划公示。

8月3日　　由苏州市园林和绿化管理局代表苏州市报送的"天堂苏州·园林之城"保护管理工程荣获2018亚洲都市景观奖。

8月7日　　在《2018年中国城市轨道交通（地铁）通车里程排行榜》上，苏州市以120.7千米排名第九。

　　　　　　狮山横塘街道全面启动老旧小区环境综合整治提升三年行动计划，预计投入3亿多元，对11个动迁小区、14个老旧商品房小区和4个农贸市场进行改造。

　　　　　　随着第四批《苏州园林名录》正式公布，苏州园林总数达到108座，苏州由"园林之城"正式成为"百园之城"。

8月10日　　苏州市住房和城乡建设局试点瓶装燃气全过程监管平台，建立以瓶装燃气经营企业为气瓶安全责任主体的监管新模式，通过建立瓶装燃气充装配送信息化监管体系，实现气瓶流向全过程监管。

　　　　　　苏州市住房和城乡建设局依托新理念、新技术完善苏州市建筑业企业信用管理系统，努力提升信用体系平台成效，实现建筑业信用评价全覆盖，信用管理系统自动计算企业得分。2018年共评价考核企业1305家，是2017年同期参与信用考评企业的两倍。

　　　　　　苏州乐园欢乐世界搬迁升级项目已经全线开工。新乐园位于象山路南、白鹤山西，用地面积397957.3平方米。

8月14日　　国家发改委正式对《苏州市城市轨道交通第三期建设规划（2018—2023年）》做出批复，同意建设苏州市轨道交通6号线、7号线、8号线及S1线等4个项目，规划期限为2018—2023年。

8月15日　　苏州市政府组织召开苏州市轨道交通6号线、S1线前期工作动员会，总体部署轨道交通6号线及S1线各项前期工作，要求全力保障轨道交通6号线、S1线能于2019年下半年按期开工建设。

　　　　　　苏州市住房和城乡建设局等九部门联合发布《打击侵害群众利益违法违规行为，规范房地产市场秩序专项行动方案》。

　　　　　　苏州高新区浒墅关镇完成下塘北街最后一户50多平方米住宅的征收动迁，京杭大运河"四改三"工程浒墅关段建设稳步推进。

上海市青浦区，江苏省昆山市、吴江区和浙江省嘉善县四地首次召开淀山湖战略协同区联席会议，签署《环淀山湖战略协同区一体化发展合作备忘录》。

8月16日 苏州市委副书记朱民主持召开全市美丽乡村暨特色田园乡村建设座谈会。按照目标，到2022年全市计划建成70个特色田园乡村，所有重点村、特色村建成三星级康居乡村。

高新区将实施浒墅关镇、通安镇、东渚镇沿太湖3个现代农业产业园建设，启动田间林网和景观工程。

8月17日 吴中区长桥地区老旧直管公房解危工作在长桥房管所会议室正式启动。

8月20日 中英海绵城市（雨洪管理）战略性规划研讨会在苏州市举行。为有效推进海绵城市建设，苏州市确定26.45平方千米的海绵城市建设试点区，建设各类海绵城市项目56个，计划总投资9.6亿元。

第二批市级特色田园乡村建设试点工作于8月20日启动。

8月21日 国家发改委城市和小城镇改革发展中心举办的中国智慧城市国际博览会上发布2018年《中国城市治理智慧化水平评估报告》，苏州市荣获2018年中国城市治理智慧化综合奖。

8月22日 有轨电车试运营基本条件评审工作圆满结束，苏州市有轨电车2号线高水准通过评审。

8月23日 苏州市政府印发《关于加快培育和发展住房租赁市场的意见》。

苏州市推进"停车便利化工程"，到2020年建立市级智慧停车管理系统，市区将年增上万车位。

高新区通安镇组织对新建的真山公园苗木绿化进行最后的核查，该项目总投资3800万元。

8月24日 苏州工业园区人工智能产业园正式开园。

8月27日 桐泾路北延工程开工建设。

8月28日 2018年"姑苏杯"优质工程奖名单公布。2018年，苏州市有538个项目获得这一荣誉。

8月30日 《古城保护与更新三年行动计划》围绕"疏导"和"排堵"两个方面，提出将在城区建多个下穿工程，保障古城居民出行。

吴中区召开美丽乡村暨特色田园乡村建设工作推进会。自2015年以来，吴中区已有659个村庄被纳入美丽乡村建设，惠及农户5.4万户，累计将投入资金27亿元。

8月31日 苏州市有轨电车2号线正式开通试运营，与苏州市有轨电车1号线交叉成网。苏州高新区开启有轨电车网络化运营新时代。

苏州市有轨电车2号线［苏州高新区（虎丘区）档案馆藏　2019年拍摄］

相城区河长办正式编制印发《相城区"示范河道"创建标准》。

2018

9月

9月1日　石路商圈将添大型商业综合体——华茂中心。该项目临近苏州市轨道交通 2 号线石路站，将建两栋超高层，规划高度分别为 150 米和 130 米，总建筑面积 228640 平方米。

环湖路（云龙路复线至吴江大道）改造工程正式施工。

9月2日　浒墅关镇苏钢集团家属区动迁安置的定销商品房项目完成 360 余户的新房交付，安置工作圆满结束。

9月3日　姑苏区 2018 年老旧小区改造项目正式启动。

京杭大运河姑苏区段的寒山桥、何山桥等 9 座桥梁亮出"姓名牌"，帮助船舶准确定位，提高地名辨识度。这是苏州市首批完成防范船舶碰撞整治任务的桥梁。

9月6日　姚家浜征收二期 1 标段无地队挂牌选房仪式在姑苏区虎丘路 28 号举行，全部 46 户涉拆居民完成 89 套房屋的挂牌选房。

9月10日　江苏省—维多利亚州海绵宜居城市技术交流会在昆山市召开。

9月11日　自 10 月起，苏州市实施《建筑企业信用修复管理办法》。

9月12日　何山路西延穿山隧道开建。该隧道长 2.535 千米，依次下穿观音山路、支硎路、白马涧片区。

9月13日　国际非开挖修复论坛暨第七期排水管道测试、评估与非开挖修复专业技术岗位培训班在苏州市举办。

《关于深化湖长制工作的实施方案》经苏州市政府常务会议审议后，由十二届市委第六十七次常委会审议通过。

《关于高质量推进城乡生活污水治理三年行动计划（2018—2020）的实施意见》印发。

9月14日　312 国道苏州东段改扩建工程取得江苏省政府用地批复。该工程路线全长约 33 千米，计划按一级公路标准建设，为主线双向六车道。

9月15日　住建部组织专家来苏州市，对苏州市 3 年来的地下综合管廊试点工作进行评估。苏州市超额完成管廊试点项目，截至 7 月底完成率达 107%。

苏州市政府与绿地控股集团签署战略合作协议。

9月16—21日　昆山市应邀参加第十一届世界水大会，并在会上展示海绵城市建设成果。

9月17日　苏州市轨道交通 5 号线 12 标车斜路站至星湖街站区间左线盾构机顺利接收，该区间正式贯通，这是该线路首条贯通的盾构区间。

交通运输部、应急管理部发布《关于公布 2016—2017 年度公路水运建设"平安工程"冠名项目的通知》，苏州市西环高架南延工程获评国家级"平安工程"。

9月18日　苏州市制定出台《关于深化湖长制工作的实施方案》，全面实施湖长制。苏州市政府召开新闻发布会，公布湖长制下阶段推进措施。

9月20日　太仓市复星旅文阿尔卑斯度假小镇项目正式开工。

张家港市举行新型智慧城市建设战略合作协议签约仪式，推进"物联网、互联网＋新型智慧城市（智慧社区）"项目建设。

9月28日　苏州现代农产品物流园南环桥市场暨苏同黎公路快速化改造项目将在吴中区甪直镇开工。新市场占地 40.19 万平方米，苏同黎公路全长 3.84 千米。

9月30日　苏州国际物流快速通道二期工程——独墅湖第二通道工程开工建设。该工程总长 3.93 千米，隧道主线长约 2.6 千米，工程由苏州市住房和城乡建设局组织实施。

叶新桥、刘庄桥等 2018 年开工的 230 省道上的 13 座危桥工程将全部整修完毕并通车。自 2017 年以来，230 省道苏州段已累计完成 24 座危桥的维修改造，总投资约 1400 万元。

10月

10 月 1 日	全长 14 千米的金鸡湖环湖步道将全面对外开放。
10 月 8 日	国家发改委下发《国家发展和改革委员会关于新建上海至苏州至湖州铁路可行性研究报告的批复》，同意新建上海经苏州至湖州铁路。沪苏湖铁路经过苏州市吴江区，苏州段长约 52.4 千米，设两个站点。
	中国铁路总公司和江苏省委、省政府在常州市金坛区召开加快推进江苏高铁建设暨江苏南沿江城际铁路开工动员会，江苏南沿江城际铁路正式开工。其中，张家港段线路长约 38.5 千米，估算投资约 72 亿元。
10 月 12 日	苏州市委副书记朱民对大运河苏州段堤防加固工程进行专题调研，该工程共涉及堤防加固 155.26 千米，截至 9 月底，已开工 55.34 千米，开工率为 35.6%，已完成 13.24 千米。
	《向阳路城市设计规划方案》公布，规划总面积 713677 平方米，启动区规划面积 304675 平方米。
	"智慧型白蚁监测系统"获国家专利，对该系统的开发可以降低白蚁防治人工成本，提高工作效率。
10 月 15 日	姑苏区金阊新城护理院、沧浪街道养老服务中心建设项目正式启动。
10 月 16 日	常熟市首家公建社会化运行养老机构——古里护理院正式投用。
10 月 17 日	全国政协副主席邵鸿率全国政协提案委员会调研组来苏州市，就"妥善解决特色小镇建设中存在的问题"重点提案进行专题督办调研。
10 月 18 日	枫桥街道困难家庭"亮堂工程"首批改造全部完工。后续，街道计划进一步拓展受益范围，将低保边缘对象等困难家庭纳入项目中来。
10 月 19 日	金鸡湖隧道工程启动建设。该工程的湖西、湖东段主线施工计划于 2018 年 1 月启动。项目已开始进行第一期交通导改、管线迁改及临时便桥搭设等作业施工，现场施工围挡搭设工作正按计划进行。
	吴中经济技术开发区举行下半年重大项目集中开工开业仪式，吴中经济技术开发区产业规划馆正式开馆。此次集中开工开业的项目共有 26 个，其中开工项目 18 个，开业项目 8 个，总投资 142.6 亿元。
	苏州科技大学揭牌成立城市地下空间利用与安全防护技术研究院，聘任苏州籍中国工程院院士钱七虎为名誉院长。
10 月 23 日	东方之门站至现代大道站左线顺利贯通。
10 月 24 日	相城区连接工业园区的春申湖路快速化改造工程首节隧道底板混凝土完成浇筑，阳澄西湖隧道一期第一仓围堰抽水，多个标段工程取得实质性进展。
	苏州市首个商品房小区全国文明城市创建工作考核奖励兑现承诺。在狮山横塘街道举行的 2017—2018 年狮山横塘街道所属商品房小区全国文明城市创建工作考核奖励中，共有 49 个小区入围，合计发放奖励金 521 万元。
10 月 26 日	姑苏区苏州中国丝绸档案馆周边地块等 5 个协议搬迁项目通过安置补偿方案论证。

327

工业园区闲置企业员工宿舍经工业园区城市重建有限公司改造为白领公寓。改造后的"E—HOME 共享家"精品长租公寓有 557 间精装房，满足条件的租客可申请工业园区人才租房补贴，每月可优惠 450—750 元。

常熟市荣膺全球首批"国际湿地城市"称号。常熟市湿地面积 299.22 平方千米，自然湿地保护率为 65.3%。

10月29日　苏州市"公交都市"建设实施方案全部落实，32 项考核指标基本完成，具备验收条件。

苏州市住建部门形成《苏州市既有多层住宅增设电梯的实施意见（征求意见稿）》，并向社会公开征求意见。

10月30日　世界遗产城市组织第三届亚太区大会在苏州市开幕。

姑苏区发出动员令，在全区开展机关干部"驻点协办"行动、机关支部"挂钩帮办"行动和代表委员"同心协力"行动，凝心聚力全面推进环境整治征收搬迁工作。

11月1日　世界遗产城市组织第三届亚太区大会圆满落幕，会议形成并发布《苏州共识》。闭幕式上，苏州市委副书记、市长李亚平代表苏州市领取"世界遗产典范城市"荣誉牌。

苏州"公交都市"建设示范工程完成验收。

昆山市新城天地花园和相城区城投集团承建的水韵花都二期苏地 2006-G-77 号地块商品住宅（E2 地块）荣获"2018 中国土木工程詹天佑奖优秀住宅小区金奖"。

11月2日　苏州市装配式建筑观摩推进会召开。至 9 月底，苏州市用地规划条件中含装配式建筑面积 1075.75 万平方米，2018 年新开工装配式建筑面积 930 多万平方米，竣工成品住房面积 288.13 万平方米。

吴江区举行以"智联吴江、慧创未来"为主题的 2018 年智慧城市创新大会。

11月4日　姑苏区主要路口灯光亮化提升工程正式启动，辖区内近 80 个主要路口将统一完成亮化提升。

高新区太湖大道快速化改造工程重要组成部分——阳山东路隧道基坑提前完成土方开挖。该隧道全长 560 米，共 21 个节段，基坑土方开挖量 9 万立方米。

11月5日　苏州市规划局会同中国城市规划设计研究院、苏州规划设计研究院召开苏州市城市总体规划（2017—2035）专题研究结题验收会，与会专家一致通过总体规划的 10 个专题研究。

太仓 32 条建成区黑臭水体完成整治，截污纳管再现美丽水景。

苏州市人大常委会主任陈振一主持召开苏州市十六届人大常委会第二十二次主任会议，听取苏州市政府关于《苏州市区道路交通系统治理整体提升实施意见（2018—2020 年）》有关情况的报告，探索道路交通治本之策。

苏州市政府印发《苏州市城市设计管理办法》，自 12 月 15 日开始实施。

11月6日　姑苏区金阊街道结合辖区实际情况，引入社会力量，针对电动自行车集中停放和充电存在的诸多问题，对现有老旧车库进行智能集成化改造。

姑苏区沧浪街道编订、发放《市容店貌长效管控标准图解》。

11月7日　太湖大道快速化改造工程下穿阳山东路、阳山西路隧道基坑开挖完成，比原计划提前 10 天。至此，太湖大道快速化改造土方开挖全线完成。

11月8日　苏州高新区大力实施"厕所革命"，年内将完成高标准新改建 100 座公厕目标。

吴中高新区采用新材料修复技术，用环氧树脂混凝土代替传统的水泥混凝土，将一座小桥的修复工期由 10 天缩短至 3 小时。

姑苏区政府公布征收决定姑苏府〔2018〕142 号：由苏州市姑苏区房屋征收与补偿办公室征收保障房 13 号地块项目。征收范围：计家岸 42 号、46 号、16 号、33 号、26 号、51 号、25 号；苏州工业园区亚特绿化工程有限公司。征收实施单位：苏州市姑苏区政府金阊街道办事处、苏州市姑苏区政府平江街道办事处。

11 月 10 日　位于仓街附近的横巷架空线整治入地项目启动。为期 3 年的苏州市中心城区架空线整治入地工程正式实施。

11 月 12 日　盛八线（京杭特大桥至盛泽大道）改建工程正式开工。

11 月 13 日　姑苏区平江街道联合相关部门对观前街开展环境卫生综合整治行动。观前街业态调整、提档升级的相关方案将于近期启动。

11 月 14—16 日　2018 国际零售商业房地产全球峰会（MAPIC）举行，会上公布获奖名单，苏州中心商场为江苏省拿下标杆性国际行业大奖。

11 月 16 日　苏州市市容市政系统首批 5 个党建先锋阵地暨"城市客厅"示范点正式开放使用。

大运河国家文化公园（江苏段）国际设计工作坊在苏州市举行，近 30 位全球顶尖规划设计专家聚集苏城，为大运河国家文化公园（江苏段）建设画图指路。

11 月 19 日　在江苏省文化和旅游厅、江苏省广播电视总台联合举办的 2018 年"寻找江苏旅游厕所之'最'"活动中，大阳山国家森林公园植物园 3D 打印厕所获"最佳生态科技奖"。

11 月 20 日　江苏省住房和城乡建设厅在昆山市召开全省城市"厕所革命"工作现场推进会。自 2016 年以来，苏州市完成对全市 1274 座公厕进行全面升级和改造，累计投入 3.3 亿元。

吴中区对苏州国贸大厦进行爆破拆除。

11 月 21 日　姑苏区 4 个老旧小区住宅整修收尾，改造工程于 2018 年年底基本结束。此次改造涉及 4 个小区、81 幢房屋、2392 户居民，道路绿化整治面积约 15 万平方米。

大运河国家文化公园（江苏段）国际设计工作坊举行闭营仪式，并发布《大运河国家文化公园（江苏段）建设苏州共识》。

2018 年度"江苏省绿色建筑创新项目"结果公布。全省共有 12 个项目分获一、二、三等奖，苏州市共有 7 个项目获奖，其中一等奖 1 项，二等奖 2 项，三等奖 4 项，占了全省获奖项目的近六成。

11 月 26 日　天池山互通工程的桥面施工正式拉开序幕，该工程完成后，将缓解进出高速公路的车辆对太湖大道主线的交通压力。

11 月 27 日　苏州市轨道交通 6 号线、S1 线工程开工仪式举行。

11 月 27—28 日　江苏省城乡建设高质量园林绿化工作座谈会在昆山市召开。

11 月 28 日　苏州市吴中区太湖街道挂牌成立，与吴中区太湖新城实行"区政合一"管理体制。

2018 年度亚太区房地产领袖高峰会大奖揭晓，苏州高新区文体中心斩获"最佳综合体开发项目——Best Mixed—Use Development"类全球大奖。

11 月 29 日　高新区长浒立交节点长江路下穿工程召开第一次工地例会，该项目正式进入开工建设阶段。

12 月

12 月 3 日　苏州市有轨电车 2 号线华通花园站至西唐路站仿古天桥主体竣工。

由苏州新城投资发展有限公司、哈萨克斯坦铁路货运股份公司合作运行的中欧班列（苏州—多斯特克—杜伊斯堡）（以下简称"苏新欧"）举行首发仪式，江苏（苏州）国际铁路物流中心国际货运专线也同时启用。苏州市成为同时运营2条中欧班列即"苏满欧"和"苏新欧"的城市。

12月6日　　苏州市轨道交通3号线顺利实现"轨通"。

12月7日　　苏州轨道交通智慧出行服务平台"苏e行"正式上线，苏州轨道交通官方同名APP同步开通，苏州轨道交通正式进入"移动支付智慧出行"新时代。

12月10日　　交通运输部发出通报，命名12个城市为"国家公交都市建设示范城市"，苏州市名列其中。12月10日上午，在广州市举行的2018年全国城市交通工作暨公交都市建设推进会上，苏州市副市长吴晓东代表苏州市领取示范城市标牌。

　　太湖大道快速化改造工程1标段下穿阳山东路完成主体隧道施工。同时，隧道通行效果图发布。

12月18日　　民政部印发《关于确认第三批全国社区治理和服务创新实验区结项验收结果的通知》，苏州市姑苏区创建全国社区治理和服务创新实验区工作顺利通过结项验收。至此，姑苏区为期3年的实验区申报工作圆满收官。

12月20日　　2018年苏州市政府实事项目——苏州考古博物馆正式开工。

12月中旬　　苏州市城市照明管理处启动西环高架LED照明提升改造工程。

12月21日　　苏州市委副书记、市长李亚平带队现场调研2019年新开工城建交通重大项目，实地踏勘苏州市住房和城乡建设局负责建设的胥涛路对接横山路隧道等工程。

12月22日　　苏州市相城区新添16万平方米商业新地标——苏州环球港。

12月24日　　太仓港集装箱年吞吐量突破500万标箱，跃居全省第一、全国第十。

12月28日　　张家港市万达广场建成开业，工程总投资10亿元，总建筑面积11.95万平方米，其中购物中心面积8.84万平方米。

12月　　江苏省住房和城乡建设厅对苏州高新区进行绿色建筑示范区验收评估。最终，高新区以100.5分的高分通过省级考核验收。

　　太仓市工人文化宫工程（市民文体中心）建设稳步进行。该项目总占地面积约3.33万平方米，规划建筑面积约5万平方米。

　　张家港市实验小学世茂校区新建工程竣工。该工程占地2.67万平方米，工程概算6100万元，建筑面积1.75万平方米。

2019年度

大事记

苏 州 城 建 大 事 记

2019

1月

1月1日　　　姑苏区志恒里架空线全部施工完毕，新线路已接通。

　　　　　　　位于姑苏区平江街道卫道观前29号的教师大院正式改造完工。

1月3日　　　苏州高新区狮山街道星火村冯家桥项目开展最后一批集中分房。

1月8日　　　苏州市城市管理局牵头、苏州市城市照明管理处实施的环古城河健身步道提升工程三期（灯光提升子项）全面完工，正式亮相。

1月10日　　　虎丘下穿立交经过抢险修复施工，恢复通车。

1月14日　　　苏州工业园区规划建设委员会发布金鸡湖隧道（主体）工程规划批后公告。

1月15日　　　西北工业大学太仓长三角研究院投用。

1月17日　　　总投资2.4亿元、规划面积109万平方米的苏州市植物园（上方山）建设项目开工。

环古城河健身步道（2022年拍摄）

西北工业大学太仓长三角研究院（太仓市建设档案馆藏　2019年拍摄）

1月21日　　苏州高新区浒墅关镇投资近 1.9 亿元的 6 个惠民项目集中开工。

1月22日　　2018 年苏州市十大民心工程结果揭晓，分别是：苏州奥林匹克体育中心与东园体育休闲公园建成启用、苏州工业园区金鸡湖水岸慢行绿道工程、智慧菜篮子工程、苏州旅游线上线下服务总入口工程、健康市民"531"行动倍增计划、相城区老安置小区改造提升工程、昆山市农贸市场标准化建设达标工程、太仓市被撤并镇（管理区）改造提档和整治工程、姑苏区五大片区交通治安环境综合整治工程、城乡黑臭河道整治工程。

1月24日　　苏州市 2019 年实事项目经苏州市十六届人大三次会议审议通过，共 8 个方面 39 个项目，总投资将超过 330 亿元。其中涉及城市建设的有：新建、改扩建中小学、幼儿园 37 所；建成苏州第二图书馆、苏州市运河体育主题公园，建设 5 个小型智能化图书馆服务点、笼式球场等便民设施 25 片。新建、改扩建 20 家社区卫生服务中心（镇卫生院）。市区新增及改造绿地 350 万平方米，新建 4 座中大型生活垃圾转运站。建设苏州市轨道交通 5 号线、6 号线、S1 线，启动苏州市轨道交通 7 号线、8 号线；建设苏站路、东汇公园 P+R 换乘停车场工程；新建、改建农贸市场 5 家。实施市区燃气管网安全改造工程，完成中压改造 15 千米、低压改造 13650 户、立管改造 1680 户等。

　　苏州市规划局在官网上对《苏州古城 1 号街坊控制性详细规划调整》进行公示。

1月25日　　山塘历史街区（新民桥至彩云桥段）风貌整治工程全面竣工，并通过相关部门的验收。

1月26日　　作为苏州市直管公房智能化试点改造的彩虹二区 14 幢东车库完成改造并交付属地街道使用。

1月28日　　投资 56.5 亿元、全长 19.6 千米的常熟市第三条高架道路——通港快速路正式投入运行。

1月31日　　东港新村最后一套预制集成化增压泵站建成并实现通水，苏州城区最后一批居民告别屋顶水箱，用上直供水。7 年来，苏州城区共计取消 3100 余个屋顶水箱，惠及 18000 户居民。

　　太湖大道快速化改造工程主线隧道正式通车，车辆通行时间预计将节省 20% 以上。

太湖大道快速化主线隧道（2022 年拍摄）

　　蠡墅立交开通西转北（WN）匝道、北转西（NW）匝道及地面道路，实行试通车。

2019

2月

2月1日 　东环快速路南延（吴中区段）二期工程正式通车。工程长约 4.8 千米。

东环快速路南延（吴中区段）（2022 年拍摄）

2月2日 　　江苏省田园办公布省特色田园乡村建设第三批试点名单，苏州市吴中区甪直镇湖浜村田肚浜、吴江区同里镇北联村洋溢港、苏州高新区通安镇树山村树山、相城区黄埭镇冯梦龙村冯埂上、昆山市千灯镇歇马桥村歇马桥、常熟市常福街道中泾村汤巷 6 个候选村庄全部入选。

2月8日 　　《苏州市 2019 年重点项目投资计划》审议通过，确定 2019 年市级重点项目 228 项，其中科创载体 35 项，重大产业 107 项，生态环保 12 项，民生工程 24 项，基础设施 41 项，前期项目 9 项。总投资 1.14 万亿元，当年计划投资 1416 亿元。

2月11日 　　姑苏区召开全区环境综合整治推进大会，明确从即日起至 2019 年年底，将针对辖区餐饮服务、废旧物资回收、五金加工、农副产品交易四类行业开展专项综合整治行动。

2月12日 　　江苏省委、省政府在南京市召开交通强省暨现代化综合交通运输体系建设推进会，并以视频连线方式，举行 2019 年全省重大交通项目集中开工仪式，各区市设分会场。苏州市共有 4 个重大交通项目集中开工，总投资 117.7 亿元。

2月13日 　　金鸡湖隧道项目正式开工。

　　吴江区举行重大项目集中开工活动，共 39 个重大项目，总投资超 283 亿元，涵盖先进制造业、现代服务业、民生保障、生态环保、基础设施等领域。

2月16日 　　吴中区的胥口第二中学、胥口第三小学（附属幼儿园）和高新区景山高级中学校的规划设计方案向社会公示。

2月17日 　　苏州博物馆西馆桩基工程已经完成，进入主体结构施工阶段。

2月19日 　　苏州规划部门对太湖新城板块城市综合体项目进行规划方案公示。

　　苏州工业园区管委会网站发布《312 国道苏州东段改扩建工程规划方案》。根据规划方案，改扩建工程东起阳澄湖大桥苏昆交界处，向西利用既有阳澄湖大道线位与已建 312 国道苏州西段相接，路线全长约 9000 米。

2 月 21 日 2019 年苏州市大交通项目总投资 1221.1 亿元，年度资金计划为 102.3 亿元。

2 月 22 日 据相城区发改委消息，创新设立的"相城重大项目管理系统"投入试运行，于月底正式使用。

星塘街北延工程开始铺设沥青及安装交通设施。

2 月 23 日 苏州市城市管理委员会工作会议召开，研究部署 2019 年城市管理重点工作。

苏州市轨道交通 S1 线土建 3 标莲湖公园站首幅地下连续墙顺利成槽，该线路工程进入实质性施工阶段。

在苏州市轨道交通 1 号线东方之门站，由苏州移动 5G 网络转化而来的高速 Wi-Fi 信号已覆盖站厅，东方之门站成为全省第一个覆盖 5G 信号的地铁站。

2 月 24 日 苏州高新区的玉山路（滨河路至长江路）被评为高标准规范化管理省级示范路。至此，高新区已有 3 条道路成功创建高标准规范化管理省级示范路。

2 月 26 日 姑苏区召开 2019 年上半年全区征收搬迁扫尾清零工作动员大会。姑苏区范围内将有 137 个征收搬迁项目，其中 71 个项目是上半年的工作重点。

2019 年昆山市生态文明建设工程项目暨蓬朗工业污水处理厂联合开工仪式举行。六大类 95 项 804 个生态文明建设工程联合开工，总投资达 143 亿元。

2 月 27 日 苏州市住房和城乡建设局发布修改《苏州市房地产经纪与信用管理办法（试行）》的通知。

城北路（长浒大桥至娄江快速路段）改建工程（高新区节点）项目顺利通过苏州市交通工程质量监督站"品质工程"检查组阶段性考核验收。

2 月 28 日 2019 年度苏州市环卫工作会议召开。2019 年，苏州市将进一步推进市区生活垃圾处置"6+2"工程项目的实施，并高水平完成"厕所革命"新三年行动中升级改造 1000 座公共卫生间的任务。

苏州市水政监察支队会同姑苏区环保、城管、苏锦街道、苏州市供排水处开展古城区河道联合执法检查行动，进一步推进城区水环境治理工作。

太仓市盐铁塘航道北门街段护岸应急抢险工程开始开挖土方，对坍塌沉降的护岸进行修复。

3月

3 月 1 日 苏州工业园区动迁工作"百日攻坚"行动进入清零阶段。

3 月 2 日 苏（州）(南）通 1100 千伏特高压电力管廊长江隧道内轨道工程完成最后一方混凝土的浇筑，隧道主体工程全部完工。

3 月 5 日 苏州科技城（东渚街道）龙景花苑三区综合改造提升工程全部完成。

3 月 6 日 吴江汾湖高新区黎里镇至上海市青浦区、浙江省嘉善县两条跨省公交专线正式开通。

3 月 7 日 苏州市住建系统对城镇范围内全部在建安置住房及所有在建保障性住房开展专项排查，不良行为将被记入信用档案。

3 月 8 日 苏州市召开高质量推进城乡生活污水治理工作领导小组（扩大）会议，梳理归纳全市生活污水治理工作情况及存在的问题。

3 月 11 日 上高路高架段道路拓宽工程西半幅北向南方向正式施工，拓宽后为双向六车道，项目建成后通行能力将提高 33%。

3 月 12 日 苏州高新区城市管理工作会议召开，会上宣布苏州高新区 2019 年将新建改建市政公厕 100 座，完善服务配套。

3月13日　　　　苏州市轨道交通6号线进入实质性施工阶段，金储街站是该线路首个开工的项目。

3月16日　　　　苏州市政府与南京大学签署全面战略合作暨南京大学苏州校区建设协议，双方明确在苏州高新区合作建设南京大学苏州校区，进一步助推名城名校深度融合发展。

全面战略合作暨南京大学苏州校区建设协议签约仪式［苏州高新区（虎丘区）档案馆藏　2019年拍摄］

　　　　　　　　唯亭停车场变电所成功带电，苏州市轨道交通3号线工程实现全线供电系统"电通"，比计划"电通"时间提前10天。

　　　　　　　　姑苏区西二路北、兴业路东侧地块征收项目实现清零。

3月21日　　　　苏州市运河体育公园改造项目进入收尾阶段。

苏州市运河体育公园（2022年拍摄）

3月27日　　　　江苏省住房和城乡建设厅厅长周岚、副厅长范信芳一行率队开展全省住房和城乡建设领域安全生产大检查部署情况督查。

　　　　　　　　苏州市城市管理局召开2019年市政道路大修暨管线建设工作新闻发布会。金门路（桐泾路至西环路）、劳动路（双虹路至西环路）、百家巷（北园路至东北街）、小枫桥路（金门路至上塘街），以及观前地区部分石板道路被列入市政道路大修计划。

位于城区西南角石湖地区的上方山石湖生态园环境整治与景观提升工程公布规划方案。

3月28日 江苏省政府公布第八批江苏省文物保护单位名单，苏州市18处入选。

苏州市轨道交通自3月28日起缩短全线网行车间隔，方便市民日常出行。

3月29日 苏州市作为全国35个建筑垃圾治理试点城市之一，参加在北京市召开的全国建筑垃圾治理试点工作座谈会。会上分享城市建筑垃圾治理的"苏州经验"，明确2019年将要完成的重点任务。

3月31日 苏州市住房和城乡建设局开展2018年度苏州市工程监理企业综合考评，考评对象为2018年度在苏州市行政区域内从事监理活动的工程监理企业。

3月 张家港高级中学扩建工程完工。该工程面积1450平方米，总投资510万元。

4月2日 全国爱卫会公布2018年国家卫生城市（区）和国家卫生县城（乡镇）的复审结果，苏州市及下辖昆山市、常熟市、太仓市、张家港市再次获得国家卫生城市称号。同时，苏州市27个国家卫生镇全部顺利通过复审。

4月3日 2019年姑苏区小区环境改善提升工程已获得项目建议书批复。本次改造共涉及福星小区一、二期等6个小区。

4月8日 苏州市不动产登记部门虎丘分中心首次在乡镇层级设置不动产登记自助设备，实现不动产登记证明全时段、全天候自助查询及打印。

4月9日 由江苏省交通运输厅、苏州市政府联合主办，中国民航工程咨询公司承办的苏州机场规划建设研讨会在北京市召开。

尹山湖周边地区控制性详细规划控制单元调整向社会公示。

姑苏区白洋湾街道藕巷新村小区内的5条便民通道修筑完成。

相城区元和塘大桥首个主墩承台浇筑完成，桥梁正式进入主体结构施工阶段。

张家港市政府与华为公司签署战略合作协议，共同推进新型智慧城市建设。

4月10日 苏州市副市长陆春云率相关部门负责人，调研国考断面水质达标整治工作，并召开国省考断面水质达标整治现场会。

姑苏区2019年民生重点项目主题监督活动正式启动。

4月11日 自然资源部和中国银行保险监督管理委员会在充分吸收"苏州经验"的基础上，联合发布《关于加强便民利企服务合作的通知》，决定互设不动产抵押登记和抵押贷款服务点，加快推进"互联网+不动产抵押登记"，苏州市创建的"互联网+不动产登记"正式走向全国。

中国新加坡苏州工业园区建设25周年重点项目集中签约、开工开业仪式在金鸡湖大酒店隆重举行，150个项目总投资近500亿元。

苏州市规划局网站发布位于吴中区长蠡路西侧、石湖西路南侧的苏地2018-WG-33号地块建设规划批前公示。

4月12日 现代传媒广场荣获第十六届"中国土木詹天佑奖"。

中国新加坡苏州工业园区建设25周年成果汇报会在苏州市举行。

苏州市正式启动慕园遗址保护工作，对园林现有基本布局、元素进行修复保护，使园林恢复原有历史风貌。

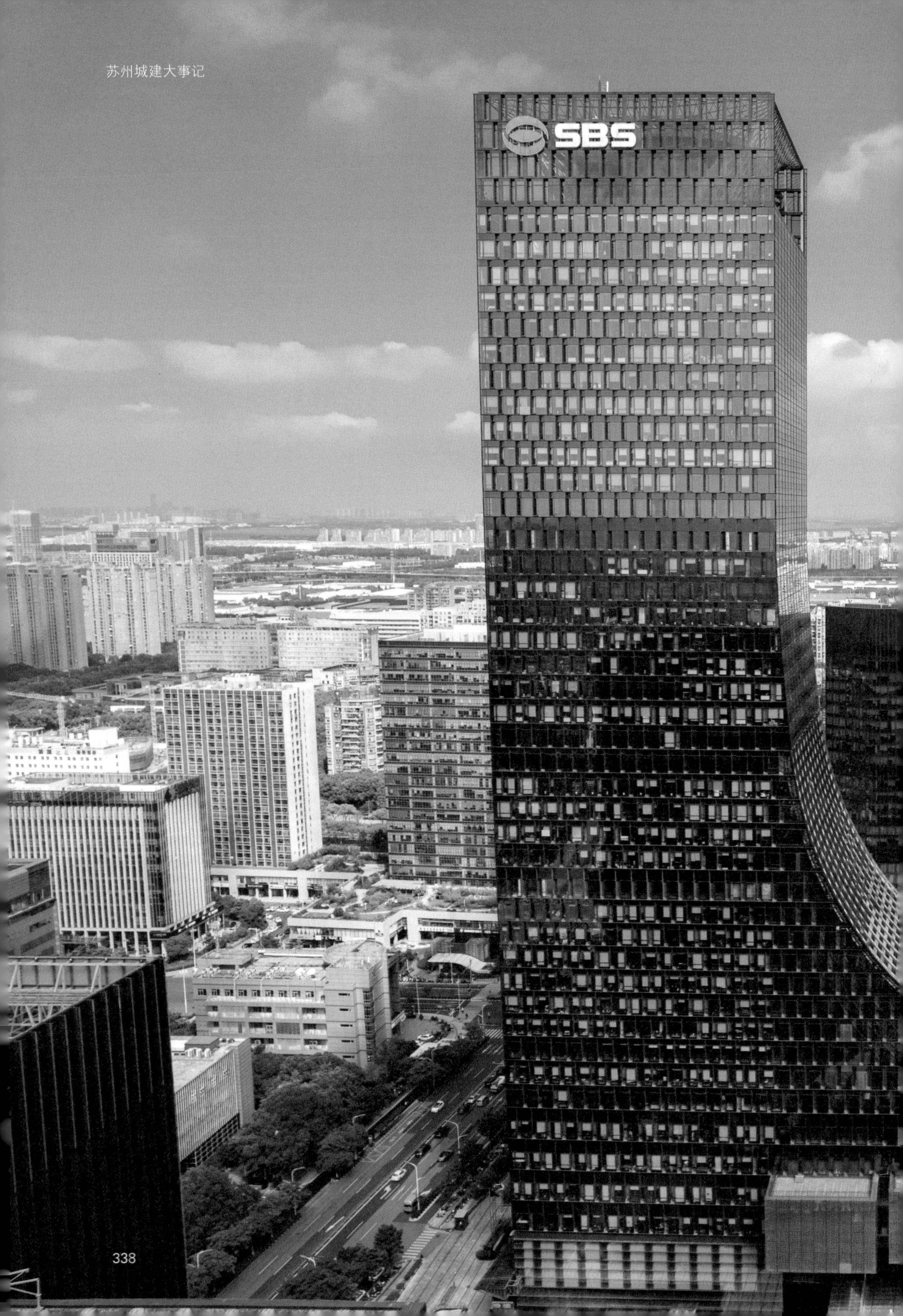
SBS

Hilton

苏州广播电视总台

现代传媒广场（2022 年拍摄）

4 月 15 日	中国工程院院士周丰峻等 8 位专家来到苏州市，为胥涛路对接横山路隧道工程建设出谋划策。
4 月 16 日	苏州工业园区娄葑街道完成辖区内全部 5080 个车库的整治工作。
4 月 17 日	自 2018 年相城区水务局对小区、工业园、商业体实施雨污分流改造以来，已完成 97 个居住小区、156 个企事业单位、962 个工业企业区块的控源截污、雨污分流改造，污水排放总量削减取得显著成效。
4 月 20 日	农业农村部信息中心公布 2018 年度全国县域数字农业农村发展水平评价先进县名单，苏州市的吴中区、常熟市、吴江区、昆山市四地获评先进县。
4 月 22 日	"苏州市房地产经纪与信用管理平台"正式上线。
	2019 年苏州市区（不含吴江区）住宅用地供应计划总量为 400 万平方米，其中对住房保障项目用地做到"应保尽保"。
4 月 25 日	苏州市十六届人大常委会举行第十九次会议，《苏州市河道管理条例（修订草案）》首次提请审议。
	全市农村人居环境整治现场推进会召开，部署 2019 年、2020 年农村人居环境整治任务。
	郭巷大桥改造工程纳入吴中区重大实事工程项目。改造项目全长约 913 米、宽 40 米，设计为双向六车道。
4 月 26 日	江苏省首个 5G+ 智慧园区启动仪式在姑苏区白洋湾街道天安云谷举行。
4 月 27 日	狮山广场项目整体推进顺利。其中，苏州博物馆西馆方案获苏州市政府批准，总建筑面积 48366 平方米，审定总投资为 6.89 亿元。
4 月 28 日	苏州高新区举行全区乡村振兴暨农村人居环境整治工作现场推进会。
4 月 29 日	吴江区既有建筑节能改造区域集中示范项目验收评估会召开。吴江区顺利通过省级既有建筑节能改造示范区验收，14 个项目节约 7505 吨标煤。
	张家港全市第三座 500 千伏变电站晨阳变电站投运。该工程动态总投资 6.6 亿元。
4 月	"古井井边环境提升工程"首批试点的 6 口古井完成环境提升。

5 月

5 月 1 日	根据苏州市委、市政府关于实施大运河文化带和京杭大运河苏州段堤防加固工程建设的决策部署，枫桥景区闭园启动景观提升改造工程。
	《苏州市出租房屋居住安全管理条例》正式实施。
	常熟市新东南大桥正式通车。
5 月 2 日	苏州市第九人民医院门诊、病区全面启用。医院占地 15.67 万平方米，总建筑面积 30.3 万平方米，项目总投资约 25.5 亿元。
5 月 4 日	2019 年度首批存量定销商品房公开上市工作圆满完成。
5 月 6 日	苏州博物馆西馆地下和桩基工程全部完成，进入主体建筑的施工阶段。
	马涧新天地商业广场二期建设规划完成公示。
5 月 7 日	越溪城市副中心控制性详细规划调整方案向社会公示。
5 月 8 日	苏州古城新一轮规划公示，涉及古城区域（古城 18、19、26、27 号街坊，3、10、11 号街坊，16、17、24 号街坊，31、32、33、40、41 号街坊和 39、45、46、51、52 号街坊）5 个地块。
	总投资超 8000 万元的吴江区震泽幼儿园易地新建工程基本完工。
5 月 9 日	江苏省施工工地扬尘管控工作会议在苏州市召开。

苏州市第九人民医院（2022 年拍摄）

由江苏省政府主导投资建设的城际铁路苏州段正式开工建设。

相城区北桥街道新北村主干道路北灵路上的小圩里桥建设完工，桥面拓宽 1.8 米。

5月10日 第五批《苏州园林名录》编制征集工作正式启动，面向全市征集"苏州园林"。

5月11日 江苏省政府发布关于授予 2018 年"四好农村路"省级示范县称号的通知，苏州市的张家港市、常熟市、昆山市、太仓市、吴江区、吴中区、相城区、苏州高新区上榜，实现"四好农村路"省级示范县创建"满堂红"。

苏州市政府出台《关于进一步促进全市房地产市场持续稳定健康发展的补充意见》。

5月12日 桐泾路北延工程主体标段进入实质性施工阶段。

5月14—15日 江苏省政协副主席阎立率江苏省政协调研组来苏州市，就推进长三角区域轨道设施互联互通、长三角区域交通运输一体化发展体制机制改革创新进行调研。

5月16日 甪直新区污水处理厂扩建工程进行规划批前公示。

5月17日 苏州市防汛防旱工作会议召开，对全市建成区 46 个易积水点及时排水防涝进行重点安排部署。

姑苏区政府公布征收决定姑苏府〔2019〕55 号：由苏州市姑苏区房屋征收与补偿办公室征收桃花坞历史文化片区综合整治保护利用工程二期（官宰弄、桃花坞大街、大营弄段）项目。征收范围：桃花坞大街 90 号等。征收实施单位：苏州市姑苏区政府金阊街道办事处、苏州市姑苏区政府平江街道办事处。

5月20日 苏州市轨道交通经过充分验证及完善票卡设备软件改造，最低票价进站规则正式实施。

5月21日 根据江苏省交通运输厅、省财政厅、省农业农村厅、省政府扶贫工作办公室联合下发的相关通知，苏州市荣获"'四好农村路'省级示范市"称号。

5月22日 苏州市轨道交通和上海市轨道交通正式实现二维码互通。

姑苏区沧浪街道劳动东路北地块田多里标段实现清零。

5月23日 相城区 VR 消防体验馆在渭塘镇启用。

5月24日 康力大道推进会在汾湖镇召开，康力大道正式进入施工阶段。康力大道项目是长三角一体化互联互通道路之一，也是江苏省交通 2019 年集中开工的 4 个苏州市重点项目之一。吴江段线路全长 2.3 千米，项目概算投资 1.6981 亿元。

5月25日 总规划土地面积 13.5 万平方米、总投资 20 亿元的海美国际（苏州）智造研发社区在相城区渭塘镇正式开工。当天，24 个项目现场集中签约落户。

《姑苏区河道高质量管护标准（试行）》正式出台并施行。

5月27日　　苏州市住房和城乡建设局举行老旧小区加装电梯的听证会，召集有关专家、学者、政府部门人员和前期报名的市民代表等，听取他们对《苏州市既有多层住宅增设电梯的实施意见》修改版的意见和建议。

5月28日　　苏州市领导徐美健、杨知评、程华国以市级河长身份分别率队赴苏州高新区、常熟市、吴江区等地的重要河段，对治河工作和相关单位履职情况开展督查，并召开河长制督查会议，专题部署下阶段河湖"两违"整治相关工作。

沪通铁路跨长江大桥北辅助跨顺利合龙。

苏州中学附属苏州湾学校开工奠基。

5月29日　　吴中东路跨运河大桥、石湖东路跨运河大桥主线施工基本结束。

5月31日　　苏州市自然资源和规划局与中国城市规划设计研究院、苏州规划设计研究院股份有限公司签署战略合作协议，就共同推进建设苏州市空间规划智库平台进行合作。

6月

6月1日　　按照苏南运河吴江段三级航道整治工程计划，八坼大桥老桥主桥部分正式拆除，太湖新城委托吴江区交通运输局在原址重建八坼大桥，以满足当地居民出行需求。

6月4日　　宝带桥、全晋会馆、山塘历史文化街区、枫桥、盘门5处入选"江苏最美运河地标"。

宝带桥（2022 年拍摄）

6月5日　　浒墅关镇新浒农贸市场经过3个多月的升级改造重新开业。

6月6日　　姑苏区启动202座桥梁"体检"工作，下半年将对敦化桥、堵带桥、清澜桥、相门塘桥、娄门新村桥、大安桥6座存在隐患的桥梁进行维修加固。

6月8日	顾廷龙故居（又名复泉山馆）修缮及周边环境整治工程向社会进行公示。
	姑苏区平江街道观前社区启动针对干将东路716号小区的改造惠民工程。
6月10日	苏州市出台各类型建筑工地围挡标准、工地扬尘在线监测设备设置标准，对建筑工地扬尘防治进行等级评定。
	金唯智中国总部大楼项目奠基仪式在苏州工业园区举行。该工程占地面积2万平方米，总建筑面积6.5万平方米，项目建设将分两期进行。
6月11日	姑苏区全面启动河湖"违法圈圩"和"违法建设"专项整治行动。
6月11—12日	江苏省住房和城乡建设厅与省发改委、省工信厅对苏州市国家节水型城市建设工作进行第二轮复查考核。
6月12日	吴中大道东段暨南湖路快速路工程主线最后一联现浇箱梁完成浇筑。
6月13日	苏州市地下管线管理所召开新闻发布会，2019年，苏州市启动对中心城区44条主次干道和100条支路街巷的架空线整治和入地工作。
6月14日	2019年度苏州市城乡建设系统优秀勘察设计评选结果揭晓，共评出获奖项目370项、获奖设计单位98家、获奖设计人员4000多人次。
6月15日	苏州市对拙政园见山楼、织造署旧址两处全国重点文物保护单位进行保护性修缮。
	安全消防培训体验中心落户木渎镇金桥开发区。该中心规划使用面积800平方米，场地面积240平方米，配备约10名专业消防作业人员。
6月17日	《苏州市土地利用总体规划中心城区城乡建设用地规模边界调整方案》获自然资源部批准。
6月18日	姑苏区启动"片区规划师制度"，首批18位"片区规划师"上岗。
	苏州工业园区地名规划公示。共规划设计3141条各类地名名称规划方案，其中斜塘街道1100条，胜浦街道385条，娄葑街道733条，唯亭街道923条。
6月20日	清嘉苑小区定销商品房挂牌选房工作圆满完成。
6月21日	国内首台拥有完全自主知识产权的复合地层超大直径泥水盾构机"振兴号"在中交天和机械设备制造有限公司常熟基地下线，将"服役"于南京市和燕路过江通道工程。
	甪直古镇的夜景荣获"亚洲照明设计奖"。
	姑苏区政府公布征收决定姑苏府〔2019〕89号：由苏州市姑苏区房屋征收与补偿办公室征收苏州市轨道交通6号线（拙政园站）项目。征收范围：齐门路2号、4号、6号等。征收实施单位：苏州市姑苏区政府平江街道办事处。
	姑苏区政府公布征收决定姑苏府〔2019〕91号：由苏州市姑苏区房屋征收与补偿办公室征收苏州市轨道交通6号线（悬桥巷站）项目。征收范围：楚春巷12号-305室等。征收实施单位：苏州市姑苏区政府平江街道办事处。
	姑苏区政府公布征收决定姑苏府〔2019〕93号：由苏州市姑苏区房屋征收与补偿办公室征收苏州市轨道交通6号线（苏州大学站）项目。征收范围：十梓街91号等。征收实施单位：苏州市姑苏区政府双塔街道办事处。
6月22日	524国道常熟莫城至辛庄段改扩建工程开工。
6月24日	2019年首批架空线整治和入地工程大公园片区开始动工。
6月25日	江苏省交通运输厅发布全省第二批省级公路水运工程品质工程示范创建项目名单，苏州市申报的3个项目榜上有名，分别为申张线青阳港航道整治工程、桐泾路北延工程和太仓港四期项目。
	苏州工业园区和吴中区之间重要通道车坊大桥改建工程正式实施。
	星塘街北延工程项目正式通车。
	吴江区建设施工质量安全标准化现场观摩会在吴江区苏州湾体育中心工地举行，来自吴江区各

施工单位、项目管理公司代表等 600 多人参观学习苏州湾体育中心工地的智慧工地云管理情况。

6月29日 苏州高新区举办"长三角一体化与狮山商务创新区（筹）、日资高地发展新机遇"高峰论坛。

7 月

7月1日 苏州市住建主管部门加强对市政道路工程施工扬尘管控。自 7 月 1 日起，原则上禁止在施工现场露天搅拌二灰（石灰、煤灰）及灰土，建设和施工单位存在违法违规行为且拒不改正的，将被责令停工整治。

新版《苏州市节约用水条例》正式施行。

劳动路实施大修工程。

7月4日 苏州工业园区金鸡湖社区卫生服务中心项目正式开工建设。

博世智能集成制动系统生产基地在苏州工业园区启用。

7月5日 苏州市疾病预防控制中心迁建项目建设工程批前规划向社会公示。

苏州市疾病预防控制中心效果图（苏州市疾病预防控制中心提供）

苏州市海绵城市建设工作现场推进会在昆山市召开。苏州市试点区内各类海绵建设项目 56 个，已累计完成 17 个。

7月7日 江苏省政府印发通报，对 2018 年落实有关重大政策措施真抓实干成效明显的地方予以督查激励。其中，苏州市吴中区因农村人居环境整治成效明显被江苏省政府"点名表扬"。

苏州市轨道交通 S1 线展览中心站首幅地下连续墙浇筑完成。至此，苏州市轨道交通 S1 线首批 7 个土建标段全部开工。

7月8日 苏州湾体育中心主体结构封顶。

姑苏区城市管理委员会启动 2019 年街巷整治工程，对带城桥下塘、吴衙场、滚绣坊、望星桥南堍 4 条街巷进行综合整治。这次整治涉及街巷总长度 1780 米、面积 8450 平方米，计划投入资金 1800 万元。

苏州市市属直管公房管理信息新系统正式上线。

吴江区油车路（仲英大道至鲈乡北路段）完工通车。

7月9日 柳贞园环境提升项目建设规划出炉。

7月10日	中国文物保护基金会融创古建保护专项基金·虎丘塔影园项目签约仪式在苏州市虎丘山风景名胜区举行。中国文物保护基金会、虎丘山风景名胜区管理处、融创中国三方签约，共同合作开展以塔影园为核心的园林古建保护和发展项目。
	江苏省打好污染防治攻坚战指挥部公布"各设区市 2018 年度打好污染防治攻坚战综合考核结果"，苏州市以总分 92.76 分再次位居榜首，实现"两连冠"。
7月11日	《苏州市乡村振兴战略实施规划（2018—2022 年）》正式印发。
	姑苏区 2019 年街巷整治与风貌提升工程建设正式启动。
7月12日	苏州市轨道交通 S1 线莲湖公园站基坑正式开挖，S1 线工程开始进入主体施工阶段。
7月16日	江苏省住房和城乡建设厅组织的工作组、《新华日报》及江苏省广电总台等十余家省级、省内媒体齐聚苏州市，探寻苏州市"厕所革命"工作的特色经验和发展路径。
	苏州市轨道交通 3 号线进行 6 列车全线跑图测试。
	《姑苏河道高质量建设方案（桃坞河、学士河、西北街河、中市河、十全河）》通过专家评审。
7月18日	国家发改委发布《"第一轮全国特色小镇典型经验"总结推广》，苏绣小镇作为开拓城镇化建设新空间方面的精品特色小镇典型经验在全国正式推广。
7月19日	苏州高新区南津路改造工程通过竣工验收。
	2019 年苏州市中心城区主干道雨水管道改造项目计划改造 13 条道路。虎林路、太湖西路已完成改造。
7月20日	312 国道与 228 省道节点工程第一段跨线钢箱梁——G11 联 3、4 节腹段钢箱梁吊装施工顺利完成。
7月22日	《苏州市户外广告和店招标牌设施设置技术规定（试行）》发布。
	《苏州市轨道交通 7 号线工程环境影响报告书》（征求意见稿）第二次信息公示。
7月23日	江苏省住房和城乡建设厅公布省级示范物业管理项目，吴中区木渎镇的惠民物业在管小区雀梅花园获得此项荣誉。
	姑苏区上半年按时完成解危修缮任务，232 户直管公房修缮竣工。
7月24日	吴中区东山镇发布通告，启动辖区内东、西大圩之外养殖池塘的退养整治工作。
7月26日	《苏州市河道管理条例》当日发布，自 2019 年 10 月 1 日起施行。
	苏州市城市照明管理处 7 月中旬启动的三香路（阊胥路至西环快速路）道路照明设施改造工程完成第一阶段施工，首批改造的新路灯安装到位并亮灯。
7月28日	苏州市外来务工人员实名制管理制度已基本实现全覆盖，共涉及 2665 个工程项目、33.4 万名外来务工人员。
7月29日	苏州市轨道交通 6 号线建设全面启动。
	相城区元和活力岛城市副中心提升改造规划设计方案公布。
7月	古城保护示范工程（平江片区）重点功能区保护修缮正式启动。

8月2日	《姑苏区关于禁止出租房"n+1"模式的意见》进行公示。
8月3日	《市政府关于苏州市既有多层住宅增设电梯的实施意见》正式发布。
8月4日	苏州市轨道交通东方之门站改造工程提前完工。

2019

8月5日	位于金阊新城的新城文体中心正式开业启用。该文体中心总占地面积4.6万平方米，建筑面积3.4万平方米。
	苏州市轨道交通6号线临顿河沿线正式进场施工。
8月6日	江苏环保公众网对沪苏湖铁路项目环评全本公示。
8月7日	中国国家铁路集团有限公司与江苏省政府联合发文《关于新建太仓港疏港铁路专用线工程可行性研究报告的批复》，同意新建太仓港疏港铁路专用线工程。
8月10日	相城经济技术开发区对漕湖大道实行为期1年的快速化改造。
8月12日	江苏省2019年重大项目——太仓星药港项目在太仓市生物医药产业园开工。
	北浩弄启动特色街景亮化环境综合整治工程，对路面、绿化、弱电等进行改造。
8月14日	312国道与228省道节点工程的G匝道第九联钢箱梁第四、五节段在28米高空顺利安装就位，312国道与228省道节点工程第一次跨越312国道主线钢箱梁完成吊装。
	福星小区一、二期及福星花园改造项目初步设计方案经公示获居民高度认可。
8月17日	东延路实验学校建设项目完成。学校占地面积3万平方米，总建筑面积3.46万平方米。
8月18日	苏州市轨道交通3号线开始为期3个月空载试运行，并针对测试过程中发现的问题进行优化。
8月19日	苏州市水利质监站联合吴江区水利质监站组织召开东太湖综合整治工程——退垦还湖工程（南圩）、东太湖综合整治后续工程（环太湖大堤七都至大缺港段）——外苏州河河道整治工程质量监督交底会议。
8月21日	苏州工业园区规划建设委员会发布苏州市轨道交通7号线工业园区段线位方案的规划公示。
	石匠弄开始大整治。改造主要分为市政改造、立面改造和绿化改造3个部分。
8月22日	524国道通常汽渡至常熟三环段改扩建工程凭借《BIM技术助益部绿色示范公路钢箱梁顶推施工品质建设》项目获得中国公路学会交通BIM工程创新奖二等奖。
8月23日	状元弄、旗杆弄、管家园、南石子街、南显子巷等12条街巷全面开展架空线整治和入地。
8月26日	吴中区横泾街道5个行政村、4个社区的8410户居民实现农村生活垃圾分类全覆盖。
8月28日	苏州市自然资源和规划局开展新一批慢行步道规划，2019年已启动开展《外城河—独墅湖慢行步道规划》《外城河—阳澄湖慢行步道规划》。
	绿地中心超高层项目施工至核心筒塔楼71层，楼桁架承板钢铺设至60层，吊装完成67层的外围钢梁。该项目作为环太湖第一高楼，总共78层，约358米，位于苏州湾最核心的湾尖位置。
	西北工业大学太仓校区一期在太仓娄江新城科教创新区开工建设。
8月29日	江苏省重点项目——英诺赛科（苏州）半导体有限公司主厂房正式封顶。
8月30日	姑苏区吴门桥街道举行京杭大运河苏州段堤岸加固工程项目吴门桥街道段协议搬迁项目挂牌选房仪式，苏州嘉益耀投资管理有限公司（原吴县化工厂）的31户居民进行现场选房。
	苏州工业园区娄葑学校新建校区投入使用。

9月

9月1日	苏州市姑苏区爱心实验幼儿园和苏州市姑苏区红苹果实验幼儿园两所公办幼儿园正式投入使用，两所幼儿园均按照江苏省优质园标准建造。
	吴江区运西实验初级中学正式投入使用。
9月2日	沪通铁路张家港段正式开工铺轨。

运西实验初级中学（2022 年拍摄）

张家港市 110 千伏建丰变电站投运。

9月3日　　姑苏区双塔街道光荣墩（东环路）旧城区改建项目启动定销房挂牌选房工作，75 户搬迁居民选到心仪的房源。

苏州至台州高速公路八都至桃源段环评公示。

9月4日　　苏州市河长制工作经验成功入选由中共中央组织部组织编选的《贯彻落实习近平新时代中国特色社会主义思想在改革发展稳定中攻坚克难案例》，成为江苏省治水工作唯一入选案例。

9月5日　　苏州市众泾家园获"2019 中国土木工程詹天佑奖优秀住宅小区表彰项目工程质量单项优秀（保障房项目）"荣誉。

9月7日　　苏州市政府公布苏州市第八批文物保护单位和第五批控制保护建筑名单。

苏州古城保护和管理大数据中心正式启用。

9月10日　　金门路（桐泾路至西环路）专项大修工程完工通车。

9月11日　　位于姑苏区北浩弄 61 号的苏州市区控制保护建筑顾家花园修缮项目进入收尾阶段。

全国文化和科技融合工作研讨班在西安市举行，对由科技部、中宣部、文化和旅游部等部门共同认定的 21 家第三批国家文化和科技融合示范基地进行授牌，苏州高新区获评"国家文化和科技融合示范基地"。

9月13日　　位于养育巷东侧的海红坊道路维修开工。

9月17日　　江苏省发改委正式批复苏州市轨道交通 8 号线工程可行性研究报告，同意该线路工程建设。

苏州市委副书记、市长李亚平率队调研住房保障体系建设，实地查看龙湖冠寓长租公寓、菁华公寓公租房和建设银行苏州分行，实地了解公租房建设管理、房屋租赁市场发展等有关情况。

苏州市轨道交通 S1 线唯亭站钻孔灌注桩首件工程验收，该线路唯亭站开始进入实体工程施工阶段。

黄埭镇玉莲新村改造工程顺利竣工。

9月18日　　苏州市轨道交通 5 号线首列车下线。列车采用全自动驾驶标准进行设计，可实现无人值守全自动驾驶。

9月19日　　苏州市城市中心区清水工程——清淤贯通二期工程启动，环古城河内 24 条河道、6 条外围河道于年内将彻底"美颜"。娄江、麒麟河清淤工作已经开始。

2019

9月20日	沪通长江大桥主航道桥顺利合龙，由我国自主设计施工的世界首座主跨超千米的公铁两用斜拉桥建设取得决定性胜利，工程将进入铁轨铺设、路面浇筑的最后冲刺阶段。
	为期3年的苏州工业园区31个老旧小区燃气管道升级改造工程完成。该工程改造管道总长度21千米，惠及用户近2万户。
	劳动路小学（暂命名）已启动开工建设。学校总占地面积49890平方米，规划总建筑面积45000平方米，计划总投资22500万元。
9月21日	古城保护示范工程（平江片区）重点功能区搬迁项目（一期）开启签约奖励期。
9月23日	苏州工业园区召开重大基础设施工程推进会，听取工业园区在建11项重点交通工程、4个产业园基础设施项目、金鸡湖及周边区域水环境综合治理二期项目情况汇报。
9月24日	苏州高新区天池山互通工程通过竣工验收。
	张家港市顺利通过省级绿色建筑示范城市验收。
9月25日	江苏省林业局下发南京大学苏州校区建设项目《使用林地审核同意书》，同意该项目使用林地29万平方米。
	康力大道新改建工程1号桥钻孔灌注桩开钻，该项目路基土方、排水管道和桥梁基础工程全面开工。
	由知名大师丰田泰久担当声学设计的苏州民族管弦乐团音乐厅正式启用。苏州民族管弦乐团音乐厅位于高新区科技城，占地面积约0.68万平方米，建筑面积约1.9万平方米。
	姑苏区召开庆祝第三十二个老年节（敬老月）暨养老服务体系建设推进大会。会上，姑苏区宣布首家区域性养老服务中心建成并即将投入使用。
9月26日	华东特高压交流环网合环运行的控制性工程——苏通GIL综合管廊工程在苏州市正式投运，贯穿长三角皖、苏、浙、沪负荷中心的华东特高压交流环网正式形成。
	吴江区震泽镇举行震八线工程开工奠基仪式，总长6.6千米的震八线工程正式开工。
9月27日	阳澄西湖南隧道首节顶板开始浇筑，该隧道一期主体结构施工进入冲刺阶段。隧道长4.47千米，造价30亿元。
	苏州市轨道交通S1线祖冲之路站首幅地下连续墙钢筋笼加工安装通过验收，S1线第二批车站工程进入实质性施工即围护结构施工阶段。
	常昆线东南大道至黄浦江路段竣工通车，常昆线改扩建工程全面完工。
9月28日	吴中人民医院新院区建设规划获批，该项目占地面积约5.67万平方米，建筑面积19万平方米，按1000张床位三级综合医院标准建设。
9月30日	苏州市轨道交通8号线开工建设。
	苏州市吴江区永乐村、吴中区灵湖村、相城区迎湖村和高新区树山村等8个村入选全国"千村万寨展新颜"展示活动村庄。
	吴中大道快速路及南湖路和吴东路部分路段试通车。

10月

10月3日	跨度、纵坡等指标创国内之最的剑科路接方湾街（跨沪宁高速）主桥钢箱梁顶推施工完成。
10月7日	苏州市召开专题会议研究城市规划工作。
	大公园地区的民治路进行为期2个月架空线整治和入地施工。

10月9日　姑苏区宣布启动老旧小区、背街小巷环境美化提升集中攻坚行动（"两小"行动）。

　　　　　苏州市太浦河汾湖大桥水站入围生态环境部首批 100 个"最美水站"。

10月10日　陶氏宅园（桃园）修缮工程举行开工仪式。

　　　　　观前地区邵磨针巷和富仁坊巷实施路面大修。

　　　　　汾湖文体中心项目的文化馆、体育馆主体工程及外装幕墙工程完工，正在进行室外附属工程施工，室内装修工程处于招标阶段。

10月12日　盐铁塘北段（苏州路至广州路）工程完成竣工验收，内环盐铁塘段（郑和路北至花园渔村）工程完成。两项工程都属于太仓市环城生态廊道（盐铁塘、娄江河）工程主要建设任务。

10月14日　"苏州园林可园修复项目"荣获亚太地区文化遗产保护奖——杰出奖。

可园（2022 年拍摄）

　　　　　狮山横塘街道金色农贸市场和竹园农贸市场提升改造工程完工。

10月15日　由姑苏区住房和城乡建设局负责实施的古井保护二期项目完成工程招标程序，将对长寿泉、怀德泉、惠民泉、益寿泉等 302 口古井开展周边环境提升工程。

　　　　　沧浪街道道前片区 32 号街坊 36 户居民完成集体腾房。

10月16日　张家港市委、市政府印发《工程建设领域"三项禁令"》。

10月17日　第八批全国重点文物保护单位名单公布，吴江区的垂虹断桥和常熟市的言子祠两处文物保护单位上榜。截至 2019 年 10 月，苏州市全国重点文物保护单位达 61 处。

10月18日　苏州市轨道交通 5 号线供电系统工程正式开工。

10月19日　312国道与228省道节点工程最后一次跨主线钢箱梁吊装施工成功合龙。

张家港市《通洲沙江心岛生态湿地总体规划》获2019年度中国风景园林学会科学技术奖规划设计一等奖。

10月21日　苏州市轨道交通8号线工程初步设计通过审查。

葑门横街菜场提质改造项目顺利完成。

姑苏区翠园湖改造工程进入周边环境提升阶段。

10月22日　《苏州市姑苏区金阊街道地名规划》通过专家论证，这是姑苏区首个街道级地名规划编制。

10月23日　儒拉玛特自动化技术（苏州）有限公司新厂房在苏州工业园区金鸡湖商务区现代服务业产业园奠基。

10月24日　由相城区水务集团下属水务公司负责实施的江苏省重点水利项目京杭大运河相城段堤防加固工程，迎来苏州市委第二巡察组李家全一行调研。目前已完成整体工程的98%。

10月25日　苏州市轨道交通5号线首段轨排在花苑路铺轨基地开铺，该线路轨道工程施工全面展开。

苏州高新区东渚街道对首批认定并完成复评的5户小产权房进行预动迁集中签约，该街道小产权房动迁工作全面启动。

张家港市张家港湾生态提升工程开工，计划投资37.6亿元。张家港湾上起老沙码头，下至段山港，全长约12千米。

10月26日　位于苏州市运河体育公园内的苏州体育博物馆正式建成开放。

苏州体育博物馆（2022年拍摄）

启迪设计集团股份有限公司新总部大楼奠基仪式在苏州工业园区举行。该项目占地面积15678.02平方米，建筑面积78477平方米。

10月28日　苏州市自来水有限公司相城水厂二期扩建工程开工。设计日供水能力20万吨。

观前街提档升级项目正式启动。

10月29日　苏州市粤海广场增设电梯方案通过审查。

虎丘街道新庄二村的环境整治与复绿工作全面启动。

10月31日　苏苑高级中学新校区开工建设。新校区总用地面积66908.78平方米。

吴中区甪直镇淞港村、淞南村、澄湖村3个卫星消防站投入使用。

11月

11月1日	东汇公园南下穿护城河隧道开始顶管施工。
11月2日	苏州市明基医院二期新建工程规划方案公示。
11月4日	群星二路大桥通车。
11月6日	苏州高新区上市企业总部园开建,投资超200亿元。
	姑苏区双塔街道里河片区交通安防环境综合整治工程启动。
	姑苏区虎丘街道虎阜社区卫生服务站建成。
	苏州市轨道交通7号线开始地质勘查。
11月8日	苏州工业园区湖东社区党工委首次区域党建圆桌会在湖东新街口召开。会上落地金额达265万元的新街口商业街治理提升实事项目。
11月9日	平江片区重点功能区搬迁项目(一期)集中挂牌选房工作举行,225户已签约现房安置的居民选到心仪的新房。
11月11日	葑门横街菜场改造完成并开业亮相。
	清代古桥大安桥动工维修。
11月12日	苏州工业园区规划建设委员会发布海尚壹品北地块学校项目审批公示。
11月13日	仓街141号的仓街小型消防站建设正式进入浇筑阶段。
	胜浦大桥改造规划公示。
11月14日	独墅湖第二通道工程首节隧道主体底板顺利浇筑。
	苏州市与无锡市共同组织联合巡河并举办苏州无锡联合河长制启动仪式。
	2019年中国国际高新技术成果交易会在深圳市举行,在会上举办的2019年亚太智慧城市评选活动中,张家港市获"2019中国领军智慧城市"称号。
11月16日	苏州市轨道交通3号线通过竣工验收,该线路工程建设工作全部完成。
	位于苏州第二图书馆西侧的书香·人才公园向市民开放。
	苏州工业园区娄葑街道东港邻里菜场进行试运营。
11月18日	金门路3号老旧危房完成解危修缮。
	由苏州相城生态建设开发有限公司代建的阳澄湖镇2018年度农田水利建设——高标准农田、农村联圩及农村河道整治项目通过验收。
	康美包亚太新工厂在苏州工业园区举行奠基仪式。
11月19日	《长三角生态绿色一体化发展示范区总体方案》正式公布。
	海红坊道路维修工程通过验收,正式竣工。
	皮市街公厕的翻建升级完成并正式对外开放使用。
11月19—21日	2019年全球智慧城市大会在西班牙巴塞罗那举行,张家港市获中国赛区"城市精细化治理奖"提名奖。
11月20日	苏州第二图书馆正式试运营。
	白塔西路朝阳菜场改造项目顺利竣工。
	相城区望亭镇迎湖村在上潘、大车浜、下圩田、马路桥等6个在建的三星级康居村庄中新建的首批6个农村公厕投入使用。
	苏州工业园区生物医药领军企业亚盛医药的全球总部、研发中心及产业基地奠基典礼在工业园

2019

区举行。

11月22日	山塘街东段修缮项目正式启动。
11月23日	吴中区太湖新城地下空间项目顺利通过住房和城乡建设部绿色施工科技示范工程验收。
11月25日	苏州国家质量基础（NQI）基地项目批前公示。
	星海医院预防保健大楼顺利完工并正式投用。
	柳贞园环境提升工程完成，正式开放。
11月27日	双塔街道滚绣坊、吴衙场、带城桥下塘、望星桥南堍4条特色小巷改造工程全部完工。
	道前片区32号街坊协议搬迁项目现场集中挂牌选房正式启动。
	苏州生物医药产业园企业立生医药（苏州）有限公司正式竣工。
11月28日	吴江区太湖新城的苏州大学未来校区正式开工建设，规划总占地面积66.67万平方米。
11月29日	苏州市轨道交通3号线以"具备初期运营条件"的评价，通过初期运营前安全评估。
	苏州市特色田园乡村建设现场推进会在昆山市召开。
	吴中区甪直镇苏州优力弗生物科技有限公司项目举行开工奠基仪式。
11月30日	苏州市住房和城乡建设局印发《重污染天气建筑工地扬尘控制应急工作方案》。
	吴江区滨投集团社区商业项目——秋枫缤纷荟正式启用。

12月

12月1日	苏州市轨道交通3号线首次向社会公众开放。
12月2日	罗汉塑像保护工程竣工，东山紫金庵景区恢复开园。
12月3日	金鸡湖隧道工程一期围堰正式合龙。
	里河菜场、黄鹂坊菜场提质改造工程顺利竣工。
	梅里埃（苏州）生物制品有限公司在浒墅关经济开发区举行奠基仪式。
	由中国文物学会、中国建筑学会联合主办的"致敬百年建筑经典——第四批中国20世纪建筑遗产项目公布暨新中国70年建筑遗产传承创新研讨会"在北京市举行。会上公布《第四批中国20世纪建筑遗产名录》，全国重点文物保护单位东吴大学旧址（现苏州大学本部）入选其中。
12月4日	姑苏区河长办召集苏州市河道管理处和相关街道，以及清淤工程代建、监理、施工等单位召开河道清淤工程安全生产工作会议。
	苏州工业园区举行江苏自贸区苏州片区建设工作推进会。
12月6日	经财政部、住房和城乡建设部考评，苏州地下综合管廊建设考核成绩位列试点城市前三。
	姑苏区2019年街巷整治与风貌提升、街巷综合整治等项目所涉及的65条街巷支巷节点整治提升工作全部完成。
	桂花公园改造提升项目竣工，并向市民开放。
12月8日	苏州市轨道交通2号线及延伸线工程荣获2018—2019年度国家优质工程奖，这是苏州市首条获得"国优"认证的轨道交通线路。
	苏州市枫桥风景名胜区免费开放仪式举行。
12月10日	苏州第二图书馆正式对外开放。
	苏州高新区狮山路城市管理服务站通过验收，正式投入使用。
	苏州大学附属儿童医院吴江院区一期完工。

枫桥风景名胜区（2022 年拍摄）

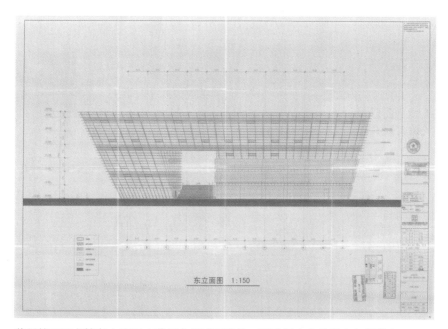

苏州第二图书馆东立面图（苏州市相城区建设工程质量安全监督中心提供）

苏州第二图书馆（2022 年拍摄）

12月13日　京杭大运河绿色现代航运苏州示范段护岸提升工程合同签约。

12月15日　《苏州生态涵养发展实验区规划》发布，吴中区东山镇、金庭镇及周边区域被划定为实验区建设主体范围，总面积约 285 平方千米。

吴江区印发《工业建设项目施工许可 30 天完成实施意见》，全面实现一般工业建设项目施工许可全流程 30 天内完成。

沪通铁路太仓至四团段工程（沪通铁路二期）全面启动建设。该工程采用客货共线模式，设计速度 200 千米 / 小时。

12月16日　元和活力岛城市副中心提升改造启动施工前的相关准备，规划方案也进一步优化提升。

12月17日　2019 年度苏州市农村人居环境整治工作示范镇、示范村公布。通安镇入选 2019 年度苏州市农村人居环境整治工作示范镇，通安镇树山村入选 2019 年度苏州市农村人居环境整治工作示范村。

《苏州市轨道交通 7 号线工程环境影响报告书》获得批复。

姑苏区双塔菜场提质改造完成，更名为双塔市集并正式开业。

双塔市集（2022 年拍摄）

山塘街的皇宫、星桥埭、白姆桥 3 座公厕改造升级完毕并开放使用。

苏州工业园区国寿嘉园·雅境健康养生社区正式启用。国寿嘉园·雅境养生养老社区一期项目约 16.13 万平方米，总建筑面积约 14 万平方米，目前启用的为一期东地块。

12月18日　苏州市桐泾路北延工程主体结构开始施工。

苏州市住房和城乡建设局发布 2017—2018 年度房地产经纪机构信用评价结果，22 家房地产经纪机构被评定为 A 级企业。

359 省道常熟段大修项目完工并通车。

12月19日　位于苏苑街北、约 5 万平方米的原苏州塑料三厂地块土壤修复治理工程竣工并进入效果评估阶段。

12月20日　科技城金融小镇 48 号地块规划出炉。

太仓市民公园开放。

12月21日　被列入 2019 年苏州市政府实事项目的老旧小区南阳台污水收集工程，已累计完成平江片区南阳台改造 340 幢，完成污水立管 21 千米、污水埋地管 7 千米，累计完成投资约 1500 万元。

太仓市民公园（太仓市建设档案馆藏　2021 年拍摄）

12 月 23 日　环古城河建筑立面提升工程全部结束。该项目涉及改造的建筑面积约 54000 平方米，景观绿化面积 1540 平方米，总投资 2100 万元。

苏州高新区第一初级中学珠江路校区规划方案批前公示。

12 月 24 日　常熟市梅李镇被评为全国乡村治理示范乡镇，吴中区甪直镇瑶盛村、相城区望亭镇迎湖村、吴江区七都镇开弦弓村、常熟市支塘镇蒋巷村、张家港市南丰镇永联村、昆山市周市镇市北村、太仓市璜泾镇永乐村 7 个村被评为全国乡村治理示范村。

高新区狮山敬老院升级改造项目竣工。

12 月 25 日　姑苏区平江新城全面完成和润家园小区等 5 个海绵城市试点小区改造。

苏州工业园区北部文体中心工程主体结构顺利封顶。

苏州市轨道交通 7 号线开工暨轨道交通 3 号线开通运营仪式举行。

杨林塘航道整治工程三千湾桥完成交工验收，正式通车。

葑门横街 47 号、49 号两处危房修缮工程竣工并通过验收。

12 月 26 日　524 国道通常汽渡至常熟三环段完成整体验收，正式通车。

12 月 27 日　姑苏区园林路公厕改建项目正式通过验收，2019 年姑苏区环卫"厕所革命"完美收官。

12 月 28 日　吴中区首家青年文化区综合体——位于吴中区太湖新城（太湖街道）的 iD PARK 正式开业。

吴江区儿童医院（苏州大学附属儿童医院吴江院区）正式启用。

12 月 31 日　苏州市轨道交通 5 号线劳动路站至盘胥路站区间双线贯通。

吴江华衍水务有限公司庙港水厂深度处理全覆盖工程全面竣工并进入试运行。

吴江区盛八线（京杭特大桥至盛泽大道）道路改建工程项目顺利完工。

2019

2020年度

大事记

苏　州　城　建　大　事　记

2020

1月

1月1日　　苏州市管高速的两个省界收费站——苏嘉杭高速盛泽主线收费站和绕城高速淀山湖主线收费站取消。

　　清代古桥大安桥修缮完工，重新开放。

大安桥（2022 年拍摄）

　　《相城区政府关于房屋起居室（厅）不得隔断出租的规定》发布并开始施行。

　　吴中区向在建工程项目的外来务工人员发放 3000 余册"口袋书"——《保障农民工工资支付工作宣传手册》。

　　常嘉高速主线开通。

1月4日　　吴中区、吴江区、相城区、高新区、昆山市、常熟市、太仓市、张家港市等苏州市下辖八市（县）区被江苏省政府授予省级"'四好农村路'示范县"称号；苏州市被江苏省交通运输厅授予"'四好农村路'省级示范市"称号。

1月5日　　312 国道与 228 省道节点互通工程通车。

　　枫桥街道杨家弄棚户区改造项目二期涉征居民进行集中选房。

1月6日　　苏州市第二工人文化宫建筑主体工程竣工。

　　苏州高新区环阳山西路道路改造工程完成，全线通车。

1月7日　　吴中区木渎镇获"全国智慧健康养老应用试点示范乡镇"称号。

　　常熟市周行、虞山、八字桥、辛庄 4 座污水厂的提标改造及扩建项目同时开工。

1月8日　　2020 年苏州市首场土拍顺利收官。位于苏州高新区枫桥街道的苏地 2019-WG-60 号住宅地块和另一宗位于吴中区的地块成功出让。

1月9日　　2019 年苏州市十大民心工程揭晓，分别是：新建、改扩建中小学和幼儿园 37 所；常熟市村庄人居环境"二创建三优化三提升"工程；枫桥景区改造升级并免费开放；苏州市生活垃圾焚烧发电厂提标改造第一阶段项目建成投运；东港新村环境综合整治项目；建成开放苏州第二图书馆；中心城区架空线路整治入地和背街小巷整治提升工程；苏州市运河体育主题公园建成开园；望亭大运河市民公园项目；城市生态森林公园景观改造项目。

1月10日　　姑苏·古城保护与发展基金签约仪式在苏州市会议中心举行。

苏嘉杭高速黎里至盛泽段、苏嘉杭高速北互通主线及匝道点亮路灯，覆盖路段约 26 千米，苏嘉杭高速安全照明工程（二期）项目全面建成。

苏州市环太湖党建文化路示范工程通过验收。

1月11日　　苏州市政府 2020 年实事项目经苏州市十六届人大四次会议审议通过，共 8 个方面 40 个项目，总投资将超过 360 亿元。其中涉及城市建设的有：新建、改扩建中小学和幼儿园 40 所；建设苏州博物馆西馆、吴中博物馆、吴江博物馆新馆；建成苏州第二工人文化宫、蚕里商旅文化街区；实施京杭大运河苏州段堤防加固工程；新建社会足球场 14 片、健身步道 200 千米；建成横山体育公园。新建、改扩建基层医疗卫生服务机构 19 家；建设苏州市立医院 8 号楼、康复医疗中心。推进苏州市轨道交通 5 号线、6 号线、7 号线、8 号线、S1 线建设。升级改造 10 家农贸市场（邻里中心）。开展城镇老旧小区改造试点和既有多层住宅增设电梯工作；修复陶氏宅园、詹氏花园等一批古建老宅和古典园林。建设 10 个康居特色村、350 个三星级康居乡村、60 个特色田园乡村等。

吴江汽车站场地整修工程基本完工。

1月13日　　2019 年"美丽乡村建设"实事项目在高新区镇湖街道石帆村完成收官验收。

金鸡湖隧道一期围堰抽水完毕。

1月14日　　《苏州市 2020 年重点项目投资计划》审议通过，确定 2020 年市级重点项目 360 项，分为 352 项实施项目和 8 项前期项目。实施项目中，重大科创载体 50 项、重大产业项目 205 项、重大民生项目 40 项、重大生态保护项目 15 项、重大基础设施 42 项。总投资 1.3 万亿元，当年计划投资 1953 亿元。

吴江区同里国家湿地公园获正式授牌并成功晋升为"国家级"。

同里国家湿地公园（2022 年拍摄）

《园区教育局建设唯康路北九年制学校项目》建设工程规划发布。

1月15日　　吴中大道快速路对接东吴南路的 4 条出入匝道及地面道路（南湖路段）正式启用。

2020

1月17日	苏州市临顿河北段东岸整体环境提升工程竣工。
	吴门桥街道"吴门颐养+"为老服务中心完成升级改造。
	张家港市滨江新城金港大桥正式通车。
	张家港市报送《智慧医疗互助共享》案例获评"2018—2019年新型智慧城市建设评价典型优秀案例"。
	常熟市氢能源公交车正式投运。
1月18日	苏州国家质量基础（NQI）项目奠基开工。
1月19日	浒墅关经济开发区第二个动迁安置房小区新鹿花苑提升改造工程收尾。
1月22日	苏州市粤海广场3部"加装电梯"交付使用。
1月27日	吴江区震泽镇的殷弘集成房屋（苏州）有限公司驰援雷神山医院500套组合箱房，首批30套已运抵武汉市。
1月31日	吴江区住房和城乡建设局发布通知，要求自2月1日起，辖区各小区实行"封闭式"管理，尽量只保留一个出入口，访客车辆和外来车辆一律不准进入小区。

2月

2月9日	苏州市财政局下发通知，根据《苏州市人民政府关于应对新型冠状病毒感染的肺炎疫情支持中小企业共渡难关的十条政策意见》，对承租市级行政事业单位经营性房产的中小企业实行房租减免，预计将为中小企业减免房租近千万元。
2月10日	昆山市中华北村老旧小区改造提升工程、相城区望亭镇的"特色小城镇建设"项目获2019年江苏省住房和城乡建设厅授予的"江苏人居环境范例奖"。
2月17日	苏州市住建部门指导全市物业行业疫情防控工作。
2月18日	2020年吴江区春季重大项目集中开工暨恒力国际新材料产业园签约仪式举行，实施43个集中开工项目，总投资465亿元。
2月19日	苏州市自然资源和规划局发布《关于做好土地出让相关工作有效应对疫情的通知》，对土地出让相关工作进行部署。
	姑苏区住房和建设委员会对35个重点项目疫情防控和复工准备进行"一对一"指导，着力帮助建筑企业解决复工开工所需的人员、防控物资、协调审批等问题，确保项目尽早复工开工。
2月21日	312国道苏州东段改扩建工程、343省道昆山段改扩建工程复工。
	金鸡湖隧道项目复工。
	桐泾路北延等7个公路水运工程重点项目复工。
2月22日	苏州市生活垃圾焚烧发电厂提标改造项目第二阶段工程全面复工。
	苏州市4条在建铁路（沪通铁路、南沿江铁路、盐通张铁路和太仓港疏港铁路专用线）全部复工。
2月27日	2020年吴中区春季97个重大项目开工，总投资329.3亿元。
	苏州工业园区斜塘街道文荟苑社区启动对110个电梯间集中安装便民座椅工程。
2月28日	苏州市住房和城乡建设局出台《关于应对疫情保障房地产市场平稳健康发展的通知》，对项目预售条件、分期预售面积做出调整，顺延开竣工时间、交付期限，完善购房资格认定，以有效应对疫情对房地产市场的影响。

姑苏区 47 个建筑工程复工。区住房和建设委员会、属地街道、区民卫局共同组成复工现场疫情防控检查组，审核在建工地现场。

3 月

3月1日　江苏省委常委、苏州市委书记蓝绍敏赴吴江区调研长三角一体化推进情况。

3月2日　苏州市吴中人民医院新院区建设项目进行批前公示。

　　　　君实生物医药项目在阳澄湖开工建设。

3月3日　苏州市召开综合交通体系规划编制和通苏嘉甬铁路推进工作汇报会。

　　　　苏州超级计算中心在苏州工业园区国科数据中心正式投用。

3月4日　苏州市吴中区金庭镇东村村东村等 25 个村，太仓市浮桥镇三市村三家市、沙溪镇泥桥村、安里街，常熟市李市村、吕舍村、问村和沈市村入选第一批江苏省传统村落。

3月5日　苏州市轨道交通工程共有 73 个标段通过复工核准，复工率达 94.81%。

3月6日　苏州火炬 220 千伏变电站新建工程正式复工。

3月7日　苏州市交通运输局编印发布《苏州交通运输企业政策服务汇编》，为交通运输企业解决复工复产问题提供法规依据和政策支撑。

3月9日　苏州市政府召开水环境治理调度会，分析 1—2 月全市水环境情况，并研究部署下一阶段重点工作。

　　　　苏州市有轨电车 1 号线正式运行。

　　　　苏州市辖区内复工企业总数 466 家，复工总人数 9321 人，其中规上企业复工率 100%、达产率 65%，建筑工地复工率超 80%。

3月10日　苏申外港线（江苏段）航道整治工程、青阳港航道整治工程、苏浙界河段航道整治工程、绿色航运示范区护岸工程、杨林塘航道整治工程、苏申内港线航道整治工程车坊大桥 6 项水运工程、11 个施工标段全部复工。

3月11日　相城区中日（苏州）智能制造产业合作示范区启动建设。

　　　　张家港市碧康沼气发电厂一次并网发电成功。

3月12日　太仓市获"2019 年国家生态园林城市"称号。苏州市实现"国家生态园林城市全覆盖"。

3月14日　江苏省林业局公布 2019 年江苏省国家森林乡村名单，望亭镇迎湖村获评"全国森林乡村"。

　　　　苏州市召开会议研究推进国家级高铁枢纽城市和四网融合规划工作。

3月16日　高新区公交"新通 1 号专线"上线运营。

3月17日　2020 年姑苏区计划完成 120 余条支路街巷的整治，项目分 3 个片区完成。至此，3 个片区的项目立项工作已全部完成。

　　　　相城区全面推行工程建设项目开工审批时间压缩至 40 个工作日以内，竣工验收时间压缩至 20 个工作日以内，在江苏省要求的从开工审批到竣工验收 100 个工作日基础上再提速 40%。

　　　　常熟市出台《关于实施"千村美居"工程的工作意见（2020—2022）》。

3月18日　江苏省生态环境厅认定苏州市相城区等 8 个县（市、区）为第二批江苏省级生态文明建设示范县（市、区）。

　　　　苏州市林业工作会议召开，部署 2020 年工作，自然湿地保护率力争提至 60%。

　　　　苏州市土地储备和招标拍卖领导小组召开 2020 年度会议，回顾总结 2019 年市区经营性用地公开交易和土地储备工作情况，研究 2020 年住宅用地供应计划和土地收购储备计划方案。

平江新城建设局成立安全施工日常巡查小组，对辖区所有复工工地实施巡查全覆盖。

由相城交投集团负责建设的 524 国道（原 227 省道）主线高架部分（西公田路至华元路段）通车。

观前地区综合整治碧凤坊沿线正式复工。

3 月 19 日　苏州市交通运输局举行争当交通强国先行军排头兵暨工程建设誓师大会，明确 2020 年要实施 100 项苏州交通重点工程。

张家港市城区快速路项目、高铁新城站前商务区市政基础设施项目、高铁新城安置房项目、张家港市巢代智能居家设计小镇项目 4 个重点项目集中开工。

3 月 20 日　苏州市市政设施管理处组织实施的苏州市轨道交通 3 号线、5 号线、6 号线、8 号线各站点的道路最终恢复，交通疏解、雨水管改迁工程全面复工。

3 月 22 日　相城区黄埭镇总投资 8 亿元、规划建筑面积 6 万余平方米的创鑫激光产业园项目恢复建设。

高新区浒墅关镇陆家嘴·锦绣澜山白豸山运动公园一期工程基本完成，二期进入施工阶段。

3 月 23 日　苏州市委副书记、市长李亚平主持召开苏州市政府常务会议，审议并原则通过《关于修改〈苏州市建筑施工安全监督管理办法〉等三件规章的决定》。

苏州市轨道交通 S1 线全线站点前期迁改收尾。已有 11 座车站正在进行基坑土方开挖及后续主体结构施工，9 座车站进行导墙及地下连续墙施工。

姑苏区中张家巷河恢复通水，该项目建设历时 15 年。

3 月 24 日　姑苏区中张家巷道路环境提升工程正式恢复施工。

3 月 25 日　苏州市召开一季度首次重大项目工作专题推进会，安排市级重点项目 360 个。参加江苏省一季度集中开工的 252 个产业项目中，已有 169 个项目开工建设，开工率 67%。

苏州工业园区先行先试产业用地分段弹性年期（10+N）挂牌出让模式正式落地。

吴江区汾湖文体中心主体工程完工。

总投资 1.02 亿元的常熟城区防洪工程白茆塘枢纽投用。

3 月 27 日　申张线青阳港段航道整治工程开始实施。

苏锦街道前塘河绿化景观改造工程立项工作启动。

常熟市董浜镇"千村美居"工程"233"专项行动启动，2020 年计划完成 120 个自然村庄的村庄美居建设目标。

3 月 29 日　虎丘区浒墅关镇红叶丽邻中心全部竣工，通过消防验收，达到交付标准。

3 月 30 日　2020 年江苏省农业农村重大项目建设现场推进会召开，苏州市在昆山市陆家镇未来智慧田园项目现场举行分会场活动。苏州市首批共有 23 个项目集中开工，总投资 127.4 亿元，2020 年计划投资 47.9 亿元。

苏州市住房和城乡建设局作为工程建设项目审批制度改革的牵头部门，通过畅通"要素链"、完善"服务链"、优化"生态链"，持续完善工程审批制度，打造"苏州最舒心"营商服务品牌。工程项目最快 40 个工作日完成审批，最慢不超过 80 个工作日。

吴中区光福镇召开重点项目推进会议，实地查看香雪村美丽乡村工作推进情况，苏作红木展示馆项目和东崦湖商贸中心项目进展情况。

博瑞医药全球总部及高端制药生产基地在苏州工业园区上市企业产业园启动建设。

3 月 31 日　独墅湖第二通道首节隧道主体顶板浇筑完成，该工程主体结构进入全面施工阶段。

张家港市中骏世界城项目奠基，项目总投资 35 亿元。

4 月

4 月 1 日	江苏省重点水利工程京杭大运河相城段堤防加固工程完工验收。
	《苏州市公厕管理办法》正式实施。同步发布执行《2020 年苏州市"厕所革命"工作行动方案》。
4 月 2 日	苏州市出台《"对标找差、再攀新高"常态化机制实施办法》。
	苏州大学附属第一医院总院二期开建。新增床位 1800 张，总占地面积 11.3 万平方米。
	阳澄湖半岛旅游度假区在建土建项目共计 33 个，其中省、市重点项目及集中开工项目已全部复工。
	苏地 2017-WG-76 号地块项目建设规划批前公示。该地块总面积为 87845 平方米，最大容积率为 5.5。
	吴中区阴山、横山至金庭镇环岛公路连接线工程正式动工。
4 月 5 日	苏州市南湖快速路东延 03 标基坑开挖，南湖快速路东延项目进入全面开挖阶段。
4 月 7 日	苏州市吴中人民医院新院区建设项目选址公示。
4 月 8 日	苏州高新区出台《高新区进一步优化电力接入工程实施方案》。从 2020 年 4 月起，苏州高新区用气、通信等服务事项进驻该区政务服务大厅，"水、电、气、通信"可一站式办理。
	苏州市轨道交通 5 号线首列车从南京市运抵苏州市，交付至浒墅关车辆段。
	苏州市轨道交通 6 号线金储街站完成浇筑。
	三香路、道前街整治工程正式进场施工。
	狮山横塘启动雨水管网治理。
4 月 9 日	苏州市召开元荡综合整治现场推进会，实地检查相关工作推进情况，推动元荡水质达标整治工作。
4 月 10 日	苏州市轨道交通 S1 线土建 3 标项目莲湖公园站主体结构封顶。
	苏州高新区投资 1.5 亿元的苏高新供应链示范基地主体建设竣工。
	姑苏区政府公布征收决定姑苏府〔2020〕68 号：由苏州市姑苏区房屋征收与补偿办公室征收京杭大运河苏州段堤防加固工程项目姑苏区段项目。征收范围：姚家浜东 37 号等。征收实施单位：苏州市姑苏区政府虎丘街道办事处。
4 月 12 日	吴江区生活垃圾焚烧发电扩容建设项目（生活垃圾焚烧厂二期）获施工许可。
4 月 13 日	《苏州市相城区工业项目联合竣工验收工作机制（试行）》出台。
	姑苏区双塔街道翠园新村的翠园湖环境提升工程竣工。
4 月 14 日	沪通铁路全线实现"电通"。
4 月 15 日	苏州市轨道交通 S1 线鹿城路站下井开工。
4 月 16 日	姑苏区西美巷的况公祠开馆，正式对外免费开放。
	姑苏区新庄新村雨水管和污水管整体铺设改造项目全面启动。
4 月 17 日	苏州市自然资源和规划局相城分局推出"交地即发证"营商服务。
	盘溪片区交通安防环境综合整治工程启动。
	恒泰东延四季公寓项目在苏州工业园区开工建设。
4 月 18 日	苏州高新区少儿图书馆开馆。
4 月 20 日	姑苏区背街水巷风貌整治工程启动。此次整治河道总长 6316 米，沿河建筑立面约 4 万平方米，绿化景观面积约 1.5 万平方米，桥梁 40 座。
	姑苏区平江新城的前塘河再次进行景观升级，立项工作正式启动。
	常熟市望虞河西岸控制羊尖塘枢纽工程水下建设部分全面完工，沪通铁路（赵甸至黄渡段）进

2020

况公祠（2022 年拍摄）

苏州高新区少儿图书馆（2022 年拍摄）

行联调联试。

4 月 21 日　　　　姑苏区大儒巷专项养护完工。

城北路改建工程 S01 标长浒大桥段工程北侧辅道桥非机动车道完成初步验收，实现老桥新桥非机动车通行交通转换。

4 月 22 日　　　　苏州市全面启用不动产登记电子证书（证明）。

苏州市会议中心综合提升工程启动。

金阊新城体育公园项目开工建设。

苏州高新区淮海街改造工程示范段正式动工。

4 月 23 日　　　　苏州体育训练基地主体部分完成建设。

4 月 24 日　　　　平江路石家角的丰备义仓整体修复保护工程启动。

丰备义仓旧址（2022 年拍摄）

4月26日	位于太湖国家旅游度假区的苏州共创方程式企业管理有限公司新大楼正式破土动工，项目总投资2亿元。
	横塘驿站举行修缮驿站启动仪式。
	吴江区江陵路快速化改造一期工程试桩。
4月27日	观前主街道路改造工程开工。
	苏州工业园区规划建设委员会批准星湖街人行天桥项目设计方案。
	苏州市奕欧来奥特莱斯扩建项目开幕。
	吴中区东山镇杨湾村西巷、吴江区震泽镇众安桥村谢家路、昆山市锦溪镇朱浜村祝家甸和常熟市支塘镇蒋巷村蒋巷4个村位列第二批江苏省特色田园乡村名单。
4月28日	苏州市第二工人文化宫（一期）启用。

苏州市第二工人文化宫（2022年拍摄）

苏州市第二工人文化宫周边路段新增的公共自行车站点进入最后调试优化阶段。

恩古山湖改造完工，恩古山湖生态城市公园开放使用。

5月

5月4日	阳澄湖引水工程关键节点——穿越阳澄湖顶管左线顺利进洞，阳澄湖引水工程进入收尾阶段。
5月6日	苏州市委副书记、市长李亚平主持召开苏州市政府常务会议，审议并原则通过《苏州市城乡生活污水处理提质增效精准攻坚"333"行动实施方案》。
	春申湖路快速化改造工程阳澄西湖南隧道工程二阶段还湖段完成。
	苏州市轨道交通2号线主线23列电客车首轮架修全面完工。
5月7日	苏州市轨道交通6号线盾构机从金储街站成功始发，金储街站至金业街站左线区间盾构施工开启。
	苏州黑盾环境股份有限公司在阳澄湖畔开工，总投资2.4亿元，总建筑面积51111.26平方米。

姑苏区沧浪街道道前片区 51 户居民完成集体腾房。

5 月 8 日 姑苏区虎丘街道广济公寓小区环境改善提升工程开工。

5 月 9 日 苏州市建设监理协会开发的"现场质量安全监理监管系统"上线并投入试运行。

苏州工业园区在江苏省率先实现不动产登记"交房(验、地)即发证",正式进入"交验即发证"时代。

苏州橙天嘉禾 360 剧场在吴中区太湖新城开工。

5 月 11 日 姑苏区双塔街道朱家弄小区改造工程正式启动。

苏州高新区狮山横塘街道横塘老镇改造项目定销商品房 AB 地块现场集中挂牌选房活动启动,首批 97 户居民领到钥匙。

常熟市江南·绣衣厂文化创意园改造工程项目开工建设。该项目计划总投资 1400 万元。

5 月 12 日 苏州市召开规划委员会第一次会议,审议《苏州市历史文化名城保护专项规划(2035)》《国家级高铁枢纽城市和四网融合规划》。

姑苏区深化河长制改革暨生态美丽河湖建设推进会发布《姑苏区生态美丽河湖建设实施方案(2020—2024)》。

由中交第三航务工程局有限公司承建的苏州港太仓港区四期工程码头主体完工。

5 月 13 日 "两河一江"环境综合整治工程——小桥浜项目完工。

5 月 14 日 姑苏区启动新一轮老小区增设电梯项目,菱塘新村 31 幢东单元等 6 处增设电梯方案通过会审。

2020-WG-8 号地块项目建设规划批前公示。

太仓市住房和城乡建设局发出首张电子《商品房预售许可证》。

5 月 15 日 金鸡湖隧道工程一标段一工区(星海街至星汉街)主体结构浇筑完成,隧道主体结构施工启动。

白洋湾街道启动垃圾亭改造项目,对辖区 200 多个闲置的垃圾亭进行改造。

苏州工业园区启动微软苏州二期项目。

苏州科技城辖区近 3 万平方米的便民综合体项目"生活新空间"(龙惠店)规划方案获批。

5 月 16 日 苏州北站综合枢纽建设指挥部挂牌成立,苏州北站综合枢纽进入实质性规划建设阶段。

5 月 17 日 312 国道与 524 国道节点工程 ES 匝道第九联第四节段钢箱梁吊装完成。

5 月 18 日 2020 年度苏州市教育系统重点实事工程联合开工。

5 月 19 日 苏州高新区通安卫生院异地新建的新院启用,新院建筑面积超 6500 平方米。

5 月 20 日 高新区苏州乐园森林世界正式宣布对外开放试营业。

苏州乐园森林世界[苏州高新区(虎丘区)档案馆藏　2020 年拍摄]

苏州市存量房交易实现全流程线上进行。

吴中区东吴人才公寓开工。

5月23日 甪直镇 2020 年民房动迁全面启动集中签约，共涉及甫港村、淞南村、甫里村等 6 个村（社区），房屋动迁 300 多户。

5月24日 江苏自贸区苏州工业园区港海关水路监管场所完成主体建设。

5月25日 姑苏区陶氏宅园（桃园）修缮工程全部完工。32 号街坊更新改造项目中的曹沧洲祠修缮工程启动开工。

苏州高新区通安镇新街社区综合服务中心项目（通安集贸市场升级改造项目）开始施工。

姑苏区永林新村 1—3 幢的房屋拆除作业启动。

5月26日 苏州市轨道交通 S1 线进入盾构阶段。

吴江区太湖新城轨道交通 4 号线松陵大道综合交通枢纽项目地下室主体结构施工开启。

吴江汾湖高新区元荡美丽乡村群工程启动。

5月27日 苏州工业园区现代服务业产业园核心启动区的现代服务广场开工奠基。

5月29日 苏州工业园区生物医药产业化基地二期项目全部启用。

高新区何山路西延工程完成主线主体结构施工，与支硎山山岭隧道主体贯通。

5月30日 盛科网络（苏州）有限公司总部大楼在苏州工业园区上市企业产业园奠基。

6月

6月1日 《苏州市生活垃圾分类管理条例》实施。

苏州市住房和城乡建设局在全市建筑施工领域实行"苏安码"监管。

苏州市工程建设联合竣工验收项目白洋湾监管中心项目联合竣工验收完成。

位于苏州高新区青石路 2 号的苏州高新区横塘人民医院正式启用。

6月3日 苏州大学附属中学改造二期新建工程正式启动建设。

6月4日 位于吴中区的吴文化博物馆整体建筑完工并开放。

吴文化博物馆（2022 年拍摄）

道前片区 32 号街坊协议搬迁二期项目挂牌选房。

6月5日　沪苏湖铁路江苏段工程开工建设。

苏州科技城（东渚街道）保障性安居工程西渚花苑二期、东渚新苑三期两个项目获中央预算内支持资金 1700 万元。

平江新城房租减免工作全面启动。

苏州市春申湖路快速化改造四标项目主线桥浇筑完成，四标项目主线桥顺利贯通。

6月6日　苏州华锐海归双语学校在吴江汾湖开工建设。

吴中区夏莲路北延项目协议搬迁挂牌选房。

6月9日　苏州高新区 72 个保留村生活污水全部接入市政管网，全区雨污合流、混流片区共 278 个，已改造完成或动迁 189 个。

苏州高铁新城宋庆龄幼儿园、苏州幼儿师范高等专科学校附属高铁新城幼儿园合作办学签约仪式在苏州高铁新城举行。

苏州市元和塘大桥完成边跨合龙，南天成路西延工程建设过半。

6月10日　桐泾路北延工程大盾构施工风险及应对方案通过专家论证。

6月11日　吴江区太湖新城节能及单灯控制改造项目获评 2020 年第八届"阿拉丁神灯奖"城市照明工程优秀工程奖。

6月12日　苏州市轨道交通 5 号线星波街站至星港街站右线贯通，该线路所有隧道全部打通。

6月13日　2020 年度苏州市生态文明建设十大工程发布，排定重点工程项目 100 个，计划投资 102.69 亿元。十大工程分别是：大气环境治理工程、河道湖泊整治工程、污水处置能力提升工程、土壤治理工程、固废危废处置能力提升工程、城乡垃圾治理工程、农业农村污染治理工程、"绿岛"建设工程、生态保护修复工程、环境监管能力提升工程。

由苏州高新区枫桥街道、苏高新股份共同建造的苏州生命健康小镇产业园首期交付。

6月14日　桃花坞历史文化片区综合整治保护利用工程（廖家巷、桃大街段）项目、校场桥路河西延项目［长鱼（渔）池、西蔡家桥区域］分别举行集中挂牌选房。

6月16日　苏州市委办公室、市政府办公室印发《关于统筹推进苏州市特色田园乡村建设的实施方案》。

苏州国金中心正式竣工验收。

6月17日　南湖路高架跨京杭大运河桥主桥合龙。

6月18日　金鸡湖隧道二标段湖中首节隧道主体底板浇筑完成，金鸡湖隧道湖中主体结构施工全面开展。

康桥国际学校常熟校区在常熟经济技术开发区开工，总投资约 7 亿元。

6月20日　吴江区被江苏省政府办公厅认定为"资源节约集约利用综合评价成绩优异"，获得 33.33 万平方米建设用地指标奖励。

6月21日　位于吴中经济技术开发区的独墅湖中学和澄湖路学校规划批后公示公布。

6月22日　苏州乐园森林世界二期森林城家庭游乐区项目正式开工。

6月23日　高新区狮山文化广场艺术剧院项目开工。

6月24日　苏州市轨道交通 5 号线首通段（星湖街站至唯亭北停车场）实现"电通"。

6月26日　观前街主街改造主体工程完工。

6月27日　2020 年吴江区半年度重大项目集中开工，总投资 881.8 亿元。

6月28日　中国移动（江苏苏州）数据中心二期工程开工。

苏州中南中心开工。

苏州市诺德安达学校在相城区渭塘镇举行项目开工奠基仪式。

苏州创业园三期启动建设。

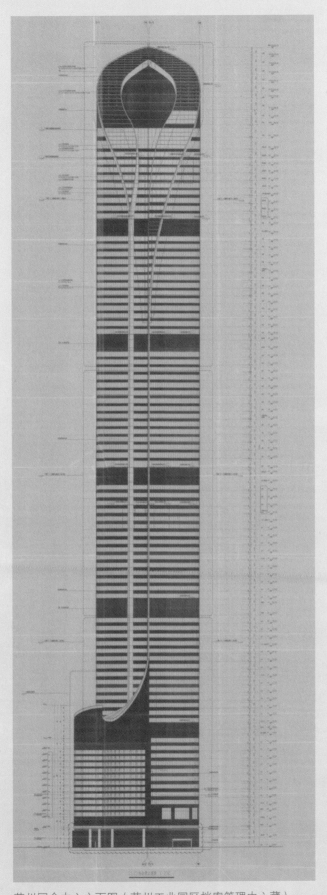

苏州国金中心立面图（苏州工业园区档案管理中心藏）

2020

苏州国金中心（2022 年拍摄）

苏州工业园区新虹产业园暨新美光项目开工奠基。

太仓市岳鹿公路（太浏线至新浏河大桥）贯通，与上海市嘉定区城北路完成对接。

6月29日　姑苏区老永林新村1幢、4幢及周边地块旧城改建项目收尾。

吴中人民医院新院区建设项目批后公示公布。

吴江区江陵路快速化改造一期工程开始围挡施工。

6月30日　姑苏区吴门桥街道西巴里南房屋征收项目完成。姑苏区2020年上半年共完成签约交房588户，面积约21.13万平方米，清零40个征收搬迁项目。

苏州高新区2020年二季度重大项目进行集中签约及开工竣工，共40个项目，总投资766.3亿元。

相城生命科技港开工建设。

7月1日　苏州市购房资格核查系统上线。

高新区白豸山运动公园完成建设。

金阊医院集中搬迁工作启动。

松下空调设备总部大楼在苏州工业园区奠基。

张家港市弘吴大道建成通车。该工程全长5145米，总投资12.1亿元。

沪苏通长江公铁大桥暨沪苏通铁路开通运营，太仓站、太仓南站正式启用。

7月3日　苏州市轨道交通S1线07标玉山广场站二期交通导改完成。

7月5日　相城区总投资914.2亿元的228个产业项目集中开工并签约，中国计算机学会业务总部和学术交流中心奠基。

观前宫巷专项大修工程开工。

白豸山运动公园（2022年拍摄）

通车后的沪苏通长江公铁大桥（张家港市城建档案馆藏　2021 年拍摄）

太仓南站（太仓市建设档案馆藏　2022 年拍摄）

7 月 9 日	南玻集团吴江工程智能制造工厂项目在吴江经济技术开发区启动。
7 月 10 日	高新区阳山花苑五区农贸市场重建工程的裙楼封顶。
	太仓市苏宁环上海电商产业园项目开工奠基，计划总投资 35 亿元。
7 月 12 日	苏州市轨道交通 5 号线首试"装配式铺轨建造"首段完成。
7 月 15 日	苏州古城保护信息平台正式运行。

苏州市财政局分配下达 2020 年度市级美丽城镇建设引导资金，奖补年度美丽城镇建设优胜建制镇 21 个、撤并镇整治优胜单位 30 个、优秀示范项目 30 个。

苏州市轨道交通 6 号线浒墅关车辆段出入段线左线盾构区间完成贯通。

7 月 17 日	苏州市举行推进城镇老旧小区改造签约仪式。
7 月 18 日	姑苏区虎丘街道窑弄 9 号古宅启动解危修复。
7 月 20 日	太仓市城市快速路太浏快速路（陆新路至 346 国道）新建工程路基桥涵、路面、交安监控工程完成交工验收，具备通车条件。
7 月 21 日	苏州国际快速物流通道二期工程——南湖路快速路东延工程（东方大道快速化）规划批后公示公布。

2020

太浏快速路（太仓市建设档案馆藏　2022 年拍摄）

桐泾路北延工程建设下穿高铁的大盾构隧道所用盾构机部件分批运抵苏州市。

7 月 22 日　　苏州护城河下穿隧道东汇公园南下穿护城河隧道的主体结构完成。

7 月 23 日　　吴中区太湖新城的逸林商务广场完成整体主体验收。

吴中区入选首批全国美好环境与幸福生活共同缔造活动培训基地。

7 月 24 日　　剑科路接方湾街（跨沪宁高速）工程竣工通车。

相城区中心城区控制性规划调整。

7 月 25 日　　观前主街全面改造提升后正式开街。

观前主街（2022 年拍摄）

7 月 27 日　　姑苏区虎丘街道安利化工厂周边的西园路西段道路改造工程启动，项目投资约 1028 万元。

姑苏区住房和建设委员会以平江街道蕴秀园小区为试点，启动老旧小区提升改造的普查工作。

桃花坞社区辖区范围内韩衙庄、廖家巷、打线场、西大营门、新桥弄、龙兴桥、前新街、河西巷、韭菜弄、荷花场等背街小巷开始分批铺设天然气管道。

美国开市客（Costco）大型商超项目在苏州高新区开建。

7月28日　姑苏区沧浪街道朱家园房屋解危项目清零。

7月30日　苏州市水运工程建设指挥部组织开展苏申内港线（瓜泾口至青阳港段）航道整治工程胜浦大桥改建工程中标签约仪式。

7月31日　苏州市轨道交通5号线在阳澄湖站举行首通段热滑暨动调启动仪式。

永方路北延工程（东挺河路至太阳路）正式通车，永方路北延工程（黄蠡路至春秋路）全线建成通车。

姑苏区首座20吨位厨余垃圾处置终端项目（白洋湾厨余垃圾综合处理项目）投入试运营。

苏州古城区多功能运动产业园——蓝·SPORT文化创意产业园开园。

8月2日　长三角生态绿色一体化发展示范区内首个省际对接基础设施工程——江苏省苏州市吴江区康力大道与上海市青浦区东航路的元荡桥合龙。

元荡桥（2022年拍摄）

姑苏区平江路151号经济堂整宅实现搬迁项目的清零。

8月3日　相城区首座斜拉桥蠡祯桥主塔封顶段砼浇筑施工结束，该桥塔身主体施工完成。

黄埭中心商务区启动开发建设。

8月4日　苏州市轨道交通S1线第二批标段首个盾构掘进项目启动。

长三角绿色智能制造协同创新示范区项目签约。

蒌葭巷40号的原苏州西乐器厂与江苏蓝园文化产业有限公司签约。

8月6日　605省道吴江同里至黎里段改扩建工程签约。

8月7日　苏州市疾控中心迁建工作启动并进入施工阶段。

8月10日　由姑苏区住房和建设委员会承建，姑苏区绿化管理站负责具体实施的苏州市管绿地取水点项目正式完工，24 个取水点通过竣工验收并投入使用。

浒墅关经济技术开发区（镇）老镇道路改造主体工程启动。该项目总投资 6000 万元，新建道路总长 2.7 千米，包括 6 条道路及 1 座桥梁。

观前宫巷专项大修工程竣工。

苏州市 9 个村庄上榜江苏省特色田园乡村第三批次名单。

8 月 11 日 苏州高铁新城快速路连接线工程上跨绕城高速主跨钢箱梁顶推施工完成。

8 月 13 日 吴江区与蓝城集团签署长三角一体化示范区乡村振兴美丽吴江样板区项目合作协议。

8 月 14 日 苏申内港线（江苏段）航道整治工程车坊大桥项目主墩下部结构完成施工。

姑苏区三元二村农贸市场改造项目竣工。

姑苏区新建的仓街小型消防站项目交付使用。

仓街小型消防站（2022 年拍摄）

8 月 17 日 南京大学苏州校区建设项目完成征地、供地、抗震评审、规划许可、施工许可等审批事项，开始施工。

姑苏区虎丘街道红星社区南一村阳台抢修工程启动。

8 月 18 日 英格玛大厦奠基仪式在苏州科技城举行。

莳门路（东环路至莫邪路）专项大修工程开工。

8 月 19 日 桐泾路北延工程盾体组装完成。

中街路（东中市至景德路）专项大修工程开工。

8 月 20 日 相城水厂二期项目所有净水单体桩基工程全部完工。

姑苏区金阊街道启动弱电管线集中整治，主要涉及曹家巷、宋仙洲巷等 16 条街巷。

8 月 21 日 苏州市轨道交通 8 号线时代广场站开始地下连续墙施工，该线路工业园区段首座车站进入开工阶段。

吴江区举行"互联网＋不动产金融"创新服务项目签约启动仪式。

8 月 23 日 "姑苏号"盾构机刀盘在桐泾路北延工程隧道始发井位置完成吊装下井。

8 月 24 日 苏州市轨道交通 5 号线实现全线"轨通"。

南湖路跨京杭大运河桥梁工程完工。

8月25日　春申湖路快速化改造工程的桥梁顶升工程落梁完毕。

8月26日　苏州国家历史文化名城保护区（姑苏区）保护对象普查成果论证会举行，核实保护对象4100余处（项）。

第十六届国际绿色建筑与建筑节能大会暨新技术与产品博览会在苏州市举行。吴中区太湖新城获国家绿色生态城区规划设计三星级标识。

苏州市房地产长效机制试点工作领导小组会议召开。

苏州市东环南延尹山湖立交通车。

苏州市叶圣陶中学校启用。

东环南延尹山湖立交（2022年拍摄）

苏州市叶圣陶中学校（2022年拍摄）

姑苏区平江路11条背街小巷完成架空线入地。

环太湖有机废弃物处理利用示范中心（临湖）开始投料联动试运行。

8月27日　《关于推进美丽苏州建设的实施意见》正式印发。

2020

2020

8月28日　独墅湖第二通道工业园区段一期工程 32 个节段完工。

北环快速路、南环快速路 LED 道路照明提升改造工程启动。

姑苏区虎殿路断头路节点（金储街至联洋街段）工程通车，金阊新城北部主干道——虎殿路实现全线贯通。

8月30日　金鸡湖隧道工程湖西地面道路规划方案公示。

苏州高新区举行浒墅关火车站军用装载线照明工程交付仪式。

8月31日　苏州市委副书记、市长李亚平主持召开苏州市政府常务会议，审议并原则通过《关于切实加强全市传统村落保护利用与发展的指导意见》。

高新区裸心泊度假村开业试运营。

全国首个跨区域轨道交通公共服务标准化试点在昆山市启动。

9月

9月2日　苏州市现代农产品物流园一期商业配套项目进入建设施工阶段。

为切实提升京杭大运河辖区段水质，苏州市封堵入京杭大运河排口。

苏州工业园区普洛斯物流园内的阿迪达斯 SZX 项目开工。

9月3日　苏州影视产业园两个配套项目、影视产业园配套人才公寓（暂用名）和影视产业园配套商务宾馆（暂用名）封顶。

福星小区一、二期环境改善提升改造工程开工。

9月7日　姑苏区沧浪街道新沧社区劳动路 868 号（原劳动路 92 号）小区环境改善提升工程竣工。

姑苏区虎丘街道新庄农贸市场改造工程启动。

9月8日　高新区浒墅关绿色技术小镇、苏州生命健康小镇入选江苏省第三批省级特色小镇。

南京大学苏州校区开工。

胜浦大桥改建工程开工。

9月9日　苏州湾体育中心主体结构完工。

春申湖路快速化工程相城大道下穿主线及西半幅地面道路贯通。

9月11日　高铁新城快速路连接线工程主线高架桥第四联主体工程完工，钢箱梁两边跨吊装、焊接完成。

苏州市轨道交通 6 号线 4 标苏锦站 D 坑围护结构完成封闭。

苏州市轨道交通 8 号线首座车站围护结构完成封闭。

9月13日　姑苏区香花桥农贸市场完成升级改造开始试营业。

9月14日　苏州市轨道交通 6 号线 2 标金储街站至金业街站右线盾构区间贯通。

苏州市轨道交通 6 号线 6 标苏州大学站开始成槽，进入施工阶段。

大龙港绿地公厕经提档升级后正式开放使用。

通安中心小学校第一期改扩建工程结束，所有项目通过验收。

9月15日　苏州市新添吴江区章湾荡市级湿地公园。

吴江区华东公交枢纽站雨污分流改造工程竣工。

9月16日　苏州市召开既有建筑安全管理工作推进会，对加强既有建筑"全寿命"周期安全管理工作进行部署。

苏州市建设工程设计施工图审查中心相城分中心揭牌仪式在相城区政务服务中心举行。

姑苏区桃花坞河、中市河、西北街河和学士河 4 条背街水巷整治工程完成，十全河进入收尾阶段。

姑苏区金阊街道启动阊门段城墙保护修复工程。

吴江区多层住宅增设电梯项目鲈乡片区老旧小区改造加装电梯项目开工。

9 月 19 日 金鸡湖隧道湖中段首块主体顶板浇筑完成。

阳澄西湖南隧道相城段主体完工。

英诺赛科（苏州）半导体有限公司设备搬入仪式启动。

9 月 20 日 苏州火车站北广场东侧的公交综合楼公厕完成升级改造并通过验收，正式对外开放。

9 月 21 日 姑苏区区管绿地设施修复更新工程获立项批复。

9 月 22 日 《太湖科学城战略规划与概念性城市设计》国际方案征集项目发布会在高新区举行。

古城区大新桥巷 20 号老宅实现整体清零。

高新区公租房新建工程项目开工。

9 月 24 日 相城高新区（元和街道）香城花园一区 50 幢 3 单元加装电梯开工。

9 月 25 日 第四届高层建筑与高密度核心区国际峰会在苏州市举行。

第二届江苏省地下空间学术大会在苏州市召开。

9 月 26 日 苏州文物建筑国家文物保护利用示范区入选第一批国家文物保护利用示范区创建名单。

全国产 3 米级主轴承盾构机在苏州市轨道交通 6 号线中新大道东站始发。

宝带桥启动封闭修缮。

苏州工业园区苏州敏芯微电子技术股份有限公司研发生产大楼举行奠基仪式。

9 月 27 日 高新区淮海街完成提档升级改造。

318 国道吴江停车区建设工程开工。

江苏省第四批次特色田园乡村名单公布，吴江区同里镇北联村洋溢港等 4 个村庄作为省级试点村庄、吴中区越溪街道旺山村钱家坞、西坞里等 6 个村庄（组群）作为面上创建村庄，被命名为"江苏省特色田园乡村"。

9 月 28 日 苏州市召开京杭运河（苏州段）整治提升工作调度会议。

"两河一江"环境综合整治胥江北项目中的地块成套房全拆除工作完成。

吴中区委党校新校区建成启用。

苏州雷丁学校项目主体工程完成封顶。

张家港市城西文体广场开工建设，项目总投资 5.5 亿元。

10月

10 月 5 日 524 国道高铁快速路工程相城段全线通车。

10 月 6 日 春申湖路快速化改造工程二标主体结构贯通。

10 月 7 日 苏州国家试点管廊项目安全运营 1000 天。

10 月 8 日 独墅湖第二通道一期工程开始填土回水。

10 月 9 日 苏州市 6 个村落入选江苏省第二批省级传统村落。分别为：昆山市周市镇东方村振东侨乡；吴江区七都镇开弦弓村开弦弓，松陵街道南库村南库；吴中区甪直镇瑶盛村东浜，香山街道长沙社区施家湾、南旺村。

2020

10月10日　苏州博物馆西馆主体结构封顶。

相城堍南大桥重建工程竣工。

星湖街隧道最后一节结构顶板及侧墙浇筑完成，该项目隧道主体结构贯通。

苏州市轨道交通 6 号线 2 标第三条隧道——金储街站至金筑街站区间左线盾构始发。

沧浪亭周边水域水质提升项目启动。

10月11日　姑苏区虎丘街道南一村阳台抢修工程完工。

10月12日　2020 苏州吴中·太湖经贸合作洽谈会首场活动胥口镇重点项目集中开工开业仪式举行。

胥涛路对接横山路隧道工程姑苏区段基坑围护结构完成。

太仓市太浏快速路连接线（浏河段）改造工程开工，总投资 1.3 亿元，按照城市主干路兼一级公路标准实施。

10月13日　苏州市轨道交通 5 号线顺利完成全线正线接触网送电。

苏州市轨道交通 6 号线 1 标苏州新区火车站站至城际路站区间左线盾构机"胜利号"始发，区间左线盾构隧道掘进施工开始。

苏州市轨道交通 8 号线行政中心站首幅地下连续墙入槽。

10月14日　江苏省首个县区范围内探索建立的救灾物资储备中心在苏州高新区启用。

东中市 49 号和合小区基本改造完成。

10月15日　2020 苏州吴中·太湖经贸合作洽谈会系列活动之一的临湖镇重点项目集中开工开业仪式在苏州乡村振兴学堂举行。

2020 苏州吴中·太湖经贸合作洽谈会系列活动之一——吴中经济开发区存量更新重点项目集中开工开业暨金记食品奠基仪式举办。

木渎镇城市更新首批项目集中竣工暨木渎创域智能产业园开园仪式举行。

苏州太湖国家旅游度假区中心区首家全业态购物中心中海寰湖时代商业综合体开工。

姑苏区吴门桥街道炒米浜旧城区改建项目启动。

10月16日　朱家园 27-2 号 2 幢房屋解危项目挂牌选房。

如通苏湖城际铁路苏州至吴江段召开预工可研究汇报会。

10月17日　吴中区苏州绿的谐波智能制造新工厂开业暨二期奠基仪式举行。

10月19日　桃花坞历史文化片区综合整治保护利用工程二期首个征收项目（金阊段）最后一户房屋拆除完成。

桃园修缮工程正式通过竣工验收。

苏州自贸商务中心项目开工。

上港集团 ICT（苏州）项目启动。

10月20日　苏州市完成 205 条生态美丽河湖建设年度任务。

西环农贸市场改造项目竣工。

赛迪工业和信息化研究院集团下辖的苏州赛迪园区开园。

相城区水韵花都三期项目获 2020 中国土木工程詹天佑奖优秀住宅小区金奖。

10月21日　苏州湾文化中心项目主体结构及钢结构完成，进入内部装修装饰阶段。

苏州市轨道交通 6 号线 2 标第四条盾构隧道——金储街站至金筑街站区间右线盾构始发。

10月23日　吴中高新区综合为老服务中心建成启用。

10月24日　沪宜高速涉南沿江城际铁路段同步实施工程正式开工建设。

10月25日　新民桥菜场改造主体工程完工。

苏州工业园区斜塘街道区域性养老服务中心完成提档升级并正式启用。

10月26日　桐泾路北延工程"姑苏号"盾构机始发。

姑苏区两座免费小游园慧珠弄游园和白塔西路游园完成提升改造。

10月27日　苏州市重大卫生健康建设项目集中开工仪式举行。6个项目集中开工，总投资近80亿元。

苏州市首个建设工程施工类项目不见面开标在苏州市公共资源交易中心开启。

三香路道前街立面整治工程主体完工。

10月28日　东环农贸市场改造完成。

姑苏区双塔街道蔡家村20间区域搬迁项目实现整体清零。

苏州爱知高斯新工厂竣工开业。

10月29日　苏州高新区管委会发布《高新区既有多层住宅增设电梯实施意见》。

苏州相城区通过既有住宅增设电梯方案。

10月30日　"东方红1号"盾构机在苏州市轨道交通S1线10标金沙江路站出洞，金沙江路站至洞庭湖路站区间左线盾构实现贯通。

尹山湖大剧院启用。

苏州工业园区北部青剑湖板块的龙湖苏州星湖天街正式开业。

太仓市娄江新城滨河公园开园投用。

10月31日　沪苏湖铁路江苏段全面施工。

苏州工业园区文星公寓扩建项目开工奠基。

11月

11月2日　苏州工业园区娄葑街道联创产业园项目开工。

11月3日　姑苏区沧浪新城、平江新城和金阊新城3个新城的38处绿化景观整治提升工程获立项批复。

11月4日　南湖路快速路东延工程工业园区段首根立柱完成浇筑。

虎丘街道西山庙桥解危工程启动。

11月5日　230省道下穿通道截水沟改造工程完工，恢复通行。

杨枝塘路大修开工。

吴江区同里镇云梨路"中低压直流配用电系统关键技术及应用示范工程"庞东中心站基本建成，完成第一批交直流设备的安装。

11月6日　沪苏湖铁路盛泽段房屋拆除工作开始。

11月7日　苏州高新区狮山广场项目建设推进会召开。

11月8日　由苏州市住房和城乡建设局、吴中区主办的太湖原乡保护与振兴高峰会举行。

京杭大运河风光带曙光苑段至永利广场段（除狮山桥两侧）约2000米完成建设对外开放。

吴江区康力大道东延工程通车。

苏州市轨道交通6号线9标中塘公园站6号线一期基坑封底。

太仓市浏河镇新建的苏张泾路及支路通车。

苏嘉杭高速公路南段被评为江苏省安全养护示范路，苏州市绕城高速公路西南段被评为江苏省养护创新示范路。

11月9日　苏州市体育中心南广场足球公园开园。

中车交通汾湖星舰超级工厂开工建设。

京杭大运河风光带曙光苑段至永利广场段（2022 年拍摄）

太仓市、昆山市获评第四批国家生态文明建设示范市。

苏州市奥林匹克青少年文化中心（城市艺体中心）在常熟经济技术开发区举行开工奠基仪式。

11 月 10 日 吴江城市有机更新项目启动。

11 月 11 日 姑苏区沧浪街道胥门南段城墙绿化处置项目竣工。

苏锡常太湖隧道南泉段 7875 根钻孔桩全部完工。

11 月 12 日 苏州市政府与中国建筑集团有限公司签订战略合作协议。

北寺塔片区启动架空线整治。

张家港市获"中国领军智慧城市奖"。

11 月 14 日 苏州市水利工程管理处申报国家级水利工程单位通过考核验收。

苏州幼儿师范高等专科学校附属高铁新城幼儿园项目地下工程封顶。

金阊街道开启针对背街小巷的"微更新"模式。

11 月 16 日 由上海市青浦区和苏州市吴江区共同实施的环元荡生态岸线贯通先导段项目全面竣工。

11 月 17 日 苏州市入选全国新型城市基础设施建设首批试点城市。

西山庙桥解危修复工程竣工。

高新区元六鸿远（苏州）基地竣工启用。

11 月 18 日 张家港市危化品道路运输综合服务中心竣工暨苏州中原海运化工物流三期项目开工仪式在张家港保税区举行。

11 月 19 日 苏州市"运河十景"建设工作专题会议召开。

苏州国际物流快速通道——独墅湖第二通道工程在苏申外港江苏段实现航道上的交通转换，该工程吴中区段正式进入第二施工阶段。

姑苏区旺家墩、界石浜东、蔡家村、肖金村、杨家浜桥 5 个城中村启动协议搬迁。

苏州市南园河风貌提升工程启动。

11 月 20 日 苏州市建成生活垃圾分类"三定一督"校区 3543 个。

中街路专项大修竣工。

在 2020 年沪太协同发展推介会上，太仓市与上海铁路建设指挥部签署合作备忘录，签约 55 个长三角一体化发展项目。

11月22日	苏州市眼镜一厂游园、大龙港公园、象牙新村公园3座"口袋公园"完成提升改造。
11月23日	南京大学苏州校区4幢宿舍工程规划获许可。
11月24日	丘钛研发总部在昆山高新区建设施工,投资3亿元。
11月26日	苏南运河吴江段三级航道整治工程竣工。
	昆山市重大项目集中开工开业暨迈胜质子医疗产业化基地建设启动仪式举行。
11月27日	苏州市美丽宜居城市建设暨城镇老旧小区改造工作推进会召开。
	吴中区东山镇三山岛区域供水工程建成投用。
	高新区浒墅关运河文化小镇首期项目——蚕里街区建成。
11月30日	金鸡湖隧道湖中首开段主体结构封顶。
	姑苏区沧浪街道西巴里北征收搬迁扫尾项目清零。
	苏州市轨道交通7号线相城区行政中心北站开工。
	姑苏区西北街立面及道路提升改造工程全面启动。

12月

12月2日	恒泰瑞华四季公寓在苏州阳澄湖半岛旅游度假区开工建设。
12月3日	苏州工业园区唯康路北九年制学校项目动工。
12月4日	全市特色田园乡村建设现场推进会召开。
	苏州市秋香园等20个免费公园提升、改造、建设完成,集中开园。
	吴中区横泾街道泾苑社区日间照料中心建成投用。
	苏州工业园区建设施工安全实训基地在金鸡湖隧道工程安全培训中心揭牌。
12月5日	胜浦大桥主桥工程开工。
12月6日	高新区核发首批乡村建设工程规划许可证。
	苏州市南大成路蠡祯桥主桥主跨合龙段完成浇筑。
12月8日	姑苏区祥和邻里广场开建。
	吴江区元荡慢行桥已建设完工。
12月9日	苏州市23个村落入选江苏省住房和城乡建设厅第三批江苏省传统村落名单。
	苏州市轨道交通8号线6标和顺路站首幅地下连续墙钢筋笼完成吊装。
12月10日	苏州·中国软件特色名城展示中心开馆。
12月11日	陆家嘴集团与苏州高新区浒墅关经济开发区管委会签约,合作建造城市综合体——陆家嘴·锦绣澜山。
	长三角金融科技苏州实验工坊落户苏州工业园区,首期投资基金为5亿元。
	绣品街提升改造工程完工。
	吴江区亨通航空产业园暨无人机项目奠基。
12月12日	吴江区苏州湾大剧院启用。
	苏州工业园区独墅湖青年创新创业港启用。
12月13日	苏州市轨道交通6号线东段首条盾构区间贯通。
12月14日	姑苏区实现58个征收搬迁项目清零。

2020

2020

苏州湾大剧院（2022 年拍摄）

12 月 15 日　　　　虎丘湿地公园项目获国际风景园林师联合会（IFLA）亚非及中东地区奖（AAPEM）最高等级奖项——杰出奖。

虎丘湿地公园（2022 年拍摄）

吴江区农村人居环境整治入选第二批全国农村公共服务典型案例。

独墅湖第二通道二标完成二期围堰抽水。

苏州工业园区娄葑街道金益农贸市场完成升级改造，重新开业。

12 月 16 日　　苏州市特色产业园区——太湖云谷启用。

12 月 18 日　　江苏省第五批次特色田园乡村名单公布，苏州市共有 20 个乡村名列其中。

苏州市举行地下空间"一核四片区"品牌建设暨 2021 年到 2023 年储备项目建设推进会。

苏州市轨道交通 6 号线中新大道东站封顶。

苏州市公共资源交易中心办理第一单土地成交确认书。

姑苏区政府公布征收决定姑苏府〔2020〕338号：由苏州市姑苏区房屋征收与补偿办公室征收苏州市轨道交通6号线苏州大学站二期项目。征收范围：十梓街214号1幢、138号、140号（原十梓街204号102室）、142号（原十梓街204号103室）、144号、146号（原十梓街146号105室）。征收实施单位：苏州市姑苏区政府双塔街道办事处。

12月19日　融创桃源国际生态文旅度假区项目在吴江区奠基启动。

12月21日　苏州市轨道交通5号线轨道铺设2标工程正线轨道、唯亭北停车场及出入场线轨道子单位工程通过验收。

苏州高铁之心项目开工。

12月23日　苏州市自来水公司阳澄湖泵站完成启用，试通水。

12月24日　苏州市建设工程设计施工图审查中心姑苏分中心举行揭牌仪式。

姑苏区城投天易·瑞园建成开园。

苏州高新区社会福利中心正式启动运营。

吴中区砖瓦厂河（东段）完成区级生态美丽河湖创建。

12月27日　长三角先进材料研究院新址在相城区启用。

12月28日　苏州市石湖水利风景区和潜龙渠水利风景区入列省级水利风景区。

苏州市公共资源交易中心举行银行电子保函启动仪式。

浒墅关浒悦生活广场建成，正式营业。

苏州市现代农产品物流园、南环桥农副产品批发市场启用。

苏州工业园区南部市民中心开工奠基。

12月30日　苏州市出台存量建筑盘活利用政策。

苏州工业园区首家公立三级综合医院——苏州市独墅湖医院启用。

苏州市独墅湖医院（2022年拍摄）

虎丘街道的新庄市集完成升级改造，进入试营业阶段。

京杭大运河沿河绿化工程开工。

2020

江苏（苏州）国际铁路物流中心中港池、口岸电力与燃气管线工程等 6 个上港集团 ICT（苏州）项目配套设施项目开工。

企查查总部大楼在苏州独墅湖科教创新区奠基。

2021 年度

大事记

苏 州 城 建 大 事 记

2021

1月1日　　苏州市城北路改建工程高新区节点率先完成交工验收。

1月4日　　七浦塘上榜江苏省 2020 年度生态河道建设示范样板。

七浦塘（2022 年拍摄）

　　　　　　位于相城区望亭镇运河公园总长 73.6 米的"运河百诗碑廊"建成。

1月5日　　姑苏区范围内规模最大、处理能力最强的厨余垃圾处理项目——杏秀桥厨余垃圾综合处理项目正式启动试运营。

杏秀桥生活垃圾环卫转运中心（2022 年拍摄）

苏州工业园区八方电气（苏州）股份有限公司新厂项目顺利封顶。

1月6日 高铁新城快速路连接线工程主线高架桥正式建成通车，该工程全长 1796.669 米。

高铁新城快速路高架桥（2022 年拍摄）

苏州工业园区普惠路地块高中项目开工。

1月7日 姑苏区新元二村等小区 5 个增梯项目通过审查。

阳澄湖半岛旅游度假区（阳澄湖镇）进入"拿地即开工"时代。一天内即可取得《不动产权证书》《建设用地规划许可证》《建设工程规划许可证》《审图合格证》《建筑工程施工许可证》5 本证书。

1月9日 苏州工业园区徐家浜社区增梯工程完成井道安装。

1月11日 桐泾路北延工程左侧区间顺利穿越沪宁城际和京沪铁路。

姑苏区南园河和竹辉河整治提升工程竣工。

江苏省环保集团与苏高新股份共建的循环经济产业园项目启动。

1月12日 京杭大运河苏州段"运河十景"建设正式启动。

苏州市轨道交通 7 号线首个站点完成围护结构全部封闭。

姑苏区虎丘街道新庄市集升级改造完成，正式启用。

相城区首座能源站建成，完成调试投入运行。

吴江生活垃圾焚烧发电扩容建设项目（吴江生活垃圾焚烧发电项目二期）主厂房顺利完成主体结构到顶。

1月13日 沪苏湖铁路苏州段首墩浇筑完成。

1月15日 2020 年苏州市十大民心工程揭晓，分别为：新建、改扩建中小学、幼儿园 40 所；"苏周到"城市生活服务总入口 APP；新增及改造绿地 360 万平方米，免费开放 20 个城市公园；常熟市"千村美居"工程；打造江海交汇第一湾——张家港长江生态岸线建设工程；昆山市公共卫生中心；苏州工业园区金鸡湖及周边水环境综合治理项目；扎牢就业基本盘，开展职业技能培训 133.07 万人次，稳岗援企 27.99 万户；京杭大运河苏州段堤防加固工程；太仓市"四好农村路"暨基础设施均等化民生工程。

虎丘街道广济公寓小区改造主体项目完工。

2021

1月16日 京杭大运河堤防加固工程姑苏区核心段步道正式贯通。

1月17日 中建三局集团（江苏）有限公司落户吴中区太湖新城。

1月19日 环古城河沿线景观提升主体工程完工。

204 国道港丰互通匝道桥、346 国道鹿苑立交等 21 座普通国省干线公路独柱墩桥梁加固项目顺利完工。

苏州高新区通安镇消防站建设项目通过竣工验收并交付使用。

姑苏区第三批老旧片区交通安防综合整治工程全面开工。

1月20日 苏州市轨道交通 BIM 设计协同管理平台正式在苏州市轨道交通 6 号、7 号、8 号、S1 线发布。

苏州科技城（东渚街道）启动高层动迁安置小区交房工作，本次安置房源 1159 套。

吴江区首批老旧小区加装电梯正式交付使用。

吴江区太湖新城北片区综合管廊工程开工。

1月21日 312 国道增设匝道顺利完成并通车。

苏州市轨道交通 8 号线 8 标右岸街站最后一幅地下连续墙成功浇筑。

苏州市轨道交通 S1 线 6 标鹿城路站至白马泾路站区间左线顺利贯通。

1月22日 苏州市政府 2021 年实事项目经苏州市十六届人大五次会议审议通过，共 8 个方面 35 个项目。其中涉及城市建设的有：新建、改扩建 40 所学校；完成 100 所义务教育学校教室照明改造；建成开放苏州博物馆西馆；新建、改建 12 个体育公园、20 片足球场。建成投用苏州市中医院二期项目，建设苏州市疾控中心、苏州市妇幼保健院、苏州市太湖新城医院、苏州市急救中心、苏州市儿童健康发展中心；新建、改扩建 10 家基层医疗卫生机构；建成示范化发热门诊 16 家，建设核酸检测基地 7 家。试运营苏州市轨道交通 5 号线，建设轨道交通 6 号线、7 号线、8 号线、S1 线；实施市区道路通行秩序优化提升工程，平海路、虎丘北 P+R 换乘停车场建设工程等。

苏州市水务局与中交（苏州）城市开发建设有限公司签约，共同推进水环境治理修复。

苏州市轨道交通 6 号线 9 标南施街站底板顺利封底。

1月24日 苏州工业园区纳维科技总部大楼奠基。

1月25日 怡道生物科技项目在苏州高新区开工奠基。

1月26日 苏州市"百馆之城"发布会暨"一城百馆、博物苏州"品牌发布活动举行。

苏州市完成 34 条（座）重要河湖健康评估成果汇编。

友新河段景观提升一期工程完工。

姑苏区平江新城社区卫生服务中心完成升级改造，投入使用。

白洋湾街道实现"垃圾分类"全覆盖。

三星电机华东分拨中心定制化双层仓库在苏州工业园区综保区顺利竣工并交付使用。

1月28日 姑苏区宝祥苑祥和邻里广场改造完成，正式对外开放。

常熟市城区道路改造重要工程之一的衡山路改造工程正式通车。该路线全长 1.3 千米。

张家港市青茂源商业广场完成验收，顺利通电。

2月

2月2日 苏州市轨道交通 6 号线金储街站至金筑街站右线隧道贯通。

吴江区同里镇的屯村大桥主桥钢绗架完成浮拖。

2月3日	苏州市轨道交通 5 号线胥口车辆段、太湖香山站至斜塘站 27 个站及轨行区"三权"预接管完成。
	沪苏湖铁路盛泽段部分线路入地。
2月4日	南天成路西延工程正式通车。
2月5日	国内首条下穿高铁大直径盾构隧道——苏州市桐泾路北延工程顺利实现左线隧道贯通。
	苏州市政府与东南大学签约共建苏州校区。
2月7日	苏州市轨道交通举行 5 号线胥口车辆段入驻仪式，该线路开始试运行。
2月8日	姑苏区汇邻市集（养蚕里店）提质改造顺利竣工。
2月19日	苏州市政府会议确定 2021 年市区住宅用地供应计划为 559.33 万平方米，优先保障租赁住房。
	姑苏区召开"学习贯彻习近平总书记关于历史文化保护系列重要讲话精神，加快古城全面振兴推进会暨综合考核工作总结会"。会上姑苏区《古建老宅活化利用白皮书》正式发布。
2月20日	苏州 110 千伏香山综合能源站建成，通过验收并正式投运。
	苏州高新区东渚街道 9 个老旧动迁小区改造全面完工。
2月22日	国务院正式批复《虹桥国际开放枢纽建设总体方案》，苏州市的昆山市、太仓市、相城区和工业园区被纳入北向拓展带。
	江苏省住房和城乡建设厅公布《2020 年省建筑产业现代化示范（第一批）名单》，苏州市共有 11 个项目荣获表彰。
	苏州市第八批市级文物保护单位的保护范围和建设控制地带公布。
	姑苏区虎丘街道薛家湾街巷更新项目正式启动。
	姑苏区界石浜东涉征地块挂牌工作启动。
	省级现代农业产业示范园种子仓储加工建设项目在常熟市常福街道东联村开工建设。
2月24日	苏绣小镇入选"第一轮全国特色小镇典型经验"名单。

苏绣小镇（2022 年拍摄）

2月26日	2021 年江苏省重大项目建设推进会议苏州分会场活动和苏州市重大项目集中开工仪式在昆山市举行。
2月27日	沧浪亭周边水质提升工程完工。

2021

苏州工业园区管委会与南京医科大学、山东大学签署战略合作协议。

昆山市曙光路对接上海市复兴路正式开通。

2月28日 苏州市政府与河海大学签署战略合作框架协议，在相城区共建河海大学苏州研究院、苏州研究生院。

相城区举行 2021 年一季度项目集中开工签约仪式，180 个项目集中开工签约。

吴中区召开建区 20 周年高质量发展大会，《太湖生态岛发展规划》等一系列规划方案发布。

3月

3月1日 苏州市政府召开专题会议研究跨区域道路衔接规划及建设计划。

姑苏区启动绿化和景观提升三年行动计划。

苏州高新区管委会、国家发改委国际合作中心和九州方圆实业控股（集团）有限公司签订共建合作协议。

3月2日 苏州市住房和城乡建设局举办"雷锋精神进工地"活动暨"红钉青年突击队"授旗仪式。

苏州高铁新城板块的长三角国际研发社区启动区能源站正式投运。

姑苏区平江街道华阳里小区提档升级完成。

3月3日 苏州市轨道交通 7 号线 6 标通园路站动工建设。

3月5日 姑苏区平江街道"周瑜故宅"长洲县城隍庙启动修缮。

吴江区政府与中交上海航道局有限公司就开发建设和产业合作事宜签订战略合作协议。

峻凌电子年产 1200 万片新型电子器件项目开工奠基仪式在吴江经济技术开发区举行。

昆山市政府与融创集团签署战略合作协议，总投资超 200 亿元的融创·周庄太史淀国际文旅城项目正式启动。

由杉金光电（苏州）有限公司投资的年产 5000 万平方米宽幅 LCD 偏光片项目的张家港经济技术开发区开工，总投资达 70 亿元。

3月8—9日 苏州市人大环资城建工作座谈会在张家港市召开。

3月9日 《苏州市 2021 年重点项目投资计划》审议通过，确定 2021 年市级重点项目 400 项，总投资近 1.5 万亿元，当年计划投资 2254 亿元。

苏站路绿化改造工程正式启动。

姑苏区虎丘街道东吴苑小游园改造项目正式动工。

吴江区江城大道长湖申线大桥匝道改造工程正式开工。

苏州中心"未来之翼"超长异形网格结构关键技术创新与应用荣获 2020 年度"华夏建设科学技术奖"一等奖。

3月10日 苏州市轨道交通 5 号线地铁站孙武路胥香路段自来水管道铺设恢复路面工程正式施工。

苏州市轨道交通 6 号线东段首条盾构区间，即中新大道东站至苏胜路站区间盾构双线顺利贯通。

吴江文化产业高质量发展暨创建国家全域旅游示范区推进大会召开，确立 32 个重点文体旅建设项目。其中吴江亨通苏州湾文化旅游开发、苏州七都江村农文旅融合示范区、苏州融创桃源国际生态文旅度假区、苏州黎里国际生态文旅示范小镇、苏州湾天空之城 5 个项目入选江苏省重点文旅产业项目。

苏州市漕湖大道项目隧道工程全部完工。

仓街环境综合提升改造工程启动。

平江片区重点功能区二期搬迁启动。

阳澄湖半岛旅游度假区（阳澄湖镇）澄苑三区安置房项目正式开工。

3月11日　苏州市第三工人文化宫正式启用。

苏州市第三工人文化宫（2022年拍摄）

胥门南段城墙保护性修缮项目正式开工。

3月12日　江苏省首个海绵示范基地在昆山市建成试开园。

3月13日　苏州市农业农村局与南京农业大学举行签约仪式，合作共建南京农业大学（苏州）水稻种子技术研究院。

3月15日　姑苏区建筑工程施工许可审批业务入驻姑苏区政务服务中心3楼工程建设项目服务区。

吴江区首个危废"绿岛"试点项目正式投运。

吴江区群光电能电子专用设备项目竣工投产。

车坊大桥老桥开始拆除。

张家港金源环保科技有限公司污泥干化项目在张家港沙洲电力有限公司厂区开工。

3月17日　吴江区江陵路快速化改造一期工程主线高架桥首联现浇箱梁顶板混凝土浇筑完成，进入该项目上部结构施工阶段。

姑苏区桃花坞大街以南、阊门西街以西4宗商业用地顺利成交。

位于山塘街的"海市山塘"改造项目启动。

3月18日　姑苏区2021年首批老旧小区环境改善提升工程集中开工，桂花二村、新元新村等8个老旧小区启动专项改造。

2021年木渎镇重大项目春季集中开工开业。

凤湖路建设工程主桥梁体施工全部完成，该项目进入收尾阶段。

宏石激光长三角总部基地在相城区奠基。

高新区瑞玛工业三期项目开工建设。

3月20日　姑苏区朱公桥、东虹园、经贸大厦3个口袋公园作为试验段项目先行启动进场施工。

姑苏区航运一村解危搬迁项目正式启动。

海市山塘（2022 年拍摄）

曹操出行总部项目开工仪式在相城区举行。

3 月 21 日 南京大学苏州校区（东区）教学楼、食堂项目破土动工。

3 月 22 日 《苏州市供水条例》正式施行，鼓励推行管道直饮水设施建设。

3 月 23 日 苏州市推进长三角生态绿色一体化发展示范区建设工作会议在吴江区召开。

沪苏湖铁路进入全面施工阶段。中铁十九局盛泽梁场工地、野河荡桥区域的施工全面铺开。

姑苏区增梯办印发《关于明确姑苏区既有多层住宅增设电梯管线迁改财政补贴（试行）的通知》。

3 月 24 日 苏州市首批 43 个项目参加江苏省农业农村重大项目集中开工活动，总投资 108 亿元。

苏州市政府与华中师范大学签署全面合作战略框架协议，共建华中师范大学太湖中学（暂定名）。

苏州高新区管委会与中国建筑国际工程公司签署合作协议。

杨枝塘路专项大修工程顺利竣工。

南湖路快速路东延 4 标苏申内港大桥首个 0 号块顺利浇筑完成，桥梁上部结构开始施工。

苏州市召开城市信息模型（CIM）和数字经济发展研究专家咨询会。相关领域专家齐聚苏州市，为苏州市 CIM 平台建设和数字经济发展建言献策。

3 月 25 日 住房和城乡建设部科技与产业化发展中心与苏州市自来水公司签订合作协议，助力苏州市直饮水入户项目推进实施。

姑苏区通过"古城细胞解剖工程"和"文物建筑 DNA 结构建模工程"，为古城保护提供新思路。

顺丰长三角创新中心项目开工仪式在东太湖度假区举行。

3 月 26 日 苏州市白蚁防治管理处开展不可移动革命文物白蚁检查预防百日公益行动。

3 月 27 日 苏州市轨道交通 7 号线枫津路站车站主体基坑正式开挖。

太湖隧道实现全线底板贯通。

苏州高新区举行深圳兆威机电长三角总部项目签约仪式。

3 月 30 日 苏州市首批农村人居环境整治提升典型案例发布会举行。

南环桥市场冻品交易大楼正式启用。

南环桥市场冻品交易大楼（2022 年拍摄）

吴江东太湖度假区与中建三局合作的两个项目——中建·吴江之星、太湖新城核心区地下空间项目举行签约仪式。

苏州高新区管委会与上海建工一建集团有限公司签订战略合作框架协议。

苏州工业园区星塘医院正式启用。

苏州工业园区丹纳赫中国诊断平台研发制造基地正式奠基。

微康益生菌研究院及年产 200 吨益生菌菌粉项目开工奠基仪式在吴江经济技术开发区举行。

3 月 31 日　国家方志馆江南分馆启动推进会在苏州市召开。

苏州市区 2021 年度住宅用地及国有建设用地供应计划正式出炉。

苏州市轨道交通 6 号线 4 标段首个盾构区间顺利贯通。

昆山开发区陆家国际高端医疗器械产业园启动区首个项目开工建设。

4 月

4 月 1 日　姑苏区里双桥重建并恢复通车。

里双桥（2022 年拍摄）

2021

苏州高新区横山体育公园启用。

横山体育公园（2022 年拍摄）

姑苏区完成首批"共享物业"试点，10 个老旧小区实现"抱团物管"。

4月2日   吴江区文物建筑保护经验获苏州市示范推广。

苏州市城建档案馆苏州大学研究生工作站揭牌。

"姑苏区既有多层住宅增设电梯宣传驿站"在福星小区挂牌。

4月3日   星塘街南延工程（车坊大桥至苏同黎公路段）完成驻地及钢筋加工厂建设，已开展钻孔灌注桩试桩工作，正式进入施工程序。

4月4日   姑苏区金阊新城体育公园正式对外开放。

4月6日   姑苏区醋库巷整治工程全面启动。

金阊新城体育公园（2022 年拍摄）

4月7日　　"城市地下空间开发利用与碳达峰碳中和"专题报告会在苏州市成功举行。

《江苏苏州文物建筑国家文物保护利用示范区建设实施方案》正式对外发布。

4月8日　　苏州市海绵城市研究院暨苏州市海绵城市产业联盟正式成立。

姑苏区市属直管公房修缮整体计划出炉，约3.79万平方米，涉及900余户居民。

吴江区政府与南京师范大学共建南京师范大学吴江实验小学及幼儿园签约仪式在东太湖大厦举行。

苏州市太湖旅游中等专业学校原地翻建项目顺利开工。

苏州工业园区娄葑街道百幢老旧楼栋改造项目开工。

高新区枫桥中心小学塔园路校区扩建工程顺利开工建设。

4月12日　　姑苏区双塔街道阔家头巷综合整治启动。

苏州美高双语学校在相城区北桥街道举行奠基仪式。

4月13日　　位于度假区的苏州工业园区北部市民中心完成建设。

姑苏区祥符寺巷立面整治工程正式启动。

4月15日　　苏州科技城2021年春季项目集中签约开工仪式在特瑞特机器人智能制造产业基地举行。

4月16日　　江陵大桥新桥南侧辅道桥主桁架第四次钢桁架顶推顺利完成。

4月17日　　住房和城乡建设部副部长黄艳在苏州市调研城市更新及老旧小区改造、历史文化名城保护等工作。

由中建三局科创公司、江苏德丰建设集团有限公司等5家企业联手打造的江苏省首个建筑工业化产业合作基地在张家港保税区揭牌成立。

4月18日　　苏州市中环快速路北线（春申湖路线位）黄桥立交至澄阳立交段开启试运行。

苏州市中环快速路北线黄桥立交至澄阳立交段（2022年拍摄）

4月19日　　"一区两中心"建设推进大会在苏州工业园区召开。

2021年国际桥梁大会（IBC）奖项评审工作完成，3座中国桥梁获奖。其中，沪苏通长江公铁大桥荣获"乔治·理查德森奖"，该奖项被誉为桥梁界的"诺贝尔奖"。

4月20日　　由中交第三航务工程局有限公司南沿江项目部承建的跨常浒河特大桥跨海洋泾连续梁中跨顺利合龙。

苏申内港线车坊老桥主体顺利完成拆除。

漕湖综合文体中心、漕湖幼儿园分园、体育公园，以及消防站项目在苏相合作区举行签约仪式。

4 月中旬　苏州市城北路改建工程项目长浒大桥索塔施工全部封顶。

4 月 22 日　江苏省苏州体育训练基地正式落成。

江苏省苏州体育训练基地（2022 年拍摄）

参天公司的眼科生产基地在苏州工业园区奠基开工。

4 月 23 日　天兵科技运载火箭及发动机智能制造基地在张家港市开工建设。

4 月 23—24 日　浒墅关开展香桥新村协议搬迁项目签约活动。

4 月 25 日　苏州"运河十景"之一的高新区浒墅关古镇项目正式开工。

昆山市保通桥安全跨越青阳港顺利完成钢桁梁顶推工作。

4 月 26 日　通苏嘉甬高铁各站规模初定，苏州北站建筑规模达 19.2 万平方米。

展鑫电子智能芯谷项目签约落户张家港市冶金园。项目计划分两期建设，一期投资额超 20 亿元。

太仓高新区与北航天航长鹰科技有限公司签约，北航天航长鹰科技有限公司太仓总部基地项目正式落户。

4 月 27 日　苏州市轨道交通 8 号线首台盾构机在中塘公园站施工现场顺利始发。

江苏苏州文物建筑国家文物保护利用示范区创建动员大会举行。

江苏省首个"零碳别墅"在苏州市同里镇建成投运。

4 月 28 日　苏州市住建系统首个红色教育 VR 体验基地揭牌启用。

宝带桥北桥埠修缮及石塔抢险加固工程完成竣工验收。

苏州旗芯微半导体有限公司签约落户苏州创业园三期。

4 月 29 日　苏州湾地下空间通过整体竣工验收。

泰伯庙修缮工程全部完成。

苏州大学独墅湖校区体育馆与学生中心项目正式开工。

常熟汽车客运站北站充电站正式投用。

4 月 30 日　迈胜质子医疗产业化基地一期主体结构封顶。

苏州市震泽镇快鸭港大街南延工程开工。

5月

5月1日	苏州市政府与沃尔玛（中国）投资有限公司签署战略合作框架协议。
5月4日	苏州市住房和城乡建设局团委荣获"全国五四红旗团委"称号。
5月6日	姑苏区西环路芯谷产业园正式改造完成。
5月7日	苏泾路下穿隧道顺利通车。
	沪苏湖铁路苏州段首片梁正式开始浇筑。
	苏州城际铁路公司在高铁北站正式揭牌成立。
	微软苏州二期项目在苏州创意产业园（苏州国际科技园旗下载体）开工。
	吴江岭郐智能制造及智慧供应链产业园开工。
5月9日	苏州工业园区北部市民中心正式开启试运营。

苏州工业园区北部市民中心（2022年拍摄）

5月10日	苏州博物馆正式对外发布苏州博物馆西馆项目建设情况、年度重点展览及合作新模式等。
	星塘街南延工程承台首件施工圆满成功。
	西交利物浦大学太仓校区教学区项目主体结构顺利封顶。
	长三角一体化示范区首列智轨电车上路试运行。
5月11日	苏州市轨道交通8号线右岸街站首段底板混凝土浇筑完成。
5月12日	江苏省第六批次特色田园乡村名单公布，苏州市千灯镇吴家桥、淀山湖镇东阳界自然村上榜。
5月14日	苏州市政府会议专题研究五卅路（大公园）片区保护利用工作。
	苏州国芯科技研发大楼开工奠基。
5月15日	苏州市轨道交通5号线顺利通过竣工验收。
	白鹤滩—江苏±800千伏特高压直流受端配套500千伏送出工程开工。
5月18日	苏州浦项科技有限公司签约工业园区，新建新能源汽车驱动发动机研发生产基地。
5月19日	江苏省建集团第二工程公司总部研发中心项目在相城区开工。

2021

	南沿江城际铁路常熟段跨通港路现浇连续梁顺利完成合龙。
5月20日	桐泾路北延工程右线隧道正式开始盾构掘进施工。
	《姑苏区国土空间规划近期实施方案》公示，新增城乡建设用地5.5767万平方米。
	富士胶片印版新产品工厂在苏州工业园区奠基。
	吴江经济技术开发区举行宝龙城商业综合体项目签约仪式，项目总投资30亿元。
5月21日	吴中区采莲农贸市场改造工程完成，重新对外开放。
5月22日	《〈虹桥国际开放枢纽建设总体方案〉相城实施方案》发布。
5月26日	中国移动长三角（苏州）数据中心二期工程主体结构封顶。
5月27日	苏州市召开房地产调控和租赁住房建设专题会议。
5月28日	苏州工业园区友谊时光科技股份有限公司总部大楼启用。
	位于苏相合作区的"御窑路西、观塘路南研发楼（SX—DK20210001）项目"取得建筑工程施工许可证。
5月29日	苏州市轨道交通5号线顺利通过初期运营前安全评估。
5月30日	"苏州运河十景"——大码头二期开工。
5月31日	苏州工业园区星湖街隧道正式通车。

星湖街隧道（2022年拍摄）

6月

6月2日	苏州工业园区康宁杰瑞生物"大分子药物研发及产业化基地项目（一期）"二、三阶段工程开工。
6月3日	阳澄西湖南隧道主体工程已全部完工，正在进行装饰装修、标志标线施工、照明机电工程调试。
	苏州工业园区中南中心大底板混凝土浇筑工程完工。
6月4日	苏州新区污水处理厂迁建项目通过主体结构验收。
6月7日	苏州市住房和城乡建设局发布《苏州市住宅品质提升设计指引（试行）》。

6月8日	苏州市科技镇长团科技成果转化中心在苏州高新区启动建设。
6月9日	百济神州苏州创新药物产业化基地在苏州工业园区开工建设。
	常台高速公路常熟高新区互通建设工程项目正式开工。
6月10日	苏州市轨道交通6号线11标斜步站至新昌路站区间右线盾构机顺利始发，区间开始双线同步掘进。
	平江街道启动姑苏街巷群改造提升工程。
6月11日	江陵路快速化改造工程保通便道（松陵大桥东堍至江兴西路至秋枫街路口）正式通车启用。
	江苏广大鑫盛精密智造有限公司精密零部件智造项目在张家港市凤凰镇奠基开工，项目总投资42亿元。
6月15日	姑苏区引入新技术，通过光谱扫描仪等硬件设备及先进的光谱人工智能算法监测危旧房。
6月16日	相城大道下穿隧道主线投入使用。
	吴中区南湖路东延工程三标花泾港箱涵北侧顶板顺利完成浇筑。
6月17日	道前片区32号街坊保护与更新项目协议搬迁第三批项目集中挂牌选房。
6月18日	胥涛路对接横山路隧道工程北线顶管顺利始发。
6月19日	苏州市住房和城乡建设局在全国首创建立《建筑施工安全事故公开述职制度》，于2021年7月1日起正式施行。
6月20日	"点亮吴江"系列活动暨橙狮悦动苏州湾体育中心举行开业典礼，苏州湾体育中心正式试运营。

苏州湾体育中心（2022年拍摄）

6月21日　姑苏区政府与中建装饰集团举行战略合作签约仪式。

6月22日　道前片区 32 号街坊第三批项目挂牌选房工作顺利结束。

　　　　　吴江区江陵路右转至仲英大道专用道通车启用，江陵路快速化改造一期工程全面进入第三阶段"交通导改"。

　　　　　联合国在官网公布可持续发展目标实践行动优秀案例评选结果，《张家港湾：来自中国的生态修复实践》入选。

6月25日　苏州市十六届人大常委会第三十四次会议首次审议《苏州市住宅区物业管理条例（修订草案）》。

　　　　　苏州市轨道交通市域 1 号线首个标段区间隧道贯通。

6月26日　苏州市"社区设计师"首个试点项目暨狮山社区花园"微更新"启动仪式在狮山商务创新区狮山社区举行。

6月27日　苏州高新区与美国 Qurgen 公司签订项目合作协议，成立苏州复恩特药业有限公司，建设全球制药中心、中国区肿瘤研发中心。

6月28日　苏州高新区举行科玛化妆品（苏州）有限公司浒墅关工厂一期项目投产仪式。

　　　　　苏州工业园区星海医院原址改扩建项目奠基开工。

　　　　　张家港市 4 个重点交通项目开工。分别是：通苏嘉甬铁路及通苏嘉甬铁路通张段线上工程、346 国道张家港绕城段改扩建工程、张家港市杨锦公路—东二环快速化改造锦丰段工程、申张线张家港凤凰镇段航道整治工程。

　　　　　太仓港集装箱四期码头正式启用。

6月29日　苏州市轨道交通 5 号线开通运营。

　　　　　苏州市政府与上海建工集团股份有限公司签署战略合作协议。

　　　　　张家港市晨丰公路西段（港华路至一干河西）通车。

7月1日　新版《江苏省住宅设计标准》正式实施。

　　　　　苏州市阳澄西湖南隧道正式建成通车。

阳澄西湖南隧道（2022 年拍摄）

位于金鸡湖畔的新虹产业园正式竣工,并交付入驻企业进行后续装修和设备进场等工作。

苏州市启动工程建设领域外来务工人员工资月结月清覆盖率提升专项行动。

7月2日 胥门南段城墙修缮工程顺利完工。

7月3日 苏州市轨道交通6号线9标南施街站主体结构顺利封顶。

"苏州城建·百年巨变"图片展在苏州中心展出。

"苏州城建·百年巨变"图片展(2021年拍摄)

7月5日 苏相开发公司科技载体项目奠基。

7月6日 苏州市政府和苏州科技大学联合成立"长三角人居环境碳中和发展研究院"。

"长三角人居环境碳中和发展研究院"战略合作协议签约及揭牌仪式(2021年拍摄)

7月7日	江苏省委常委、苏州市委书记许昆林主持召开会议，专题研究推进苏州北站综合枢纽建设工作。
	吴江区生活垃圾焚烧发电扩容建设项目（生活垃圾焚烧厂二期）进入锅炉烘、煮炉调试阶段。
7月9日	江苏省住房和城乡建设厅发布《关于2019—2020年度省级宜居示范居住区创建项目评价结果的通报》（苏建函房管〔2021〕327号），苏州市姑香苑一、二期，南华公寓东区（11—40幢），华阳花苑等35个项目上榜。
	苏州工业园区罗氏诊断系统试剂制造基地落成投产。
	高新区绿宝广场三期正式开工。
7月12日	苏州工业园区首部老旧小区加装电梯投用。
7月14日	南京大学苏州校区项目东区博士生宿舍楼封顶。
	苏州市自来水公司相城水厂二期工程正式投产。
7月15日	浒墅关安居保障房项目——浒墅人家东区二期进入收尾阶段。
7月16日	姑苏区投资发展促进大会在姑苏云谷产业园举行，会上联东数字科技产业园等一批重大产业项目签约开工。
7月19日	江苏省住房和城乡建设厅发布第四批江苏省传统村落名单，苏州市吴中区东山镇杨湾村石桥等5个村入选。
7月20日	姑苏区双塔街道相王路49号小区健身广场改造完工，重新对周边居民开放。
7月23日	苏州工业园区智能网联汽车封闭测试道路正式启用。
7月26日	为全力做好防御台风各项工作，苏州市住房和城乡建设局对部分市属直管公房及重点项目建设开展现场检查。公房管理部门出动121人次，巡查直管公房613处，发现安全隐患35处，已完成抢修2处。
	姑苏区航运一村解危搬迁项目举行现场集中挂牌选房。
7月27日	苏州高新区与德国克诺尔集团签署战略合作协议，克诺尔商用车系统中国区研发中心及生产基地项目落户苏州高新区。
7月28日	苏州—上海天然气管道联络线工程启动区正式开工建设。
	赛默飞世尔科技与苏州高新区管委会（虎丘区人民政府）签订合作备忘录，赛默飞世尔科技生命科学产业基地正式落户苏州高新区。
7月29日	国内单体最大的异质结光伏项目在吴江区启动。

8月2日	罗杰斯公司打造的高弹体材料生产新基地项目落户苏相合作区。
	吴中区尹山大桥改扩建工程完成前期准备工作，具备开工条件。
	《太仓市园林绿化提升三年行动计划（2021—2023）》出台。
8月3日	苏地2016-WG-62号地块22#、23#子地块项目结束批前公示。
8月4日	苏州工业园区北部市民中心正式开业。
8月5日	姑苏区青龙桥河南支水生态修复项目正式启动。
8月6日	大儒巷道路大修工程竣工。
8月7日	苏州市城北路改建工程部分路段（江宙路—外塘河—扬帆路隧道）正式试通车。
	苏州高新区在第六届中国国际绿色创新发展大会上获得全国"绿色低碳示范园区"称号。

大儒巷（2021 年拍摄）

康众医疗苏州总部基地奠基仪式在苏州工业园区举行。

8月9日	苏州市轨道交通 6 号线桑田岛站至金尚路站区间左线盾构在桑田岛站顺利始发。
8月10日	冯梦龙大道改造提升工程主车道完工通车。
8月11日	苏州国家历史文化名城保护区管委会与万科股份、园林集团三方举行战略合作签约仪式。

苏州科技城重点项目——英威腾苏州科技产业园二期结构封顶仪式正式举行。

苏州市至德教育集团劳动路实验小学校和苏州市吴门教育集团沧浪新城第四实验小学校建成。

8月12日　苏州市住房和城乡建设局物管中心主任张民一行前往吴中区开展《苏州市商品住宅专项维修资金管理办法（暂定名）》立法前评估调研。

苏州科技城（东渚街道）东渚商城安置房地块最后一户签约正式清零。

8月14日　受国家发改委规划司城乡融合发展处委托编制的《中国特色小镇 2021 年发展指数报告》正式发布，苏州高新区苏绣小镇入选 2021 年中国特色小镇 50 强。

《张家港市市区城市照明建设专项规划（2020—2035）》获张家港市政府批准，正式出台。

8月15日　苏州博物馆西馆外部工程完工，内部公装接近尾声。

8月17日　苏州市轨道交通 8 号线右岸街站主体结构中最后一块底板砼顺利完成浇筑。

沪苏湖铁路江苏段首榀箱梁架设成功。

8月18日　苏州华贸丽思卡尔顿酒店暨万豪行政公寓项目合作签约仪式在姑苏区举行。

8月19日　苏州市轨道交通 8 号线 6 标娄中路站围护结构施工完成。

《苏州历史文化名城保护提升总体方案》正式印发实施。

8月20日　苏州市首例采用"经营性租赁"模式的老旧小区试点加装的电梯在娄门 130 号小区投用。

苏州高新区管委会（虎丘区人民政府）与南昌黑鲨科技有限公司、南京赛富雨林股权投资管理中心、北京科复时代科技有限公司签订合作协议。

8月23日　苏州市国际会议酒店（阳澄湖景区配套酒店项目）钢结构廊桥成功提升安装。

8月24日　城北路（长浒大桥至娄江快速路段）姑苏区金阊新城段全路段实现双向通车。

上海世外教育附属吴江云龙实验学校校园建设基本结束。学校规模为 96 个教学班（小学、初中各 48 个班），可提供 4500 余个学位。

娄门 130 号小区加装电梯（2022 年拍摄）

8 月 25 日	独墅湖第二通道开始围堰回水。
	吴江区浦港路大桥新建工程开工。
8 月 27 日	姑苏区拙政园片区搬迁项目中张家巷河道恢复工程项目宣告清零。
	苏州高新区城市更新中心揭牌。
	苏州工业园区星海实验中学沈浒路校区建成。
8 月 28 日	《苏州市轨道交通第三期建设规划调整环境影响报告》通过审查。
	苏州高新区莱克新能源零部件项目开工。
8 月 29 日	苏州市南湖路快速路东延工程尹山湖深水区隧道主体结构全部完成。
8 月 30 日	姑苏区潭花湖、牌楼弄、竹苑和环体路 4 处口袋公园改造正式启动。
8 月 31 日	苏州市桐泾路北延隧道盾构右线洞通，至此双线贯通。
	姑苏区界石浜东城中村项目实现清零。

9 月

9 月 1 日	《苏州市历史建筑保护利用管理办法》出台。
9 月 2 日	冰场街 7 号老新村改造项目中的违建、危旧房屋和车库全部清零。
9 月 3 日	苏州高新区吴宫丽都小区充电桩整体规划改造项目完工。
9 月 5 日	苏锡常南部高速公路太湖隧道南泉段最后一节顶板顺利浇筑完成。
9 月 7 日	苏州市城北路改建工程长浒大桥 CB 斜拉桥主梁顺利合龙。
9 月 9 日	苏州工业园区贝康医疗苏州总部大楼建设项目正式开工。
	苏州旅游与财经高等职业学校吴江新校区建设正式启动。
9 月 10 日	苏州市相城区政府与中国歌剧舞剧院签署战略合作协议，中国歌剧舞剧院艺术发展中心、长三角文化艺术研究院、中国歌剧舞剧院苏州艺术基地正式落户。

9月12日	位于姑苏区西环路沿线的星辉1976科技产业园正式开园。
9月14日	恒力长三角国际新材料产业基地项目开工仪式在吴江区举行。
9月15日	苏州市胥涛路对接横山路隧道工程超大断面矩形顶管顺利贯通。
9月16日	昊帆生物总部大楼暨研发中心在苏州高新区开工奠基。
9月17日	佳祺仕研发产业化基地项目在苏州科技城开工奠基。
	高新区与北京宏微特斯生物科技有限公司签订项目合作协议。
	苏州市农业发展集团有限公司与张家港市常阴沙生态农业度假区战略合作共建"苏芯农场"。
9月22日	吴中经济技术开发区召开产业创新发展大会，举行重大项目签约暨集中开工开业仪式，总投资227.83亿元的55个项目成功签约，39个重大项目开工开业。
	阳澄湖半岛旅游度假区启动恒泰智造朱家产业园、Biobay生物医药产业园六期、苏州纳米城Ⅲ区第三代半导体产业园、新达产业园四大专业产业园更新项目。
	相城高新区（元和街道）元和之春社区日间照料中心启动建设。
9月23日	《苏州建设交通强国示范先行区实施方案》在全国地级市中率先出炉。
	苏州大学附属第二医院浒关院区二期项目开工奠基。
	张家港市"西气东输"三线中段工程开工。
9月24日	"苏州双子金融广场"项目概念性方案发布。
9月26日	姑苏区桐泾公园儿童乐园、新庄老农贸市场等处10座公厕翻改建动工。
	苏州市组织申报的"昆山经济技术开发区绿色建筑和生态城区区域集成示范项目"成功入选国家绿色低碳典型案例。
9月27日	第十八届中国土木工程詹天佑奖正式颁发，位于昆山市的江浦路吴淞江大桥顶升改造工程获此殊荣。
9月27—28日	联合国《生物多样性公约》缔约方大会第十五次会议（COP15）的非政府组织平行论坛在昆明市召开。论坛期间发布全球"生物多样性100+案例"，苏州市湿地修复项目成功入选。
9月28日	苏台高速公路七都至桃源段工程先行段正式开工建设。
	苏州高新区通安镇甄山生活广场项目正式开工。
	相城区蠡口智慧家居社区奠基。
	中南中心主塔楼核心筒正负零重大节点浇筑盛启。
9月29日	苏州博物馆西馆正式建成开放。
	苏州市轨道交通8号线首座车站顺利封顶。
	苏州高新区举行2021年秋季重大项目集中签约开工仪式，总投资718亿元的103个项目集中揭牌并签约开工。
	太湖生态岛建设推进大会在吴中区金庭镇召开，总投资387亿元的22个项目集中签约。
	古城区首个双首层商业项目苏州金地广场封顶。
	第三期古城复兴建筑设计工作营开营。
	纳米技术国家大学科技园二期项目在苏州工业园区开工奠基。
	3E·数字智造园三期开工仪式在苏相合作区举行。
9月30日	苏州北站南广场新候车室启用，座位从原来的400个增至1200个，节点最大高峰容量从2000人提升到6000人。
9月	吴江区苏同黎公路揽桥河桥左幅拆除重建项目完成全部现场作业，恢复通车。

2021

2021

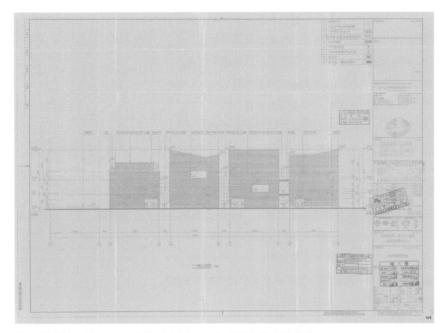

苏州博物馆西馆立面图［苏州高新区（虎丘区）档案馆藏］

苏州博物馆西馆（2021 年拍摄）

苏州博物馆西馆（2022 年拍摄）

10月

10月1日	《苏州市居民最低生活保障实施细则》自10月1日起施行。
10月6日	苏州国际快速物流通道二期——南湖路快速路东延工程吴中区段一标段钢箱梁顶推施工结束。
10月7日	苏州国家历史文化名城保护区、姑苏区召开一年冲刺誓师大会，姑苏区48个"一年冲刺行动计划"正式启动。会上《苏州国家历史文化名城保护区古建老宅活化利用蓝皮书》《苏州国家历史文化名城保护区古建老宅活化利用白皮书》等一批展示古城保护更新成果的报告书集中发布；还对辖区产业载体、古建老宅、产业用地进行集中发布，并正式启动全球招商引才行动。
10月8日	苏州捷力新能源材料有限公司二期项目在吴江区震泽镇开工建设。
10月9日	我国第一个跨省域规划建设导则在长三角一体化示范区正式发布。
	全长10.79千米的苏锡常南部高速公路太湖隧道主体结构施工全部完成，隧道实现全封闭。
10月10日	张家港市东三环（张杨公路至苏虞张公路）新建工程首个互通关键节点新泾路互通工程顺利完成。
10月11日	姑苏区"数字化"建设小区（姑苏区白洋湾街道宝祥苑）实现刷脸入户。
10月12日	苏州科士达印务有限公司新工厂项目在枫桥街道举行开工奠基仪式。
	苏州德亚交通技术有限公司新建总部项目在苏相合作区举行奠基仪式。
	江苏省数字乡村建设现场会在张家港市举行。
10月13日	苏州市轨道交通5号线地下大空间机电安装及装饰装修工程正式开工。
	苏州市政府与国投集团战略合作签约。
	苏州市住房和城乡建设局公布2021年苏州市"姑苏杯"优质工程奖获奖名单。311项"房建、装饰、安装等类"项目、136项"市政等类"项目荣获2021年苏州市"姑苏杯"优质工程奖。
	在苏州市人才公寓建设推进会上，《关于加强苏州市人才租赁住房保障工作的若干意见》和《人才乐居服务专享图》正式发布，全市人才公寓集中开工（启动）。
	苏州城市航站楼项目正式启动。
	阿普塔集团亚太智能化生产研发总部基地在苏州工业园区奠基开工。
10月14日	苏州工业园区社会福利中心正式投用。
10月15日	苏州市在2021全球智慧城市大会上荣获2021世界智慧城市大奖中国区"经济大奖"。
10月16日	长三角一体化示范区水乡客厅重点项目开工（启动）。
10月17日	姑苏区社坛巷环境提升整治工程开工。
	吴中区胥口镇重点项目集中开工开业仪式在联东U谷科技智汇产业园举行，35个重点项目集中开工开业。
	太仓市生物医药产业园规划发布。
10月18日	张家港市城市绿化"微更新"项目——白鹿小游园口袋公园基本建设完成，占地面积6000平方米。
10月20日	苏州市举行古城整体保护与更新发展策划规划专家研讨会。
	恒力集团全球运营总部正式动工。
10月21日	新型城市基础设施建设试点经验交流会在苏州市举行。
10月22日	尹山大桥改扩建工程第一次工地例会在项目部召开，尹山大桥改扩建工程正式动工。
	姑苏区政府公布征收决定姑苏府〔2021〕308号：由苏州市姑苏区房屋征收与补偿办公室征收桃花坞历史文化片区综合整治保护利用工程二期校场桥路河西延项目（龙兴里区域）。征收范围：龙

兴里 5 号、6 号、9 号。征收实施单位：苏州市姑苏区政府金阊街道办事处。

10 月 23 日　苏州国家历史文化名城保护区与苏州市属国有企业战略合作签约，市、区国资国企合作项目正式启动。

10 月 24 日　苏州生物医药产业园六期——医疗器械产业园正式启动建设。

10 月 25 日　苏州市公共文化中心·杭鸣时粉画艺术馆场馆改造提升项目竣工，重新面向公众免费开放。

姑苏区石塘桥弄整治工程正式开工，西北街以北 21 条街巷综合整治（管线入地后）工程启动。

苏州高新区吉威思科技（苏州）有限公司新工厂开工奠基。

10 月 26 日　长三角国际研发社区启动区二期设计方案正式发布。

10 月 27 日　爱默生电梯有限公司获得江苏微标标准认证有限公司颁发的《既有住宅加装电梯服务认证证书》。

10 月 28 日　姑苏区间邱坊程宅修缮完工。

昆山市公共卫生中心启用。

10 月 29 日　古城保护与更新项目——32 号街坊老旧住区环境改善提升工程开工建设。

10 月 31 日　524 国道苏常快速路竣工通车。

11 月 1 日　吴江捷运系统 T1 示范线一期正式通车。

吴江区松陵大道综合交通枢纽项目主体结构封顶。

11 月 3 日　姑苏区 3.62 千米高品质供水管道改造完成。

11 月 4 日　苏州市入选全国首批城市更新试点名单。

2021 年度苏州市市级示范物业管理项目评价结果出炉，评定全市 69 个物业管理项目为"2021 年度苏州市市级示范物业管理项目"。

姑苏区吴门桥街道辖区内的姑香苑农贸市场完成标准化改造，正式投入使用。

11 月 5 日　苏州市轨道交通 7 号线 5 标现代大道西站首幅地下连续墙成槽施工仪式顺利举行。

塔影园、南半园修复完成。至此，苏州市已完成 12 处园林修复，苏州园林保护修复"三年行动

塔影园（2022 年拍摄）

计划"正式收官。

总投资 20 亿元的长三角（盛泽）现代供应链产业园项目在吴江高新区（盛泽镇）奠基，正式开工建设。

11月6日 苏相合作区苏州国家质量基础设施（NQI）基地项目主体封顶。

11月8日 苏州大学未来校区首期启用仪式在吴江区举行。

吴江开发区微康益生菌研究院项目主体结构封顶。

天康制药研发总部暨新型动物疫苗智能制造基地在苏州工业园区奠基。

11月9日 苏州工业园区东曜药业全球研发中心开工建设。

11月10日 浒墅关举行重点项目集中签约暨上市科创园二期开工仪式。

11月12日 城北快速路东隧道（原人民路隧道）试通车。

苏州市疾控中心迁建项目主体结构正式封顶。

高新区浒墅关古镇项目一期蚕里街区试运营。

苏州市独墅湖医院（苏州大学附属独墅湖医院）二期项目开工。

微软亚太研发集团苏州三期项目签约仪式在苏州工业园区举行。

11月15日 浒墅关阳山花苑五区农贸市场重建项目施工建设完成。

11月17日 苏州文庙西苑廉政文化园建成开园。

11月18日 《中国建设报》2 版刊登《苏州："1234"工作法助推优化营商环境》，介绍苏州市住房和城乡建设局以"1234"工作法推动房地产行业平稳健康发展，助推优化房地产行业营商环境的经验。

由吴江区住房和城乡建设局牵头建设的两个口袋公园建成并投入使用。

上海复星医药（集团）股份有限公司苏州 CMC（药品的化学、制造和控制）研发中心在相城区黄埭镇开工建设。

苏州高新区通安镇真山公园完成改造。

11月19日 苏州市以专家咨询会的方式，对古建老宅进行"一宅一方案"的施工图审查。

姑苏区"两河一江"环境综合整治工程城区段至胥江河以南项目企业户征收实现清零。

江苏建筑服务（苏州）产业园、苏州市建筑产业工人服务中心（相城）揭牌成立。

11月20日 吴江区江陵大桥南辅道桥通车。

11月21日 康德瑞恩亚太研发中心及制造基地在苏州工业园区奠基。

11月22日 狮山商务创新区横山路北地块项目入选城市更新试点项目。

三香新村交通安防环境综合整治工程正式完工。

宝带桥南堍整治提升工程启动。

11月23日 姑苏区虎丘街道的五泾浜河沿河环境提升项目正式完工。

姑苏区竹苑新村 8 幢西侧的健康小游园完工。

苏州大学附属第二医院科教综合楼工程征收项目清零。

苏州市开展城市地下空间地质结构精细调查。

11月24日 苏州市南湖路东延工程依湖路段隧道主体结构封顶。

博格华纳动力驱动系统苏州研发中心暨二期厂房奠基仪式在苏州工业园区举行。

11月25日 竹园路启动综合改造提升。

11月26日 平海路、虎殿路专项大修工程完工。

吴中区住房和城乡建设局组织召开《苏州市吴中区城镇燃气发展规划（2021—2035）》评审会。

11月27日 国网张家港市供电公司研发投建的长黄港"电引擎"社区能源服务站全面建成。

12月

12月1日　《苏州市美丽宜居城市建设专项规划》通过专家评审。

12月2日　姑苏区沧浪新城辖区友新河、九曲港、顾家河、吴埝港、南庄浜和宴宫河6条河道的高效河道生态净化系统构建完成。

　　　　　苏州晶湛半导体有限公司总部大楼建设项目在苏州纳米城奠基。

12月3日　苏相合作区举行2021年第四季度项目集中签约仪式。

　　　　　苏州生物医药产业园四期B区在桑田岛开工。

12月4日　吴江区太湖新城北片区综合管廊秋枫街顶管工程顺利始发。

12月6日　苏州市轨道交通7号线扬华路站、白荡南站同时完成主体结构封顶。

　　　　　苏州市住房和城乡建设局公布2021年度全市海绵城市建设示范项目名单，共有26个项目入选。

　　　　　姑苏区冰厂街小区改造项目正式完工。

　　　　　南京大学苏州校区一期景观设计方案出炉。

　　　　　《苏州市轨道交通建设工程BIM协同设计管理拓展应用》荣获第十二届"创新杯"建筑信息模型（BIM）应用大赛"铁路与轨道交通类专项BIM应用"一等奖。

12月7日　姑苏区金阊街道辖区平门小河、阊门内城河、桃坞河、仓桥河4条背街水巷整治提升工程完工。

12月9日　山塘街三期沿河立面景观提升主体工程完工。

　　　　　沟通漕湖、北桥的主干路——凤湖路通车。

　　　　　苏州高新区举行浒墅关经开区与ESR易商集团签约仪式。

12月10日　第八批次江苏省特色田园乡村名单公布，苏州市吴中区木渎镇天池村北竹坞等8个村庄通过江苏省田园办综合评价，被命名为"江苏省特色田园乡村"。

　　　　　浒墅关香桥新村协议搬迁项目的958户居民全部完成签约。

　　　　　苏州市南湖路东延工程4标苏申内港大桥首个边跨顺利合龙。

　　　　　长兴电子（苏州）有限公司二期项目开工仪式在高新区举行。

12月11日　姑苏区双塔街道启动天赐庄片区保护与利用项目启动区1期望星桥北堍7号成套房项目和苏州市轨道交通6号线（苏州大学站）项目的定销房挂牌选房工作。

　　　　　虎丘湿地公园白洋湾段协议搬迁项目定销房挂牌选房工作完成。

12月13日　相城区2021年计划新建、改建的90个公交候车亭全部建成，陆续投入使用。

12月14日　百年古桥吴江区三里桥修缮完毕。

　　　　　高新区金墅水源地生态修复工程完工。

　　　　　位于北浩弄68号的顾家花园东部花厅修缮项目正式完工。

　　　　　《张家港市融入长三角地区一体化发展三年行动方案（2021—2023）》发布。

12月15日　2021年度苏州市"关爱民生法治行"活动暨法治建设满意度提升工程优秀项目揭晓。经网上投票、专家评审等环节，最终"修订《苏州市住宅区物业管理条例》"等10个项目被评为优秀项目，"实施计量惠民工程"等10个项目获评优秀项目提名奖。

　　　　　姑苏区10座公厕翻改建项目全部完工并投入使用。

12月16日　城北快速路西隧道（原永方路隧道）、金湾街隧道通车试运行。

　　　　　沪苏湖铁路站前Ⅱ标吴江段内的桩基工程全部完工。

　　　　　嘉民苏州中央工业园开工仪式在苏州高新区举行。

2021

12月17日 姑苏区"古城细胞解剖工程"获阶段性成果。4个街坊共筛选出传统民居组群1317处、传统民居单体3015处、推荐历史建筑50处、历史院落40处。

国家方志馆江南分馆落户苏州市。

位于相城高新区（元和街道）活力环二期项目建设完成，总长约7000米的活力环实现连通。

珠泾路（跨沪宁高速）主桥钢箱梁顶推顺利完成并精准落梁。

苏相合作区与中国航天科工集团三十一研究所共同签订航天科工空天动力研究院项目投资建设协议。

12月18日 山塘雕花楼修缮工作完成。

吴江区震泽镇快鸭港大街南延工程正式通车。

亚盛医药全球总部研发中心在苏州工业园区启用。

12月19日 姑苏区福星公园提档升级改造完成，正式对外开放。

12月20日 吴江区建筑再生资源处置项目开工。

12月21日 苏州市轨道交通6号线3标虎丘站至清塘路站区间左线盾构顺利接收。

苏州市轨道交通8号线徐阳路站至济学路站（站名均为施工暂用名）右线盾构隧道顺利贯通。

姑苏区新元二村提档升级改造完成。

姑苏区定慧寺91号老旧小区改造完工。

漕湖大道准快速化改造工程正式建成通车。

12月22日 苏州市发布《苏州市建设电子档案元数据工作指引（试行）》，推动电子档案管理。

苏州立禾生物医学工程有限公司产业化基地奠基。

苏州生物医药产业园六期在苏州阳澄湖半岛旅游度假区开工。

12月23日 高新区浒墅关浒关临时大菜场和新浒农贸市场完成升级。

12月24日 随着长浒大桥主桥正式开放通行，城北路改建工程（长浒大桥至娄江快速路段）全线建成通车。

长浒大桥（2022 年拍摄）

苏申外港线（江苏段）航道整治工程航道施工项目通过交工验收。

12月26日 苏州工业园区斜塘邻里中心建成开业。

12月27日 苏州市轨道交通6号线金筑街站、金储街站主体结构顺利通过验收，这是该线路首批通过验收的主体分部工程。

姑苏区前塘河景观改造工程正式完工。

12月28日 虎丘湿地公园经过16年的生态修复性改造，自12月28日起试开园。

江苏省委宣传部、江苏省住房和城乡建设部等主办的第八届"紫金奖·建筑及环境设计大赛"（2021）电视决赛结束，苏州设计团队取得1金、1银、1铜的成绩。

浒墅关阳山美好荟开业。

姑苏区东吴停车场整治提升工程正式启动。

昆山市智慧养老服务中心正式建成启用。

12月29日 苏州工业园区杏联药业（苏州）有限公司新基地封顶。

12月30日 苏州市轨道交通S1线玉山广场站主体结构顺利封顶。至此，该线路28座车站全部完成封顶。

苏州市2021年卫生健康三大实事项目——苏州市急救中心、苏州大学附属第二医院应急急救与危重症救治中心、苏州市儿童健康发展中心集中开工。

姑苏区下津园口袋公园正式建成开放。

下津园（2022年拍摄）

中国移动长三角（苏州）数据中心二期工程正式落成。

住房和城乡建设部通报全国老旧小区改造试点城市调查情况，苏州市居民满意度得分位居全国第一。

12月31日 独墅湖第二通道工程隧道主体结构贯通。

苏州市中医医院二期大楼启用。

第三期苏州古城复兴建筑设计工作营举行终期方案评审。

中国移动长三角（苏州）数据中心（2022 年拍摄）

附录一

历史文化名城保护

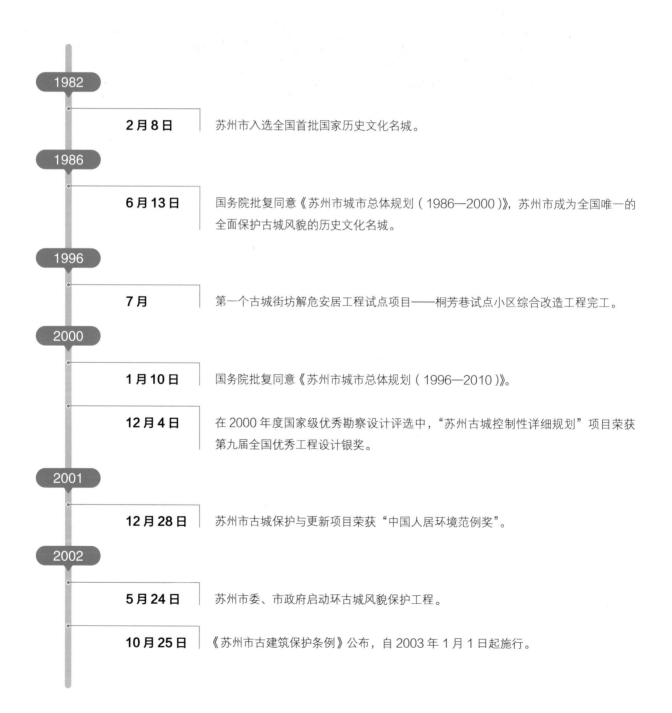

1982

2月8日　苏州市入选全国首批国家历史文化名城。

1986

6月13日　国务院批复同意《苏州市城市总体规划（1986—2000）》，苏州市成为全国唯一的全面保护古城风貌的历史文化名城。

1996

7月　第一个古城街坊解危安居工程试点项目——桐芳巷试点小区综合改造工程完工。

2000

1月10日　国务院批复同意《苏州市城市总体规划（1996—2010）》。

12月4日　在2000年度国家级优秀勘察设计评选中，"苏州古城控制性详细规划"项目荣获第九届全国优秀工程设计银奖。

2001

12月28日　苏州市古城保护与更新项目荣获"中国人居环境范例奖"。

2002

5月24日　苏州市委、市政府启动环古城风貌保护工程。

10月25日　《苏州市古建筑保护条例》公布，自2003年1月1日起施行。

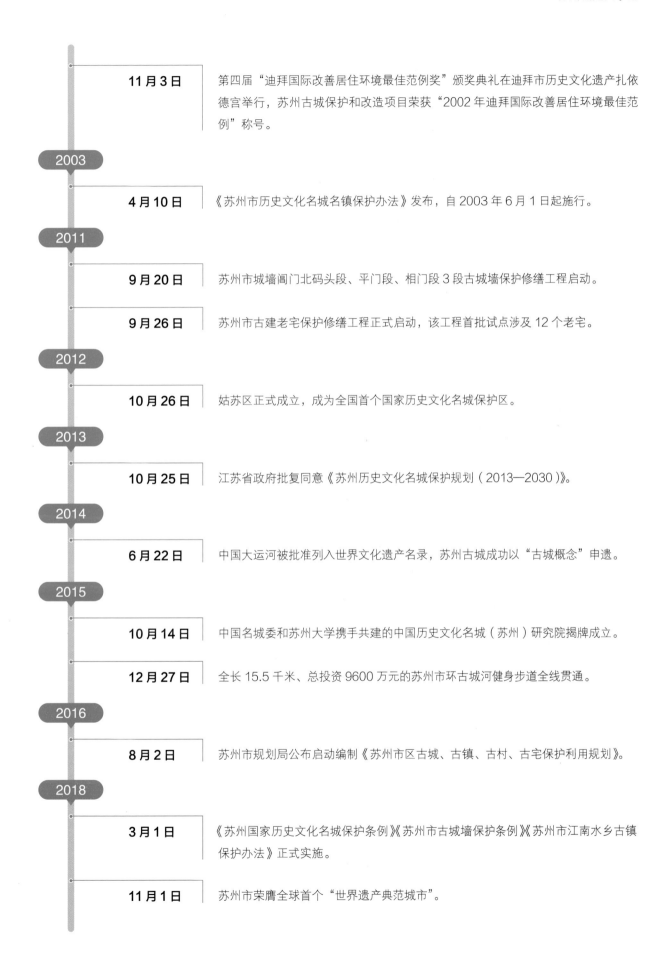

11月3日 第四届"迪拜国际改善居住环境最佳范例奖"颁奖典礼在迪拜市历史文化遗产扎依德宫举行,苏州古城保护和改造项目荣获"2002年迪拜国际改善居住环境最佳范例"称号。

2003

4月10日 《苏州市历史文化名城名镇保护办法》发布,自2003年6月1日起施行。

2011

9月20日 苏州市城墙阊门北码头段、平门段、相门段3段古城墙保护修缮工程启动。

9月26日 苏州市古建老宅保护修缮工程正式启动,该工程首批试点涉及12个老宅。

2012

10月26日 姑苏区正式成立,成为全国首个国家历史文化名城保护区。

2013

10月25日 江苏省政府批复同意《苏州历史文化名城保护规划(2013—2030)》。

2014

6月22日 中国大运河被批准列入世界文化遗产名录,苏州古城成功以"古城概念"申遗。

2015

10月14日 中国名城委和苏州大学携手共建的中国历史文化名城(苏州)研究院揭牌成立。

12月27日 全长15.5千米、总投资9600万元的苏州市环古城河健身步道全线贯通。

2016

8月2日 苏州市规划局公布启动编制《苏州市区古城、古镇、古村、古宅保护利用规划》。

2018

3月1日 《苏州国家历史文化名城保护条例》《苏州市古城墙保护条例》《苏州市江南水乡古镇保护办法》正式实施。

11月1日 苏州市荣膺全球首个"世界遗产典范城市"。

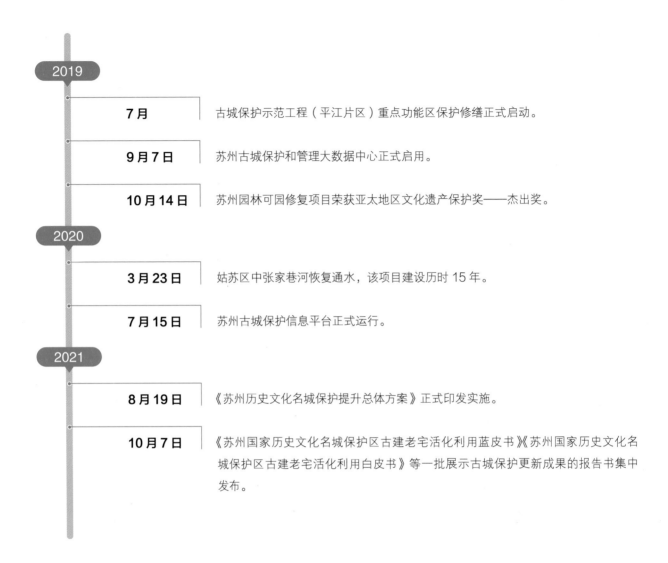

2019

7 月 古城保护示范工程（平江片区）重点功能区保护修缮正式启动。

9 月 7 日 苏州古城保护和管理大数据中心正式启用。

10 月 14 日 苏州园林可园修复项目荣获亚太地区文化遗产保护奖——杰出奖。

2020

3 月 23 日 姑苏区中张家巷河恢复通水，该项目建设历时 15 年。

7 月 15 日 苏州古城保护信息平台正式运行。

2021

8 月 19 日 《苏州历史文化名城保护提升总体方案》正式印发实施。

10 月 7 日 《苏州国家历史文化名城保护区古建老宅活化利用蓝皮书》《苏州国家历史文化名城保护区古建老宅活化利用白皮书》等一批展示古城保护更新成果的报告书集中发布。

附录二

城市基础设施建设

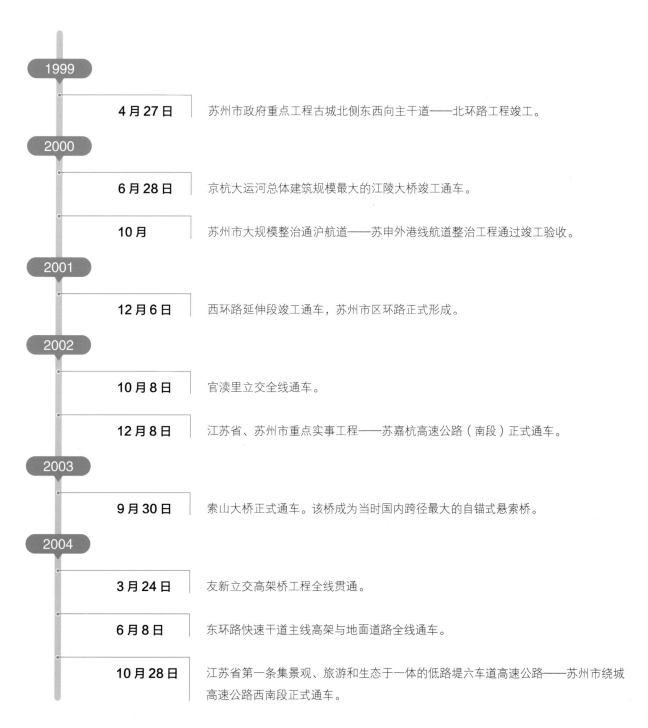

1999

4月27日 苏州市政府重点工程古城北侧东西向主干道——北环路工程竣工。

2000

6月28日 京杭大运河总体建筑规模最大的江陵大桥竣工通车。

10月 苏州市大规模整治通沪航道——苏申外港线航道整治工程通过竣工验收。

2001

12月6日 西环路延伸段竣工通车，苏州市区环路正式形成。

2002

10月8日 官渎里立交全线通车。

12月8日 江苏省、苏州市重点实事工程——苏嘉杭高速公路（南段）正式通车。

2003

9月30日 索山大桥正式通车。该桥成为当时国内跨径最大的自锚式悬索桥。

2004

3月24日 友新立交高架桥工程全线贯通。

6月8日 东环路快速干道主线高架与地面道路全线通车。

10月28日 江苏省第一条集景观、旅游和生态于一体的低路堤六车道高速公路——苏州市绕城高速公路西南段正式通车。

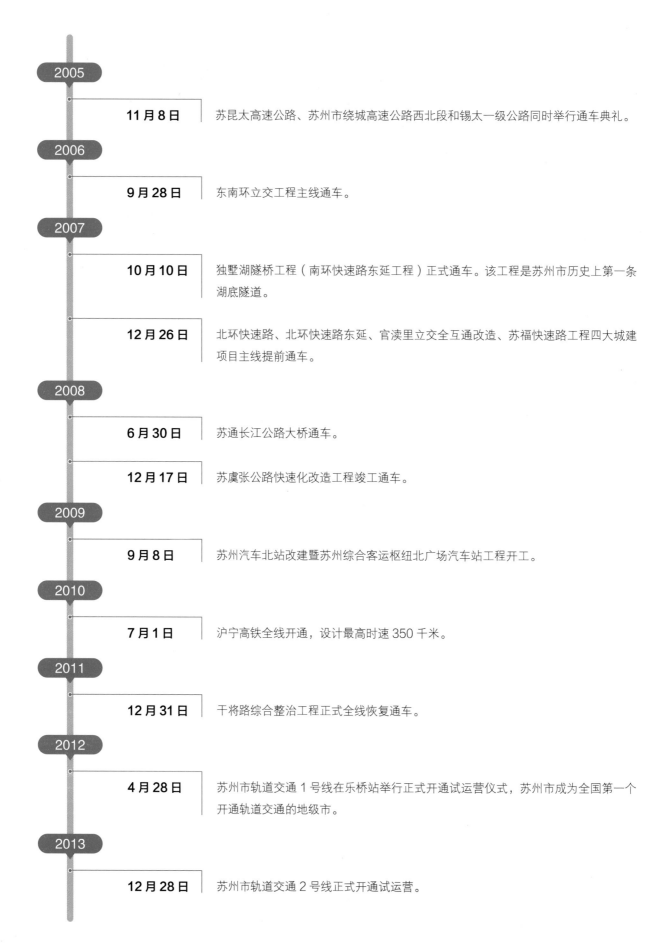

2005

11 月 8 日 苏昆太高速公路、苏州市绕城高速公路西北段和锡太一级公路同时举行通车典礼。

2006

9 月 28 日 东南环立交工程主线通车。

2007

10 月 10 日 独墅湖隧桥工程（南环快速路东延工程）正式通车。该工程是苏州市历史上第一条湖底隧道。

12 月 26 日 北环快速路、北环快速路东延、官渎里立交全互通改造、苏福快速路工程四大城建项目主线提前通车。

2008

6 月 30 日 苏通长江公路大桥通车。

12 月 17 日 苏虞张公路快速化改造工程竣工通车。

2009

9 月 8 日 苏州汽车北站改建暨苏州综合客运枢纽北广场汽车站工程开工。

2010

7 月 1 日 沪宁高铁全线开通，设计最高时速 350 千米。

2011

12 月 31 日 干将路综合整治工程正式全线恢复通车。

2012

4 月 28 日 苏州市轨道交通 1 号线在乐桥站举行正式开通试运营仪式，苏州市成为全国第一个开通轨道交通的地级市。

2013

12 月 28 日 苏州市轨道交通 2 号线正式开通试运营。

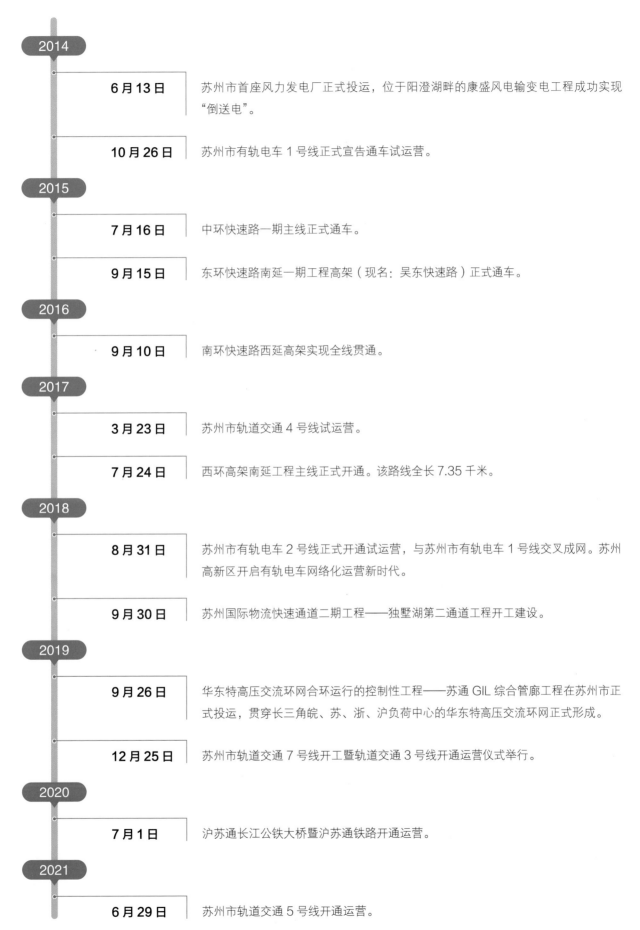

2014

6 月 13 日 苏州市首座风力发电厂正式投运，位于阳澄湖畔的康盛风电输变电工程成功实现"倒送电"。

10 月 26 日 苏州市有轨电车 1 号线正式宣告通车试运营。

2015

7 月 16 日 中环快速路一期主线正式通车。

9 月 15 日 东环快速路南延一期工程高架（现名：吴东快速路）正式通车。

2016

9 月 10 日 南环快速路西延高架实现全线贯通。

2017

3 月 23 日 苏州市轨道交通 4 号线试运营。

7 月 24 日 西环高架南延工程主线正式开通。该路线全长 7.35 千米。

2018

8 月 31 日 苏州市有轨电车 2 号线正式开通试运营，与苏州市有轨电车 1 号线交叉成网。苏州高新区开启有轨电车网络化运营新时代。

9 月 30 日 苏州国际物流快速通道二期工程——独墅湖第二通道工程开工建设。

2019

9 月 26 日 华东特高压交流环网合环运行的控制性工程——苏通 GIL 综合管廊工程在苏州市正式投运，贯穿长三角皖、苏、浙、沪负荷中心的华东特高压交流环网正式形成。

12 月 25 日 苏州市轨道交通 7 号线开工暨轨道交通 3 号线开通运营仪式举行。

2020

7 月 1 日 沪苏通长江公铁大桥暨沪苏通铁路开通运营。

2021

6 月 29 日 苏州市轨道交通 5 号线开通运营。

附录三

民生改善

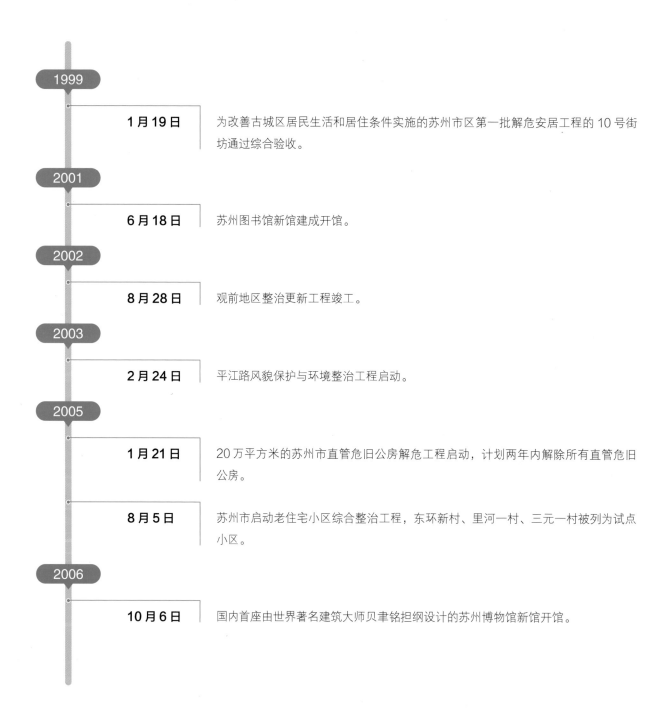

1999

1月19日 为改善古城区居民生活和居住条件实施的苏州市区第一批解危安居工程的 10 号街坊通过综合验收。

2001

6月18日 苏州图书馆新馆建成开馆。

2002

8月28日 观前地区整治更新工程竣工。

2003

2月24日 平江路风貌保护与环境整治工程启动。

2005

1月21日 20 万平方米的苏州市直管危旧公房解危工程启动,计划两年内解除所有直管危旧公房。

8月5日 苏州市启动老住宅小区综合整治工程,东环新村、里河一村、三元一村被列为试点小区。

2006

10月6日 国内首座由世界著名建筑大师贝聿铭担纲设计的苏州博物馆新馆开馆。

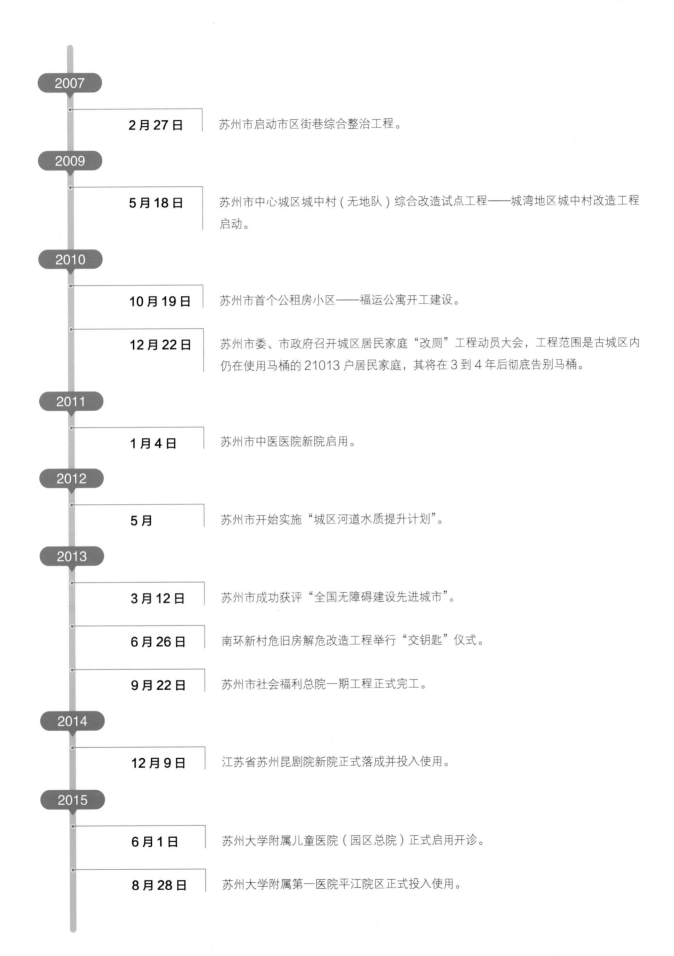

2007

2月27日 苏州市启动市区街巷综合整治工程。

2009

5月18日 苏州市中心城区城中村（无地队）综合改造试点工程——城湾地区城中村改造工程启动。

2010

10月19日 苏州市首个公租房小区——福运公寓开工建设。

12月22日 苏州市委、市政府召开城区居民家庭"改厕"工程动员大会，工程范围是古城区内仍在使用马桶的21013户居民家庭，其将在3到4年后彻底告别马桶。

2011

1月4日 苏州市中医医院新院启用。

2012

5月 苏州市开始实施"城区河道水质提升计划"。

2013

3月12日 苏州市成功获评"全国无障碍建设先进城市"。

6月26日 南环新村危旧房解危改造工程举行"交钥匙"仪式。

9月22日 苏州市社会福利总院一期工程正式完工。

2014

12月9日 江苏省苏州昆剧院新院正式落成并投入使用。

2015

6月1日 苏州大学附属儿童医院（园区总院）正式启用开诊。

8月28日 苏州大学附属第一医院平江院区正式投入使用。

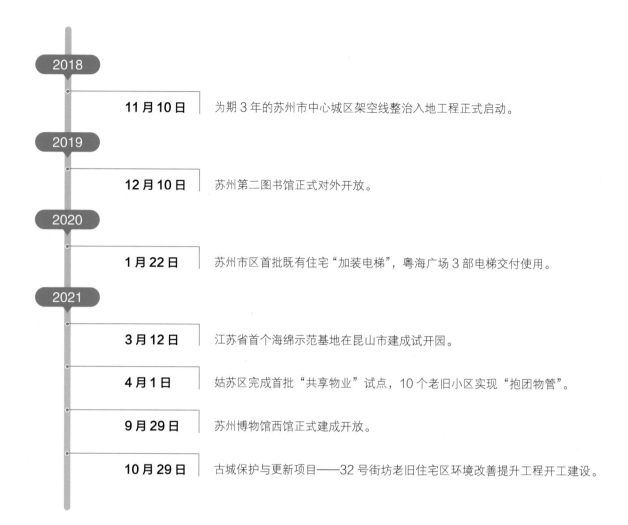

2018

11 月 10 日 | 为期 3 年的苏州市中心城区架空线整治入地工程正式启动。

2019

12 月 10 日 | 苏州第二图书馆正式对外开放。

2020

1 月 22 日 | 苏州市区首批既有住宅"加装电梯",粤海广场 3 部电梯交付使用。

2021

3 月 12 日 | 江苏省首个海绵示范基地在昆山市建成试开园。

4 月 1 日 | 姑苏区完成首批"共享物业"试点,10 个老旧小区实现"抱团物管"。

9 月 29 日 | 苏州博物馆西馆正式建成开放。

10 月 29 日 | 古城保护与更新项目——32 号街坊老旧住宅区环境改善提升工程开工建设。

后记

　　本书以时为经，以事为纬，围绕自 1999 年以来苏州城市建设和发展过程中的重大事件、重大活动等，采用图文并茂的形式，记述苏州城市建设发展史，力图较为完整地呈现苏州 20 多年来城市建设中经济、文化、教育、娱乐、基础设施等方面的变迁与发展。

　　期望本书能成为大众了解苏州城市建设和发展的一个窗口，从中感受苏州这座具有生机和活力的现代化城市的独特魅力；同时期望本书能成为城市建设规划者、建设者、管理者把握城市发展脉络与特质的综合性地方治理工具书。以史为鉴、开创未来，期望本书对今后苏州城市规划、建设、管理和智慧城市持续高质量发展有所裨益。

　　本书的编写工作在苏州市住房和城乡建设局的领导下开展。以苏州市城乡建设档案馆为牵头单位，各县级市（区）城建档案主管部门及相关单位积极响应、参与编写；具体图文编撰工作由苏州市城乡建设档案馆、苏州大学社会学院等单位的专家、领导及技术骨干联合完成。其间几经增补、数易其稿，在多方努力下终成本书。

　　本书编写主要以苏州市城乡建设档案馆收藏的档案资料为依据，参考历年《苏州年鉴》《苏州市志（1986—2005）》《苏州日报》《张家港日报》《常熟日报》《太仓日报》《昆山日报》等书籍和报刊资料，经过反复核对、取舍而成。在此，特向本书所参阅、引用过书目的作者表示衷心的感谢。

　　本书由团队集体编纂而成，蔡梦玲、袁羽琮、张永生、王玥、韩欣谕、谭淼、杨艳艳、柯嘉睿、冯嘉如同志负责材料收集和整理工作。在此，感谢所有参编人员的辛勤付出。

　　感谢张家港市城建档案馆、常熟市城建档案馆、太仓市建设档案馆、昆山市城建档案馆、苏州市吴江区城建档案馆、苏州市吴中区城建档案馆、苏州市相城区建设工程质量安全监督中心、苏州工业园区档案管理中心、苏州高新区（虎丘区）档案馆的支持和配合，这些单位为本书编写提供了大量宝贵的文字资料和图片。

　　感谢苏州大学出版社为本书出版提供鼎力支持。

　　感谢姑苏区美希摄影工作室为本书拍摄精美图片。

　　本书编写过程中尽可能搜集能够掌握的各种资料，但是由于种种原因，加之编者水平所限，本书虽经多次修改和校订，疏漏、失误、不足之处在所难免，敬请知情人士不吝斧正。